地质公园规划概论

李同德 著

中国建筑工业出版社

图书在版编目（CIP）数据

地质公园规划概论/李同德著．—北京：中国建筑工业出版社，2007
ISBN 978-7-112-09467-7

Ⅰ.地… Ⅱ.李… Ⅲ.地质－国家公园－规划 Ⅳ.S759.93

中国版本图书馆CIP数据核字（2007）第103439号

责任编辑：唐 旭 李东禧
责任设计：董建平
责任校对：王 爽 孟 楠

地质公园规划概论
李同德 著
*
中国建筑工业出版社出版、发行（北京西郊百万庄）
各地新华书店、建筑书店经销
北京嘉泰利德公司制版
北京中科印刷有限公司印刷
*
开本：880×1230毫米 1/16 印张：24½ 字数：753千字
2007年8月第一版 2007年8月第一次印刷
印数：1—3000册 定价：68.00元
ISBN 978-7-112-09467-7
（16131）
版权所有 翻印必究
如有印装质量问题，可寄本社退换
（邮政编码 100037）

内容提要

本书简要介绍了地质公园发展的历程，系统论述了地质公园规划的原理与方法，并附有详细规划实例。

全书重点按地质公园总体规划宗旨和概念，地质公园的总体规划和建设规划的原理、方法、结构组成分别论述介绍。对以自然风景为主的公园、旅游景区规划设计共性问题也有一定深度论述。书后还列有与地质公园规划相关的文件和实用资料。

本书是关于地质公园规划的第一本著作，主要供从事地质公园规划、建设和管理的实际工作者参考，也可供自然风景区、生态旅游景区规划者及相关专业的高校师生参考。

An Introduction to Geopark Planning

Beginning with a brief introduction to the development course of geoparks, this book tries to probe into the principles and methods of geopark planning in a systematic way, supported by real-life cases.

Although mainly focusing on geopark overall planning philosophy and concept, and the principles, methods and breakdowns of geopark overall planning and construction planning, this book also addresses some problems common to planning and design of natural scenery parks and tourist resorts. It also provides applicable documents and materials concerning geopark planning in its appendix.

As the first book on geopark planning published in China, it may serve as a reference book for practitioners in geopark planning, construction and management, planners of natural scenery parks and eco-friendly tourist resorts, and college teachers and students specialized in related studies.

序　一

20世纪末，在全球自然遗产的保护中出现了一种新的保护方式——建立地质公园，在旅游休闲地的品牌中出现了一个新的名字——地质公园，在科学研究和科学普及工作中出现了一个新的园地——地质公园，在推动区域经济的可持续发展的进程中出现了一个新的平台——地质公园。这一新生事物一出现，立即在全球地学领域、环保领域、旅游领域引起强烈反响。

中国在全球地质公园的建设中走在世界前列，博得了广泛的赞誉，现在已建立了138个国家地质公园，其中18家已被联合国教科文组织列为世界地质公园，占全部世界地质公园的1/3，除欧洲几乎同时推动了地质公园的发展外，现在亚洲其他国家、南美洲、澳洲也紧随其后开始开展这一工作，地质公园已得到了社会和民众的广泛参与和支持。

地质公园是面向社会开放、服务公众的自然遗产保护地，需要各学科、各专业、各行业的人士广泛参与。李同德作为一名富有建筑和城市规划背景的旅游规划专家，参加了很多地质公园的调查研究和建设规划工作，积累了丰富的第一手资料，他的这本《地质公园规划概论》专著，正是这些资料的汇集和升华。作为这一领域的第一本专著，我相信在地质公园未来的发展中一定能发挥有益的作用。

国家地质公园评审委员副主任兼办公室主任

中国地质学会旅游地学与地质公园专业委员会秘书长

联合国教科文组织地质公园网络专家顾问组成员

2007年7月

序　二

李同德先生在两年以前就准备撰写一本《地质公园规划概论》的书。之后经过他艰苦不懈的努力，本书终于将出版问世，我阅读后感到十分的高兴。在此首先向他表示祝贺！

《地质公园规划概论》是我国第一部在这方面的专著。作者说他是地质专业领域的一名“新兵”，其实我们了解他的人，都知道他是一位很有造诣的著名规划专家。在他一生中，头几十年以城市规划为主，近十多年以旅游规划为业，近几年又延伸到地质公园的规划领域。由此可见，他在各类规划中，都具有较深的知识功底和经验，能将规划的一般理论和技能与地质、湿地、生态、农业等专业性较强的公园规划结合起来，这样既有较系统、较全面的规划理论基础，又有新的专业方面的信息和知识。所以本书是理论与实践结合的典范，对我国地质旅游事业，对地质公园规划体系的创新，无疑是一个新的贡献。特别是对关注地质公园事业的人群，无论是地学专业的人，还是一般大众旅游者，它都是系统了解地质公园及其规划的入门响导，同时对地质公园的管理者、组织者，在制定政策、深化理念和构建管理制度、办法等方面，均有重要指导价值。为此，我作为李同德先生的一位挚友，愿意将本书推荐给所有关注地质公园及旅游的人们：“读读这本好书吧！它能给你多种的知识、理念、信息和启迪。”

中国地质学会旅游地学与地质公园专业委员会副会长
北京神州新纪录规划设计研究院院长
北京师范大学教授
卢云亭

2007 年 5 月

前　言

人类发展到今天，对我们赖以生存的地球究竟有多少认识，我们尚不能说完全清楚。作为记录地球演化变迁历史的地质遗迹给我们打开了认识地球大门的钥匙，凭借这把钥匙，我们走进了认识地球发展变迁的知识宝库。

据科学家说，地球已经有46亿年的演化历史。在这漫长的地质演化变迁过程中，地球表面留下了大量的、千差万别的、不可再生的，因而也是十分珍贵的地质遗迹。推动这种演化的主要是被地质学家称为内营力、外营力或内外营力共同作用的结果。地质学家通过解读这些地质遗迹，从这些遗迹中获取大量信息，研究其因果，这对认识地球，以及对人类自身的生存有着无法估量的意义。通过解读地质遗迹，可以了解地震、火山、海啸、恐龙灭绝等短暂而猛烈的地质现象；也可以了解海陆变迁、山脉隆起、岩石风化、洞穴形成等长期持续、缓慢进行的地质过程；还可以从化石遗迹中解读生命的起源、发展、进化，直到人类起源、迁移、进化的历史；更有趣的是通过解读冰川等遗迹，得到很多气候与环境变化的信息，用以分析过去并预测未来气候与环境的走向；当然，地质遗迹更是寻找各类矿藏资源直接的实物信息库。但事实上，也正是由于人类在为了自身生存而进行的活动中，不断地破坏着这些地质遗迹，从而使记录地球演化变迁的信息不断地失去。

这样看来，保护记录地球演化变迁历史的地质遗迹，对人类来说当然是十分重要的了。过去，地质科学家和各国政府通过建立“地质遗迹保护区”或“自然遗产保护区”的方式保护了大量的地质遗迹。针对还有大量的地质遗迹面临被破坏的状况，有远见的地质学家、联合国官员、政府官员和其他人士，共同努力寻找到另一种保护并利用地质遗迹的新途径——地质公园（Geopark）。

地质公园的主体是地质遗迹，但它与地质遗迹保护区不同，既然是“公园”，它就对大众（或游客）具有吸引力。事实上我国和世界上的许多地质遗迹分布区域都具备了这个条件，它以特有的观赏性与自然生物一起构成了特殊的可供人们体验的生态环境，可供解读地球故事的“天书”吸引着广大青少年和中老年游客。

因此，地质公园功能主要是：保护地质遗迹，对公众进行科普教育，供公众观光旅游。倡导地质公园的联合国教科文组织的专家和官员以及国内人士都主张通过地质公园来发展旅游业和促进当地经济发展，从而使地质遗迹和生态环境得到更有效的保护。

为了叙述得更准确，旅游地学专家把对游客具有吸引力的地质遗迹称为地质景观。因此，地质景观是指地质遗迹以地貌形态出露于地球表面（含洞穴）而构成的规模和形态各异的地貌，是为人们提供了具有观赏、游览价值的景观。地质景观是地质遗迹的特殊部分，是一种常见的旅游资源，是地质公园最重要的物质基础。

当然构成地质公园的不仅有地质景观，还有其所在地区或附近区域的其他自然生态景观、人文景观，以及为游客服务的各项设施（包括科普设施、接待设施、基础设施等）。这样，建设一个地质公园不只是地质学家的责任，也吸引了一批旅游专家、生态专家和规划建设专家的参与。本书作者是从旅游规划、建设规划领域参与到地质公园事业中的非地质专业的一名成员。作者以主要规划编制人身份，与地质专家合作，从2001年参与编制国内第一个国家地质公园总体规划（《福建漳州滨海火山国家地质公园规划》）开始，至2007年已经参与编制了7项国家地质公园或世界地质公园规划。这7年中，作者从地质学家、旅游地学专家和生态专家那儿学到了不少地质学、地貌学、生态学、旅游地学等方面的专业知识，多少弥补了非地质专业的缺陷，但仍免不了还要说外行话，欢迎批评指正。

地质公园事业是需要吸引多专业人员参与才能做好的事业。本书的目的之一是：总结作者和其他从事地质公园规划的同行7年来的工作经验，试图建立一个相对完整的理论与实践结合的“地质公园规划”学科基础，也算抛砖引玉，希望后来者最终完成“地质公园规划”这门新生的交叉学科的研究。

本书另一目的是：为即将参与地质公园规划设计的非地质专业的城市规划、园林景观规划、建筑设计、旅游规划等专业人员入门地质公园领域提供参考，也为地质专业或旅游地学专业人员参与编制地质公园规划提供参考。

本书对旅游规划、生态旅游规划、景区规划中的一些有争议的问题和基本问题提出了新的具体意见和建议，供参考、讨论和进一步完善。

在本书编写过程中，除参考了在本书附录中所列的参考文献外，还阅读了几十本国家或世界地质公园规划文本（或说明书）。发现由于规划编制人员的专业局限性，免不了“重地质、轻公园”，即重地质遗迹评价，轻服务设施规划；重宏观构想，轻具体安排等；有的则反之。

任何一类规划其目的都是对该事物（事业）未来发展目标作出总体安排和具体计划，用以指导其向着既定目标一步一步去实施。地质公园规划也是这样，它是对特定范围内的地质遗迹价值作出评价，为实现其价值，对地质遗迹保护、利用作出总体安排，并为指导公园的建设作出的具体计划和部署。

申报任何一个国家或世界地质公园之前都必须提供一本“综合考察报告”。该类“报告”的重点是对地质遗迹作详细的调查并作出专业评价。地质公园规划中有关评价地质遗迹的章节，主要是引用“报告”中的资料和评价。因此“地质公园规划”的重点应是：公园园区范围的选择；地质遗迹的保护；科普教育、游客服务和基础设施的规划布局；园区内居民社会调控、土地利用、保障体系、投资估算、建设分期等与公园建设、管理直接相关的内容的规划安排。因此本书的重点也是后者，有关“地质公园综合考察报告”的考察和编写问题，本书只作简要介绍，有关地质遗迹的更专业的内容可参考其他相关资料和文件。

本书在写作过程中，得到了许多地质专家、旅游地学专家、地质公园实际工作者和政府官员的帮助和指导，参考了他们的部分著作和其他文献，在此表示衷心感谢。特别是应用了下列专家的一些相关文献，有的是共同的成果，特此说明和深表谢意。

陈安泽先生是旅游地学和地质公园的主要倡导者之一。他多次在旅游地学年会上发表有关地质公园的基本概念、国内外地质公园进展的报告，这对作者学习了解地质公园的基本知识有很深的影响。本书第一篇的不少内容是引自他的报告或论文。

作者与陈兆棉先生多年合作编制了多个地质公园规划和旅游规划。在现场考察和共同工作中，作者从他那里学到了不少有关地质学和旅游地学方面的知识。对地质公园规划，我们有许多共同的认识，本书中一些观点也是共同的观点。

作者与卢云亭先生已经共事多年。卢云亭先生是我国旅游地学主要倡导者之一，也是作者进入旅游规划领域的启蒙者，特别在旅游地学、生态旅游方面对作者影响较大，对形成本书中一些观点也产生了重要影响。

赵逊先生是我国地质公园的主要倡导者之一，他是我国和世界地质公园评委。作者与赵逊先生是近几年在国内多次学术会议和其他一些与地质公园有关的业务活动中相识的，并从他的相关著作和发言或报告中了解了地质公园在国内外的进展情况和相关的理念，对本书第一篇中一些内容有重要影响。

另外，作者还参考或引用了旅游地学领域的朋友如范晓、陈诗才、吴胜明等发表的论文或著作；作者阅读了大量近几年来各地编制的地质公园规划文本资料，从中也吸取了相关素材资料；本书第五篇引用的规划实例，是作者与一起工作的朋友（正文中已列）的共同成果；书中照片大部分是作者考察现场所摄，但少量是引用相关文献、图书、网络等公开资料，不一一列出出处，特此说明；本书末所列的参考文献，对完成本书也很有帮助或启示作用。

还要特别提出的是本书在写作过程中得到了北京神州新纪录规划设计研究院的大力协助，书中引用了该院的部分规划成果，得到了院内领导和同事的大力帮助。

在本书出版之际，对上述各位学长、朋友、作者、规划编制者表示真诚的谢意！

李同德

2007 年 5 月 8 日

目　录

第一篇
地质公园及其发展进程

第一章　地质公园的发展进程

第一节　世界地质公园的发展

第一届世界地质公园大会于2004年6月27日—29日在北京召开，这次大会揭开了保护和利用地质遗迹新的篇章。

地质遗迹是在地球形成、演化的漫长地质历史时期中，受各种内、外动力地质作用，形成、发展并遗留下来的自然产物。它是自然资源的重要组成部分，具有利用价值；更具遗产价值，是珍贵的、不可再生的地质自然遗产。地质遗迹，需要人类善待它们，对其进行保护；只有进行有效的保护，才能使其科学价值、美学价值、社会经济价值能为人类永续利用。第一届世界地质公园大会通过的《关于保护世界地质遗迹的北京宣言》呼吁："现在，已经到了强调在全球范围内善待和保护地质遗迹的时候了，地质遗迹必须得到保护，地质遗迹资源必须可持续地利用开发。"通过近十多年的国内外的实践，发现对地质遗迹的保护和利用的最佳结合点就是地质公园。

一、世界地质公园发展的历程

1972年联合国在瑞典首都斯德哥尔摩召开了"人类环境会议"，会后发布了《人类环境宣言》，由此拉开了世界环境保护的序幕。同年在巴黎召开了联合国教科文组织（UNESCO）第17届大会，通过了《世界文化和自然遗产保护公约》。其宗旨在于各成员国将本领域内具有世界保护意义的地点纳入"世界遗产名录"，通过国际合作，对其进行保护，并成立了"世界遗产委员会"。由此宣告全球性的自然和文化遗产保护工作启动。但此后相当长的时期内，在联合国教科文组织的计划中，还没有推进地质遗迹保护的内容。无论是《世界文化和自然遗产保护公约》还是《人与生物圈计划》都没有这方面内容（陈安泽，2001）。至2001年底，共有690个自然文化遗产地被列入了世界遗产保护名录。其中以地质遗迹为主要内容的仅20处。全球还有更多的非常重要的地质遗迹需要保护，但无法列入世界遗产名录。

1989年，国际地质科学联合会（IUGS）成立了"地质遗产（Geosite）工作组"，开始了地质遗产登录工作。1992年，全球各国首脑在巴西里约热内卢参加世界环境和发展大会时，通过 "跨入21世纪的环境科学和发展议程"，进一步强调可持续发展的问题。同年，来自30多个国家的150余位地质学家在法国南部Denign召开了地质遗迹保护讨论会，发表了《国际地球记录保护宣言》，该宣言指出，地球的过去，其重要性不亚于人类自身的历史，现在是保护我们的地质遗产的时候了。1996年，联合国教科文组织地学部（UNESCO Division of Earth Science）和国际地质科学联合会（IUGS）共同提出了建立世界地质公园的倡议，以有效保护地质遗迹；旋即，在北京出席30届国际地质大会的欧洲地质学家建议创立“欧洲地质公园网络”，经5年的运作已建立了包括10个成员的欧洲地质公园网络。1998年11月召开的联合国教科文组织(UNESCO)第29届全体会议上通过了“创建独特地质特征的地质遗址全球网络”的决议。1999年3月召开的联合国教科文组织执行局会议上，正式通过了第334项临时议程——“世界地质公园计划”(UNESCO Geopark Programme)，筹建了“全球地质公园网”的新倡议。2001年6月，联合国教科文组织执行局决定（161 Ex/Decisions 3.3.1），联合国教科文组织支持其成员国提出的“创建独特地质特征区域或自然公园”的倡议，并决议建设全球国家地质公园网络。在2002年2月召开的联合国教科文组织国际地质对比计划(IGCP)执行局年会上，联合国教科文组织地学部提出了“建立地质公园网络”的倡议，以期实现以下3个目标：①保持一个健康的环境（环境保护）；②进行广泛的地球科学教育；③营造本地经济的可持续发展。2002年5月，联合国教科文组织地学部（UNESCO Division of Earth Sciences）主任F. Wolfgang Eder博士在致赵逊教授的信中，进一步明确了地质公园的上述3个目标，同时对地质公园的概念也更加明确：“地质公园将代表景观要素，而不是局限于地区范围的小规模地质露头。因此，把生物保护与地球遗产保护结合在一起的“景观研究（方式）”，也将广泛适用于单个的地质公园。对具有共同地质与生物特征的景观要素应进行整体管理，以便保护和加强其自然特征。人类和景观的关系也将通过这样的计划使人们认识到。所以，目前的趋势是：“采取整体方式（通过“自然区域”、“自然遗产区”、“文化历史公园”等），即把科学、文化、社会领域的计划结合在一起，以鼓励景观范畴内的可持续发展。”与此同时，公布了世界地质公园工作指南，这一指南较之以前的可行性研究报告所建议的工作指南初稿有不少改进。

在2004年2月在巴黎召开的联合国教科文组织地质公园网络成员专家评审会议上，通过了第一批包括8个中国国家地质公园和欧洲9个国家的16个地质公园为世界地质公园，并决定由中国国土资源部在北京建立“世界地质公园网络办公室”(Global Geopark Network)。2004年6月，在中国北京召开了第一届世界地质公园大会。大会制定了《世界地质公园大会章程》，大会被定名为“世界地质公园大会”(Internatinal Conference on Geopark, ICGP)，并决定原则上每两年举行一次。从此世界地质公园(UNESCO Geopark)开始在全球走上轨道。

二、世界各地地质公园的发展状况

中国是世界上积极推动地质公园事业的最早的国家之一，下一节我们将详细介绍。

欧洲与中国一样是世界最早推动地质公园事业的一个区域。“欧洲地质公园网络”成立于2000年6月，是由法国、希腊、德国、西班牙的4个相关的单位发起成立的，主要目标是保护地质遗迹，促进欧洲地质遗迹的可持续发展。欧洲地质公园网络拥有“欧洲地质公园”商标，该商标已在欧共体所有成员国注册。2000年11月，在西班牙的莫利诺斯马埃斯特举办了第一届欧洲地质公园大会。2001年4月，“欧洲地质公园网络”与组织的成员签署了官方合作协议，以后每年分别在各国举办一届欧洲地质公园大会。第五届欧洲地质公园大会于2004年10月在意大利西西里召开。这些会议交流了发展地质旅游业的经验，研究欧洲地质公园网络的未来发展、合作，以及新的欧州地质公园网络候选成员介绍等。

在亚洲—大洋洲中，新西兰、澳大利亚、马来西亚等在推进地质遗迹保护方面已经取得了良好的进展，而亚洲其他国家的地质遗迹研究和保护都没有任何进展。应该建立地质遗迹—地质公园工作的合作网络，通过定期召开区域会议和现场考察等方式，共享信息和经验，鼓励亚洲和大洋洲国家积极参与世界地质公园网络（2005，马来西亚 Ibrahim Komoo）。

截止到2005年5月，世界其他地区还没有正式命名的地质公园，但某些国家公园实际上是以保护地质遗迹为主的公园。如1872年，美国国会立法将蒙大拿与怀俄明两州交界处的黄石火山地区作为一处提供民众福祉与游憩的公有公园与欢愉之地，在美国内政部直接管辖下建立了世界上第一座国家公园——黄石国家公园。参照这一模式，美国和世界其他各国纷纷建立了自己的国家公园，其中有相当的比例属于地质公园性质（陈安泽）。

从2004年2月在巴黎召开的联合国教科文组织地质公园网络会议批准了中国和欧洲9国首批世界地质公园网络成员开始，到2006年9月在北爱尔兰召开的第二届联合国教科文组织地质公园国际会议，已有三批成员进入世界地质公园网络，共有48个成员，其中欧洲28个，中国18个，伊朗、巴西各1个，其名单见附录1。

三、有关世界地质公园的国际活动和机构

（一）联合国教科文组织关于支持建设世界地质公园网络的决定

2001年6月，联合国教科文组织执行局决定（161 Ex/Decisions 3.3.1），联合国教科文组织支持其成员国提出的“创建独特地质特征区域或自然公园，建设全球国家地质公园网络”的建议。

（二）世界地质公园国际顾问专家组

世界地质公园国际顾问专家组，是由联合国教科文组织与国际地质对比计划科学部于2000年在巴西里约热内卢召开的联合国教科文组织第31届国际地质大会之后共同组建的，顾问团成员由美洲、非洲、亚洲／大洋洲、欧洲以及国际地质对比计划（IGCP）、国际地科联（IUGS）和国际地理联合会（IGU）的官方与非官方领域的地质学专家组成。中国地质科学院赵逊研究员是专家顾问组成员之一。《世界地质公园工作指南》规定：国际顾问专家组受托评估申请联合国教科文组织支持的地质公园报告，评审后将向联合国教科文组织总干事进行推荐，决定其是否成为由联合国教科文组织支持的地质公园。

（三）世界地质公园工作指南（Network of Geoparks under UNESCO’s Patronage）

《世界地质公园工作指南》是2002年5月由联合国教科文组织提出的，2004年1月正式定稿。它明确了联合国科教文组织支持其成员国在促进创建具有特殊地质特征的地区或自然公园所做的努力；明确了世界地质公园定义、提名程序和联合国教科文组织支持的内容等。它是开展世界地质公园申报和管理工作的指导文件。

（四）世界地质公园大会

2004年6月，在北京举行的第一届世界地质公园大会上通过了《世界地质公园大会章程》，章程规定了其英文名称：Internatinal Conference on Geopark，简称ICGP。其目标是：①为致力于研究、保护地质遗迹和对可持续开发利用地质遗迹进行科学普及以及对地学旅游进行研究的人士或组织提供交流的场所；②通过野外考察为与会人士提供机会以实地了解地质公园的建设，考察其在保护和利用地质遗迹方面的作用，总结交流地质公园的建设经验。ICGP不设常设机构，每两年举行一次，任何愿意承办下一届大会的国家或地区都应在本届大会上提交书面申请，经与会各国和联合国科教文组织代表投票表决，确定下届会议的承办国家或地区的举办地点。

（五）关于保护世界地质遗迹的北京宣言

在北京召开的第一届世界地质公园大会上通过了《关于保护世界地质遗迹的北京宣言》，达成了5点共识，确认了建立地质遗迹保护区和建立地质公园是保护地质遗迹的两个主要方式。北京宣言称："联合国教科文组织关于地质公园的理念和策略应该被采纳，主要集中在加强科学研究，强化资源保护，促进地方经济发展，保护文化遗产，普及地学知识和教育，推动旅游业发展。"它进一步明确了地质公园的内涵。

1. 世界地质公园网络办公室

2004年2月在巴黎召开的联合国科教文组织地质公园网络成员专家评审会议上，通过了第一批25个欧洲和中国的地质公园为世界地质公园网络成员，并决定由中国国土资源部在北京建立"世界地质公园网络办公室"（Global Geopark Network）。办公室设在中国地质科学院，出版了《世界地质公园通讯》。

2. 世界地质公园徽标（图1-1-1）

图1-1-1 世界地质公园徽标

世界地质公园徽标是由York Penno设计的。图案上部的"UNESCO"是联合国教科文组织的英文缩写；下部的"GEOPARK"是新创造的英文名词，译为"地质公园"；中部的图案象征着地球，是一个由已形成我们环境的各种事件和作用构成的不断变化着的系统。整个徽标的寓意是在UNESCO的保护伞之下，世界地质公园是地球上特定的区域，其所含的地质遗产已受到保护，是为可持续发展服务的特别地区。图案抽象，色彩浓厚。未经联合国科教文组织地质公园秘书处和国际地质公园咨询委员会的批准，任何单位机构都不可使用这一标志。

四、世界地质公园的定义标准

世界地质公园工作指南中有明确的"UNESCO Geopark"的定义标准，共有11条，该标准与地质公园规划密切相关，全文摘抄于后。

1）由联合国教科文组织支持的地质公园是一个有明确的边界线，并且有足够大的使其可为当地经济发展服务的表面面积的地区。它是由一系列具有特殊科学意义、稀有性和美学价值的，能够代表某一地区的地质历史、地质事件和地质作用的地质遗址（不论其规模大小）或者拼合成一体的多个地质遗址所组成。它也许不只具有地质意义，还可能具有考古、生态学、历史或文化价值。在地学合格性方面，须寻求各自国家地质调查局或者其他权威地学机构的同意。

2）这些遗址彼此有联系，并受到正式的公园式管理的保护；地质公园由为区域性社会经济的可持续发展而采用自身政策的指定机构来实施管理。

3）由联合国教科文组织支持的地质公园，将支持在文化和环境上可持续的社会经济发展。它对其所在地区有着直接影响，因为它可以改善当地人们的生活条件和农村环境，加强当地居民对其居住区的认同感，促进文化的复兴。在考虑环境的情况下，地质公园应开辟新的税收来源，刺激具有创新能力的地方企业、小型商业、家庭手工业的兴建，并创造新的就业机会（如地质旅游业、地质产品）。它应为当地居民提供补充收入，并且吸引私人资金。

4）由联合国教科文组织支持的地质公园，可用来作为教学的工具，进行与地学各学科、更广泛的环境问题和可持续发展有关的环境教育、培训和研究。它须制订大众化环境教育计划和科学研究计划，计划中要确定好目标群体（中小学、大学、广大公众等等）、活动内容以及后勤支持。

5）由联合国教科文组织支持的地质公园，将探索和验证地质遗产的各种保护方法（例如具代表性的岩石、矿产资源、矿物、化石和地形的保护）。在国家法规或规章的框架内，由联合国教科文组织支持的地质公园须为保护重要的、能提供地球科学各学科信息的地质景观作出贡献。这些学科包括：综合固体地质学、经济地质和矿业、工程地质学、地貌学、冰川地质学、水文学、矿物学、古生物学、岩相学、沉积学、土壤科学、地层学、构造地质学和火山学。

6）地质公园的管理部门须征求各自权威地学机构的意见，采取充分的措施，保证有效地保护遗址或园区，必要时还要提供资金以进行现场维修。由联合国教科文组织支持的地质公园始终处于其所在国独立司法权的管辖之下，其所在国须负责决定如何依照其本国法律或法规管理特定的遗址或公园区域。

7）由联合国教科文组织支持的地质公园应遵守与保护地质遗址有关的地方和国家法规，而且公园的管理机构应禁止出售矿石和化石。也应该存在与欧洲不同的文化习俗，并允许在特定情况下，从自然侵蚀遗址有限地采集用于教育目的的地质样本。

8）被指定负责特定地质公园管理的机构须提供详尽的管理规划，该规划至少要包括下列内容：

（1）地质公园本身的全球对比分析；

（2）地质公园属地的特征分析；

（3）当地经济发展潜力的分析。

9）对于由联合国教科文组织支持的地质公园的属地，须做好各项组织安排。这种组织安排涉及到行政管理机构、地方各阶层、私人利益集团、地质公园设计与管理的科研和教育机构、属地区域经济发展计划和开发活动。与这些团体的合作，可以促进协商，鼓励在与该属地利益相关的不同集团之间建立合伙关系，从而调动起地方政府和当地居民的积极性。

10）负责管理地质公园的机构，应对被指定为由联合国教科文组织支持的地质公园的属地进行适当的宣传和推介，应使联合国教科文组织定期了解地质公园的最新进展和发展情况。

11）如果地质公园属地与世界遗产名录已列入的地区、或者已作为“人与生物圈”的生物圈保护区进行过登记的某个地区相同或重叠，那么在提交申请报告之前，须先获得有关机构对此项活动的许可。

五、世界地质公园的申报

（一）申报程序

申报世界地质公园，首先，其应该是国家地质公园，然后再按照世界地质公园工作指南中第二条的提名程序，填写详细的申报表，经政府主管部门同意，交本国联合国教科文组织国家委员会，再由该委员会送交联合国教科文组织地学部（也有翻译成地学处）。申请报告由国际地质公园专家组评审，对申请的地质公园进行现场评估，评审后将向联合国教科文组织总干事进行推荐，联合国教科文组织须将其总干事的决定通知申请人和有关国家的联合国教科文组织国家委员会。

“世界地质公园”（UNESCO Geopark）的称号不是终身的，被列入世界地质公园网络的地质公园，将在5年内对其进行复查，不符合UNESCO Geopark定义标准的，将被取消其资格。

（二）申报的重点内容

根据UNESCO Geopark申报表要求，如下几点可以从地质公园规划成果中得到满足：

1．对地质公园属地的描述

划定地质公园范围，确定其边界，描述并指明其地理特征。包括位置、经纬度、规模、气候等；当地的动植物资源、地形地貌特征、历史人文和其他旅游资源；公园范围内正在实施的保护计划和保护情况及地质遗迹保护中存在的特殊问题。并附有相关图件和照片。

2．搜集地质公园属地的资料

包括基本图件和属地现况的基础资料。

1）图件：地质公园属地地理图、地质图（主要地质遗址）、居民点分布图、遗产图（包括地质遗产、文化遗产等）、现代生活设施分布图（宾馆餐饮设施等）、交通流量及属地与周围地区的交通联络图等；

2）社会经济环境发展资料：人口密度、居民点分布、现有人口数量及发展趋势、区位特点、配套设施及当地可利用的设施、历史和文化特点、环境特点、当地经济结构组织和演变、地质公园属地的就业市场演变、现存社会问题、计划和已经实施的开发项目、各种协会工会等的活动和影响、属地在经济上的富裕程度与该国平均水平的对比分析、属地优劣势分析等。几乎包括了地质公园规划所必需的所有资料。

3．科学特征

介绍地质公园及公园内每一处地质遗迹在全球范围内的地质背景材料（包括位置图）。简要介绍有关地质环境、时代、岩性和形成历史等方面的主要材料，具体指出地质公园及其遗址所反映的不同地学学科。阐明地质公园及其遗址与地质遗产的特殊关系。

阐明：①公园内每一处地质遗迹的地学意义（科学价值）；②地质公园的其他价值，包括：旅游、当地历史、文化，地理学、考古学、人类学、生物学、生态学、水文学，教学与研究、特殊参考点或基准点、受保护或濒危物种（植物和动物）。

要说明潜在的威胁，包括会对遗址造成的全部或部分损失（对遗址的洗劫、掠走化石、毁损建筑物等等）；判断这些威胁可能会演变到何种程度；提出解决方案并推荐控制这些威胁的保证措施。

4．区域的可持续发展

主要是要制定一个属地行动计划，这个行动计划由下列几部分构成：

1）十年内对地质公园发展的展望（设想方案）。

2）商业创新的潜力。

3）整个属地发展的既定发展目标。

4）具体运作目标。

5）实施开发的方法，包括可利用的财力、人力、技术等资源，已经参加或愿意参加此项目的合伙人，活动时间表，预算，说明今后3年的投资额及如何执行。

6）附图说明上述行动集中实施的优先地带位置。

这个行动计划正是我国通常的地质公园规划要重视的大部分课题。

（三）世界地质公园的评估表

由世界地质公园网络组织2006年

制定申报世界地质公园的评估表[Global Geoparks Network Applicant's Evaluation (DRAFT)],该标准包括申请总表和各分表。其中总表分列6大项，这6项总分为100分，其各项权重见表1-1-1。

值得注意的是，该评估总表，属自然属性的"地质与景观"总计只占35%，而突出了管理结构和科普教育，其总分占40%。这与国内评价表中自然属性占50%形成显明的对比。应该说《世界地质公园的评估表》对引导地质公园健康发展具有特别重要意义。

世界地质公园申请者评估总表　　表1-1-1

	Category 类别	Weighting 权重（%）	Self-assessment 自评	Evaluators Estimate 专家评估
1	Geology and landscape 地质与景观	35		
1.1	Territory 属地	5		
1.2	Geoconservation 地质遗迹保护	20		
1.3	Natural and Cultural Heritage 自然和文化遗产	10		
2	Management Structures 管理结构	25		
3	Interpretation and Environmental Education 解释系统和环境教育	15		
4	Geotourism 地质旅游	10		
5	Sustainable Regional Economic Development 区域经济可持续发展	10		
6	Access 交通条件	5		
Total 合计		100		

第二节　中国地质公园的进程

一、中国旅游地学的创建和发展

在介绍中国地质公园发展历程之前，有必要简要地介绍中国旅游地学的创建和发展历程。因为正是旅游地学推动着地学（地质学与地理学）与旅游的结合，寻找到保护地质遗迹与利用其的理想途径——地质公园，由此可以更进一步了解中国地质公园的产生背景。

到20世纪80年代初，旅游业在我国已成为具有一定规模的新兴国民经济部门。旅游业的发展需要各专门学科的介入，各专门学科都积极动用本学科知识为旅游业服务。地质学界、地理学界走在了前列，分别形成了各自为旅游服务的队伍和工作领域。地质界是从兴办青少年地学夏令营，编写营地导游材料开始介入旅游的。地质科普委员会组织出版了《探索地理奥秘》丛书。从1979年起，殷维翰先生主编了《中国名胜地质丛书》。从1980年起，地质生产资料委员会先后在北京、新疆、湖南召开了小型旅游地质座谈会，提出了建立专门的旅游地质组织的建议（陈安泽）。地理界也为旅游资源的开发做了大量调查、规划工作，并在地理专业和旅游专业设立了旅游地理课程。两支力量都积极为旅游业服务，虽然有各自的独立性，但在许多方面又互有关联。为更好地为旅游业服务，两股力量应当有个会聚点。鉴于这种形势，1985年9月，在中国地质学会科普委员会的倡导下，决定召开一次地球科学界面向旅游业的综合性学术会议。会议的组织者陈安泽（科普委员会主任）、李维信（科普委员会秘书长）同志提出了"旅游地学"这一术语，并把它作为这次学术会议的名称。与会的地质、地理、园林、考古、环保和旅游各界的专家学者都同意接受“旅游地学”这一用语，并倡议建立了“中国旅游地学研究会筹备委员会”(即“旅游地学专业委员会”前身)。经过认真讨论，这次会议对旅游地学下了一个定义：即“旅游地学是运用地学的理论与方法，为旅游资源调查、研究、规划、开发、创造与保护工作服务的一门新兴的边缘学科”。旅游地学这一专业术语就这样第一次登上了我国学术界的讲坛。虽然旅游地学的定义在后来有所拓宽，但它毕竟是旅游地学最早的定义。

经过数年的实践，旅游地学涉及的范围在不断地扩大，旅游地学的含义在不断地深化。许多学者认识到：①旅游地学包含着旅游地质和旅游地理，是旅游地质和旅游地理的综合体；②旅游地学的服务对象是现代旅游业，服务手段是地球科学的理论和技术，但是还必须吸收其他学科的知识，因此它是一个综合性的边缘学科；③旅游地学的主要任务是发现、评价、规划、开发和保护旅游资源，为开发旅游区（点）提供科学资料。旅游地学还研究旅游资源与旅游者的关系及旅游业中涉及的一切地学问题。经过多年的探讨，1991年，陈安泽、卢云亭等编著的《旅游地学概论》专著问世，一门新兴的边缘学科初步建立。中国地质学会理事长、旅游地学研究会名誉会长黄汲清在《旅游地学概论》序中指出：“中国旅游地学研究会陈安泽、卢云亭编写的这部《旅游地学概论》，是该会建立5年来数百名会员研究成果的一个总结，也是我国广大地学工作者努力为旅游事业服务，将地球科学的理论和方法运用到旅游事业中去的一个创举”。在该书中旅游地学被定义为：旅游地学是地球科学的一个新兴分支学科，它是研究人类旅行游览、休疗康乐活动与地球表层物质组成、结构及能量迁移、变化之间关系的一门科学。它包括了地质和地理两种旅游环境。因此，旅游地学又是旅游地质学和旅游地理学两门边缘学科的总称（陈安泽、卢云亭)。《旅游地学概论》一问世，就被许多院校选为教材，对我国旅游人才的培养和从理论上和实践上指导我国旅游业发展，都起了重要作用（陈安泽)。

综上所述，我们发现，在旅游地学创立和成长的同时，旅游地学的学术组织也得以创建和发展。1985年，在中国地质学会科普委员会的倡导下，成立了“中国旅游地学研究会筹备委员会”，推举当时地质矿产部部长孙大光和我国著名地学家黄汲清、侯仁之为名誉会长，高振西、殷维瀚为科学顾问，陈安泽为研究会主任，李维信为秘书长。到1991年止，和研究会建立联系的成员已达500多名，并在新疆、四川、福建、湖北、浙江、陕西、江西、云南成立了地方旅游地学研究会，在贵州、江苏等省建立了研究会筹备组。随着旅游地学队伍的扩大和工作联系面的扩展，旅游地学研究会筹备机构放在科普委员会内已不适应。1992年，经中国地质学会第34届理事会第10次常务理事会研究，决定在学会中建立一个二级组织，批准正式成立“中国地质学会旅游地学专业委员会”，办事机构也由地质博物馆转到了中国地质科学院区调处。理事会进行了换届，推举夏国治（时任地矿部常务副部长）为名誉会长，李廷栋院士、卢耀如院士为科学顾问，陈安泽为会长，卢云亭、张尔匡为副会长，陈兆棉为秘书长。与此同时中国旅游协会、中国国内旅游协会也批准旅游地学专业委员会为它们的专业委员会。此时，旅游地学委员会实际上负担起3个学会（协会）的任务，成为真正联系旅游界和地学界的一个正式组织。旅游地学专业委员会的成立是旅游地学界的一件大事，是我国旅游地学史上一个里程碑（陈安泽、卢云亭)。1985年至2005年，旅游地学研究会每年举行一次年会，针对不同的课题，对会议所在地的旅游业发展进行研讨，出版了十集《旅游地学的理论和实践》论文集，受到了会员和当地政府的欢迎，甚至出现了多个市县争办年会的热烈场面。

我国旅游地学的成果——《旅游地学概论》传入台湾，陈安泽、卢云亭都曾先后应邀去台讲课。1996年，在北京召开的第30届国际地质大会上，陈安泽、陈茂勋发表了《旅游地学——地球科学新领域》论文，首次将旅游地学的内涵及其在中国的发展介绍给与会的世界上千名地球科学家。旅游地学研究会成员还参与了国际地质大会的80多条地质旅行线路准备和组织工作。在北京出席了第30届国际地质大会的欧洲地质学家建议创立欧洲地质公园，这对我国建立地质公园产生了重要影响。旅游地学为我国地质公园迅速兴起奠定了理论基础（地质遗迹保护与科普旅游相结合）和人才准备。一大批活跃在旅游地学方面的专家成了申报和建设国家地质公园的技术骨干，他们参与了编写地质公园综合考察报告、编制地质公园总体规划、建设地质博物馆和科普设施。申报和规划建设地质公园的中坚力量大部分都是旅游地学研究会的成员和旅游地学活动的积极参与者。

基于上述情况，中国地质学会在接纳地质公园作为其成员的同时，将旅游地学专业委员会的活动与地质公园的学术活动合并，成立了“中国地质学会旅游地学与地质公园研究分会”，并于2005年6月在北京房山正式召开了“中国地质学会旅游地学与地质公园研究分会成立大会暨第20届旅游地学与地质公园学术年会”，标志着地质公园成为旅游地学重要研究领域。

二、中国国家地质公园的发展历程

由于地学旅游受到国内大众的广泛欢迎，旅游地学适应社会需求应运而生，作为旅游与地学结合的载体，地质公园在我国大地上产生是顺理成章的事情。

我国早在1985年就提出建立国家地质公园的设想，并把它作为地质自然保护区的一种特殊类型。1987年，地质矿产部《关于建立地质自然保护区规定（试行）的通知》和1995年《地质遗迹保护管理规定》都提出把地质公园作为地质遗迹保护区的一种形式。1999年，国土资源部在威海召开会议，通过了《全国地质遗迹保护规划(2001～2010年)》。该规划在地质遗迹保护的目标中，又一次明确提出建成地质公园系统的建议。本次会议上，传达了1999年联合国教科文组织“世界地质公园计划”（UNESCO Geopark Programme）的信息，引起了与会代表的极大关注（陈安泽）。国土资源部地质环境司随后向国土资源部提出了建立国家地质公园的报告，国土资源部批准了这个报告。2000年，国土资源部正式发出《关于申报地质公园的通知》时，很快就在全国得到响应。各地有18处地质遗迹景区向国土资源部提出建立国家地质公园的申请，经专门的评委会评审和国家地质公园领导小组批准，于2001年3月16日正式公布了首批11处国家地质公园名单。截止到2005年底，在短短几年内就分4次共批准了138处国家地质公园。从2004年起，经联合国教科文组织批准，到2006年9月，已有18处分3次被列入了世界地质公园（UNESCO Geopark）网络。同时，一批省级地质公园也陆续在各地建立。

中国从地质遗迹的保护到地质公园的建立，一直与联合国教科文组织（UNESCO）、国际地质科学联合会（IUGS）密切合作，在国际上为推动地质公园工作作出了贡献，走在世界的前列（赵逊）。2002年6月，国际地质科学联合会和联合国教科文组织地学部悬请中国作为发起国，“在中国组织召开有关的地质公园讨论会／大会，以便发起和协调中国的地质公园和／或地质遗迹项目”。我国政府积极响应，推动了地质公园事业在我国的发展。同时于2004年6月，成功地在北京召开了世界地质公园大会，通过了《关于保护世界地质遗迹的北京宣言》，并在北京建立“世界地质公园网络办公室”。

地质公园在我国一出现就受到欢迎，不仅在于它找到了一条保护地质遗迹的良好途径；而且作为一种新的旅游产品，它吸引了广大游客，促进了地方经济，特别是贫困地区经济的发展。

三、有关国家地质公园的主要文件

应该说，由于旅游地学已经在我国深深扎根，地质公园一经提出就受到国家重视和大众欢迎。一开始提出建立国家地质公园时，国家有关管理部门就与旅游地学专家结合，提出了较为系统的考察调研、规划、申报、评审、批准、开园的程序规章制度。2000年，国土资源部就建立国家地质公园制定了5项规定：①国家地质公园申报书；②国家地质公园综合考察报告提纲；③国家地质公园总体规划工作指南（试行）；④国家地质遗迹（地质公园）评审委员会组织和工作制度；⑤国家地质公园评审标准。从而保证了首批11处国家地质公园的顺利诞生。2002年底，公布了《中国国家地质公园建设技术要求和工作指南》，2003年又转发了《世界地质公园网络工作指南》，促使我国首批8处国家地质公园被纳入世界地质公园网络名录。现就与地质公园规划有关的文件介绍如下。

（一）国家地质公园综合考察报告提纲

提纲列出了3章11条，很简明，全文如下：

1　地质公园基本概况

1.1　地理位置、自然条件及园区范围

1.2　主要保护对象及目的和意义

1.3　地质公园及其周围地区的社会经济状况及其评价

1.4　科学研究概况

2　地质背景及遗迹评价

2.1　区域地质背景

2.2　地质遗迹的形成条件和形成过程

2.3　地质遗迹类型与分布

2.4　地质遗迹评价

3　地质公园保护管理现状

3.1　机构设置与人员状况

3.2　边界划定与土地权属状况

3.3　历史沿革、基础工作和管理现状

（二）国家地质公园总体规划工作指南（试行）

该指南（试行）详见附录。从其内容看，大体上是参照《风景名胜区规划规范》编写的。应当说，在国家地质公园建立的初期，用以指导地质公园规划的编制，特别是用以申报国家地质公园，该指南作为一份不可缺少的文件，起到了应有的作用。经过大批的地质公园建设的实际经验的积累，在适当时机进行补充修改，组织有实际经验的专家编制国家标准《地质公园规划规范》，十分必要。编制地质公园规划的目的是为了指导公园建设。《地质公园规划规范》应该在调查总结大量地质公园建设和规划中的实际经验教训的基础上，进一步研究保护地质遗迹和服务于旅游之间的关系，研究地质景观展示、地质科普和其他旅游设施建设中具体的实际问题，对规划中的各项指标、要求作出具体的规定，使《地质公园规划规范》成为一部有专业特色的、对地质公园规划编制更具实际指导意义的规章。

（三）国家地质公园的评审标准

《国家地质公园评价标准（试行）》是按照拟定的评审指标，按照其重要程度，分别赋予一定分值。各项指标总分为100分，其指标和赋分列表（国家地质公园评审表），由聘请的资深专家打分，取其平均值，最终比较并确定其相对价值的顺序。需说明的是，该评审表包含了多项指标，不仅有自然属性的科学价值指标，还有主观属性的优美性指标和其他社会经济管理方面的指标。其中自然属性（典型性、稀有性、系统性和完整性、自然性、优美性）满分为60分；其余的主观属性满分为40分，分为两大项，即可保护属性（面积适宜性、科学价值、经济和社会价值）和保护管理基础（机构设置和人员配备、边界划定和土地权属、基础工作、管理工作），满分各为20分。各分项指标见表1-1-2。

本书作者曾经在旅游地学论文集第九集中发表了《关于地质公园两个问题的讨论》，对上述评审标准提出了修改建议，认为：①"优美性"不属于自然属性，而属于人们自身感受的属性，人们对同一景观的感受评价是有差异的，是带有主观因素的，将其列入客观的自然属性不妥；②后两部分即"可保护属性"和"保护管理基础"，都有"保护"因素，指标界定不清或重复；③"面积适宜性"和"边界划定"都属空间概念，可列在同一部分中。

这样，建议把评审指标调整为5部分14项的具体指标，较为科学合理。即①自然属性（典型性、稀有性、自然性、系统性和完整性）；②价值属性（科学价值、美学价值、经济价值）；③可保护属性（面积适宜性、边界划定与土地权属、实施保护的配套设施）；④使用属性（科普和教育）；⑤管理条件（基础性工作、机构设置和人员配备、管理设施）。上述各项的内涵详见原试行标准。其中：

1）"经济价值"，主要指旅游开发价值。如地质遗迹所在地对外交通方便、离客源地近、投入开发成本低、生态环境好等，其旅游开发价值就大，其分值就高；反之则低。

2）"科普和教育设施"是参照世界地质公园的评估表而新设立的，反映了地质公园

国家地质公园评审表　　　　**表1-1-2**

拟建国家地质公园名称					
指标及赋分					
1.1　典型性	满分	得分	1.2　稀有性	满分	得分
	15			17	
1.3　自然性	满分	得分	1.4　系统性和完整性	满分	得分
	8			10	
1.5　优美性	满分	得分	2.1　面积适宜性	满分	得分
	10			6	
2.2　科学价值	满分	得分	2.3　经济和社会价值	满分	得分
	8			6	
3. 机构设置和人员配备	满分	得分	3.2　边界划定和土地权属	满分	得分
	4			3	
3.3　基础工作	满分	得分	3.4　管理工作	满分	得分
	6			7	
总分	满分	得分		满分	得分
	100				
是否同意建立国家地质公园					

注：表中"基础工作"指是否"完成综合科学考察，系统全面掌握资源、环境本底情况，编制完成详细综合考察报告和总体规划，收集了完整样本材料"及程度。

不同于其他风景区的主要功能，占有较高的分值。

3）“实施保护的配套设施”，主要指有利于保护地质遗迹的已有的各种配套设施。如防止自然风化和人为破坏的防护林、隔离带（栏）、栈道、警示牌等保护设施，以及交通、通信、消防设施。

4）“管理设施”主要指为地质公园提供的办公、保护、科研、科普设施和用房。

综合考虑前述因素和原表指标赋分值，建议按表 1-1-3 调整。

（四）国家地质公园建设技术要求和工作指南（试行）

该文件是为适应国家地质公园而提出的试图规范公园建设的规定性文件。该文件对地质公园的标示及其说明牌的设置、博物馆的布展、地质公园的宣传出版物，揭碑开园准备等作了规定。应该说这在国家地质公园发展初期，对满足迎接公园揭碑、开始接待游客的初步要求起到了应有的作用。作为一个完整的国家地质公园建设规范体系，尚有许多工作要做。

2006 年国土资源部地质环境司又发布了第二版《中国国家地质公园建设指南》，该文件总计四篇十四章。其中前三篇共八章，主要是介绍国家地质公园的基本概念、地球科学的基础知识以及地质作用与地质遗迹的基础知识，其篇幅占了总篇幅的 60% 以上。应该说这三篇介绍的地质和地质公园的基本知识，对地质公园的规划、建设、管理者（非地质专业人员）来说是很好的简明科普教材。第四篇篇题是“国家地质公园建设指南”，共六章，包括“第九章地质公园博物馆”、“第十章地质公园地学导游”、“第十一章地质公园光盘制作”、“第十二章地质公园野外景点介绍”、“第十三章地质公园标示系统”、“第十四章地质公园配套展示工程”。其中第九章、第十二章、第十三章、第十四章对地质公园建设规划和设计有直接指导意义；第十章和第十一章对公园建成后的未来宣传经营管理、科普有指导意义，同时为准备申报国家地质公园工作也有重要指导意义。但要真正指导建设国家地质公园，还远不能满足需求。

（五）中国国家地质公园徽标（图 1-1-2）

中国国家地质公园徽标中央的主题图案

图 1-1-2　中国国家地质公园徽标

建议的国家地质公园评审表　　　　**表 1-1-3**

拟建国家地质公园名称							
指　标		满分	得分	指　标		满分	得分
自然属性	典型性	10		可保护属性	面积适宜性	5	
	稀有性	12			边界划定和土地权属	5	
	自然性	8			实施保护的配套设施	6	
	系统完整性	10		科普和教育设施		12	
价值属性	科学价值	6		管理条件	基础性工作	6	
	美学价值	6			机构设置和人员配备	5	
	经济价值	4			管理设施	5	
总　分						100	
是否同意建立国家地质公园							

代表典型山水地貌特征，比较直观，容易理解；主题图案外围的上下是中英文对照的文字，表明中国的地质公园事业是开放的。整个徽标的设计反映了中国特色，只有经国家正式批准的国家地质公园才能使用中国国家地质公园徽标。

四、国家地质公园的申报

2000年9月，我国国土资源部办公厅正式发出《关于申报国家地质公园的通知》，明确决定建立国家地质公园，并制定了5个相关文件（见前述）。同时成立了国家地质遗迹保护（地质公园）领导小组和第一届国家地质遗迹（地质公园）评审委员会，从此揭开了申报和评审国家地质公园的序幕。

根据国家地质公园评审标准，申报单位必须提供6份文件：

（1）拟建国家地质公园申报书；

（2）拟建国家地质公园综合考察报告；

（3）拟建国家地质公园总体规划；

（4）拟建国家地质公园位置图、地形图、卫片、航片、环境地质图、植被图、规划图及文献等图件资料；

（5）拟建国家地质公园的地质遗迹及主要保护对象的录像带、照片集；

（6）批准建立省（自治区、直辖市）级地质公园的文件、土地使用权属证等有关资料。

后来根据进展又陆续增加了一些文件资料，如地质公园博物馆设计方案等。

根据评审标准，申报国家地质公园，由地质公园所在省、自治区、直辖市的国土资源主管部门提出申请；申报国家地质公园的地质公园必须为省（自治区、直辖市）级地质公园，且原则上应在该级别建设和管理二年以上。

申报前首先应委托专业单位对拟申请区域的地质遗迹和其他旅游资源进行全面调查，并作出科学价值和旅游价值的评价，编写《地质公园综合考察报告》、编制《地质公园总体规划》以及其他准备资料，再以上述成果和自身实际条件为依据，填写规定格式的申报书。申报书最重要的内容有：规模（公园面积和主要地质遗迹面积）、现有固定资产和经费来源及数额、自力能力情况、主要地质遗迹概况及其保护现状、地质公园和其周围地区的社会经济状况及其评价、建立国家级地质公园的综合价值、科学研究概况、前期工作及总体规划简介、专家论证意见等。

五、我国地质公园规划的发展进程（详见第二篇的第三章）

第二章　地质遗迹及其保护

第一节　地质遗迹

一、地质遗迹的定义

1995 年，原国家地质矿产部以第 21 号部长令发布了国家《地质遗迹保护管理规定》，使地质遗迹保护纳入法治轨道。

国家《地质遗迹保护管理规定》对地质遗迹有明确的定义："地质遗迹，是指在地球演化的漫长地质历史时期，由于各种内外动力地质作用，形成、发展并遗留下来的珍贵的、不可再生的地质自然遗产。"

地质遗迹是地质环境的组成部分。从典型性角度考虑，并不是任何一处地质环境都可以被称为地质遗迹。地质遗迹在地质环境中是以点、线、斑块的状态比较稀有地镶嵌分布于地质环境中的，因而地质遗迹有地质环境演变的"窗口"之称（彭永祥、吴成基，2005）。通常认为地质环境是指影响人类生存和发展的各种地质体和地质作用的总和，包括平原、丘陵、山地，城市、农村、矿山，地面、地下空间的地质环境以及地质灾害、地质遗迹、地下水、矿藏等。其中地质遗迹具有典型性、代表性、稀有性等特征，是人类认识赖以生存的地球及其变迁的实物证据，具有宝贵的科学研究价值。本章下一节列举了 7 类应该保护的地质遗迹。

二、地貌和地质景观

与地质遗迹密切相关的一个词是"地貌"。据《辞海》解释：地貌是地表各种形态和形态组合的总称。它是由内营力（地壳运动、岩浆活动等）和外营力（流水、冰川、风、波浪、海流、浊流等）相互作用而形成的，岩石是其形成的物质基础。按规模有巨、大、中、小、微地貌；按形态有山地、丘陵、高原、平原、盆地、谷地等。按成因分为构造地貌、侵蚀地貌、堆积地貌等。

地质景观是地质遗迹以地貌形态出露于地球表面（含洞穴）而构成的规模和形态各异的地貌，是为人们提供具有观赏、游览价值的景观。地质景观是具有旅游价值的地质遗迹，是一种常见的旅游资源，也是地质公园最重要的物质基础。

第二节　地质遗迹的保护

一、地质遗迹保护的概念及意义

国家《地质遗迹保护管理规定》第五条规定："地质遗迹的保护是环境保护的一部分，应实行'积极保护、合理开发'的原则。"

这一规定有两个非常鲜明的特点：地质遗迹的保护应依法纳入自然环境保护之列；保护与开发应结合，保护在先，保护为了合理利用，合理利用有利于更好地保护。

地质遗迹是珍贵的、不可再生的地质自然遗产，因此地质遗迹的保护主要是指：保护其自然性、完整性、典型性、稀有性和景观性，从而保证该地质遗迹是真实的，可作为科学研究的实物依据，并成为宝贵的旅游资源。其中自然真实性的保护是最根本的保护，只有自然真实性得到保护的地质遗迹才可能成为科学研究的实物依据。

地质遗迹的保护，首先是选择保护对象，这也是地质公园规划的一项基本的任务。通常规划人员与地质专家共同工作，选择在地质科学上具有典型特征、一定区域内少有的、对游客具有吸引力的地质遗迹作为保护对象，再根据“自然性、完整性”的要求，划定一定范围，形成不同级别的保护区，并将主要的保护区纳入地质公园园区内，其他的列入外围保护区。

二、保护对象（应该保护的地质遗迹）

《地质遗迹保护管理规定》第七条明确提出应当对下列地质遗迹予以保护。

1）对追溯地质历史具有重大科学研究价值的典型层型剖面（含副层型剖面）、生物化石组合带地层剖面、岩性岩相建造剖面及典型地质构造剖面和构造形迹。

2）对地球演化和生物进化具有重要科学文化价值的古人类与古脊椎动物、无脊椎动物、微体古生物、古植物等化石与产地以及重要古生物活动遗迹。

3）具有重大科学研究和观赏价值的岩溶、丹霞、黄土、雅丹、花岗岩奇峰、石英砂岩峰林、火山、冰川、陨石、鸣沙、海岸等奇特地质景观。

4）具有特殊学科研究和观赏价值的岩石、矿物、宝玉石及其典型产地。

5）有独特医疗、保健作用或科学研究价值的温泉、矿泉、矿泥、地下水活动痕迹以及有特殊地质意义的瀑布、湖泊、奇泉。

6）具有科学研究意义的典型地震、地裂、塌陷、沉降、崩塌、滑坡、泥石流等地质灾害遗迹。

7）需要保护的其他地质遗迹。

三、现行的国家保护地质遗迹的方式

（一）现行的国家宏观保护方式

国家《地质遗迹保护管理规定》第十一条按保护程度把保护区内的地质遗迹划分为三级：

一级保护：对国际或国内具有极为罕见和重要科学价值的地质遗迹实施一级保护，非经批准不得入内。经设立该级地质遗迹保护区的人民政府地质矿产行政主管部门批准，可组织进行参观、科研或国际间交往。

二级保护：对大区域范围内具有重要科学价值的地质遗迹实施二级保护。经设立该级地质遗迹保护区的人民政府地质矿产行政主管部门批准，可有组织地进行科研、教学、学术交流及适当的旅游活动。

三级保护：对具有一定价值的地质遗迹实施三级保护。经设立该级地质遗迹保护区的人民政府地质矿产行政主管部门批准，可组织开展旅游活动。

国家《地质遗迹保护管理规定》第十七条明确规定：任何单位和个人不得在保护区内及可能对地质遗迹造成影响的一定范围内进行采石、取土、开矿、放牧、砍伐以及其他对保护对象有损害的活动。未经管理机构批准，不得在保护区范围内采集标本和化石。

（二）地质公园的保护方式

经过近十年的实践，国内外已经达成共识：建立地质公园是保护地质遗迹的有效方式。地质公园的建立不仅为有效地保护地质遗迹提供了资金保证，而且为地质遗迹保护提供了管理体制和人力智力保证。地质公园不仅保护了有科学价值的地质遗迹，也保护了有观赏价值的地质景观。

目前在国内和国际上，对地质遗迹或地质公园的类型进行了大量研究，并提出了一些分类方法，但大都是从地质遗迹的成因因素来分类，这些分类，并不能满足地质遗迹保护的要求。作者根据对国内地质公园中地质遗迹保护实际情况的分析研究和与同行的交流，从保护地质遗迹角度提出了一种新的地质遗迹分类方案，并按此分类提出了相应的保护措施。

四、地质遗迹保护分类及措施

地质公园作为地质遗迹的重要形式，受到联合国教科文组织的支持。采取措施保护稀有的有典型意义的地质遗迹是建立公园的主要目的之一。根据实际情况和不同条件提出保护地质遗迹的具体措施，应是地质公园规划的主要内容之一。首先要对被保护的地质遗迹分级、分类，再根据不同的级、类提出相应的保护方式或措施。下面作简要介绍，详见第三篇第九章。

（一）地质遗迹的分类

地质遗迹存在的形态千变万化，从保护的角度可以分为：

1. 点状或线状出露并易受损坏的地质遗迹

如浙江常山“金钉子”（全球层型剖面点）、福建漳州“西瓜皮”构造（倾斜弧形的玄武岩柱状节理）、四川自贡恐龙化石的埋藏点、北京周口店古人类遗址、房山银狐洞中的“银狐”、广东丹霞山的阳元石、北京延庆的硅化木出露点等。

2. 局部分布的地质景观

如陕西翠华山山崩遗址、云南石林、河南嵖岈山的石蛋、漳州林进屿火山喷气口群、四川海螺沟冰瀑、黄河壶口瀑布等。

3. 分布较广的地质景观

如广东丹霞山的丹霞地貌、敦煌雅丹地貌、山东东营黄河三角洲、贵州兴义西峰林、陕西洛川黄土塬等。

4. 形态空间相对完整的地质遗迹

北京石花洞、贵州马岭河峡谷、广西大石围天坑、广东湛江玛珥湖等。

5. 其他

主要指是具有保健价值的资源及产地，如云南腾冲热泉、山西运城盐湖矿泥等。

（二）保护措施

对特级、一级的一类地质遗迹的保护措施：严格划定保护范围，除科研需要经主管机关批准外，严格禁止一切人员和游客入内践踏、接触；必要时建立透明罩、保护馆（埋藏厅），如房山银狐洞的“银狐”保护罩，四川自贡恐龙化石埋藏厅等。

对特级、一级、二级的二类、部分四类地质遗迹的保护措施：划定保护范围，禁止在其内进行建设；禁止机动车行驶入内，游客可借助步行栈道参观；禁止放牧、采石、采矿。

各级的三类、部分四类遗迹的保护措施：严禁采石、采矿、放牧；区内25°坡耕地全部退耕还林；禁止建与公园无关的一切建筑，可按规划建设必要的旅游设施，建设中注意保护地质遗迹露头和生态环境，建设完工后，立即恢复原有植被。

公园内其他地区或外围生态保护区内，禁止生产性采石，采矿；严禁建设一切有污染的企业，现有污染企业应采取措施限期治理，治理后仍不能达标排放的，应停产、关闭或转产；一切宜林荒地均实施绿化，坡度大于25°的坡耕地逐步退耕还林，以防止水土流失。

有关进一步的地质遗迹保护规划将在第三篇中阐述。

第三章　公园与地质公园的分类

第一节　公园的分类

一、公园的概念及其功能

据《辞海》解释，“公园”一词，初解为：“古代官家的园林。《北史 · 魏任城王云传》：‘表减公园之地，以给无业贫人。’”当然在现代可理解为“公众的园林”更为确切，指提供给大众的以绿地为主的游憩之所。

这样，公园通常可以定义为：供公众游览休息，进行文化、体育、游乐和其他休闲活动的场所。这一场所是以绿地为主的有确定边界的露天空间。

这一定义，明确了公园的功能：公众休闲。为了满足这一功能，除了基本的绿色环境外，尚需必要的休闲设施，或安排满足不同身心、文化活动需求的设施，这就出现了不同类型的公园。

二、公园的分类

公园的分类，可从公园服务客体、公园主体特征和公园功能三个方面来进行。从服务客体对象上可分为：城市居民公园、休闲观光公园；从公园自身主体特征可分为：自然公园和人造主题公园；从公园功能上分为：休息休闲公园、科学公园、遗产保护类公园、纪念类公园（和平公园）。城市居民公园和休闲观光公园都属于休息休闲公园。遗产保护类公园包括：自然遗产和文化遗产或双遗产保护类公园。其中，自然遗产保护类公园可纳入自然公园。

因此总体来讲，公园分为七类：城市居民公园、休闲观光公园、自然公园、主题公园、科学公园、历史文化遗产保护类公园、和平公园。

（一）城市居民公园

城市居民公园是为本城居民服务的公园，简称城市公园。城市公园是社会福利性质的公共绿地，是城市不可缺失的基本用地之一，通常占到城市用地总面积的20% ~ 40%，其基本功能是满足城市居民的日常休息、活动（休闲、健身、文化、相互交往等），同时具有城市生态和防灾避难的功能。城市公园的社会福利性质决定了它是免费或象征性低票价对外开放的。公园的维护管理经费来自城市税收。城市公园一般应均匀分散在城市居民区附近或近郊，以方便居民日常休息活动。居民通过步行、骑自行车或乘市内公交车即能在短时间内到达。

适应城市生态和景观要求，城市公园的主体是以乔、灌、草、花为特色的园林绿地。除极少量的为自然林地外，大部分为人工园林；园内安排了较多的游园步道和活动空间；常常设置带有当地文化特色的园林建筑小品、雕塑等；有的还有小型健身、娱乐、服务设施；有条件时，配以人工河湖水面，或利用滨海临江条件引水入园。

（二）休闲观光公园

休闲观光公园是为出行异地的休闲旅游

者服务的公园。由于服务对象主要不是当地城市居民，这类公园一般远离城市，有时在城市郊区，观光者通常要花数小时甚至一天或几天，换乘各种交通工具才能到达。这类公园必须有特色才能吸引异地游客。具有地域特色的大型自然公园，具有异域文化、传统或特殊主题的主题公园，均属这类旅游公园。

有些公园具有特殊的地域特色，又在城市居民区内或近郊，既是城市居民日常活动场所（城市公园），又是吸引异地游客的旅游公园，如北京的北海公园、颐和园等就是两者兼而有之的公园。

（三）自然公园

自然公园是利用自然存在的水、土、林等资源为主，划定一定范围，采取必要的保护措施，安排适当的服务设施，而构成的为公众休闲的场所。自然公园大部分又是自然生态保护区，因而具有保护自然环境和提供休闲游览的双重功能。自然公园内也常常有一些历史文化遗迹，这些既是保护对象，也具有观赏和感受历史文化的价值。这些遗迹长期与自然和谐共存，成为公园的有机组成部分。自然公园一般远离城市，与城市公园功能不同，它不是城镇居民日常必不可缺的活动场所，而主要是面对异地（特别是大中城市）游客，满足他们在一定期限内，要求离开喧闹的城市，改变一下环境，享受自然的旅游欲望。

世界上第一个国家自然公园是1872年在美国建立的黄石国家公园，是在当时美国西部开发中，为了保护这块优美的自然景观，而以国家立法形式建立的能为公众享有的游憩观光公园。之后美国建立了一系列类似的国家公园，参照这一模式，世界各国也陆续建立了各自的国家公园，成为保护自然、服务公众的自然公园。

自然公园，根据其自然资源的不同，可以分为：森林公园、湿地公园、地质公园、海岛公园、沙漠公园等。有些公园兼有森林、草地、河湖、山泉、珍稀动物、地质遗迹等其中两种或多种资源，属于综合自然公园。还有一类公园，是为一定目的而人工营造的自然环境园地，如动物园、植物园等。由于它没有离开自然生物环境，作为一个分支，也可列入自然公园大类中，称为人工环境自然公园。

应该说自然公园，也是认识大自然的实物宝库，就这一功能而言，自然公园又是科学公园，对大众具有科普教育功能。地质公园的这种功能尤其突出。

（四）主题公园

主题公园是旅游资源缺少或客源大的城市（或区域）创造出的旅游产品。主题公园是具有特定文化主题的人造游乐场所，具有明显的商业性，是以吸引游客和追求利润为目的旅游景点。主题公园的这一特性，决定了它的资金投入大，需要庞大的游客市场的支持。主题公园这种人造的旅游品，通常生命周期短，竞争十分激烈。其设计的旅游产品，要能吸引大众就不得不“追新求异”，不断地创造、更新项目，更新形象。园内常有各种主题表演，甚至有不断更新的大型主题演出，以吸引游客，追求经济效益。这是与前述的相对稳定的两大类公园的不同之处。

世界上最早、最成功的主题公园是迪斯尼乐园。我国深圳的锦绣中华、民俗村、世界之窗，北京的大观园，常州的中华恐龙园等都是比较成功的主题公园。

从不同主题分类，主题公园大致可分为：综合大型主题公园、民族文化主题公园、历史文化主题公园、异域文化主题公园、特色文化主题公园、科学技术主题公园、体育健身主题公园等。有时也把具有主题特色的机械游乐园，列入主题公园之列。

以自然景观为主的科学公园，虽有明确的主题，但因其不属于人造游乐景观，为防止误解，一般不列入主题公园之列。

（五）科学公园

科学公园是以科普教育功能为主要特点的游赏与科普教育相结合的公园。它具有保护自然资源（自然环境）和提高公民科学文化素质两大功能。当然后一功能是在观光、游憩、休闲活动中实现的。

科学公园一般分为天然科学公园和人工环境科学公园。天然科学公园如：地质公园、湿地公园、部分森林公园等；人工环境科学公园如：动物园、植物园、海洋水族馆、农业生态园等。

（六）和平公园

和平公园是在战争发生地建立的以倡导和平、警示后人为目的的纪念园。一般分为两类：

1）原来是战争发生地，为纪念战争受害者，而建立的公园，如日本广岛和平公园。

2）在敌对国家和地区的双方的边境地区，以和平公园的方式保护特殊的生态和文化，促进和平与安宁，如韩国与朝鲜欲在非军事区建立和平公园。

最早的和平公园是20世纪30年代美、加之间建立的和平公园，以后世界各地和平公园与日俱增。据不完全统计，现已经有169个和平公园，涉及113个国家和地区。据说，我国上海的和平公园就是在抗日战争中留下的弹药库遗址上建立起来的。

（七）历史文化遗产类公园

国内外都留有大量的历史文化遗产，现在大都开放成为公众游览活动的场所。大致可分为三种类型：皇家园林、私家园林、宗教山林。

1．皇家园林

其中，位于城市中心的皇家园林逐步演变为城市公园，如北京的北海公园等；有的演变为具有为城市居民和外地游客共同服务的双重功能的公园，如天坛、颐和园等。远离城市的，如避暑山庄，以自然生态环境为主，仍应列为自然公园类，或作为一个分支，称为自然文化遗产公园（或风景名胜区），已经演变为对游客开放的旅游景区。

2．私家园林

古代遗留下的，一般空间较小，造景精巧，步道较窄。当初造林时就是为了私家享用的，现在对外开放很大程度上是为了经济利益。作者以为不应将其列入“公园”之列，应作为遗产保护，供研究之用。

3．宗教山林

我国的许多宗教名山，大多属于这类。从公园分类上看，与皇家园林类似。其作为自然文化遗产公园（或风景名胜区），对外开放，接待游客。

第二节　地质公园的分类

一、地质公园的功能

作为自然科学公园的地质公园，其功能是很明显的：除满足“公众休闲”的一般功能外，保护地质遗迹和地质景观、对公众进行有关地球科学的科普教育是其最主要的功能。当然，通过对地质景观资源和其他生态、历史文化资源的整合，发展旅游业，促进当地社会经济发展，也应是地质公园的一种社会功能。

二、地质公园的分类

目前国内、国际还没有统一的地质公园分类标准（或公认的体系）。地质公园分类由构成公园的主要的、最具典型的地质遗迹类型确定。现将几种分类简介如后。

在《国家地质公园总体规划工作指南(试行)》中提出的“地质旅游景观资源类型表”，分为“岩石圈旅游资源”、“水圈旅游资源”和“宇宙旅游资源”3大组，和11类46种旅游景观（详见附录6)。从以下所列举的分类方法中可以看出，该表实际上还没有得到普遍承认和应用。

陈安泽在《国家地质公园概论》一文中，分析了89处世界遗产名录中的地学类公园的特征。将这类公园归纳为4大类：地质构造类、古生物类、环境地质现象类、风景地貌类。将地质构造类又细分成：区域构造、板块缝合带；古生物类分为：古人类、古动物、古植物、恐龙化石和生物礁；环境地质现象类分为：活火山、古火山、现代冰川及古冰川；风景地貌类分为：溶洞、岩溶峰林、岩溶石林、岩溶钙华堆积、瀑布、湖泊、湿地、峡谷、悬崖、砂岩峰林、凝灰岩峰林、砂岩巨丘、丹霞地貌、花岗岩地貌、沙丘等类型。陈安泽同时还对地质地貌景观资源进一步分类，提出了地质地貌景观资源综合分类方案，分为4大类，19类，53个亚类。

赵逊等在《地球档案——国家地质公园之旅》中结合已批准的三批国家地质公园，根据主要地质遗迹学科，将地质遗迹分为：地层学地史学与岩相古地理学遗迹、古生物学与古人类学遗迹、火山学与火山岩石学遗迹、构造地质学与大地构造学遗迹、地貌学遗迹（丹霞地貌、雅丹地貌、岩溶地貌、砂岩峰林、花岗岩峰林峰丛、冰川地貌等，其下层还再细分)、水文地质学遗迹、工程地质学遗迹、灾害地质学遗迹（崩塌地震引起、大范围山体崩滑)。这一分类基本也是三个层次。

范晓在《论中国国家地质公园的地质景观分类系统》一文中将地质景观分为7景型（大类)，43景域（类)，46景段（亚类）和206个景元。

吴胜明在《中国地书——中国21个国家地质公园全记录》中对国土资源部公布的前三批共85个国家地质公园直接按地貌类型分为15类：丹霞地貌、火山地质地貌、古生物化石、地质剖面、峡谷地貌、岩溶地貌、砾岩地貌、冰川地貌、地质灾害遗迹、砂岩峰林地貌、构造地质、风蚀地貌、花岗岩地貌、河流景观、海岸地貌。

还有一些其他分类，这里不再一一介绍。了解地质公园的分类，有利于规划中确定地质公园的性质和突出公园的主题特色。

第四章　构成地质公园的基本要素

第一节　问题的提出

地质公园是科学公园的一种类型，是以展示地质遗迹为主的自然科学公园，是作为保护地质遗迹的重要方式而发展起来的自然公园，又是包容性较宽（除地质景观外不排斥其他自然景观和人文景观）的大众自然科学公园。既然是公园，它就要具备为公众服务的设施，这些设施当然需要通过认真的规划设计才能建设起来。通过这些分析，可以确认，地质公园应该包括的基本要素是：地质遗迹或地质景观；自然生态环境；地质遗迹所在地的原有历史人文资源；保护地质遗迹和生态环境的设施、科普设施、旅游服务设施和配套设施。

从旅游角度分析，构成地质公园的基本要素有两类：①旅游资源要素，包括地质遗迹、生态环境、人文景观；②需要投入建设的各类设施，包括资源保护设施、科学研究和普及设施、旅游服务设施和基础配套设施。

目前旅游业通常包括吃、住、行、游、购、娱六大要素。就地质公园而言，为了管理和规划建设的需要，也可将地质公园归纳为由六大基本要素构成，即地质遗迹、生态环境、人文景观、保护设施、科普设施、旅游服务设施。进一步可简化为“地质、生态、人文、保护、科普、旅游”六要素十二字。

第二节　地质公园的资源要素

一、地质遗迹

地质遗迹，是不可再生的地质自然遗产，具有科学价值。其表露在外的人们可感知的又称为地质地貌。当然对旅游者而言，更关注的是地质地貌中有观赏价值的地质景观。地质遗迹，特别是地质景观应该是地质公园的第一基本要素。地质景观要素，首先由地质专家进行科学考察，提出科学考察报告，并与景观(或旅游)专家研究，最后选择确定。

二、生态环境

作为一个“公园”,一个公共活动的空间，供大众休闲观光的场所，当然应该具有良好的生态环境。就地质公园而言，生态环境中的山、水、林、阳光、空气等一般原有地质地貌没有被破坏（如采石、采矿、开垦、放牧、建筑、污染、灾害等）时，生态环境应视为可选择的生态环境。良好的生态环境，是构成地质公园的基本要素之一。我们在地质公园的选址、确定范围时，不应忽视对生态环境的考察评价和选择。很难想象，没有良好的生态环境的地质公园能长久地生存下去。

三、人文景观

人文景观不是地质公园的必要的条件要素，但在历史悠久的中国，大多数情况下，或多或少都留有人类文化的痕迹，重视挖掘这些文化遗产，对丰富地质公园科学文化内涵十分有益。因此也将人文景观列为地质公园的基本要素之一。

第三节 地质公园的人工设施

一、保护设施

保护设施包括两类：地质遗迹保护设施和生态环境保护设施。这两类保护设施常常有统一或重叠的情况发生，可综合安排。但地质遗迹是不可再生的，采取各种措施保护地质遗迹是建立地质公园的首要任务。这当然也成为地质公园的六大要素之一。

二、科普设施

作为自然科学公园，科普设施是地质公园必不可少的基本设施。它包括地质博物馆、科普教室及相应设备，各地质遗迹点的解说牌和其他科学解说展示设施，地质公园的标志碑等各类相关设施。

三、旅游服务设施

地质公园是观光公园，旅游服务设施当然不可少，是必须有的基本要素。这些设施除包括为旅游业直接服务的游、购、娱、吃、住、行六要素外，还包括支撑这六要素的基础配套设施：道路交通、供水、供电、通信、环卫、环保等。

第五章　地质公园标准体系的建立

第一节　地质公园标准体系的框架

与其他所有事业一样，到了一定的发展阶段，需要建立自己完整的管理标准体系，以促使其健康有序地发展，地质公园事业也不例外。地质公园发展初期，有关机构和部门制定了一些“指南”、“通知”等标准性的文件，对于规范地质公园工作起到了很好的作用。但现实工作中感到，现有的规定还没有形成标准体系，还满足不了申办、建设、管理地质公园的各种要求。

所谓标准是：为在一定的范围内获得最佳秩序，对活动或其结果规定共同的和重复使用的规则、导则或特性的文件。标准应以科学、技术和经验的综合成果为基础，以促进最佳社会效益为目的而制定。该文件经协商一致制定，并经一个公认机构的批准，成为参与该范围活动的各方的准则。某一范围内的活动，其产生、成长（或生产）、使用、管理等，不是一个标准都能涵盖的。需要针对不同的层面、不同的阶段、不同的主客体关系，建立相应的规范、规则、导则、条例，从而形成一个相对完整的标准体系。

这一标准体系从大类上至少包括：地质公园基本标准类、地质公园建设标准类、地质公园管理标准类及其他相关标准等。

1. 地质公园基本标准

地质公园基本术语标准、地质景观分类与价值评估规范、地质公园资格标准、地质公园分类分级标准、地质公园综合考察报告编制规范、地质公园命名办法等。

2. 地质公园建设标准

地质公园规划规范、地质博物馆设计规范、地质公园标识设计准则、地质公园保护设施设计规范、地质公园图例图示标准、地质公园施工建设准则等。

3. 地质公园管理标准

地质公园管理通则、地质公园申报程序、地质公园评审标准、地质遗迹保护条例、地质公园信息管理准则、地质科普导游管理条例等。

第二节　地质公园基本标准

一、地质公园基本术语标准

在从事地质公园的各项活动（包括考察、研究、申报、审批、规划、建设、管理、交流、出版、教学、科普等）中会使用各种术语，为保证开展与地质公园有关的活动正常、科学地进行，科学地统一和规范地质公园中经常出现的术语，十分必要。《地质公园基本术语标准》就是适应这一要求而必须制定的标准。这一标准作为地质公园的第一项基本标准，可以使从事地质公园工作的所有人员（包括科学研究人员、各级各类管理人员、规划建设人员、教师学生、科普导游等）能有共同的语言，减少不必要的麻烦，提高工作效率。

《地质公园基本术语标准》，首先分类列出经常出现的、基本的地质公园术语，对各术语的内涵逐一作出解释或说明，成为科学的或约定俗成的用语。

试举两例：地质遗迹、地质景观。笔者认为可以对其作如下解释说明：

地质遗迹：是指在地球演化的漫长地质历史时期，由于各种内、外动力的地质作用，形成、发展并遗留下来的，具有科学研究价值的、珍贵的、不可再生的地质自然遗产（参见地质矿产部1995年的《地质遗迹保护管理规定》）。

地质景观：具有观赏价值的地质遗迹，并对旅游者产生吸引力，可以为旅游业开发利用的景观（参见《旅游资源分类调查与评价》GB/T 18972—2003）。

应该说，地质景观是地质遗迹的一部分，不是所有的地质遗迹都具有旅游开发价值。当然以上解释还可以进一步商榷，在制定标准时最后确定。现在不少文字资料常常将地质遗迹和地质景观混淆起来，出现了一些不必要的误解和问题。如果《地质公园基本术语标准》能制定出来并正式出版，就有了共同语言，误解和问题便不会发生，工作效率当然会提高。

二、地质景观分类与价值评估规范（含科学价值和旅游价值）

国家旅游局和国家质量监督检验检疫总局于2003年共同发布了《旅游资源分类、调查与评价》（GB/T 18972—2003）标准。这一标准对统一旅游资源工作起到了一定作用，但对地质景观资源的分类、评价尚不能满足地质公园发展的要求，特别是对地质遗迹的科学分类、科学价值评价都不能满足要求。对不同类别地质景观的旅游价值尚待深入准确地评价。因此制定《地质景观分类与价值评估规范》十分必要。关于地质景观分类，国土资源部、联合国教科文组织，以及国内许多专家（如陈安泽、陶奎元、朱学稳、范晓等）都有一些相关文件和研究成果，完全有条件编制相应的标准。

三、地质公园资格标准

国土资源部2000年曾经印发过《国家地质公园评审标准》，实际是一个地质公园评审程序性标准。《地质公园资格标准》是根据地质景观资源及如何才建设成为不同级别的地质公园而制定的具体标准。这个标准包括：哪些地质遗迹具有旅游价值，可以确定为地质景观；不同级别（地方、国家、世界）的地质公园必须具备的地质景观条件和科普设施条件，以及其他必要条件。这些条件不仅包括资源和设施的硬环境标准，还应包括科学研究、遗迹保护、公园管理等软环境的具体标准。《地质公园资格标准》不仅能指导地方政府部门衡量当地的地质公园的资源条件以及其具体建设和申报工作，同时也是评审不同级别地质公园的依据。上下遵守同一标准，以减少矛盾，提高效率。

联合国教科文组织地质公园网络（UNESCO Network of Geoparks）对列入世界地质公园名录的资格作出了明确的定义："地质公园是一个有明确的边界线并且有足够大的使其可为当地经济发展服务的表面面积的地区。它是由一系列具有特殊科学意义、稀有性和美学价值的，能够代表某一地区的地质历史、地质事件和地质作用的地质遗址（不论其规模大小）或者拼合成一体的多个地质遗址所组成。它也许不只具有地质学意义，还可能具有考古、生态学、历史或文化价值。这些遗址彼此有联系并受到正式的公园式管理的保护；地质公园由为实现区域性社会经济的可持续发展而采用自身政策的指定机构来实施管理。在考虑环境的情况下，地质公园应通过开辟新的税收来源，来刺激具有创新能力的地方企业、小型商业、家庭手工业的兴建，并创造新的就业机会（如地质旅游业、地质产品）。”中国主管地质公园的国土资源部地质环境司在《中国国家地质公园建设指南（第二版）》中对地质公园的资格也作了明确的定义：“地质公园（Geopark）是以具有特殊地质科学意义，稀有的自然属性、较高的美学观赏价值，具有一定规模和分布范围的地质遗迹景观为主题，并融合其他自然景观与人文景观而构成的一种独特的自然区域。既为人们提供具有较高科学品位的观光游览、度假休闲、保健疗养、文体娱乐的场所，又是地质遗迹景观和生态环境的重点保护区，地质科学研究与普及的基地。”

上述定义表明不同级别的地质公园资格，是指在一定区域内（世界、全国或省域）比较，要符合如下标准：具有科学和旅游价值的地质遗迹景观、有确定的境域范围、不排斥其他自然人文景观、有专门的机构保护和经营、能带动当地经济发展和创造就业机会。在这五条标准中，往往第一条最受地质专家关注，实际上它决定了该公园的级别（即世界级、国家级、地方级），而地方官员和百姓则更关注最后一条。因此，地质公园的主管部门要协调好两方面的关系；而规划者就是要在地质公园规划中统筹安排各方利益，为主管部门当好助手，提供科学合理的规划。

四、地质公园综合考察报告的编制规范

国土资源部2000年曾经印发过《国家地质公园综合考察报告提纲》（见前述），该“提纲”过于简单，尚不能满足实际调查研究和编写报告的需要。要针对地质公园的资格标准所涉及的五个方面，编制出《地质公园综合考察规范》，它有利于考察人员对资源、社会发展现状的调查有明确的目的和方向，以致对资源的评价更加科学、准确，为下阶段地质公园申报和总体规划提供客观可靠的资料。

五、地质公园的命名办法

随着我国地质公园大批涌现，地质公园的命名也成了一个人们关注的重要问题。任何事物的名称应该是这一事物的标识，它虽然是一个符号，但由于它是公众对这一事物的认知的第一印象，因此命名问题就十分重要。地质公园是一个新事物，要能使各类、各级地质公园为公众所接受，准确、科学地规范其名称，已经摆到地质公园工作的重要日程上来。“地质公园”这一名称非常科学、准确，不用太多解释，大众就能很容易联想到，它是一个接受地质科普知识的休闲场所。如“福建漳州滨海火山地貌国家地质公园”，这个名称明确地告诉公众：这个事物的地点（福建漳州）、地区环境特色（滨海）、景观类型（火山地貌）、等级（国家级）、性质（地质科普类）、作用（休闲场所）。应该说这是一个科学、准确而完整的命名，这个名称给公众印象深刻，很容易决定自己对它的态度和行动。在我国现有的近百个各级地质公园中，像这样命名的地质公园并不多。有些是“地名＋地质公园”，这样的名称，除非原来就有知名度，否则公众很难对它产生注意或兴趣。范晓认为：“一个好的命名将有助于地质公园的宣传与推广，并成为公众对地质公园认知的一个重要标识。”因而制定《地质公园命名办法》，科学、准确地规定地质公园命名的原则和规则，对公园的宣传推广和科学管理都是十分必要的。

第三节　地质公园建设标准

一、地质公园规划规范

为规范指导地质公园的建设工作，国土资源部于2000年制定了《国家地质公园总体规划工作指南（试行）》。这一指南在地质公园发展初期，对规划工作起到很好的指导作用，应该给予充分肯定。但地质公园发展到今天，从地质公园规划的实际工作中提出了一系列新问题，同时也积累了不少新经验；加上这个指南基本是参照国标《风景名胜区规划规范》(GB 50298—1999）制定的，与地质公园实际存在着一定差距和遗漏，因此总结已有的经验，制定符合本行业特点的《地质公园规划规范》已经有可能，也十分必要。同时该规范更要考虑地质公园建设中提出的实际细节问题，为《总体规划》编制完成后进一步的《地质公园建设规划》编制提供指导。本书的出版也许能为《地质公园规划规范》的制定提供某些参考。

二、地质博物馆设计规范

地质博物馆是专业博物馆，是天然地质遗迹的集中展示和科学解说的课堂，除有一般博物馆的特征外，也有其特殊的专业特点。目前地质博物馆一般由建筑设计单位进行设计，由地质专业人员提供展品和素材，委托展览公司制作展板和展台布展。由于无法规依据，协调操作比较困难，只能各自按照原行业的规范、习惯设计和操作，常常各行其是，难免不协调，甚至出现矛盾。为克服这一现象，集中规划、建筑、地质、展示各方面的专家进行调研，制定统一的地质公园博物馆设计布展规范十分必要。规范内容主要包括：博物馆规模的确定依据，建筑外观与不同类型地质公园的协调、馆外环境设计要求，展线设计，门厅、实物展厅、图表文字展厅、专门展厅、多媒体演示厅，库房、服务用房、研究用房等建筑面积的确定、空间布局的安排等。

三、地质公园标示系统设计准则

地质公园标示系统是指将公园形象、科普解说、导游、交通引导、管理等用完整的视觉识别表达体系向公众（游客）提供的信息服务系统（详见第四篇）。与其他风景区或旅游区相比，地质公园作为科普类公园，解说系统十分重要。游客可通过这种解说牌，走进认识地球、了解地质遗迹知识的科学大门。也由于地质公园的特殊科普性质，建立其相应的标示系统也十分必要。为指导地质公园标示系统的设计，制定相应的设计准则十分必要。

四、地质公园保护设计规范

保护地质遗迹是建立地质公园的重要目的之一。要使地质遗迹能够得到有效的保护，在地质公园规划编制完成后，应该进一步设计具体保护措施，对公园的地质遗迹和生态环境实施有效的保护。目前，对地质公园的保护，原则讲的多，除了划一个保护范围外，其他措施就没有了。这是因为缺少具体的保护措施的设计，或不知道如何设计。为了统一和指导地质公园的保护设计，十分需要制定相应的设计规范。

当然，如果可能，后三本设计规范（准则）也可以纳入《地质公园规划规范》内，作为其配套规范，这要由地质公园主管部门来协调确定。

第二篇
地质公园规划总论

第一章　地质公园规划的宗旨和内容

第一节　地质公园规划产生的背景

地质公园规划最初是作为申报国家地质公园必须提交的材料之一而正式产生的。2000年，中华人民共和国国土资源部正式启动建立国家地质公园，受理各地方国土资源部门的申报工作。在制定的《国家地质公园评审标准》中提出申报国家地质公园必须提交下列材料：

（1）拟建国家地质公园申报书；

（2）拟建国家地质公园综合考察报告；

（3）拟建国家地质公园总体规划；

（4）拟建国家地质公园位置图、地形图、卫片、航片、环境地质图、植被图、规划图及文献等图件资料；

（5）拟建国家地质公园的地质遗迹及主要保护对象的录像带、照片集；

（6）批准建立省（自治区、直辖市）级地质公园的文件、土地使用权属证等有关资料。

在上列资料中，第（2）、（3）、（4）项是属于地质公园规划范畴的工作，也是地质公园规划的主要内容。其中第（2）项《综合考察报告》是规划前期调研的成果；第（3）项《地质公园总体规划》属规划的第一阶段成果，对公园作总体安排；第（4）项属前期调研的附图，是总体规划的部分图件。

与此同时，颁布了《国家地质公园总体规划工作指南（试行）》，用以指导地质公园总体规划的编制。

2002年，由国土资源部地质环境司主持，四川省有关单位参与编制《中国国家地质公园建设技术要求和工作指南（试行）》。2003年，国土资源部又正式通知，申报国家地质公园的材料，“还须增加国家地质公园建设实施方案和地质博物馆建设内容方案，其具体要求按照《中国国家地质公园建设技术要求和工作指南（试行）》进行制定。”说明国家对地质公园的建设问题已经开始重视。

《中国国家地质公园建设技术要求和工作指南（试行）》是一本关于地质公园发展背景、标记、分类、建设、管理等多方面内容的工作指南。笔者分析，此指南主要是为了迎接地质公园开园揭碑而制定的。对于公园规划、建设中提出的各类问题，尚有待进一步总结经验、逐步解决。

实践中发现，地质公园的建设还是要经历总体规划、详细规划（或称建设规划）、工程设计、施工建设、经营管理几个阶段，才能使一个地质公园有序地建设好、经营管理好。不同阶段，工作重点不一样，参与的专业人员组成也不一样。仅有总体规划，并不能满足公园的建设需要，因此出现了编制更详细的园区建设规划、地质博物馆设计、园碑设计、解说牌设计、保护设施设计、景观设计、园区大门设计、道路和配套设施设计、旅游服务设施设计等的要求。不同业务领域的专业人员共同参与地质公园的规划、设计和建设工作成了必然的选择。而地质公园规划在其中起着主导作用，其规划成果对公园的各类设施的设计和建设具有协调和指导意义，是其他任何研究成果所不能代替的。

在这样的背景下，地质公园规划受到了与地质公园相关的各部门、单位的重视。如何科学地编制地质公园规划？需要回答编制规划中提出的各种理论和实践问题，一门边缘应用技术学科——地质公园规划应运而生。

第二节　地质公园规划的目的

任何一类规划的目的都是对该事物（事业）的未来发展目标作出总体安排和具体计划，用以指导其向着既定目标一步一步去实施。地质公园规划也是这样，它是对特定范围内的地质遗迹价值作出评价，为实现其价值，对地质遗迹保护、利用作出总体安排，并为指导公园的建设作出具体计划和部署。

当然，最初，地质公园规划首先是作为申报国家地质公园的必要条件而提出的。很显然，地质公园的倡导者和管理者从一开始就重视公园未来的发展，希望用规划来指导地质遗迹的保护和公园的发展、建设。

2001年至2005年，国土资源部先后分四批，审查批准设立了138个国家地质公园（见附录2）。从已批准的这些国家地质公园名录中，直观地看到几种情况：有的已经列入了世界遗产名录，如庐山、黄山、九寨沟、黄龙、泰山等；有的是国家风景名胜区，如五大连池、嵩山、雁荡山、丹霞山、四姑娘山等，总计有44个，占已批准设立的138个国家地质公园的32%，占现有的177个国家风景名胜区的25%；有的已列入国家自然保护区或国家森林公园。这些景区大体上已经建成并对外开放、接待游客。为什么这些旅游区也还要申报国家地质公园或世界地质公园？其中各有不同目的，不在我们讨论之列。但它们必须达到地质公园的基本标准，要进行必要的地质遗迹保护和地质科普教育设施建设，对原有的接待设施作相应的调整，处理好地质遗迹景观与其他景物的关系，提升原有景区的品质，因此需要编制相应的地质公园规划。

当然，大部分具有地球科学价值、地质景观较好的新景区，要建设成为地方级、国家级地质公园，更要从头做起。首先进行科学和旅游资源的综合考察、评价，并按地质公园要求编制地质公园规划，用以指导地质公园的发展，保护地质遗迹，控制公园各类设施建设。

总之地质公园规划是指导地质公园发展、保护和建设的纲领，也是申报各级地质公园的基本文件之一。

第三节　地质公园规划的基本内容

地质公园规划的内容要根据不同特点的资源条件和原有景区的发展现状确定。如地质遗迹资源赋存情况和其他景观丰度不同，新景区和发展成熟的景区，在作为地质公园而进行规划建设时，其内容和重点是不同的。但通常地质公园规划的基本内容包括：要对地质遗迹资源进行总体评价，确定地质公园的性质和主题特色，选择应保护的地质遗迹和可利用的地质景观，确定地质公园范围并明确公园范围内各组成部分的功能，制定地质公园的发展目标和为实现既定目标而安排的各项措施等。

一、地质遗迹资源的总体评价

在分析公园所在地的自然社会条件的基础上，对地质公园范围的地层岩性、地质构造和地貌特征作出简明的阐述；对典型地质遗迹的科学价值作出评价，这种评价包括对地球纵向演化中和区域横向比较中科学研究的意义进行评估；还要将有欣赏价值的地质景观逐一列出，并对其旅游价值作出总体评价。

地球是人类的最基本的生存环境，地球的发展历史保存在地层之中，要靠人类自己去解读。而地质遗迹是大自然留给人类认识地球的最宝贵的实物教科书，是最宝贵的自然遗产，人类要保护它，认识它，解读它。地质公园规划的第一项任务就是要对其范围内的地质遗迹的科学价值和旅游价值作出恰如其分的总体评估。

当然，对地质公园范围内的其他自然、历史文化资源的旅游价值作出必要的评估，也是地质公园规划的重要内容之一。

地质遗迹资源的总体评价的主要依据，是以地质专业人员为主，与其他专业人员（包括规划人员）共同考察现场并编写的《地质公园综合考察报告》。

二、地质公园的性质和主题特色的确定

每一处地质公园的性质都是由该园最具典型意义的地质遗迹类型确定的，其主题特色也是由最具吸引力的地质景观确定的。专业规划人员（城市规划人员或旅游规划人员）往往由于缺乏地质专业知识，通常要向地质地貌专业人员学习，并与其一起深入公园进行现场调查，共同分析、研究并最终确定所规划的地质公园的性质和主题特色。

三、地质遗迹和地质景观的选择

（一）确定需保护的地质遗迹

建立地质公园的重要目的就是保护人类赖以生存的地球发展记录——地质遗迹。它是由一系列具有特殊科学意义、稀有性的，并能够代表某一地区的地质历史、地质事件和地质作用的地质遗址组成的。哪些地质遗迹具有科学价值？这需要地质专家进行现场考察，结合已有区域地质调查资料和国际对比综合研究来确定。

（二）选择地质景观

具有观赏价值的地质遗迹和地貌景观的选择，需要规划人员与地学、生态学、景观专家和熟悉当地资源的官员、百姓共同深入现场考察、调查、研究，逐个落实，记录在案，这是一项认真细致的工作。最终是否被纳入地质公园范围，尚需根据多种因素比较、选择而确定。

四、确定地质公园范围

（一）确定地质公园范围的原则

确定地质公园范围是地质公园规划特别是地质公园总体规划的最重要的内容之一。根据笔者的多年经验和对一些较好的地质公园规划文本的分析，可以总结出公园范围的划定应遵循的原则。

1. 遗迹保护原则

对最典型的、具有科学价值、最易受破坏的地质遗迹，需要进行特别保护，应作为地质公园的重点区，划入地质公园范围内。

2. 完整性原则

体现拟建地质公园的地质特征、地质遗迹完整性的区域均被划入地质公园范围内。

3. 旅游价值原则

典型的、有科学价值的同时具有极大旅游价值的地质遗迹景区，理应被划入地质公园范围内。

4. 与原有各类规划的衔接协调原则

在建立地质公园之前，其相关区域已经被批准建立了风景名胜区、自然保护区、森林公园或其他旅游区，有的甚至已经被列入了世界遗产名录，这些大都编制了相应的规划。编制地质公园规划时，应根据实际，尽可能与原有规划衔接协调。

5. 实事求是原则

在实际工作中，情况是十分复杂的，合理选择和划定地质公园的范围也是相当复杂的。因此，实事求是地处理选择公园范围中出现的问题，是地质公园规划工作经常遇到的重要任务。

（二）关于地质公园的规模问题

1. 问题的提出

地质现象在时间和空间上都是巨大的。时间是以百万年、千万年甚至上亿年计；变化的空间范围大至数千公里、数百公里，小至数十米甚至到毫米级。作为地质公园，若将上千数百平方公里范围内的用地都列入地质公园范围，将给地质遗迹的保护、公园的建设、公园的管理以及范围内居民生产生活带来一系列难以解决的问题。因此，实事求是合理控制地质公园的范围和避免因范围过大造成的麻烦具有现实意义。

2. 具体分析

1）从旅游景区的安排而言，旅游者的活动范围是一个景点、一条线，并不是一个面。一般一个自然公园真正能对外开放的区域实际也只有几公顷至几平方公里；其余作为本底环境，给予保护就可以了。

2）公园的建设和管理，也要求范围不能太大，太大必然增加建设成本，增加维护管理人员和费用，这里不需再作详细阐述。

3）从保护地质遗迹角度而言，只有重点保护、分级保护，才能使最有科学价值的遗迹得到真正保护。

4）居民安置问题。与国外不同，中国是一个人口最多的国家，人口密度很高，全国平均达 130 人 /km^2，中、东部地区远超过这个数字。已命名的国家地质公园面积大都超过几百平方公里，公园范围内的居民一般有数万人，人口密集区甚至达到数十万。这么多的居民在“地质公园”内生活、生产，公园如何管理？居民生产、生活要不要安排？这么大的范围内的地质遗迹是否都能得到有效保护？这些都是问题。

笔者在漳州滨海火山国家地质公园规划中就碰到了这样的问题。漳州地处沿海，人口密度达 1000 人 /km^2，最初要划入公园的陆地范围超过 100 km^2，范围内人口有 10 多万，从居民调控规划角度就很难安排。后来进行调整，只将最需要保护的地质遗迹划入公园范围，个别重要的、需要特别保护的地质遗迹用“飞地”的方式划入。这样调整后，陆上的面积为 30km^2，范围内人口缩小到约 3 万人，并对其土地、产业结构作了适当调整。总计为地质公园服务安排了5000劳动力，当然也只安排其总劳动力的一半。

3. 笔者建议

笔者建议将地质遗迹划分为三类（或三级）保护区：①将最需要保护的（最典型、最稀有、最有科学价值和容易受到人为破坏的）地质遗迹所在地块列为 1 类（级）保护区；②将具有很高景观和旅游价值的地质遗迹区域列为 2 类（级）保护区；③考虑地质遗迹形成过程的完整性和系统性，需要将更大的范围划入，将这个范围列为 3 类（级）保护区。

在确定地质公园范围时，只能将第 1 类、第 2 类保护区列入公园内；个别远离中心且有特殊科学价值的遗迹，可以用“飞地”的方式划入公园范围内。这样从全国来看，地质公园面积大体可控制在 10 ~ 100km^2 的范围内。这样的规模既便于建设管理、游客活动，又能使最应受到保护的地质遗迹得到有效的保护。

而第 3 类保护区被列入公园外围监控区，该区除非进行大规模采矿，一般不易被人为破坏。外围监控区的居民除不得采石、采矿、毁林外，可正常生产、生活。外围控制区可扩大至数百上千平方公里。

五、制定地质公园发展目标

与编制其他任何规划一样，地质公园规划必须制定发展目标。包括长远目标和近期发展目标；总体发展目标和分项目标。

（一）长远和近期目标的制定

长远目标是指经过较长时期的地质公园建设最终达到的总体发展目标，这一期限的长短决定于现有公园的发展状况。若公园已经是成熟的风景区、自然公园，各种设施已经完善，已经对公众开放多年，规划的目标主要是保护地质遗迹、增加科普设施等内容，提高公园的科学品质是新的目标，应该说这一期限很短，长远与近期目标合一，在2～3年内应该实施此目标。若公园是一个新的旅游区，或各种设施尚不完善，园区内居民较多，要借地质公园来完善、提高景区品质，需要对社区作出妥善安置，投资较大，要用较长时间进行建设，才能达到既定发展目标的，可以在长远的总目标前提下安排近期发展目标。一个地质公园最长建设期一般不要超过15年，以后属于保护、维护经营期。近期建设安排通常为3～5年，主要安排最基本的地质遗迹保护设施、游客服务设施（主要为步行路）和地质科普设施。近期目标的期限和目标要根据现有景区的实际情况和经济条件来安排。

（二）总体目标的制定

总体发展目标指在长期努力下，地质公园最终达到的三项基本功能：地质遗迹（包括生态环境）得到有效保护、科普设施完善并成为吸引青少年的科学和环境素质教育基地之一、有利于当地经济发展。总目标可以给出一个相对稳定的数量指标或对目标的质量进行描述。

（三）分项目标的制定

分项目标包括：地质遗迹保护、科普设施建设目标，景区或景观建设目标，服务设施目标，生态环境目标，社会经济调控目标，经营管理目标等。

六、为实现既定目标而安排的措施

（一）地质遗迹保护措施的安排

保护地质遗迹是建立地质公园的根本宗旨之一，因此对地质遗迹的保护措施作出相应的和具体的安排是地质公园规划不可缺少的内容。其保护措施可通过规划的专门章节来阐述。

在国家《地质遗迹保护管理规定》中，从宏观的角度提出了对地质遗迹实施按级保护的方式。在实际规划工作中，为了安排保护地质遗迹的具体措施，发现情况十分复杂，针对这一情况，不得不进一步探索新的分类方式，以提出较为切实可行的措施。详见第三篇第九章地质遗迹保护规划。

（二）地质景观游赏条件的安排

地质景观游赏条件通常包括：进入、导向、科普解说、展示等。规划内容之一就是要安排完善的游赏条件，使地质景观为游客充分享用，使游客得到科学知识、美的享受、愉悦的体验。

1. 进入条件

进入条件指游客从到达公园门区后，再将游客送到最佳观赏点或体验区的各种方式或措施。这些方式可以根据具体的自然地形、距离的差异，安排步行路、游览车（电瓶车）、游船、滑道、索道等。规划应首先考虑安排步行路，距离长时安排游览车；地形、水文条件允许时，可利用原有水面或筑坝形成人工水面，安排游船；地形高差较大时，为减少游客体力过多消耗，可选择合适位置，安排索道、滑道。

2. 导向指示系统

为方便游客，需在游线上的转折点、叉路口、景点、卫生间和其他服务设施口设置指示牌，形成完善的导向指示系统。

3. 科普解说系统

普及地质科学知识是地质公园的主要功能之一。科普解说系统包括地质博物馆和各景点前的解说牌。从地质博物馆，可获得本公园地质地貌概况及其基本科学知识。对分散在全景区的地质遗迹、景点，安排解说牌，编写解说词，在关键地点安排导游图，为游客具体了解所看到的地质遗迹科学知识提供便利。同时在博物馆内安排科普教室，拍摄、编制科普影视片，编写科普教材，这都属于科普解说系统规划内容。

4. 展示条件

展示条件指寻求观赏地质景观点的最佳部位、安全环境，以及到达这一地点的交通安排。这些都是在详细建设规划和景点设计中要完成的任务。

（三）旅游服务设施的安排

旅游服务设施包括：停车场、门区设施（公园碑牌标志、大门、售票处等）、游客咨询服务中心、购物点，有的还包括住宿、娱乐设施等。

（四）配套设施的安排

配套设施包括因地质公园建设而必须安排的道路交通、码头、供电、供水、排水、环卫、通信等设施。规划要对这些设施的规模进行预测估算，并对其空间位置作出安排。

（五）原有居民的安排

由于地质公园不像城市公园那样没有原住居民，在我国人口密度达到 130 人 /km^2 的条件下，很难找到无人区用以建设地质公园，面对这一课题，地质公园规划必须对原有居民的就业和生活作出合理安排。这种安排我们通常称为居民社会调控规划。居民社会调控规划，包括对公园内居民点的现状分析（人口、经济依赖性、用地状况等）、规划人口的安排和控制、产业转型和增加就业的安排、对地质资源和绿色环境可能造成破坏的控制措施等。规划应努力做到地质遗迹保护、公园建设、游客观光休闲、居民生产生活能和谐协调发展。

（六）公园的管理和经营条件的安排

公园的管理者包括公园园长，地质遗迹保护、生态环境（林业）保护、科普教育和其他专业人员。规划必须安排管理者所需的办公用房、值班人员生活用房，还要安排部分职工（保安、环卫、绿化等）用房。如果属跨区域的大型地质公园，还要安排该公园的协调管理服务人员的办公用房。

公园的经营者包括公园经理、营销、导游、财会等，规划必须安排经营者的办公和经营用房、值班员工生活用房。

实际规划中常常将管理和经营条件综合在一起考虑，统一安排经营、管理用房。

第二章　地质公园规划的程序

第一节　地质公园建设程序

与城市建设、风景区建设程序一样，地质公园建设也有相似的规律，遵循着一定程序进行。这程序一般包括：立项、考察和调研、规划、设计、建设、管理。就一般而言，这6项工作是顺序进行的，后一项工作应该在前一项得到论证批准后才能进入下一步实施。

其中前四项（立项、考察、规划、设计）我们统称为“前期工作”。除去立项主要由政府部门负责外，后三项应列入地质公园规划设计程序中，委托专业单位进行专门的编制工作。

地质公园规划设计程序应包括：现场考察和资料调研、编制综合考察报告、编制总体规划、编制公园设施建设规划、进行工程设计。现按此程序和其成果，简述于此后。

第二节　地质公园规划的调查研究

一、调查研究的目的和重要性

调查研究是任何规划的一项基础性工作。对地质公园规划而言，调查研究更为重要。地质公园是科学公园，没有对园区地质演化历史、地质构造、地层、岩石、古生物化石、水文、地貌等的充分了解，就不可能对其作出科学的评价和作为科普教育基地的评价；地质公园又是对公众开放的观光休闲的场所，如果规划者不到园区现场实际考察、体验，就不可能对其旅游观光价值作出定性和定量的评价。

调查研究的目的是弄清其资源科学价值和旅游价值，园区的发展历史和现状，区域的自然、地理、文化、历史的背景和社会、经济发展的状况，建设地质公园的基础条件和存在的主要矛盾、需要解决的问题等。只有充分的掌握了大量的这些资料，对其有深刻的理解，才能对本公园规划做到心中有数，才有可能编制出科学的、高瞻远瞩的、符合实际的、对公园建设具有指导意义的规划。

二、调查研究方法

调查研究的方法有现场考察、问讯、查找阅读资料、讨论座谈等。

（一）现场考察

地质公园规划编制人员一般要参与地质专业人员的现场考察，了解园区范围内地质遗迹的科学价值、分布；初步评价其景观价值。作为非地质专业的规划编制人员，首先在现场接受地质科普教育，了解其地质演化历史、构造特征及其科学价值；还要了解重要地质遗迹的整体分布，初步划定其保护范围、保护方式；要现场研究其地貌景观特征、分布、旅游价值和向游客展示的方位、方法等。对以上这些都要随时记录、摄影或摄像，使其成为规划的原始资料。

现场考察一般应带有相应比例的地形图、地质图。地质公园园区总体规划考察，一般宜带1∶50000或者1∶10000的地形图；园区建设规划考察一般宜带1∶2000或1∶1000的地形图。

现场考察当然还包括生态、人文景观旅游资源调查，村落社会现况，土地利用现状，配套设施现况，水文水源、环境状况等。

（二）问讯

问讯指现场考察时向当地居民或向导了解情况。如果是已经开放的旅游景区，还可向游客了解对景区的感受，必要时发问卷以了解游客的来源、类别等。

邀请当地了解情况的官员、干部、群众开座谈会，也是一种必要的问讯方法。往往在座谈会上，七嘴八舌议论可以了解到更多更深入、更生动的一些情况、问题及当地居民愿望，对规划的针对性、可操作性提供了宝贵信息。

（三）查找阅读资料

搜集查找所有可能找到的前人的本区域的地质填图、报告、研究成果。

查找当地的地方志、地方年鉴、统计资料等是不可缺少的了解规划园区的过去和现状的有效方法。通过查找当地的国民经济和社会发展规划、土地利用规划、城市规划、自然保护区规划及其他各类规划，可以了解到当地未来发展的目标和发展措施，有利于地质公园规划与这些规划相协调，并有利于其实施。

（四）资料整理

收集到的资料必须立即进行整理，分类登记，归档管理。对现场的原始调查记录，除登记归档外，有些还要作出必要的回忆、补充，整理成文。对现场拍摄的数码照片要及时整理，注清拍摄地点或景点名称。对搜集到的不同比例的地形图、区划图、土地利用现状图、地质图等，在必要时应及时扫描，并转为电子版存档。

三、调查研究的内容

调查研究的内容主要包括以下几类：

（一）地质、地貌学类

调查公园区内的地质遗迹，研究本区域的岩层特征、构造、形成及其变化和演化历史、古生物变化历史；掌握地貌形态特征、结构及其发展和分布规律；以及水文、水系的特征及分布。当然还应调查研究可能发生的地质灾害及其分布规律。

（二）自然生态环境类

包括区域气候及园区小气候；植被状况、林相特色、物种及生物多样性；生态环境状况、居民与自然环境关系状况（人口密度、生产生活对环境的影响、保护措施、居民环境保护意识等）。

（三）社会经济类

包括其所在行政区域的总体社会经济发展总体水平和人均平均水平；公园区内社会经济发展条件和发展水平；还包括区域的社会经济文化历史，所有未来的各类社会经济发展计划、规划等。促进自然保护区域经济社会的可持续发展是地质公园事业的基本目标之一。因此，在编制地质公园规划中，调查评估园区居民对本地自然条件的依赖程度，及建园可能给当地居民就业和社会经济发展带来的利益，应给予特别关注。

（四）旅游资源类

应详细调查可以作为旅游资源的地质遗迹（地质景观），详细记录地质景观的分布及其产生背景；考察中，可在地质景观现场进行评价、命名，选择最佳观光位置，并作详细记录；高质量地拍摄所有地质景观资料。

此外，规划编制者对园区内可能存在的所有自然、人文景观资源都应进行实地考察、体验，如实地笔录景观环境和特色，对其作现场评价，并拍摄实际景观资料。

四、调查研究的成果

(1) 将所有搜集到的各类资料进行分类，编制目录；

(2) 园区景观照片及其说明图册；

(3) 地质景观和自然、人文旅游资源名录表，包括各自的特色描述及其评价；

(4) 地质景观及旅游资源分布草图；

(5)《地质公园综合考察报告》。

第三节　地质公园规划设计阶段的划分

本章第一节地质公园规划程序中已经论述，现场考察调研和编制《综合考察报告》后，下一步就是建设公园的前期工作。①编制总体规划，对地质公园作出总体安排；②在总体规划指导下，编制公园设施建设规划，对各类设施作具体详细安排；③在建设规划的基础上，分别对各类设施进行具体工程设计，作为公园各项设施进行施工建设的依据。

一、地质公园总体规划

在对地质景观和旅游资源分析的基础上，对地质公园作出总体安排，称为地质公园总体规划。具体包括：

对地质公园建设的软环境进行分析，选择并确定规划依据；

确定地质公园范围；

公园内自然社会经济状况的分析（包括：公园所在地及周围经济辐射区的社会经济结构及发展潜力，公园旅游开发的基础条件分析和评估。例如区位、交通、基础服务设施等）；

公园旅游业发展的优势、劣势、机遇和威胁等环境因素分析；

公园所在区域地质背景及主要地质遗迹的简明分析介绍，明确其区域在全国甚至世界范围地学研究中的意义和价值；

公园的地质景观转化为旅游产品的可行性评估，其他自然和人文旅游资源的总体评价；

公园园区总体布局，旅游和科普设施的总体安排；

地质遗迹和地质景观保护的安排；

地质遗迹科普解说规划；

环境保护和绿色环境保育规划；

环境容量控制（确定整个园区允许的游客总量和建筑总量值）；

公园的旅游客源市场的现状分析及预测；

道路和旅游线路规划、服务和配套设施规划；

公园土地利用规划；

地质公园社会、经济、环境效益分析；

社会经济调控规划（各类利益集团，如政府、社区居民、企业、投资商、科学机构、社团等，对公园旅游开发的态度、参与程度的分析和协调）；

管理体制设计等。

地质公园总体规划成果包括：总体规划说明书、文本和规划图纸。总体规划图纸比例一般为1 : 50000 ～ 1 : 10000，个别特别大的公园总规图纸比例可以放宽到1 : 200000 ～ 1 : 100000。

二、地质公园建设规划

地质公园建设规划是指在总体规划的指导下，详细划定园区内各类设施建设用地的范围，规定建设用地范围内各项控制指标，对具体的保护设施、旅游设施（工程）、配套设施进行详细的布局安排。地质公园建设规划相当于用地控制和各类设施的详细制定及其具体安排。具体包括：

确定公园边界的详细位置；

公园进出口位置、标志碑位置、入口道

路、停车场和门区平面布置；

各园区、景区、主要景点的平面布置；

旅游设施用地安排、平面布置和竖向规划；

重要保护地质遗迹范围的划定、保护措施的安排；

地质景观对外开放参观点的安排和科普解说牌的具体位置安排；

地质博物馆的规模、用地、平立面设计要求、展示内容和方式安排；

公园区内道路、停车场、步行路平面布置和竖向设计，其他交通（如索道、电动车道、客船码头等）设施规划安排；

安全设施和灾害应急措施规划；

对各类保护设施、标识解说牌碑、旅游服务设施、建筑物、景观小品设计提出规划设计条件和风格统一的要求；

投资估算。

地质公园建设规划成果包括：规划文本和规划图纸。规划图纸比例一般为1:1000～1:5000，必要时可提供效果图。

三、地质公园各类设施的工程设计

公园各类设施的具体工程设计的目的是满足地质公园的施工中所需的图纸和要求。具体项目或单体工程有：

公园门区设计，包括大门、标志碑、票房、信息咨询中心、卫生间、停车场、公共活动场地设计；

地质博物馆设计，包括展示流程、建筑设计和结构、水电设施设计；

科普解说牌、碑设计，标识、指示牌设计，界碑、界桩设计；

必要时可做公园视觉形象设计；

景区内景观小品设计；

景区内辅助服务设施设计，包括：旅游卫生间、垃圾筒、小型服务商亭、小餐饮店及休息亭、台、桌椅等设计；

道路、桥涵、步道线路和工程结构设计及其他交通设施设计；

配套基础工程如供水、供电、排水、污水治理等，必要时还有供暖、气、通信等其他公用设施；

绿色环境恢复、营造设计等。

其他宾馆、度假村之类可不列入地质公园设计范围之内，另行安排，专门设计。

第四节　地质公园规划成果

地质公园规划成果包括：综合考察报告；总体规划文本、规划图件及规划说明书；建设规划及图件；设施的工程设计图纸及说明。

一、综合考察报告

地质公园综合考察报告主要是为申报各级（省市级、国家级、列入世界名录）地质公园提供的基础资料。其成果对地质公园基本概况给予较详细的介绍，对区域地质背景及地质遗迹给予深入阐述和评价。

地质公园概况包括：地理位置、自然条件及园区范围；主要保护对象及目的和意义；地质公园及其周围地区社会经济状况及其评价；科学研究概况；地质公园保护管理现状（机构设置与人员状况、边界划定与土地权属状况、历史沿革、基础工作和管理现状）。

地质背景及遗迹评价包括：区域地质背景、地质遗迹的形成条件和形成过程、地质遗迹类型与分布、地质遗迹评价等。

二、总体规划成果

（一）总体规划文本

总体规划文本是指导地质公园下一步规划、设计和建设的纲要性文件，也是申报国家地质公园的必要文件。规划文本通常用条文式表示，是地质公园实施、建设和管理经营中应遵守的法规性条文。规划文本不能理解为规划说明书的缩写本。

（二）总体规划说明书

总体规划说明书是对规划的详细说明，它详细解释编制规划的缘由、原则、方法及对规划内容的更深入的阐述；它是对资源的描述、分类、评价、整合、利用及其市场、效益分析等。规划说明书一般分章、节用文字详细叙述；同时可利用图、表等手法整合、分析已有资料。规划编制中往往先编写说明书，后归纳筛选为文本。

（三）总体规划图件

图件是总体规划不可缺少的重要组成部分，是规划文本的直观表示形式，与文本具有相同的法规效力。地质公园总体规划必须编绘如下图纸：

地质公园地理区位分析图；

地质公园区域地质图；

地质公园区域影像图；

地质公园地质遗迹和地质景观分布图；

地质公园旅游资源分布图；

地质公园园区范围及土地利用现状图；

地质公园总体规划布局图；

地质公园旅游设施布局图；

地质公园地质遗迹保护规划图；

地质公园生态环境保护规划图；

地质公园交通规划图；

地质公园旅游线路规划图；

地质公园近期实施项目规划图。

其中第一幅区位分析图，通常由几幅图组成，分别表示：本公园在本区域（省或市）的位置、在全国的区位、在世界的区位，各分图的比例根据实际来确定。

除区位图外，其他图的比例尺根据公园占地规模和分布特征来确定。当园区占地面积在 100km^2 以下时，可采用 1∶10000 或 1∶20000 的比例尺；当园区面积大于 200km^2 时，可采用 1∶50000 的比例尺。

规划图纸可在标准的地形底图上绘制，但每一幅规划图纸都要突出该图所应表示的内容，突出区域空间范围的应填色彩，突出线路的要用粗线。所有图纸应符合一般规划图纸的基本要求，如有图名、比例尺、指北针（或风向玫瑰图）、图例等。

三、建设规划成果

地质公园建设规划是管理园区内各项建设的依据，为满足这一需要，对规划的成果要求细致准确。其成果一般由规划说明书和规划图件组成。

（一）建设规划说明书

地质公园建设规划说明书成果包括：简要说明总体规划核心内容和规划的总体布局；主要地质景观展示的安排；详细规定各类用地的界线、控制要求；道路和配套设施（管线）的规格、走向；各类旅游设施项目的具体安排和控制；对配套设施、科普设施、保护设施、基本的旅游服务设施等列出估算表。

（二）建设规划图件

图件是建设规划的主要成果，是公园建设管理的主要依据。规划图各类界线要用坐标表示，竖向位置用高程表示；规划图中各类设施位置和各种线路走向要具体明确。地质公园建设规划至少应有的图件如下：

地质公园总体规划布局图（比例与总规同）；

地质公园旅游设施布局图（比例与总规同）；

地质公园边界图（注明坐标）（比例与总规同）；

特殊地质遗迹保护规划图（根据实际确定比例尺）；

地质公园（园内外）交通规划图（比例与总规同）；

地质公园门区、园区土地利用现状图；

地质公园门区详细规划图；

地质公园门区竖向规划图；

地质公园门区景观表现图；

地质公园各园区接待区详细规划图；

地质公园各园区竖向规划图；

地质公园各园区内步行交通规划图；

地质公园各园区景观规划设计图；

地质公园各园区管线综合规划设计图；

地质公园各园区供水规划图；

地质公园各园区污水规划图；

地质公园电力电讯规划图。

以上除注明外，各园区规划图比例尺大体为：1∶500、1∶1000或1∶2000，根据实际需要确定，以保证有利于未来的规划管理，有效地控制公园各项建设。

四、各类设施的工程设计成果

地质公园的各类设施，在建设前的最后一项前期准备是工程设计。通过工程设计，将规划中构想的各类设施转换成工程设计图纸，建设单位照图安排施工。工程设计的主要成果是图纸，同时附有必要的设计说明和工程概算。

地质公园必须的设施，均应委托有资质的工程设计单位对其进行方案设计和施工图设计，才能作为法定有效图纸安排施工。设计单位对图纸承担相应的法定责任。这些具体的项目详见本章第三节。

第五节　编制地质公园规划的专业人员构成

地质公园是一个新生事物，也是一个涉及到多学科的事业，要建设好地质公园，编制好地质公园规划，决不是只有地质专业人员的参与就能实现的，应该由多专业的人员协同参与、共同合作，才能搞好。实践中曾出现了由单一地质院校承担地质公园的规划，出现了一些不应有的问题，其编制的规划，仅仅为应付申报评审，对公园建设没有实际价值。总结前几年的经验和教训，地质公园规划应由下列几类有经验的专业人员参加才行。

地质专业人员；

地理或地貌专业人员；

旅游地学专业人员；

城市或风景区规划专业人员；

林业或生态专业人员；

景观设计专业人员；

古建文物专业人员（必要时）；

建筑工程设计人员；

旅游管理专业人员等。

通常由地质专业专家和规划专家共同牵头，以上各专业人员参加，并吸收当地社区管理部门领导参与，组成地质公园规划编制组，开展现场考察和规划编制工作。由地质专家组织编写《地质公园综合考察报告》，由规划专家组织编制《地质公园总体规划》。进一步的《地质公园建设规划》由风景区规划、景观设计、建筑工程和旅游管理专业人员在《地质公园总体规划》的基础上完成。

第三章　我国地质公园规划的发展进程

第一节　我国地质公园规划的现状和发展进程

一、地质公园规划的产生

2000年9月，国土资源部下发了《关于申报国家地质公园的通知》，同时在内部发表了《国家地质公园总体规划工作指南(试行)》和《国家地质公园评审标准（试行)》。我国地质公园规划工作最初是随着中国国家地质公园的申报工作而产生的。在《国家地质公园评审标准（试行)》中要求申报国家地质公园必须提交的材料中，第三件是《拟建国家地质公园总体规划》。这一要求无疑是十分正确的，地质公园不能等同于地质遗迹，需要通过建设保护设施、科普设施、观赏服务设施和协调统筹解决公园建设中提出的各种问题，才能成为对公众开放的、名副其实的“地质公园”。这就要求编制地质公园规划时，至少首先要编制《地质公园总体规划》，用以控制地质遗迹不被破坏和指导公园的设施建设。

在国土资源部下发了《关于申报国家地质公园的通知》后，全国共有18家申报地质公园，经地质公园评审委员会评审，并于2001年3月16日，经批准正式公布了首批11处国家地质公园，其中包括漳州国家地质公园。为了弥补第一批地质公园中，缺少完整的地质公园总体规划的不足，由中国地质学会旅游地学研究会组织编写了我国第一个最为完整的国家地质公园规划——《漳州滨海火山国家地质公园总体规划》。规划专家组由陈安泽任组长，高天钧任副组长，专家组成员有陈兆棉、李同德、赵逊、冯宗帜、李其团、林焕华等。规划组成员除李同德是城市规划专业外，其余大多是地质专业资深专家。因此在进行了认真的现场考察，集中了专家组智慧成果的基础上，规划说明和文本主要由李同德执笔，规划图件和对旅游资源的评价由陈兆棉完成，综合考察报告由高天钧、冯宗帜等完成。最终成果包括：规划文本、规划说明书、规划图件和综合考察报告。规划的主要内容简介如下。

《漳州滨海火山国家地质公园总体规划》简介：

漳州地质公园是以新生代火山地貌为主而构成的国家地质公园。主要的火山地貌景观有：位于潮间带的火山口、火山喷气口群、巨型玄武岩柱状节理和发状石柱林、熔岩海岸和熔岩台地、熔岩锥、熔岩球形风化剖面。其他主要景观有滨海沙滩、镇海古城堡、沿海防风林带等。

漳州地质公园，地跨漳浦、龙海两县市。其主要的景区位于隆教畲族乡、前亭镇的滨海火山地质地貌景区，其范围包括：以沿海三级路为界的东部滨海和近海海面及林进屿、南碇岛。陆域总面积约30.7km²，海域总面积约69.3km²，总计100km²。

漳州地质公园规划最高日接待游客量控制在10000人。

公园总体规划目标是：明确范围、依法保护、协调发展、走向世界。

地质公园按类别划分可归纳为四大类功能区：地质地貌景观区、生态保护区、综合旅游区、农渔业观光区（含农渔业居住区）。

按照自然地理分布，构成“三足鼎立一条弧线”规划布局：香山牛头山景区、烟墩山井尾景区，加上两个火山岛，在海上构成三足鼎立的布局。沿海滨，从东到西呈弧线分布：镇海古城堡景区、隆教湾沙滩休闲游览区、香山牛头山（白塘湾、湖前湾）景区、烟墩山井尾（后蔡湾）景区。

香山牛头山景区按自然和行政属性划分为两个观光区：香山区，占地193hm^2，南部安排观光，中部安排野营，北部为崎沙接待中心；牛头山区，占地91hm^2，海上是潮间带火山遗迹（石滩）游览区、丘顶野营观光区，北部为接待中心。

重点规划项目有：在香山、牛头山、林进屿3个山丘顶部分别设立3种不同的《漳州滨海火山国家地质公园》标志物；在香山、牛头山分别设立火山地质博物馆（室内和室外）；在香山、牛头山、烟墩山设立接待中心；在香山南端、林进屿、和其他适当岸边设立旅游码头；隆教湾休闲游览区，规划确认滨海游览区和主要的大众沙滩浴场；镇海卫城堡景区，以古城堡为主，将附近旗尾山、熔岩石滩组合在一起的景区。

此外，分别在烟墩山、牛头山景区内分别设立地质公园漳浦管理中心、龙海管理中心。对分散的居民点进行合并调整，把隆教乡的5个行政村20多个自然村，合并为4个较大的居民点：镇海、红星、新厝、白塘；把前亭镇的6个行政村20个自然村，合并为田中央、桥头仔两大居住区。地质公园内常住居民控制总数为30000人。经济结构调整：由种植、养殖业转向苗木培育、林地营造、旅游服务和环境卫生。规划期末，上述产业可安排4600个劳动力，其余劳动力转化为从事农、渔业观光产业。

地质遗址遗迹保护是本规划的重要组成部分。为保证地质遗迹得到有效保护，实施三级保护：特级保护区、基本保护区、外围控制区。特级保护区内游人不得进入，要进入石滩必须通过栈道；区内不得搞任何人工设施、建筑；不得采石和采、捡岩石标本。其他两级保护区也规定了相应的保护措施。

地质公园的生态保护也不容忽视，本规划是按绿地覆盖率的不同等级，对全公园实施绿化来达到保护绿色生态环境的目的。主要措施是：加宽海岸防护林带宽度（带宽200～300m）、建立地质公园绿色边界线林带（带宽100～200m）；保护现有林地；规划区内全部荒山、荒坡、荒滩、荒地，均实施绿化；贫瘠耕地退耕还林，把适宜地块改造为观光果园；在观光区建立局部观赏林区等，综合绿地覆盖率达到80%以上。

其他接待设施、环境保护、配套设施、保障体系均作了较好的安排。作为本规划的一大特色，专门作了解说规划。此外，还对投资和回报，环境、社会、经济三方面协调发展作出评估。

由于这是我国第一个正式完整编制的国家地质公园规划，在规划编制完成后，利用在漳州召开的全国第16届旅游地学年会（2001年）的时机，召开了规划评审会。评审会专家组由国土资源部原副部长夏国治任组长，由卢耀如院士、郑绵平院士和福建省政协副主席刘金美（地质专业高工）任副组长，主要成员有卢云亭教授、苏文才教授、陶奎元研究员和孙维汉高级工程师等。会议评审的主要结论意见是：

1)《漳州滨海火山国家地质公园总体规划》(以下简称《规划》)是国内第一个国家地质公园规划，编制组在没有范本借鉴的情况下，通过8个月的认真调查，收集了大量第一手的园域地质遗迹及其他旅游资源资料，完成了《规划》文本、说明书、和各项图件。成果体系完整，系统符合国家有关规划的要求，并完成了甲方对《规划》成果的预计任务，专家组认为可以验收。

2)《规划》资料依据翔实、充分，思路明确，内容丰富。根据地质公园的要求，编制组对漳州滨海火山地质遗迹及其景观资源进行了科学评价，既突出了火山地质遗迹这一主题，又对大海、沙滩和其他人文旅游资源进行了系统的调查与分析，创造性地提出了该地质公园的旅游功能、三级保护区和保护措施、绿色生态环境规划方案。整个《规划》目标明确，布局基本合理，符合漳州滨海的实际，具有较强的科学性和前瞻性。

3)《规划》还制定了园区导游解说系统，并针对园区居民点分散、人口密度相对较大、产业结构单一等特点，提出了并村、产业结构调整方案，并对近期建设项目和实施措施都有较具体的规划。专家组认为其既有创意，又有可操作性，对我国进行国家地质公园总体规划将具有一定的指导和示范意义。

根据上述意见，专家组一致认为漳州滨海火山地质公园规划是一个比较好的规划，具有开创性和科学性，同意《规划》通过评审。

利用全国旅游地学年会的时机召开的这次《漳州滨海火山地质公园总体规划》评审会，对推动地质公园规划编制工作具有重要意义和示范作用。

二、地质公园规划发展现状

(一) 地质公园规划发展现状概貌

应该说在地质公园正式命名之前，有些地质遗迹保护区也编制过地质遗迹保护规划或地质遗迹保护利用规划。其中有些是作为风景名胜区而编制的规划，有些是参考旅游区规划的要求编制了类似的规划。正式的地质公园总体规划编制是为适应申报国家地质公园要求，从2001年起编制出第一批规划开始的。当时，国内地质调研和科研、高等院校、规划设计等单位，陆续开始接受委托编制本省区的地质公园总体规划。其中四川省地质公园与地质遗迹调查评价中心也是较早参与编制地质公园规划的单位之一，该中心承接了四川省内大部分和几个省外的地质公园的考察和规划编制工作。

后来，各省区为申报国家或世界地质公园，有的委托中国地质大学、中国地质调查局发展研究中心等科研院校陆续参与地质公园考察和规划的编制工作；但大部分还是由本省区的地质环境主管部门组织或委托本省区的地质相关单位完成地质公园规划的编制工作。

五年来，随着我国地质公园事业的发展，编制地质公园规划的事业也得到长足的进步，参与的单位也随之增加，参与的人员不仅有从事地质或地理专业的专家学者，也开始邀请城市规划、风景园林规划、旅游规划和其他专业的人士参与。规划编制工作逐步走向正轨，积累了大量的经验与教训。从作者掌握的数十本地质公园规划成果看，规划的质量在不断提高，从应付申报到注意指导公园的建设和发展；从注重资源评价到注意地质遗迹保护、科普设施的安排；从注重概念、原则、现况到开始注意发展目标、功能布局、实施措施、建设方案、专项规划。

随着地质公园数量的增加，参与地质公园规划的人士越来越多，但公开发表的研究地质公园规划的文献不是很多。这些研究成果主要发表在每年一集的《旅游地学论文集》中。《旅游地学论文集》是全国旅游地学年会的主要交流论文成果，到2005年为止，已经出版了十二集。有关研究地质公园规划的论文从第八集开始出现。第八集有李同德的《地质公园规划探索》和梅燕雄的《地质公园规划建设的若干问题的探讨》；第十集有李同德的《关于地质公园规划编制的理性思考》；第十一集有李同德的《试论地质公园规划设计程序》；第十二集（第20届旅游地学与地质公园学术年会交流文集）有张晶、张燕如的《规划建设是地质公园发展的根本》，张绪教、李海霞、吴芳等的《景观地貌在地质公园规划建设中的地位和作用》，林明太、吴成基的《地质公园解说系统的设计探讨》，李雪萍、吕朋菊、郑元等的《泰山地质公园的规划与发展战略》，李同德的《地质公园规划概论（提要）》等。此外，在第20届旅游地学与地质公园学术年会上，严国泰也作了《论国家地质公园规划科学性》的发言。

作者本人应中国地质调查局发展研究中心的邀请，与陈兆棉一起作为主要编制人，完成了《兴义贵州龙地质公园总体规划》（经国家审批定名为“贵州兴义国家地质公园”）。规划成果包括规划文本、规划说明书、综合调查评价报告、旅游资源专题调查报告和规划图件五部分。该规划在2002年底完成，在提交贵州省评审的4个地质公园规划中，被给予最高评价，并得到贵州省国土资源厅地质环境处领导的认可，认为该规划应作为贵州省地质公园规划的范本。作为实例，将“规划文本”介绍于本书第五篇中。

（二）地质公园规划发展中存在的问题

1. 规划的目的性问题

地质公园规划的目的应该是指导公园的建设，这是没有争议的。但实际的情况并非如此，尤其是前几年，大多数规划还是为了申报国家地质公园或世界地质公园而做。其表现出来的是注重文本和图件的装饰漂亮，而不注重规划对建设的指导作用或实用性；有些甚至将规划说明书或文本称为《×××国家地质公园总体规划报告书》，很显然写“报告书”目的是为了申报用，而不是编制总体规划以作为指导地质公园发展的依据和公园建设的蓝图。

当然“报告书”的提法，作为一项研究成果向主管部门报告是可以的，但是编制任何规划的目的不是为了报告成果，而是为了按照规划的目标去指导实施。后来我们发现“报告书”的提法是在《国家地质公园总体规划指南（试行）》中首先提出的，可能《指南》的编写者是出于笔误或其他原因，但应该纠正这一提法。为了指导地质公园的发展和建设，必须编制《地质公园规划》，而不只是为申报而编写《地质公园规划报告书》。

从已经看到的相当多的《地质公园总体规划》中发现，其说明书或文本用大量的篇幅叙述现况、建设条件，评价资源价值，论证建设公园理由、依据等等，这些不用编制规划，也是客观存在的。相反，这类规划对公园的建设目标和为达到这一目标而实施的措施（包括地质遗迹保护措施、科普设施、接待服务设施、配套设施、生态保护和容量控制措施、管理措施等）的规定不明确或不实际；对公园园区范围划定和功能安排、园区土地利用安排、原有居民的安排、实施规划的时序安排、投资估算（或框算）及筹资方式等指导公园建设的内容（条款），有的根本就没有提及，有的只是简单提及，但没有对公园建设规定确切而有指导意义的条文。

简言之，“规划”的目的是解决做什么和怎么做的问题。作为申报的文件之一，《地质公园总体规划》也是为了考核未来公园建设目标和如何实施这一目标。

2. 规划的深度和规划的阶段性问题

地质公园是个新生事物，在发展中不断出现新的问题，因而不断提出解决问题的办法也是自然的。第一批和第二批国家地质公园出台后，许多地方出现了大量争相申报国家地质公园的热潮。2003年，主管部门适时提出了加强国家地质公园申报工作管理的要求（国土资环函[2003]11号）。对申报的材料除原有的外，又增加了"国家地质公园建设实施方案和地质博物馆建设内容方案，其具体要求按照《中国国家地质公园建设技术要求和工作指南（试行）》进行制定。"这实际上是规划的深度和规划的阶段性问题。

前面已经阐明，针对地质公园的建设过程，公园的前期工作应经历3个阶段：总体规划、建设规划和具体工程设计。

首先编制总体规划，对地质公园作出总体安排；在总体规划指导下，编制公园设施建设规划，对各类设施作具体详细安排；在建设规划的基础上，分别对各类设施进行具体工程设计，作为公园各项设施进行施工建设的依据。有了明确的阶段划分，便有利于有条不紊的实施管理，前一阶段的任务完成并得到有关主管部门的批准后，再进行下一阶段工作，按这样的程序做将会事半功倍。

11号文件提出的增加"国家地质公园建设实施方案"，实际就是第二阶段的《国家地质公园建设规划》；"地质博物馆建设内容方案"实际是第三阶段中最重要的工程之一——地质博物馆的布展设计。其实工程设计还包括公园解说系统工程（标示系统）、服务设施工程、保护工程、景观工程和其他工程等的设计。前述《中国国家地质公园建设技术要求和工作指南（试行）》远不能满足其工程设计要求。

明确了公园前期工作的3个阶段，不仅有利于基层申报和建设地质公园，而且有利于地质公园主管部门的管理，还有利于从事地质公园前期技术服务的单位（第三方）更明确地为其服务。大家共同努力，统一标准，分阶段顺序进行，使地质公园建设的前期（揭碑开园前）准备工作有条不紊地完成得更好。

3. 规划的技术标准化问题

目前，我国编制地质公园规划依据的技术标准主要有2000年发布的《国家地质公园总体规划工作指南（试行）》和2002年发布的《中国国家地质公园建设技术要求和工作指南（试行）》。应该说这两份指南对规范地质公园规划和建设起到了指导和推动作用，但尚不能满足地质公园规划和工程设计提出的需要解决的各种问题和要求。在前一篇"地质公园标准体系的建立"章节中已经论述过，此处略。作者认为应该对现有的各地编制的地质公园规划作进一步的资料积累、经验总结，在地质公园标准体系的总体安排下，组织专家编制《地质公园规划规范》、《地质博物馆设计规范》、《地质公园标识设计准则》、《地质公园保护设施设计规范》、《地质公园基本术语标准》等。

4. 地质公园规划队伍的建设问题

从作者搜集到的几十本地质公园总体规划看，参与规划编制的人员主要还是从事地质或地理专业的专家学者，这就难免出现片面性，从规划的宏观把握，到保护工程和各项设施的具体安排，都缺乏科学性和可操作性。因此应该建立多专业（地质、地理、规划、旅游、景观设计、建筑、生态，需要时还有历史文化等）人员参与地质公园规划的制度，这是保证规划质量（科学性、可操作性）的必然要求。同时提倡非地学专业的专家学习地质学知识，有利于增加共同语言，提高地质公园规划的质量。我们还发现，有些地质公园规划，虽由知名专家或教授挂名，但主要由没有实际经验的在读研究生找一些已有规划文本照抄，而挂名专家由于忙也没有认真审阅，以至于出现了一些不应有的笑话。

三、地质公园规划发展的展望

1）编制地质公园规划的目的正在走出“应试”的误区，从为了向申报国家地质公园而编写“规划报告”，逐步走向务实、为了建设和管好地质公园而制定规划。规划的目的性明确，更有利于摒弃华而不实的表面文章的做法，而对公园的发展和建设做出实际的安排。

2）地质公园规划工作将适应飞速发展的地质公园事业的需要，更加规范和有条不紊地按阶段顺序进行。

3）地质公园事业正处在上升发展时期，地质公园规划事业也将有长足发展，这一事业将会吸引一定数量的非地质专业的人员参与，特别是城市规划、风景园林、建筑设计、旅游管理、生态环境、配套设施，甚至历史文化等专业人员参加。多专业人员的参与，将有利于规划质量大幅度提高，对地质公园管理和建设更有指导价值。

第二节 我国地质公园规划的经验概述

一、我国地质公园规划的现状

为了申报国家地质公园和世界地质公园，我国编制的地质公园总体规划已经有一百多份，基本满足了地质公园初期的发展要求。但真正能够指导公园建设的总体规划还不算多，特别是更进一步地为具体指导公园建设而编制《地质公园建设规划（或详细规划）》的并不多，规划滞后于公园建设的状况普遍存在，出现了主管部门发文要求申报单位提供“国家地质公园建设实施方案”等状况。编制地质公园建设规划已经提到议事日程上来。

从作者见到的几十份地质公园总体规划说明书分析，规划的文本从体例形式上一般都符合《地质公园总体规划工作指南（试行）》的要求，从内容上却明显打上编制单位（或编制人）的背景痕迹。其中约有60%是地质专业单位编制的，其他由旅游规划单位、地理以及综合规划单位编制。在地质专业单位编制的规划中，发现规划说明书从形式上基本上是按《地质公园总体规划工作指南（试行）》中规定的编制提纲编写的。内容篇幅上大体的现状说明和地质资源评价占整个篇幅的25%～48%；而最重要的指导公园建设的规划布局及旅游、科普和基础设施规划安排的总篇幅只占20%～38%；其他属保护性规划和软分析内容。在由旅游规划单位编制的规划中，现状说明和地质资源评价占整个篇幅的13%～25%；而属指导公园建设性内容的篇幅占30%～58%。在由多专业综合组成的单位编制的规划中，上述两比例分别是13%～30%、33%～60%。所列的比例数据说明：地质专业单位编制的规划突出了现状说明和资源分析评价，而旅游专业和多专业综合组成的规划编制单位所编制的规划突出了指导公园建设的内容。后者的地质资源评价是利用《综合考察报告》的评价结论而得出的，因此规划中省去了资源叙述性内容，比较简明。

从规划深度分析，个别地质公园的总体规划只有几页纸；部分总体规划比较细致，对公园空间结构和各项设施做了较全面的规划安排。但大部分规划重视“地质”，轻视“公园”，重视描述，轻视规划；重视文稿，轻视图件。这类规划对为游客服务的科普和旅游设施没有作出总体的合理规划安排，不能算是“规划”，只能算是一个“研究报告”，或是应付申报的一个文件。

二、地质公园规划工作的特点

地质公园规划是拟定指导公园建设的方案、计划，它要明确规定“做什么和怎么做”。规划的“空间”、“时序”、“内容”都是确定的和可行的；规划的文字都是实在的；规划图中每一条线都是物化的，与建成后的公园实物是对应的；规划成果是硬性的。规划不是一项研究工作，不是描述某些现象，探讨未来，不能出现模棱两可的探讨性的概念；规划不是研究报告、申请书或是工作汇报等软性文件。

地质公园规划工作的这一特点，对长期从事地质调查、勘测的研究者、管理者和教师、学者来说，常常不能适应，应逐步从规划实践中学习，使自己成为规划师、建筑师、工程师、设计师。

地质公园规划工作的另一特点是综合性，非地质专业规划设计人员要与地质专家相结合，共同工作。特别要合理安排地质科普设施、地质旅游线路，将其科学内涵充分展示出来；合理规划切实可行的保护措施，将重要的地质遗迹保护好。

三、地质公园规划的经验和教训

简而言之，地质公园规划的经验和教训有如下几点：

1）明确规划的根本目的主要是为指导地质公园的建设。建设地质公园要有蓝图，申报文件要求有总体规划，这是为了审查其公园未来的规划蓝图是否可行，能否指导公园的建设。这样就把申报和指导建设统一起来，有利于提高规划质量。

2）按照公园的立项申报和建设规律，应分阶段编制地质公园规划设计，包括总体规划、建设规划和各项设施工程设计。这样既有利于管理，更有利于建设，避免走不必要的弯路。

3）总体规划的编制不仅要重视现状的描述分析、资源的评价及服务市场，更要对公园未来的发展作出统筹安排，这种安排包括确定园区范围、游览设施、科普设施、服务设施、遗迹的保护等，从而为下阶段建设规划提供指导依据。建设规划更要对上述设施作出具体安排，包括空间位置、设施规模、外观形式、建设时序等，以便为下阶段的设计和实施提供具体条件。

4）要编制全国范围的地质公园发展规划，做到合理布局，促进公园有序、全面、平衡、高质量地发展。要重视地质公园规划的管理，包括规划的编制、审批、执行和监督检查，建立相应的管理体制以保证地质公园建设按规划执行。

5）要重视地质公园规划理论的研究和创新，重视地质公园规划的基础条件的建设。如编制《地质公园规划规范》、《地质公园规划手册》、《地质公园规划实例》，培养、培训编制地质公园规划的专业人员等。

第三节　我国地质公园规划理论体系的建立和展望

一、建立地质公园规划理论的必要性

目前我国地质公园发展迅猛，一批又一批的地质公园将会涌现，公园的建设被提到议事日程上来。现有的地质公园规划的只有在20世纪末制定的《地质公园总体规划工作指南（试行）》，那时并没有编制地质公园规划的任何经验，此《指南》主要是借鉴《风景名胜区规划规范》而制定的。地质公园事业发展到今天，如何建设地质公园，如何编制地质公园规划，如何解决规划编制中提出的各种问题，需要总结近十年来的经验，逐步建立相应的指导编制地质公园的理论基础。

上述所指的需要解决的问题如：地质公园范围选择的依据，地质景观价值的评估，地质公园空间结构的安排，地质游赏点的选择和设置，科普设施（规模、位置、形式等）的合理安排，不同地质遗迹的保护问题，环境容量计算的参数选择，各种旅游服务设施的合理规模和安排，其他自然风景旅游区规划中共性的、但尚未解决好的一些问题。

特别需要指出的是，大量的地质专业人员进入到地质公园规划编制工作中去，他们对地质资源的调查和科学价值评价是内行的，但对旅游业、旅游景区、公园规划等比较生疏，只能拿着别人的规划本子或按照《地质公园总体规划工作指南(试行)》安排的“地质公园总体规划报告编写纲要”去照葫芦画瓢，不知其所以然。另一方面，大量的园林景观设计人员、城市规划师等也接受委托参与编制地质公园规划，他们对地质遗迹和地质景观不太了解，甚至拿“造园理论”来指导“地质景点设计”，结果闹出笑话。所有这些迫切需要对地质公园进行深入研究，对地质公园建设和保护中提出的各种问题进行疏理，建立地质公园规划的理论体系。本书为这一理论体系的建立抛出了一块砖，希望引来更好的玉。

二、地质公园规划基本原理的建立

如何编制地质公园规划，需要回答一系列基本课题，这也就形成了相应的原理。从基本的层面考虑，大致需要下列基本课题：地质公园范围的划定原理、地质公园的功能和空间结构理论、不同地质景观的选择及游赏条件的设计原理、不同地质遗迹的保护方式、科普设施的设计原理、地质公园旅游设施的设计原理、自然风景区规划的基本原理、生态保护和环境容量理论以及土地、社会、经济协调问题、地质资源和旅游资源的调查方法、地质公园的建设程序等等。当然还要掌握工程建设、旅游接待等方面的基础知识。掌握了以上基本原理和知识，也就为编制地质公园规划打下了理论基础。这些基本问题将在本书第二、三、四篇中阐述。有关旅游市场、经济方面的问题，可参考其他书籍和资料，本书从略。

三、地质公园规划理论体系的展望

地质公园规划作为一个应用学科，其出现和发展还需要有与其相关的理论体系的支撑。这一理论体系的建立需要更细的研究成果支持，本书作者认为至少需要下列研究成果，同时形成相应的学科。

（一）地质景观学

从游客感受的角度去研究不同地质遗迹的产生背景、美学形态、景观特征、旅游价值及其评价、分类方式，地质景观与其他自然、生态资源结合以及转化成旅游资源（或旅游景观）的条件、方式等等。由于地质现象的复杂性，对于不同的地质遗迹，其上述研究方法、内容也存在差异性，这将吸引更多跨学科的学者投入到研究中来，迎接《地质景观学》的诞生。

（二）地质科普学

地质公园的功能之一是向大众普及地球科学知识，即用非地质专业的、大众能懂的语言解释深奥的地质科学现象。纵观目前一些地质公园的解说词，有两种倾向：一种是语言太专业，普通游客不懂；另一种是解说词只讲形态、传说故事，没有科学内涵。要用通俗大众的语言去解释科学现象不是一件简单的事，应鼓励地质学家去做这件事，以各种地质遗迹为基本素材写出能涵盖目前地质公园的各种地质景观的科普解说词，供设置各种解说牌、导游词、博物馆采用。如有可能从理论与实际结合上，写成一本能为地质公园规划和管理人员使用的书——《地质科普学》，那是非常受欢迎的事。

（三）地质遗迹保护理论

笔者查了不少有关地质遗迹保护的资料，发现对地质遗迹保护，一般从宏观上、原则上说得多，对大量不同形态和类型的、具体的地质遗迹如何切实的保护，还没有一部专著。笔者期盼《地质遗迹理论》的诞生。

（四）旅游地学

旅游地学是一门刚刚形成的学科（见第一篇相关章节中“中国旅游地学的创建和发展”）。作为旅游地学的论文集《旅游地学的理论与实践》系列丛书，从1988年开始，出版到2006年，已经出版了12集。

（五）自然公园规划原理

地质公园属自然公园的一种。自然公园与人工园林、现代主题公园是完全不同性质的公众休闲活动（旅游）的场所。自然公园是以原生自然环境和天然景观、景物作为旅游目标对象；而人工园林、现代主题公园是以经过人工改造的自然环境或完全人造景观环境作为旅游目标对象。两者规划理念也完全不同，人工园林、现代主题公园已经有相对成熟的规划设计理论；而自然公园，生态旅游学刚刚出现，并相继出现了森林公园、湿地公园、地质公园等不同形态，其规划理论正在形成之中，预测未来“自然公园规划原理”将会诞生并成熟起来。

当然地质公园规划还要借用其他已经成熟的相关学科理论，与上述新学科一起共同构成了地质公园规划理论体系。其中主要包括：旅游地理学、生态旅游学、生态环境保育、建筑与园林设计、环境保护工程、交通和市政工程、土地规划、系统工程、标识及视觉识别设计等等。

第四章　地质公园规划的管理和实施

第一节　建立地质公园规划的国家管理体系

一、全国地质公园的布局规划

（一）问题的提出

我国有960万平方公里的国土，大地构造复杂，有科学价值的地质遗迹类型众多，有旅游价值的地质景观资源十分丰富，可供建设地质公园的区域当然也很多。自从2001年推出第一批11处国家地质公园后，到2006年全国已经批准的国家地质公园已达138处，世界地质公园我国也占有18处。其在各省区的分布如表2–4。

我国地质公园的分布表　　**表2–4**

	行政区域占国土面积的比例（%）	世界地质公园数量（处）	国家地质公园数量				
			总计	一批	二批	三批	四批
北京市	0.2	1(0.5)	3		2	1	
天津市	0.1		1		1		
河北省	2.0	(0.5)	7		3	2	2
山西省	1.6		2.5				2.5
内蒙古自治区	11.9	1	3		1	1	1
辽宁省	1.6		4			1	3
吉林省	1.9		1			1	
黑龙江省	4.8	2	4	1	1		2
江苏省	1.1		2			1	1
上海市	0.1		1				1
浙江省	1.1	1	4		2	2	
安徽省	1.4	1	7		4	1	2
福建省	1.3	1	8	1	1	3	3
江西省	1.7	1	4	2			2
山东省	1.6	1	6		2	1	3
河南省	1.7	4	11	1	2	3	5
湖北省	1.9		3.5			0.5	3
湖南省	2.2	1	6	1	2		3
广东省	1.9	1.5	7		2	2	3
海南省	0.4	0.5	1			1	
广西壮族自治区	2.4		5		1	2	2
四川省	5.0	1	12	2	3	3	4
重庆市	0.9		3.5			2.5	1

续表

	行政区域占国土面积的比例（%）	世界地质公园数量（处）	国家地质公园数量				
			总计	一批	二批	三批	四批
贵州省	1.8		6			4	2
云南省	4.0	1	6	2	1	2	1
西藏自治区	12.5		2	1			1
陕西省	2.1		3.5	1	1		1.5
甘肃省	4.2		4		2	2	
青海省	7.5		3				3
宁夏回族自治区	0.7		1			1	
新疆维吾尔自治区	17.3		3			2	1
香港特别行政区	0.01						
澳门特别行政区	0.000002						
台湾省	0.4						
合　计	100	18	138	11	33	41	53

注：1. 地质公园统计数截止到2006年底，由两省（市）合办的，统计数按0.5计。
　　2. 各省市区的国土面积比数摘自中国地图出版社的《分省中国地图集》。

从上表可以看出，我国地质公园发展很不平衡。我们不能认为地质公园数量多的省区，其地质遗迹的质和量就是全国最好的；而国土面积大但地质公园数量少的省区，其地质遗迹的质和量就比较差。产生这一结果的原因，当然反映了一些省区对地质公园的热情和重视，但笔者认为地质公园在发展初期，出现这一情况是正常的，无可挑剔。地质公园发展到今天，应从全国的层面出发，作出全国统筹规划，按照全国地质遗迹和地质景观的实际分布情况，综合规划、理性布局各省区的国家地质公园和世界地质公园（申报），用以指导地质公园的正常发展。

（二）全国地质公园的布局规划原则

总的原则是：科学分级，综合规划，合理布局、适当倾斜。

1. 科学分级

首先从全国的角度出发，科学地确定各地区地质遗迹研究价值的级别（可分级为具有全球、全国、地区、地方对比意义的几个等级），将前两个级别（全球、全国）的分布地区名单列出，做到心中有数。

2. 综合规划

我国地域辽阔，地质遗迹和地质景观资源丰富，有必要在综合分析研究的基础上，对全国地质公园的总数，作出安排，并对地质公园分布在时间和空间上都作出综合规划。“空间分布”是指合理地在国内各省区安排各级地质公园的数量；“时间分布”指分时段（或每年）安排审批和建设国家地质公园的数量，批准申报世界地质公园的数量。这样大体上可以列出批准各省区建设各级地质公园数量的时间表。以此为依据组织申报和审批，避免其随意性带来的问题。

3. 合理布局，适当倾斜

前述的规划，要在空间上（可以各省区为单位）做到合理布局，主要指与其地质遗迹资源条件和市场条件相适应，又要根据我国国情，适当向西部和贫穷地区倾斜。

作者相信，根据上述原则制定的各级地质公园布局规划，一定能够指导地质公园的健康发展。

二、地质公园规划的管理体系

地质公园规划是地质公园建设的龙头，

加强对规划的管理就有利于从源头上实施对地质公园建设质量的控制，这就从根本上保证了地质公园事业的健康发展。如何实施对地质公园规划的管理？可以借鉴其他行业规划管理的经验，逐步建立起完善的规划管理体系（或体制）。这一体系包括统一的管理法规和有效的管理机构，以依法实施对规划编制、审批、执行、监督全过程的有效管理。这样可以避免因公园建设和管理中出现地质遗迹与环境的破坏、科普和旅游设施质量低下、地质公园相关各方利益冲突以及由于服务设施缺憾造成的游客投诉等各种问题，从而避免产生事后纠正的麻烦或难以纠正的后果。

三、地质公园规划的管理机构

地质公园规划的管理机构主要指从全国到省、市、地方，都应有相应的管理机构或专人管理。规划管理是一项细致的执法业务工作，其全过程都应按经主管部门批准的地质公园规划法规执行。当然管理机构应由熟悉业务的精干的专家组成，全国在中央级目前是由国土资源部地质环境司主管，地方由各省市自治区国土资源厅（局）地质环境处管理，市县由国土资源局专人负责。由于我国国土资源管理任务繁重，机构又应精减，可采取授权相关事业机构对具体业务代管，由主管部门监控的模式。

规划管理机构的职责是：对所管级别的地质公园规划编制过程（从程序上合法，多专业人员参与）和内容、质量进行监督，委托专业机构或专家进行审核（要避免评审会的方式带来的弊病），对实施规划的全过程定期进行检查监督，执行中的问题要求及时报告给相应管理机构，若要变更批准的规划，应得到规划审批机构的同意，必要时要对原规划作补充修编等等。

国家级的地质公园规划管理机构的主要职责是：编制《全国地质公园布局规划》，制定地质公园规划管理法规，如《地质公园规划规范》、《地质博物馆设计规范》、《地质公园标识设计准则》等；审定国家级地质公园规划和拟申报世界地质公园的规划；对省级地质公园规划抽查，指导全国各级地质公园规划的管理工作；协调解决在规划中出现的与国家其他相关部门间的业务问题等。

四、地质公园规划的管理法规

地质公园规划管理需要法规的支撑，这就要组织专家加快制定地质公园建设的标准体系，确定需要的法规目录和编制计划。这一目录包括两方面：一是需要专门组织编制的，如《地质公园规划规范》、《地质博物馆设计规范》、《地质公园标识设计准则》、《地质公园保护设施设计规范》、《地质公园基本术语标准》、《地质公园图例图示标准》等；二是可以借鉴并直接运用的其他部门（如环境、建设、旅游等）现有的法规。当然前者是主要的。

五、加强地质公园规划建设理论的研究

目前国内、国际的地质公园事业处在起步阶段或发展初期，还没有力量对地质公园建设理论作深入研究，但目前出现的建设中的问题，不能就事论事处理，迫切需要地质公园建设理论的支持。在国家还没有专门的研究机构的条件下，在地质行业缺少规划建设专业人才的条件下，要动员和鼓励高校、国有、民营的规划设计机构参与对地质公园规划建设理论和方法的研究。在鼓励地质专业人员学习规划建设知识的同时，大力鼓励规划建设、生态保护、旅游等方面的专业人才充实到地质公园规划建设中去，并对地质公园规划建设中提出的各类问题共同进行研讨。

公园建设中需要研究的课题很多，主要的有：不同类型地质遗迹保护措施、地质景观展示理论和方式、地质公园博物馆的设计风格和布展方式研究、地质公园服务设施的建筑风格及环境协调问题研究、地质公园科普体系的建立及科普教材的编写、地质公园标识的标准化和个性化研究、地质公园的三大效益（环境、社会、经济）的调查研究等等。

第二节　地质公园规划的实施管理

一、地质公园规划的管理程序

地质公园建设的管理程序从地质公园申报立项后开始，以下依次是：委托规划、现场考察调研、总体规划编制、审核批准、建设规划编制、工程设计、工程施工，以及全程监督管理。其中除工程施工外均属公园规划管理程序。

二、地质公园规划的编制管理

地质公园规划编制管理包括：规划单位的资格审核认定、地质公园规划师考核认定、规划审批管理等。这些均可参照其他部门的成熟经验并结合地质公园的实际进行。应该指出的是，规划的审批可分两阶段：第一阶段是审核，委托专业单位进行，从规划内容的合理性、预见性、全面性，实施的可操作性，形式的完整性和修改建议等提出审核意见；第二阶段，由主管部门提出是否批准等批复意见。

三、地质公园规划的实施管理

经过批准的规划成果应在主管机关和实施单位存档备查、备用。规划的目的是为公园各类设施的建设提供依据。总体规划指导建设规划，建设规划指导各类设施工程设计，公园的设施按批准的规划和设计图进行建设。批准的规划是法律文件，公园在实施中应该无条件执行。若在规划实施中发现了问题，需要对规划进行变更时，应向规划批准机关申请；变化较大时，应对规划重新修编。

第五章　地质公园规划的几个问题的讨论

第一节　地质公园规划规范的编制问题

一、《地质公园规划指南》的分析

《地质公园规划指南》在2000年内部公布后，满足了地质公园发展初期为申报国家地质公园而编制地质公园总体规划的需要，这是应该肯定的。首先该《指南》为编制者列出了较完整的《地质公园总体规划报告书编写提纲》（"报告书"的提法不妥，前已阐明，不再赘言），对初次编写规划说明书的非规划专业人员起到了引导作用。作者见到的不少规划文本都是按此提纲写的，有的规划"报告书"的目录就是这个提纲。这样的表格式的规划虽然满足申报的要求，但确实不能指导公园的建设。

加上该《指南》从公布至今已经七年，在这七年里，地质公园无论在国内或国际都得到了飞速发展，出现了许多新情况，特别在公园的建设和管理中出现了许多新问题，应避免重复初期发生的问题。这一切都在催生新的《地质公园规划规范》中得以阐述。

二、地质公园规划规范编制的基础

制定地质公园规划规范需要有一定的基础，主要包括：广泛的社会需求基础、实际经验基础、基本的理论基础和组织人员基础。

（一）需求基础

社会需求是很显然的，已经批准的18处世界地质公园和138处国家地质公园，还有大量的省市级地质公园，都要进行建设和升级改建，有的还未开园，等待初步的建设后开园，这些都需要修订总体规划和新编制建设规划，需要有新的规范指导。还有大批的公园准备申报世界地质公园、国家地质公园和省级地质公园，这都需要编制总体规划。如果有一个高瞻远瞩、符合实际和有指导意义的《地质公园规划规范》，那将会大大提高规划编制的质量，从而促进公园的建设和管理。

（二）经验和理论基础

应该说，随着地质公园事业的发展，编制了大量的规划，取得了不少经验，这是在2000年开始时无法相比的。一些规划编制的理论问题取得了进展，所有这些都为新规范的制定打下了良好的基础。当然，本书的出版抛砖引玉，将会引起对地质公园规划的注意、争论，使其规划理论进一步向前发展，也有利于新规范的制定。

（三）组织人员基础

从目前看，除地质专业人员外，已经有越来越多的城市规划、旅游规划、风景区规划、园林景观设计等专业人员进入到地质公园编制的队伍中来，涌现出了一些较好的地质公园规划专家，他们是参与制定未来的《地质公园规划规范》的重要技术力量。

三、地质公园规划规范的编制方法与步骤

本书不想详细讨论这一问题。根据其

他规范编制的经验，规划的编制步骤为：①由主管部门委托一主编单位组织规范编制小组，编制组的成员从直接参与编制过地质公园规划的、有理论基础和实际经验的专家构成，其中除地质专业人员外，要包括多专业的人员；②编制组成立后，对已经开园的地质公园开展调查，在全国范围内搜集已经编制过的地质公园规划文本和图件；③对搜集到的规划和调查的资料进行分析，总结经验和教训，为编制规范提供实践依据；④搜集其他相似、相近的规划规范，吸取对本规范有用的成果，运用到本规划中；⑤当然还要从调查中发现需要解决的问题，开展必要的研究，为规范的制定提供数据和理论基础。在上述大量工作的基础上，进入到规范的制定阶段就比较顺利了，最后阶段的工作就水到渠成了。当然初稿完成后，还要广泛征求意见，先内部试用，发现问题再修改，最后定稿，成为国家标准。

可供参考的相近相似的规范如：《风景名胜区规划规范》（GB 50298—1999）、《森林公园总体设计规范》（LY/T 5132—95）、《山岳型风景资源开发环境影响评价指标体系》（HJ/T 6—94）等。

第二节　地质公园规划与其他自然景区规划的差异

一、地质公园与其他自然景区的差异

地质公园（Geopark）以具有特殊的科学意义、稀有的自然属性、优雅的美学观赏价值且具有一定规模和分布范围的地质遗址景观为主体；融合了自然景观与人文景观，并具有生态、历史和文化价值；以保护地质遗迹，支持当地经济、文化教育和环境的可持续发展为宗旨；为人们提供具有较高科学品位的观光游览、度假休息、保健疗养、科学教育、文化娱乐的场所；同时也是地质遗迹景观和生态环境的重点保护区及地质研究与普及的基地（《国家地质公园总体规划工作指南（试行）》）。

而风景名胜区是指风景资源集中、环境优美，具有一定规模和游览条件，可供人们游览欣赏、休憩娱乐或进行科学文化活动的地域（《风景名胜区规划规范》）。

这两者的相似处暂不论。从以上的分析可以看出，地质公园与一般风景名胜区差异至少有四点：

（1）地质公园是以地质遗迹遗址景观为主题建立的景区；

（2）地质遗迹的保护是建立公园的基本宗旨；

（3）地质公园需以较高科学品位吸引游客；

（4）地质公园是地质研究和科普教育的基地；

（5）地质公园特别注重支持当地经济发展。

这些差异决定了地质公园规划与一般风景名胜区规划不完全相同。探讨这些差异，目的是寻求编制地质公园规划的最好途径。

二、地质公园规划与风景名胜区规划的差异

与风景名胜区规划一样，地质公园规划也必须经过资源考察评价和规划编制两个阶段；其编制内容包括：资源评价、范围的划定、发展目标的制定、接待设施的安排、原有居民的安置、资源的保护、建设分期和项目评估几个部分。它们的主要差异有5点：资源评价中，在重视景观性和科学性方面，地质公园规划更重视科学性；地质公园规划的布局的中心是地质遗迹遗址而不是其他；地质公园规划的主要任务之一是使地质遗迹遗址得到有效的保护，保护必须注重实

际；作为传播地质科学知识的地质公园，必须安排相应的地质博物馆和完善的科普设施；对公园区内居民的生产、生活作出妥善安排，通过发展科普和旅游业来支持当地经济发展。

（一）作为主体景观的地质遗迹的考察评价必须更科学

科学评价地质遗址的科学价值是编制《地质公园规划》关键的第一步，评价具体步骤方法见第三篇第二章。地质公园规划不排斥充分利用其他自然文化旅游资源。在规划中，除对规划区内地质遗迹的科学价值作出科学评价外，还必须对其旅游价值和规划区内的其他自然、人文景观的旅游价值作出实事求是的评价，并纳入到地质公园规划中去，成为公园的重要景区、景点。

（二）规划布局、功能分区简化明确，突出地质游览区

地质公园规划必须围绕地质遗迹遗址为中心来布局景点、景区。通常简化为：地质游览区、综合旅游区、接待娱乐服务区三大区。以地质景点为中心来安排参观线路，所有其他自然人文旅游资源均可列入综合游览区。

（三）规划必须贯彻“地质遗迹的保护是建立地质公园基本宗旨”这一原则

地质遗迹的不可再生性决定了保护地质遗迹的绝对性。绿地林地被破坏可重新种植，人文古建被破坏可修复或仿建；但地质遗迹被破坏后，任何办法都不能恢复、仿造。地质遗迹的保护规划是地质公园规划不可缺失的重要组成部分。

（四）规划必须安排完善的科普设施系统

科普系统包括：地质博物馆、解说牌系统、科普读物等。地质博物馆，用以揭示相关的地质运动的过程、现象；解说牌应安排到各地质遗迹点；科普读物包括文字及影视读物，应另行组织专家编写制作。前两者我们称为科普设施系统，它已经成为地质公园区别于其他风景旅游区的重要标志。

（五）在保护地质资源的前提下支持当地发展经济（旅游业）

一般说来，地质公园所在地是生态环境也比较脆弱的欠发达地区。通过建立地质公园，既保护了地质遗迹和绿色环境，也可促进旅游业的发展，有利于产业结构调整和安置剩余劳动力。地质公园规划对此要特别关注并给予安排。

第三节　地质公园规划与旅游规划的差异

一、旅游规划的基本概念

根据国标《旅游规划通则》（GB/T 18971—2003），旅游规划分为两类：旅游发展规划和旅游区规划。

（一）旅游发展规划

旅游发展规划是根据旅游业的历史、现状和市场要素的变化所制定的目标体系，以及为实现目标体系而在特定的发展条件下对旅游发展的要素所做的安排。旅游发展规划按规划的范围和政府管理层次分为全国旅游业发展规划、区域旅游业发展规划和地方旅游业发展规划。《旅游规划通则》明确提出：旅游发展规划的主要任务是明确旅游业在国民经济和社会发展中的地位与作用，提出旅游业发展目标，优化旅游业发展的要素结构与空间布局，安排旅游业发展的优先项目，促进旅游业持续、健康、稳定地发展。

（二）旅游区规划

旅游区规划是指为了保护、开发、利用和经营管理旅游区，使其发挥多种功能和作用而进行的各项旅游要素的统筹部署和具体安排。《旅游规划通则》明确提出：旅游区

总体规划的任务，是分析旅游区的客源市场，确定旅游区的主题形象，划定旅游区的用地范围及空间布局，安排旅游区配套设施建设的内容，提出开发措施。

二、地质公园规划与旅游规划的差异

很明显，旅游发展规划是产业发展规划，是对旅游发展的要素所做的安排；旅游区规划在风景区规划基础上增加了旅游区客源市场分析、主题形象的制定和对旅游区开发建设进行的总体投资分析。

地质公园规划的重点是如何保护地质遗迹、规划设计科普设施，整合地质地貌景观和其他人文自然资源，是为建设科学公园所作的安排。

作者认为，与旅游规划不同，地质公园规划只要对地质公园的客源有基本的估算，能保证地质公园的正常支出和保护费用略有盈余，达到持续发展目标，这规划就是可行的，地质公园就可设立。在这前提下追求更高利润目标的产业问题和旅游管理体系问题，不应该是地质公园规划的任务。

第四节　地质公园规划与其他相关规划的协调

地质公园是一个新生事物，它的规划建设与其他规划有着密切的关系，为了保证地质公园的规划能真正得到实施，地质公园规划必须与以下这些规划相协调。

一、与城镇（村镇）规划相协调

目前我国完全属无人居住的自然保护区的地质公园还很少。通常其公园范围内都有农牧民居住并从事农林牧渔业生产，人口稠密区的地质公园还有城镇居民点。所以建立地质公园时必须充分考虑原有村镇规划，使地质公园规划与其协调一致或提出对原有村镇规划的调整的建议。

首先，在划定公园范围时，要尽可能避开人口稠密区，避开居民点和大的村、镇，避开村镇规划发展区。其次，在不得已而将村落划入公园范围时，有两种处理方式：其一，村落小而分散时，建议调整村镇规划，搬迁或合并小村落，这样既可以改善原有居住生活条件，又有利于地质遗迹和生态环境的保护；其二，村落较大难以搬迁时，要与村镇规划管理部门协商，划定明确的村落范围，限制村落用地进一步向外发展，与此同时安排好园区内农牧林业的产业转型和劳动力就业的问题，这也是社会调控规划的主要内容。

二、与土地利用规划相协调

土地利用规划是一切规划的基础，发展任何事业、产业都是在土地利用规划安排的框架内进行的。有时一项新的事业或产业需要安排时，首先需要对土地利用规划进行了解，必要时可以对原有土地利用规划提出调整的建议。地质公园是新生事物，在此之前，一般土地利用规划都不会对其有安排，因此进行地质公园规划时要及时与土地规划部门协商，除划定公园范围外，还要对公园的各项设施的建设用地作出合理安排，并将其纳入土地利用规划调整之中。

三、与有关的景区规划相协调

不少地质公园，原来就是某种旅游景区，如风景名胜区、森林公园、自然保护区等，有的大的地质公园可能包括几个原有的不同景区。因此在编制新的地质公园规划时，对原有的景区现状和发展规划要有详细了解，包括对这些景区的具体范围、保护范围、保护内容、配套设施、服务设施、发展趋势等的了解。地质公园规划尽要可能与其协调一致，在对原规划影响不大的情况下，可以根据地质公园的需要增加新的地质景观，增加地质科普和旅游观光设施，增设保护区范围和安排保护措施，扩大接待能力等。地质公园对原景区的不科学的导游解说词可以修正，以提高原景区的品位。

四、与当地配套设施和环保设施建设相协调

地质公园既然是公园，就要接待游客，就需要建设各类设施（包括服务设施），当然，游客和各类设施需要由供水、供电、通信、环卫等来保障。为此，当地要有相应的容量来保证，或者由地质公园规划测算出需要的容量，由当地有关部门增容。在离城区远时，地质公园需要独立取水并建立自用的供水设施，建设专用的污水、污物处置或回收设施，这都需要在地质公园规划中安排，并列入当地总体规划之中。

第三篇
地质公园总体规划

第一章　地质公园的性质与范围

第一节　地质公园的性质

一、确定地质公园性质的意义

地质公园是科学公园的一种，每一特定的地质公园都具体展示了某一独特的和有典型价值的地质遗迹或地质景观。前一篇中作者已经阐述：由最具典型意义的地质遗迹类型确定地质公园性质（科学性），由最具吸引力的地质景观确定地质公园的主题特色（公园主题）。地质公园规划首先要回答的问题是：公园要向游客展示什么？给游客什么科学知识、美景享受或怎样的体验？明确了公园的性质和主题，这一问题也就迎刃而解了。

地质公园的性质和主题的确定还为规划的下一步工作奠定了基础，规划的各种安排基本上是为了保护公园最典型的反映公园性质的地质遗迹和展示公园主题特色的地质景观，为游客观光体验服务。

当然，在不少情况下，反映公园性质的地质遗迹与展示公园主题特色的地质景观常常是一致的。

二、地质公园性质的描述

由于地球历经46亿年的漫长演化过程，故在各地域留下的地质遗迹种类非常复杂。国内不少学者试图用各种方法来分类，虽各有差异，但基本上还是按三个层次（级）即大类、类、亚类归纳。如何分类有人的主观因素，不是本书研究的范围，规划的任务是利用这些分类，客观准确地描述最具典型意义的地质遗迹和最具吸引力的地质景观，确定地质公园的性质和主题。

对地质公园性质的描述应该满足准确、简明、通俗的原则。准确指直接用分类表中最后一个层次的最具典型意义的地质遗迹来描述，有时这个区域有多种有典型意义的地质遗迹，可以列举最具典型价值的1～2种，最多3～4种，但不宜再多；简明、通俗不言而喻。试举例说明这一思想。

例一，广东丹霞山地质公园，是以丹霞地貌命名的地质景观为主体的地质公园。

例二，漳州滨海火山国家地质公园，“是由以新生代滨海火山地貌为主体的地质公园。”

例三，西安翠华山地质公园，是以各种混合岩崩塌构成的奇特的山崩地质景观为主体的地质公园。

例四，兴义贵州龙地质公园，“是以产贵州龙动物群化石的三叠纪碳酸盐岩地层在地壳运动和溶蚀切割双重因素作用下形成的多姿多彩的岩溶地貌为主而构成的地质公园。”这一句话将典型的地层和地貌及其成因描述得十分清楚，符合准确、简明、通俗的原则。

三、地质公园主题的特色

对一般游客而言，在获取地球科学知识的同时，更重要的还是享受自然之美，丰富人生体验。用什么来吸引游客更大程度上还在于规划者发现挖掘有旅游价值的地质景观、景点，并对其恰当地命名；同时再对众多的景观景点进行整合，形成鲜明的公园主题特色。俗话说的“看点”就是我们规划工作者应努力去挖掘的主题。

例一，丹霞山地质公园，是以“赤壁丹崖、奇柱异石、壮观山峰、秀水绿林”为主题特色的世界地质公园。

例二，漳州滨海火山国家地质公园，其有“看点”的地质景观是：位于潮间带的火山口、火山喷气口群、海蚀埋藏型熔岩湖、巨型玄武岩柱状节理和发状石柱林、熔岩海岸和熔岩台地、熔岩锥、熔岩球形风化火山岩剖面。最终整合的公园主题特色可用一名话概括：“滨海火山地貌”。

例三，西安翠华山地质公园，是以“山崩形成的悬崖景观、石海景观、洞穴景观、堰塞湖和瀑流”等景观为主题特色的地质公园。

例四，兴义贵州龙地质公园，是由以“古生物化石贵州龙、壮观的万峰林和高瀑成群、急流险滩”著称的马岭河峡谷等组成的独特岩溶景观特色地质公园。

第二节　地质公园的范围

一、地质公园的范围的选择

根据第二篇中五大原则（有利于地质遗迹保护、遗迹的完整性、有利于旅游安排、与原有景区协调一致和实事求是的原则），选择地质公园的范围是总体规划最核心任务。在实际操作中，地质公园的范围一般包括如下几个部分：

（一）应保护的地质遗迹区

地质遗迹是地球在地质演化中遗留下来的记录，它包含面极广。人类为了生存总会自觉或不自觉地不断破坏这些遗迹，不可能完全原样保留地球所有表面不受改变。列入地质公园所要保护的地质遗迹区是具有特殊科学意义、稀有性和美学价值的，能够代表某一地区的地质历史、地质事件和地质作用的地质遗址。这些地质遗址可以用来作为科学研究和对公众进行科普教育，使公众认识到公园所在地区的变迁历史及其他知识的难得的实物证据。

应保护的地质遗迹区的选择应由地质专家和规划人员合作，一同实际考察、初步划定，再结合其他因素综合考虑、最后确定。

（二）地质景观区

对游客具有吸引力、观赏性的地质景观、景点集中分布区。由地质作用形成的相对完整的地貌形态总是呈现出一定区域范围内的分布，如果这种地貌形态优美，或者壮观，或者奇特，引人入胜，具有景观价值，不管分布在地表或地下（洞穴），都应被列入地质景观区。

地质景观区常常也是生态环境保护区。地质景观常与生态景观伴生，相互衬托，互为背景，构成优美、奇特的观光景观和供游客体验的自然环境。这类区域都应划入地质公园范围。

（三）其他有旅游价值的地质资源区域

如温泉分布区域，地热不仅是热能还是资源，不言而喻也是宝贵的旅游资源，如果在地质遗迹区的紧邻区域发现温泉，理应划入公园区。

（四）与地质遗迹紧邻的有重要旅游价值的其他景点或景区

这种景点景区一般包括两类：生态自然景区和历史人文景点。其中生态自然景区往往是与地质、地貌景区重叠、相依相存的。历史人文景点，可丰富地质公园的旅游景观，增加游览项目。

（五）必要的公园服务设施用地

主要是公园门前区（大门标志碑、停车场、信息中心、购物等）、博物馆区、其他服务区用地。如果在所列的前四项区域内，在不影响景观、不破坏地质遗迹和生态的前提条件下，还有适当的土地可安排公园的服务设施，就不必另增加用地。

二、地质公园边界走向的划定

在初步选择地质公园范围的基础上，为了给实际勘界提供依据，规划应提供一张边界走向图，图纸比例建议为 1∶50000，有条件时最好为 1∶10000。为了避免脱离实际，建议边界线大体与下列界线吻合：行政区划土地界线；道路边界线（一般不含路）；山脊分水岭线；山谷、河流中心线或其他自然界线。至少在总体规划阶段边界走向要明确，到实施前允许现场适当调整。我们发现，有些公园规划对边界线走向的划定很随意，没有认真细致地考虑，一条直线划过去，脱离实际，给勘界实施带来很大困难和纠纷，有的根本就不能实施。

公园边界的走向确定后，需要设置界碑、界桩。界碑至少在东、南、西、北各设一块；界桩每延长 200 ~ 500m 设一个，转折点处或地形突变处也设界桩。由于地质公园面积一般为几十平方公里至几百平方公里，边界线长度为上百公里到上千公里，除设置必要的界碑、界桩外，任何人工边界构筑物（如围墙、铁丝网等）都会给资金、生态和景观带来问题，不太现实。在我们编制的地质公园规划中曾经提出建立边界林的措施。由于地质公园大都处于自然状态的大山之中，建立边界林既能使公园有明确的界线，又保护了自然生态环境，增加了新的生态景观。通常，边界林带宽度有 20m、30m、50m、100m、200m 几种，根据实际情况选择。边界林，一般选择种植当地适生的速生乔木。

三、地质公园范围选择中要注意几个问题

（一）公园园区的范围应避开人口稠密的居民点

中国是一个人口最多的国家，人口密度很高，全国平均达 130 人 /km^2，不少已命名的国家地质公园面积达几百平方公里，公园范围内的居民一般有数万人，人口密集区达到 10 万，甚至更多。这样多的居民在“地质公园”内生活、生产，公园如何管理？居民生产、生活要不要安排？这样大范围的地质遗迹是否都能得到有效保护？作者认为，在选择确定地质公园范围时，要避开人口稠密的居民点（城镇或大村落）。

（二）在地质景观较分散时，不刻意追求连成片而加大公园范围

从旅游景区的安排而言，旅游者的活动范围是一个景点、一条线，并不是面，一般一个自然公园真正能对外开放的实际也只有几公顷至几平方公里；其余作为本底环境，给予保护就可以了。其次，公园的建设和管理，也要求范围不能太大，太大必然增大建设成本，增加维护管理人员和费用，这里不需再作详细阐述。从保护地质遗迹角度而言，只有重点保护、分级保护才能使最有科学价值的遗迹得到真正保护。

在地质遗迹分布广而分散的区域，不可能将这些遗迹都划入公园内。我们提出了在公园周边必要的地区，建立外围保护区或外围控制区的规划安排，在这些区内，禁止生产性采石、采矿，以保护生态环境，从而使区内居民照常生产、生活。

（三）公园范围可根据地质遗迹的分布，打破行政区划限制，合理整合

处于边缘地带的地质资源分布往往是跨区域的，为了保持地质遗迹的完整性，合理整合地质地貌资源，跨行政区建立地质公园

是常有的事。出现最多的是跨乡镇建园；有的是跨县市的，如福建省漳州滨海火山国家地质公园，地跨漳浦县、龙海市；有的是跨地级市的，如四川龙门山国家地质公园，地跨成都市（彭州市）、德阳市（什邡市、绵竹市）；黄河壶口瀑布国家地质公园则是地跨山西、陕西两省。这些都是从实际情况出发的选择地质公园范围的实例。

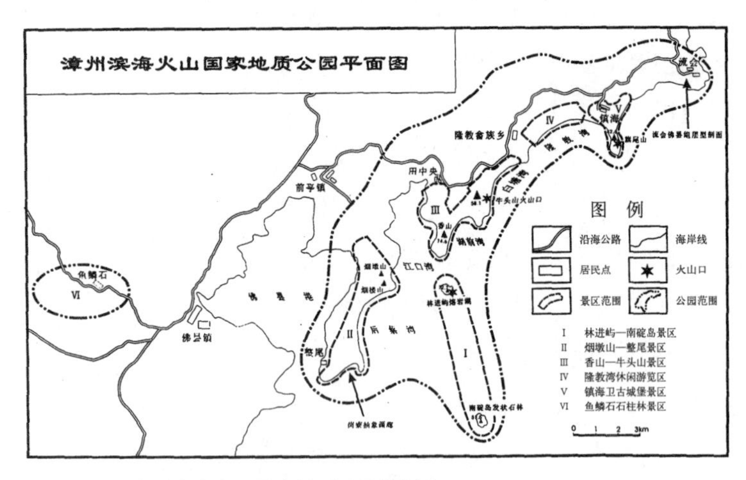

图 3–1–1　漳州滨海火山国家地质公园规划总图

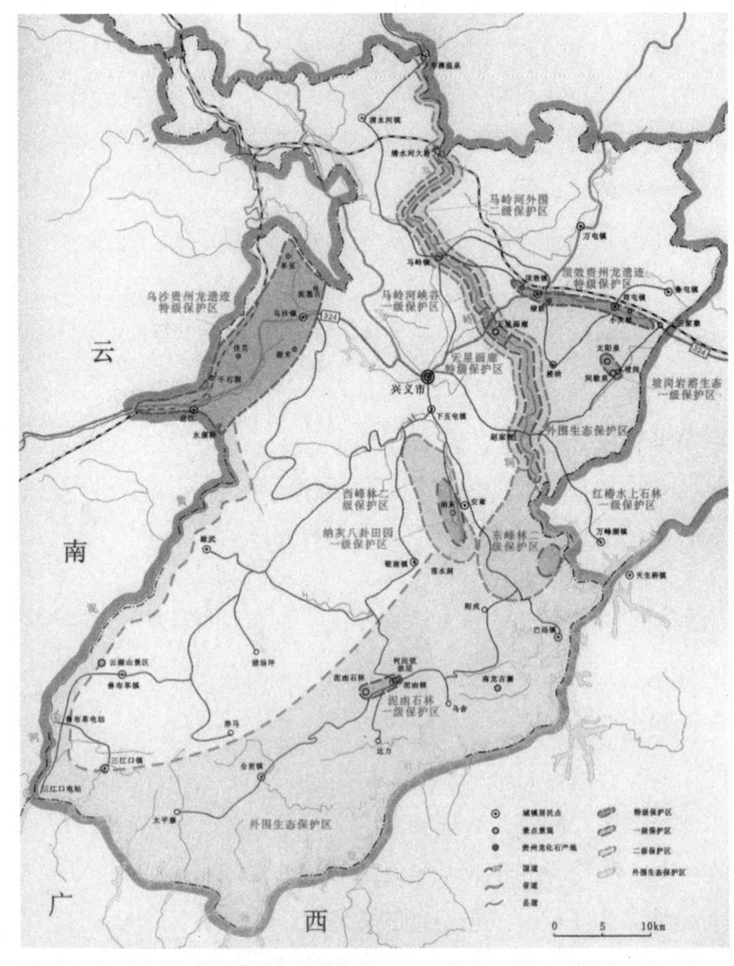

图 3–1–2　兴义贵州龙地质公园平面图

四、实例

在选择并确定地质公园范围时还可能遇到各种问题，应实事求是合理解决。以下是几个实例供参考。

［实例一］福建漳州滨海火山国家地质公园（图 3–1–1）

作者在漳州滨海火山国家地质公园规划中就碰到这样的问题，地处沿海，人口密度达 1000 人 /km^2。最初申报国家地质公园时划入公园的陆地范围为 318km^2，范围内人口有 20 多万，从居民调控规划角度就很难安排。后来进行调整，只将最需要保护的地质遗迹划入，个别重要的需要特别保护的地质遗迹用“非地”的方式划入。这样调整后陆上的面积为 30.7km^2，海域范围 69.3km^2，总计 100km^2。规划的 30km^2 的范围地跨漳浦和龙海两个县市最需保护的地质遗迹和最精华的地质景观。范围内人口缩小到约 3 万人，并对其土地、产业结构作了适当调整，为地质公园服务总计安排了 5000 个劳动力。原申报的范围列入了外围监控区，该区除非大规模采矿，一般不易被人为破坏。外围监控区的居民除不得采石、采矿外，仍然可正常生产、生活。

［实例二］贵州兴义国家地质公园（图 3–1–2）

由于兴义三叠纪岩溶地貌（峡谷、峰丛、峰林、石林、丘峰溶原、岩溶洼地、漏斗、化石露头等）分布很广，差不多占有兴义国土面积（2911km^2）的一半，其上居住人口占全市的 1/4。但作为具有重要科学和观赏价值的地质遗迹景观分布，其用地范围是不连续的，因此，若追求公园连片，将大片土地都划入地质公园范围，就可能出现如下难以解决的问题：园区内大量的分散居民难以安置；园区过大，使建设公园设施投入巨大，也难于实施有效的管理，还分散了对重点遗迹保护的力量；对大多数游客而言，所能到达的只是“游线”和“景点”，不是面。故兴义地质公园从实际出发，由几处最具有科学和旅游价值的地带、地块组成，规划公园园区总面积为270km^2。为了控制园区周边的数百平方公里的其他岩溶地貌不受破坏，规划划出了730km^{2}的地带，建立外围保护区，禁止成规模的采石（生产）、采矿，严禁建设一切有比较严重污染的企业，25°以上坡度的耕地全部退耕还林，以防止水土流失。这样做解决了地质公园建设中提出的一系列问题。

第三节　园区的组成和命名

一、园区的组成

联合国教科文组织对地质公园的定义标准指出：“地质公园是一个有明确的边界线并且有足够大的使其可为当地经济发展服务的表面面积的地区。它是由一系列具有特殊科学意义、稀有性和美学价值的，能够代表某一地区的地质历史、地质事件和地质作用的地质遗址（不论其规模大小）或者拼合成一体的多个地质遗址所组成，它也许不只具有地质意义，还可能具有考古、生态学、历史或文化价值。”在地质公园规划的实际工作中，常常就遇到这样的问题，公园确实是由拼合成一体的多个地质遗址和其他类景观区所组成，这些遗址区有的分属不同行政区划单位，为了避开人口稠密区（点）或其他原因，有的互不毗连，各自相对独立成区，有明确的界线，区内有景点、景物和各种不同的服务设施，能独立对外开放接待游客，构成地质公园的一个园区。数个园区构成一个地质公园，出现这种情况是由于申请国家地质公园或世界地质公园（A Geopark under UNESCO’s Patronage）时，为丰富地质遗迹和地质景观的内涵和价值或为了整合类似的地质遗迹以保护其完整性而造成的。各个园区按照其资源特点，承担各自不同的景观功能，共同建设成为景观丰富、更具吸引力的地质公园。

比较突出的例子是：北京房山世界地质公园是由北京房山西部山区与河北省涞源县、涞水县联合将已有的几个国家地质公园共同组成的一个更大范围的世界地质公园。这个公园包括了8个园区，其中房山有6大园区，涞水、涞源各一个园区。这8个园区不一定都毗连在一起，整合为一个大型综合地质公园后，根据房山地质公园的总体要求规范各园区的建设和管理，有利于建立统一的公园形象，促进当地旅游业共同发展和地质遗迹的整体保护。各园区根据各自的景观特色，做到功能互补，各自独立对外开放，接待游客。

二、园区的命名

大型综合性地质公园园区的命名，通常分为两大部分，即地质公园名和园区名。其中园区名称通常由“地方名＋景观名＋功能名＋园区”构成，有时直接简化为“地方名＋园区”。如“北京房山世界地质公园 · 十渡岩溶峡谷综合旅游园区”，也可简化为“北京房山世界地质公园十渡园区”。

作为实例，北京房山世界地质公园（图3-1-3）8个园区的名称是在“北京房山世界地质公园” 后分别加：“十渡岩溶峡谷综合旅游园区”、“云居寺—上方山宗教文化游览园区”、“周口店北京人遗址科普功能园区”、“石花洞溶洞群观光园区”、“圣莲山观

图 3-1-3　北京房山世界地质公园园区分布图

光体验园区”、“百花山—白草畔生态旅游园区”、“野三坡综合旅游园区”、“白石山拒马源峰林瀑布旅游区”。简化的名称即在“北京房山世界地质公园” 后分别加：“十渡园区”、“上方山—云居寺园区”、“周口店北京人遗址园区”、“石花洞园区”、“圣莲山园区”、“百花山—白草畔园区”、“野三坡园区”、“白石山园区”。

第二章　地质遗迹价值评估

第一节　地质遗迹的科学价值及其评价

一、定义

人们已经充分认识到，地质遗迹是研究地球科学的最基本的实物证据，是地球的档案。因此地质遗迹的科学价值是指某地的地质遗迹在地球科学研究中提供的实物证据所具有的特殊意义。这种意义指在全球或某地域具有对比意义（典型性）；在全球或地域是惟一的或少有的（稀有性）；遗迹形成过程和表观现象的系统性和完整性；遗迹受到人为破坏的程度（自然性）；以及在相关科学研究中的作用或地位。

二、评价方法

地质遗迹的科学价值通常是由资深的地球科学专家组成的小组（或专家委员会）进行现场考察、资料检索调研、综合对比分析，最后写出评价报告。当然由于参与评价的专家背景各不相同，常采用因子赋分法，取各专家的总平均分作为最终评价结果。但由于人为因素对各因子赋分的影响，最终评价结果，与实际价值有较大出入。因此作者建议还是用描述法对地质遗迹的科学价值给予如实的客观描述，这样更科学、更直观，更能被人们接受。

（一）描述法评价

地质遗迹的科学价值可用评价因子遗迹的类型、特征、年代和规模来分别给予描述，再对其典型性、稀有性、系统性和完整性进行对比描述。试举几例：

例一，兴义贵州龙地质公园的地质遗迹的科学价值。

兴义顶效镇绿荫村胡氏贵州龙的发现，是中国乃至整个亚洲三叠纪海生爬行动物的首次发现，从而揭开了中国乃至亚洲三叠纪海生爬行动物的研究历史；兴义是惟一同时发现三叠纪海生爬行动物和鱼化石的产地，这在国外相关地层也是少见的；鱼类化石的发现填补了我国在鱼类这一重要演化阶段的空白；贵州龙动物群具有明显的古地理学意义，其组合面貌与欧洲德国、瑞士、意大利等同期同类生物群类似，这种类似性或相似性表明贵州龙海生爬行动物属于特提斯生物群（摘自中国地质调查局发展研究中心的《兴义贵州龙地质公园总体规划（文本）》）。

例二，丹霞山国家地质公园的地质地貌的价值。

由红色陆相碎屑岩构成的、以赤壁丹崖为特色的地貌，是20世纪30年代以丹霞山命名的，称丹霞地貌。在目前国内已发现的500多处丹霞地貌中，丹霞山是面积最大、类型最齐全、造型最丰富的地区之一。丹霞山区的红色岩系，是全国中生代红色岩系中研究程度最高的地区，一直是华南地区丹霞组地层对比的标准地层，在地质学方面意义重大。区内仍保留着大面积由中亚热带向南亚热带过渡的典型生态群落，是极为宝贵的自然遗产（根据中山大学地理系的《丹霞山国家地质公园总体规划》中“建立地质公园的价值及意义”一节整理得出）。

例三，浙江常山国家地质公园的地质遗迹的科学价值。

“公园中的地质遗迹为中奥陶统达瑞威尔阶（约4.60—4.55亿年前）底界全球界线层型剖面及生物化石组合。全球界线层型剖面（GSSP）是对地质历史中某一特定时限进行全球对比的标准。公园内黄泥塘地层剖面是中奥陶统达瑞威尔阶底界全球层型剖面点，并已在该剖面建立了永久性标志（即地学界通称的‘金钉子’）。这是中国的第一颗‘金钉子’，在科学上具有重要价值……以早中奥陶世地层及笔石、牙形刺动物化石的良好发育闻名于全球”（摘引自赵逊等的《地球档案——国家地质公园之旅》之“浙江常山国家地质公园”篇）。

本书作者建议，地质公园规划中，对地质遗迹科学价值的描述还可以更规范一些，可按照遗迹的名称、类型、年代、特征和规模，及其典型性、稀有性、系统性和完整性的顺序进行对比描述。这样有利于地质专业人员准确表达其科学价值，并与非地质类专业人员有共同的语言去理解该地质遗迹价值，并搞好地质公园的规划建设，突出其应有的价值，将其最有价值的部分展示给游客。如果在描述中涉及到“全球第一”、“全国最大”等之类结论时，要以充分的检索资料为依据，列出相同或类似遗迹的横向对比数据，恰如其分地加以说明。

（二）因子赋分法评价

现行的《国家地质公园评价标准（试行）》（2000）是按照拟定的评审指标，按照其重要程度，分别赋予一定分值，各项指标总分为100分，并将其指标和赋分列表（国家地质公园评审表），由聘请的资深专家打分，取其平均值，最终比较确定其相对价值顺序。其中自然属性（含典型性、稀有性、系统性和完整性、自然性，不含优美性）满分为50分，反映了地质公园评审标准对科学价值的重视，也体现了地质公园与一般风景区（公园）的主要区别：科学性和科普特色。

作者建议，地质公园规划编制者，应参照《国家地质公园评价标准（试行）》（以下简称《标准》）（表1-1-2）表中自然属性中的典型性、稀有性、系统性和完整性、自然性四项因子，对公园内地质遗迹科学价值进行赋分评价。《标准》规定如下：

1．典型性（15分）

a．遗迹的类型、内容、规模等具有国际对比意义（15分）

b．遗迹的类型、内容、规模等具有全国性对比意义（10分）

c．遗迹的类型、内容、规模等在国内具有重要的地学意义（5分）

d．遗迹的类型、内容、规模等属国内常见（0分）

2．稀有性（17分）

a．属世界上惟一或极特殊的遗迹（17分）

b．属世界上少有或国内惟一的遗迹（12分）

c．属国内少有的遗迹（6分）

d．在国内外均不具特殊性的普通遗迹（0分）

3．自然性（8分）

a．基本保持自然状态，未受到或极少受到人为破坏之遗迹（8分）

b．虽受到一定程度的人为破坏，但影响程度很低或稍加人工整理可恢复原有面貌之遗迹（6分）

c．受到比较明显的人为破坏，但经人工整理后仍有较大保护价值之遗迹（3分）

d. 人为破坏严重，极难恢复的遗迹（0分）

4. 系统性和完整性（10分）

a. 遗迹的形成过程和表观现象保存系统而完整，内容丰富多样（10分）

b. 遗迹的形成过程和表观现象保存比较系统而完整，内容较多样（6分）

c. 遗迹的形成过程和表观现象保存不够系统和完整，但基本能反映该类型遗迹的主要特征（3分）

d. 遗迹的形成过程和表观现象保存较少，内容单一，不能反映该类型遗迹的基本特征（0分）

将以上四项打分，其总和作为评价地质遗迹科学价值的参考依据。本书建议评价按总分分为四级，其标准是：

总分大于等于45分，为特级，属世界级地质遗产，若其他条件合格，可申报世界地质公园；

总分大于等于35分，为一级，属国家级地质遗迹，可按国家《地质遗迹保护管理规定》列入国家级地质遗迹保护区，若其他条件合格，可申报国家地质公园；

总分大于等于25分，为二级，可按国家《地质遗迹保护管理规定》列入省级地质遗迹保护区，若其他条件合格，可申报省（市）级地质公园；

总分大于等于20分，为三级，可按国家《地质遗迹保护管理规定》列入县级地质遗迹保护区，若其他条件合格，可申报县级地质公园。

三、世界地质公园的评估表

由世界地质公园网络组织2006年制定的申报世界地质公园的评估表［Global Geoparks Network Applicant's Evaluation (DRAFT)］，该标准包括申请总表分列六大项，这六项总分为100分，其各项权重见表3-2。该表中第Ⅰ大项为地质与景观，总权重为35%（即满分为35分），包括属地、地质遗迹保护、自然和文化遗产三项，权重分别是5%、20%、10%。再细分列出分表，分别给出分值。从这个表看，世界地质公园的“地质与景观”总分要低于国内制定（表1-1-2）的50分的比例；而特别看重管理结构（权重25%）和科普环境教育（权重15%），两者比分之和达40%，超过了“地质与景观”（权重35%）。

世界地质公园申请评估总表　　表3-2

	类　别	权重（%）	专家评估
I	地质与景观	35	
1.1	属地	5	
1.2	地质遗迹保护	20	
1.3	自然和文化遗产	10	
II.	管理结构	25	
III	解释系统和环境教育	15	
IV	地质旅游	10	
V	区域经济可持续发展	10	
VI	交通条件	5	
合　计		100	

第二节　地质景观的旅游价值

一、旅游资源的一般概念

（一）旅游资源定义

国内外对旅游资源有多种定义，这里我

们引用国家标准《旅游资源分类、调查与评价》(GB/T 18972—2003)中的解释，旅游资源是指“自然界和人类社会凡能对旅游者产生吸引力，可以为旅游业开发利用，并可产生经济效益、社会效益和环境效益的各种事物和因素”。任何资源都是有价值的，旅游资源也不例外。根据这一定义，旅游资源的价值是对游客产生吸引力，能为旅游业开发利用，产生效益。

(二)旅游资源的分类

在国标《旅游资源分类、调查与评价》中依据旅游资源的性状(即现存状况、形态、特性、特征)，将所有旅游资源分为“主类”、“亚类”、“基本类型”三个层次。经统计，在8大主类中，至少有3大类与地质景观有关，分别是地文景观、水域风光、遗址遗迹；在31个亚类中，有11亚类主要是地质景观，即：综合自然旅游地、沉积与构造、地质地貌过程形迹、自然变动遗迹、岛礁、河段、天然湖泊与池沼、瀑布、泉、冰雪地、史前人类活动场所；在155种基本类型中，有46种是地质景观(详见附录7)。

(三)旅游资源单体

为了对每一实际旅游资源价值进行具体的评价，在国标《旅游资源分类、调查与评价》中引入了旅游资源单体的概念：“可作为独立观赏或利用的旅游资源基本类型的单独个体，包括‘独立型旅游资源单体’和由同一类型的独立单体结合在一起的‘集合型旅游资源单体’。”

二、作为旅游资源的地质景观

作为旅游资源的地质景观，是以地质地貌形态出露于大地(含洞穴)，构成规模和形态各异的地貌为人们提供了具有观赏、游览价值的景观。从国家旅游资源分类表中可以看出，这46种地质景观在旅游资源中占有主要位置，地质景观的旅游价值是不言而喻的。本节研究的重点是如何具体评价地质景观单体的旅游价值。

就规模而论有巨型、大、中、小型和微型地貌，因此地质景观单体的规模差距也是很大的，其中巨型、大型的一般属集合型地质景观单体。地质公园往往是由多个地质景观单体和其他旅游资源单体组合构成。

三、地质景观单体的旅游价值评价

(一)评价目的

通过对地质遗迹的科学评价，可以按照其不同的等级，采取其相应的保护措施，使其为地球科学研究和科普教育永续利用；也为国家评审批准不同等级的地质公园提供参考依据。而地质景观单体的旅游价值评价，是为了规划建设地质公园提供依据，也是地质公园总体规划的一项重要内容。通过对其旅游价值的评价，有利于对公园地质景点的选择和景区的布局，安排展示观景设施和其他旅游设施。

(二)评价方法

地质景观单体旅游价值的评价，可以参照国标《旅游资源分类、调查与评价》中的赋分方法。但根据本书作者和国内许多专家多年编制旅游规划的实际经验教训，认为由于众多的不确定因素，特别是评价者的爱好主观因素差异极大，评价的结果往往缺乏客观的公正性，使其实际使用价值受到质疑。多数旅游主管部门和景区建设管理单位对此也无兴趣。因此越来越多的旅游规划编制单位纷纷放弃用此法去评价旅游资源的价值。

本书作者建议对地质景观单体的旅游价值，分两种方法评价，一种是客观直接描述法，另一种是类似景观横向对比法。用这两种方法评价其旅游价值更切合实际，更有使用价值。

1.客观直接描述法评价

地质景观单体的旅游价值描述，通常包

括：景观形态、游客感受、珍稀奇特程度（一定区域对比）、规模丰度、完整性以及可进入性等。实际描述时，对上述因素可根据景观单体特点，增加或减少。地质公园规划中对地质景观评价的一般做法是对每个地质景观单体（或集合型地质景观单体）逐一列出，描述评价，最后对公园总体的景观作出综合评价。

例一，漳州滨海火山地质公园中，有25处地质景观单体，现对其中一处集合型单体进行评价描述。

南碇岛熔岩发状石柱林，全岛面积为0.1km²，均由石柱林构成，墨绿色的玄武岩柱状体直径为25～50cm，遍布全岛，约140万根，远观似发丝，沿20～50m高的悬崖垂入海中，极为壮观。环岛为玄武岩柱体的斜断面，状若珊瑚，规模巨大，具有极高的观赏价值，是国内仅见自然奇特景观。

其余24处评价描述见第五篇第二章《漳州滨海火山国家地质公园总体规划（说明书）》。

例二，广东丹霞山国家地质公园中，有两处地质景观，评价描述如下（摘自赵逊等的《地球档案——国家地质公园之旅》）：

1）阳元石。号称天下第一奇石的阳元石，位于元山景区，与丹霞山主景区隔江相望，该石高约28m，直径为7m，活脱一具男性阴茎，直指苍天。

2）阴元石。被称为天下第一女阴的奇景的阴元石，隐藏于深山幽谷之中，石高10.3m，宽4.8m。其形状、比例、颜色简直是一具巨大的女阴解剖模型。被誉为“母亲石”、“生命之源”。

阳元石与阴元石隔江相望，直线距离不到5km，是大自然赐予丹霞山的瑰宝。

例三，四川宜宾兴文地质公园的小岩湾天坑地质景观单体评价描述（摘自中国地质大学的《拟建中国兴文世界地质公园总体规划说明书》，词句稍有修改整理）：

小岩湾天坑位于石林镇（兴晏村）东侧，俗称“天盆”。东西长625m，宽475m，深248m，呈椭圆形，四面绝壁，其势如刀劈斧砍，底部为塌陷松散堆积地貌，整体犹如一个漏斗，形态完整、逼真，气势雄伟，其规模位居世界岩溶漏斗前列。它是我国最早发现也是最先进行研究的岩漏斗，具有特殊纪念意义和科学价值。在漏斗锥形绝壁之中，有一条小径环绕漏斗一周，为研究漏斗和旅游观光提供了条件。

例四，四川大渡河峡谷国家地质公园的大渡河大峡谷集合型地质景观单体评价描述（摘自四川省地质公园与地质遗迹调查评价中心的《四川大渡河金口—汉源大峡谷国家地质公园总体规划》）：

大渡河大峡谷，其主体位于金口河与乌斯河之间，是典型的河流侵蚀谷峡谷地貌。它长约26km，谷宽约70～150m，局部小于50m，落差为1000～1500m，最大谷深2600m，为长江三峡的2倍，比美国科罗拉多大峡谷还深860m。气势雄伟、壮观秀丽、险峻幽幻，两侧壁立千仞、千姿百态、如画如雕，为西部乃至全国不可多得的旅游资源，有极高的科考和科普价值，是游览观光和开展攀岩探险、漂流探险的理想场所。

不再多举，总之用直接描述法评价地质景观的旅游价值是更有实际意义和值得提倡的方法，同时对这种方法也作必要的规范，有利于推广应用。

2．类似景观横向对比法评价

类似地质景观单体（或集合体）的横向对比法评价是指：在一定范围（地区、全国、洲际、全球）内搜集与本地质公园类似景观单体（或集合体），将其列表进行对比。对比的因子可以是多种多样的，但这些因子中应该选取能量化的、可比的，如规模大小、单体尺度、形成时间最早或最近、品种数量、珍稀奇特程度、丰度、完整性等。

用此方法评价时，首先要对与本地质景观单体类似的资源进行一定范围（全球、国内或地方）内的检索，列出相关的可比较的因子，经比较后可以得出该资源在一定范围内在某方面处于什么位置。这样的比较花的时间较多，但得出的结论可靠，有说服力。

第三节　地质遗迹转化为旅游产品可能性的评估

一、问题的提出

不是所有的地质遗迹都具有视觉景观特征或环境景观价值，不是所有的地质遗迹产地都可以建设地质公园，都可以成为大众的旅游景区。如何使科学家对地质遗迹研究出的科学解释，被大众理解、体验；如何将优美的视觉地质景观展示给公众，如何将幽深的地质环境景观引导给游客；如何将人（游客）与自然（地质环境）融合，为游客提供方便的游赏条件而又与大自然友好相处，这是地质公园规划建设者的主要任务之一。

一句话，资源如何加工成为产品，地质资源如何加工成为旅游产品，地质景观怎样规划成为地质公园？

二、可转化为旅游产品的地质资源

不是所有的地质景观都可成为直接被公众游览的旅游产品，只有那些对旅游者具有吸引力的地质景观单体或集合型景观群体才是有价值的、有可能转化为旅游产品的地质环境景观。这些吸引物包括：具有视觉美感或特殊视觉刺激的地质景观；能使旅游者产生特殊体验的地质景观环境，这种体验如：感受到大自然的神奇，心灵的震撼，舒适的感受，宁静的感悟，奇妙的探险，或是某种惊险刺激感受等等；能为旅游者提供康体资源条件或物质环境的地质景观，如温泉、矿泥以及登山攀岩环境等。

总之，能为游客提供视觉享受、心灵感悟、娱乐康体和认识地球科学知识的地质地貌资源，均应视为有旅游吸引力的资源，通过合理的规划建设是可以转化为旅游产品的。

三、转化条件的分析

（一）外部条件

外部条件主要是指市场条件、本地区的旅游资源条件和交通条件。市场条件十分重要，可通过调研分析，得出结论，本书暂不讨论。而本地区现有的旅游资源条件对促进新的地质景观旅游产品建设无疑也十分重要，若该地区已有的其他旅游资源已经开发并形成了成熟的旅游环境，新的地质景观旅游产品对该地区旅游业应该说是锦上添花，有利于地质资源向旅游产品的转化；若相反，本地区没有其他值得利用的旅游资源，仅靠一般的地质景观，要将此景观转化为旅游产品，困难是比较大的，需要做较长时间的努力才能取得效果。

交通条件是必须的，规划中要对于铁路、公路、航空和水路的现状作充分的分析，要作与地质景观的价值相适应的评价。对于世界级的地质景观，只要交通方便，对较远的游客也是有吸引力的，是很容易将地质资源转化为旅游产品的；区域性价值的地质景观，对于交通路程在 2 ～ 3 小时范围区域内的游客，具有吸引力，可以打造为区域旅游产品。随着我国高速公路的大量兴建，200 ～ 300km 的路程可作为区域性地质公园的市场客源范围。

（二）园区内部条件

园区内部条件包括可达性条件和可观赏

条件。

1. 可达性条件

对地质景观而言，可达性条件，指从进入地质公园园区大门，到达观景点的交通条件。通常在保护地质遗迹的前提下，尽可能地将游客用各种交通工具送到接近观景点的地方，其交通工具包括：无污染的车、船、索道等等。“接近观景点”指不依赖交通工具（下车下船或下索道后），步行到达观景点的时间，应控制在人们体力允许的范围之内。这个范围指：步行距离或攀登（或爬山）高度。

根据调查和本书作者的体验，旅游者在公园内步行的舒适理想的距离不超过 2km，如果中途有吸引游客的旅游景点，这一距离可延长至 3km。同时调查也发现，对一般中国游客，出现疲劳，体力和心理上不愿意再走的距离为 3 ~ 5km，因年龄和性别有些差异，平均按 4km 考虑。建议在规划中，安排游客在公园内步行的理想的距离为 2km，极限距离为 4km。

按同样的调查分析发现，游客在向上攀登（或爬山）时，舒适理想的高度控制在 200m，疲劳极限的高度控制在 400m 为宜。此数值适用于正常的有台阶踏步的安全的山地。

2. 可观赏条件

可观赏条件，指游客在公园园区内游赏的最佳位置及其空间环境条件。观赏地质景观，常常需要寻求最佳的视角和适当的距离，在这一最佳位置处，还要有一定空间，供游客暂时驻足观赏和摄影、摄像留念。游客的体验，也要在地质景观环境内有适宜的空间，供游客小憩，近距离（或零距离）感受大自然的奇妙。这些位置和空间的选择，需要通过规划人员现场调查去发现并确定。地质公园规划的重要任务就是要在确定地质遗迹科学价值的基础上，去进一步调查旅游地质环境，发现更多地质景观，同时去安排观赏条件和体验环境。

（三）安全条件

毋庸置疑，游客安全是地质遗迹转化为旅游产品不可缺少的条件，是地质遗迹地层内外营力作用的产物。这种营力始终存在着，地质遗迹形态也不断变化着，只是在短时期内变化较小，不会造成对人类的太大的危害。但随着时间的流逝，有些地质遗迹确实也存在对人类的危害，小有碎石坠落、危岩剥落，大到滑坡、山崩、地震等地质灾害，都可能造成对游客的伤害，在规划调查、考察中都应十分注意。选择景观景点、游客活动位置及旅游线路时都要避开危险地带，或采取安全措施，确保安全。此外，海拔过高的山区，空气稀薄（缺氧），气候恶劣（变化无常），虽是少数探险家的乐园，但不能作为面向大众的旅游产品。根据笔者自身体验，这一海拔高度大体控制在 4500m 以内为宜，当然这一安全高度应通过医学科学测试确定。

四、转化条件的评估描述

在对地质遗迹的科学价值和旅游价值评价基础上，还要对其能否转化为旅游产品作出评估。评估描述包括：外部市场条件和大交通（铁路、航空、高速路）条件；内部可达性条件、可观赏条件和安全条件；附近或园内有否其他自然和人文旅游资源条件；其他环境条件。当然这些条件有的是潜在的，通过国家或社会的投入是可以创造的，如青藏铁路的通车为西藏一些地区的旅游发展创造了条件；有些是经过努力也难以实现的，如珠穆朗玛峰地区作为最重要的地质遗迹，要建成对公众开放的地质公园是不现实的。

地质公园是一种新型旅游产品，对地质遗迹能否转化为旅游产品，需要对其转化条件作出评估，这一点在过去的地质公园规划中做得不够，应该加强。

第三章　自然和人文旅游资源的价值评估

第一节　旅游资源价值评估的概述

一、简况

如何评价旅游资源，目前有许多文献资料论及，在国内各单位实际编制旅游规划中调查和评价旅游资源的方法也不尽相同，而且随着时间的推移，在不断变化发展之中。传统的评价理论和方法也不能满足规划委托单位的需要，受托的规划编制单位不得不寻求新的理论和方法。旅游资源价值评价理论和方法呈现出百家争鸣、百花齐放的状态。

根据传统的旅游资源评价理念产生的国家标准《旅游资源分类、调查与评价》（GB/T 18972—2003）从编制和诞生之时开始就有争议，这里不去讨论。但这部标准，毕竟对旅游资源类型作出了梳理，有了约定俗成的旅游资源分类表和评价赋分的方法（见附录）。

在更早时候的国家标准《风景名胜区规划规范》（GB 50298—1999）中的单独章节“3.2 风景资源评价”，也从景源调查、景源筛选与分类、景源评价指标层次和分级标准及评价结论等几个方面作了简明的规定。并提出了“应采取定性概括与定量分析相结合的方法，综合评价景源特征”的原则。这一评价方法，在风景区规划中得以广泛应用，《国家地质公园总体规划工作指南（试行)》也推荐其中两张表（风景资源分类表和风景资源评价指标层次表）在国家地质公园总体规划中使用。但该规范的编制者也清醒地认识到：“自然美的主观观念总是相对的，这就使得景源评价难以有一个绝对的衡量标准和尺度。所以景源评价标准只能是相对的、比较的和各有特点的。”

二、问题

正如《旅游资源调查、分类、评价》中指出的本标准的目的是“为了更加适用于旅游资源开发与保护、旅游规划与项目建设、旅游行业管理与旅游法规建设、旅游资源信息管理与开发利用等方面的工作”。就旅游资源的开发与保护、旅游规划与项目建设而言，这一标准尚不能满足当前的实际要求，有些甚至引起误导。作者随意打开一本规划文本，其中旅游资源调查的结论是“经调查某区域内的旅游资源按类型有 × 主类、× × 亚类、× × 基本类型，分别占了国家标准各类的 75%、60%、45%，其五级资源 × 项、四级 × × 项、三级 × × 项……”这样的结论在许多规划文本中发现过。有个地方政府旅游管理部门对作者诉说：“这种结论有什么用，一块小石头就是一类，一个在旁边的小树又是一类，加上旁边一个小庙又是一类；国内有几个五级资源？省内有几个五级、四级资源？我们县有这么多资源，而且等级这么高，为什么还是吸引不了投资者和游客？”他说：“只能责怪我们还不懂该怎么评价”。

其实作者和作者的同事已经多次遇到这种尴尬，作者不敢说目前国内旅游资源评价都是如此，但至少应该反思。

产生这一问题的原因有两个：对“旅游资源单体”的理解和专家对“旅游资源评价赋分”的随意性。

《旅游资源分类、调查与评价》对“旅游资源单体”的定义是：可作为独立观赏或利用的旅游资源基本类型的单独个体，包括“独立型旅游资源单体”和由同一类型的独立单体结合在一起的“集合型旅游资源单体”。是否相当于《风景名胜区规划规范》中最小景观单元“景物”的概念，不得而知。由于用某一区域（如一个县）旅游资源“单独个体”或“景物”来计算，那当然出现前述数十上百项类型的情况，这种统计对开发旅游资源有何意义？

《旅游资源分类、调查与评价》中对旅游资源评价提出的总体要求有三条，分别是：“按照本标准的旅游资源分类体系对旅游资源单体进行评价”、“本标准采用打分评价方法”、“评价主要由调查组完成”。其评价体系是：“本标准依据‘旅游资源共有因子综合评价系统’赋分”、“本系统设‘评价项目’和‘评价因子’两个档次”、“评价项目为‘资源要素价值’、‘资源影响力’、‘附加值’。”其中：“资源要素价值”项目中含“观赏游憩使用价值”、“历史文化科学艺术价值”、“珍稀奇特程度”、“规模、丰度与几率”、“完整性”等5项评价因子；“资源影响力”项目中含“知名度和影响力”、“适游期或使用范围”等2项评价因子；“附加值”含“环境保护与环境安全”1项评价因子。制定标准者本意是用数量来评价，用项目和因子构成完整的体系，但最终打分者，因不同阅历、专业、素质，对标准的理解各不相同，其随意性很大，造成差异极大，这就出现了前述的问题。

对现行的《旅游资源分类、调查与评价》应该作较大修正，结合《风景名胜区规划规范》中的评价方法，寻求更理性和实事求是的途径，真正做到有利于旅游资源开发的初衷。

三、建议

分析目前旅游资源评价中的问题，本书建议：

1）本着实事求是原则，在地质公园总体规划中，对旅游资源的评价，仍应以现场调查直接描述法和同类横向对比法评价为主进行。

2）赋分法可用于同一组专家，在对不同的地质公园景观做宏观分级排序时采用，此时宜粗不宜细，并建议采用《国家地质公园总体规划工作指南（试行）》推荐的《风景名胜区规划规范》中的风景资源评价方法。

3）赋分法也适用于考虑规划中确定公园内部各景点的主次时，需按景点相对价值的排序来确定，可参照执行，此时需由同一组人员对相同的范围景观打分。这种赋分法因打分人的综合素质影响，主观随意性较大，不适用于不同人群对不同地质公园景观评价的结果的相互比较。

第二节　自然旅游资源的价值评估

一、评估目的

对自然资源的旅游价值恰当的定位，是资源的开发利用的重要依据，是旅游或景区规划的基础性工作。当然对旅游资源的评价还有管理方面的目的，这里暂不论。

就规划而言，确定了较大区域（风景区或地质公园的整个地域）的自然景观的总体价值，也就能为公园园区服务对象的区域范围、具体人群、规模等提供依据，即市场的价值的依据；为公园园区内的景观单元（景区、景点或景物）的价值评价和等级排序以及规划总体布局提供依据。

二、评价对象的类型和单元划分

自然旅游资源与人文旅游资源不同，是呈区域特征和层次等级双重形态分布的，这也就决定了对评价对象分层和分单元评价的必要性。

（一）自然旅游资源的区域特征

国内外的国家公园、自然风景区、地质公园、森林公园、湿地公园等等已经开放的旅游区，从地理分布上都属同一类或几类地质、地貌、生态特征在某区范围内的呈现。如美国黄石公园——近9000km^{2}范围国土的全球第一个国家公园，是以丰富的火山地质景观为主和丰富的野生动植物资源集中分布为特色的自然区域（被誉为“世界上最著名的野生动植物庇护所”）；湖南张家界世界地质公园，其总面积为3600km^2，是以砂岩峰林为特征的包括岩溶洞穴和密林及丰富的珍稀植物资源集中分布的自然区域。

当然在总体特征景观之下，又呈现出丰富多彩的境域单元的景区或景点。如黄石公园范围内分布有各种熔岩、山峦、石林、峡谷、瀑布、湖泊、地热等景点、景区；张家界地质公园内除特有的砂岩峰林地貌外，在其范围内还分布有各种峡谷、嶂峪、溶洞、方山、台地、峰墙、密林及珍稀植物银杏、红豆杉、珙桐等景区、景点、景物。

（二）自然旅游资源的层次等级

作为评价对象，自然旅游资源的构成是呈多层次的，每个层次有各自不同的构景特点，不同的景点、景物的数量规模和特色，不同层次或不同规模相互间是难以类比的。因此分层评价是必要的。

自然旅游资源的层次从高到低或从宽广到点物，通常分为：风景区（或公园）、园区、景区、景群、景点、景物。地质公园通常分为：公园、园区、景区、景点。就作者经验和已有的资料分析，地质公园的这4个层次规模的数量级分别是：数百平方公里、数十平方公里、数平方公里和数公顷。当然这一规模分级不是绝对的，有些地质公园仅有一个景区或景点，如陕西洛川黄土国家地质公园总面积仅5.9km^2，自贡恐龙国家地质公园总占地面积仅8.7km^2。

（三）自然旅游资源的分类及其层次

自然旅游资源，在《旅游资源分类、调查与评价》中将其分为3个层次：主类、亚类和基本类型，各层中又分若干类。其主类中分为地文景观、水域风光、生物景观、天象与气候景观4类；亚类有17类，基本类型达69种。

而在《风景名胜区规划规范》中，虽然也是3层：大类、中类、小类，但实际自然景源被列为大类，中类是：天景、地景、水景、生景，也是4类，相当于前述的主类；小类共40种，包含了前述亚类和基本类型。应该说后一分类层次简明，编制《规范》者申明：“景源分类的具体原则是：①性状分类原则，强调区分景源的性质和状态；②指标控制原则，特征指标一致的景源，可以归为同一类型；③包容性原则，即类型之间有较明显的排他性，少数情况有从属关系；④约定俗成原则，社会和学术界或相关学科已成习俗的类型，虽不尽合理但又不失原则、尚可以意会的，则保留其类型。”并指出，中类基本是属于景源的种类层；小类基本是属于景源的形态层，是景源调查的具体对象。“当然，还可以进一步划分出数以百计的子类”。

（四）自然旅游资源的评价单元

自然旅游资源的种类十分丰富，其组合特点、数量和规模也异常复杂。为了实事求是地反映评价对象的价值、特征、级别，则要针对评价对象的具体状况，选择适当的评价单元和相应的评价指标。因此，自然旅游资源的评价单元应以其“现状分布图为基础，根据规划范围大小和景源规模、内容、结构及游赏方式等特征，划分若干层次的评价单元，并作出等级评价”。

为满足地质公园规划的需要，作者赞同分层次划分评价单元，按相应层次的评价指标分别对其进行评价。这样有可比性，并对公园的规划定位和布局有实用价值。

就地质公园范围而言，可按2个或3个层次来划分评价单元，如果是较大的设若干园区的地质公园，分3个层次：顶层地质公园全范围是一个评价单元；中间层次是各公园园区单元；最基层是景区、景点的评价单元。如果是不设园区的，只有2个层级：顶层单元评价为公园市场定位提供参考依据；基层单元评价为具体开发景观资源和旅游设施布局提供方向引导。

三、评价指标

建立不同层次评价单元的相应的评价指标是《风景名胜区规划规范》中提出的一个评价资源的较实用方法。其中的 “风景资源评价指标层次表”也被《国家地质公园总体规划工作指南（试行）》直接采用，排列为表4，个别词略有差异。为了下一步叙述，现将原表列于此。

表中所列各层指标可能尚有遗漏，层次还可再增加一层，实际使用中，针对不同类型评价的比较和对象的特征差异，所选择的评价指标不一定求全。如火山熔岩景观，历史价值指标就可不用；针对不同的评价目的，所选择的指标赋值或权重数值也可作适当调整。

表3-3是针对不同层次的评价单元提出的评价指标。在地质公园评价单元层面，可选择综合评价层和项目评价层指标对其进行评价；而公园园区评价单元层面可选择项目评价层指标；景区、景点评价单元层可选择

旅游资源评价指标层次表　　　　**表3-3**

综合评价层	赋值	项目评价层	权重	因子评价层	权重
景源价值	70 ~ 80	欣赏价值		①景感度；②奇特度；③完整度	
		科学价值		①科技值；②科普值；③科教值	
		历史价值		①年代值；②知名度；③人文值	
		保健价值		①生理值；②心理值；③应用值	
		游憩价值		①功利性；②舒适度；③承受力	
环境水平	10 ~ 20	生态特征		①种类值；②结构值；③功能值	
		环境质量		①要素值；②等级值；③灾变率	
		设施状况		①水电能源；②工程管网；③环保设施	
		监护管理		①监测机能；②法规配套；③机构设置	
利用条件	5	交通通讯		①便捷性；②可靠性；③效能	
		食宿接待		①能力；②标准；③规模	
		客源市场		①分布；②结构；③消费	
		运营管理		①职能体系；②经济结构；③居民社会	
规模范围	5	面积			
		体量			
		空间			
		容量			

注：原表名“风景资源评价指标层次表　表3-2-7”，摘自《风景名胜区规划规范》。

因子评价层各指标。

实际操作中，在地质公园或园区层面评价单元，通过综合评价层和项目评价层的指标分析评价结果，为公园和园区总体规划的市场定位提供了参考依据；通过景区、景点评价单元层面的各因子指标的评价结果，为公园或园区规划布局（含重点景区的安排、旅游服务设施的布局和游线的设计等）提供了方向引导性意见。

四、评价方法

（一）横向对比法

横向对比法主要用于，以地质公园整体作为评价单元，与国内外类似的自然资源一起进行对比评价的直观评价方法。

具体做法是：在对被评价的地质公园自然旅游资源充分调查的基础上，以本地质公园的顶层层面（或总体层面）作为评价单元，再选择国内外相似类型的同层次的自然旅游资源，进行比较。首先对被评价的公园和选择到的各相似类型资源进行客观描述，包括其景观形态特征、规模范围（面积、体量、空间、容量）、景点密度、丰度，进行如实客观的描述。再对景观欣赏价值（美感性、奇特性、完整性等）、游憩价值（可憩空间、舒适性、方便性）、科学科普价值（前章已述）和其他如保健价值等进行对比，可逐一列表说明。对于特别突出的独特资源，可从全球对比的角度聘请多名权威专家组织单独评价。从这一层比较中可以发现本地质公园的自然资源旅游价值在世界或全国、地区处于什么位置。

（二）单元分级法

单元分级法主要是指在地质公园内或园区范围内，对景区景点单元层面各单元进行的分级评价。

在对规划公园的旅游资源详细调查的基础上，在公园或园区内划分景区、景点层面作为评价单元，选用表 3−3−1 中因子评价层中各相关指标，加权平均值（或加权总分）进行比较，并分出等级。按《风景名胜区规划规范》中由高到低的 5 个等级，分别是：特级、一级、二级、三级和四级。本书作者认为对具体的地质公园而言，实际不一定五级都全，多数也只有其中三级。同时，这层比较只是针对本公园的特点的相对的排序，不具有全国或世界范围的对比意义。应注意，在排序前，应对所评价单元的景观内容、特点、规模、结构、游赏方式进行描述，并将其列入评价表基本情况栏中，有利于规划管理者使用。

单元分级评价的结果，突出了重点景区和主要景点，为规划游线、布置重点观赏区（点）、安排服务设施提供了重要依据。

五、结论

1）地质公园总体规划中旅游资源评价，是为公园或园区总体规划市场定位和公园或园区总体布局服务的。横向对比法用于公园的总体评价，服务于总体规划市场定位；单元分级评价对园区内景区景点单元层的旅游价值进行相对分级，突出重点景区，为总体规划布局服务。

2）自然旅游资源评价是建立在相似或同类资源基础上的，在相同资源评价单元层级的条件下才具有评价的可比性，其评价成果才具有实用价值。

3）自然旅游资源评价中“所涉及的自然美虽然是客观存在的，而认识它的能力则是人类历史发展的结果，因而自然美的主观观念总是相对的，这就使得景源评价难以有一个绝对的衡量标准和尺度。所以景源评价标准只能是相对的、比较的和各有特点的”。

第三节　人文旅游资源的价值评估

一、说明

根据世界地质公园（UNESCO Geopark）的定义标准，地质公园“也许不只具有地质意义，还可能具有考古、生态学、历史或文化价值”。地质公园属自然公园，生态与地质地貌总是密切联系的，景观上也是相互依存的，因此，本书对自然景观的价值评估作了较详细的论述。有关历史文化资源的价值，很多专门的文物或文化遗产的评价规定，以及详尽的著作、论述，书籍文献资料很多，读者随手可查阅，本书没有必要再作细述，只作简单小议。

二、人文旅游资源

用排它法去理解，一切非自然的旅游资源应该均属于人文旅游资源，它是由人类进行各种活动留下的物质的和非物质的遗产和现存的正在进行的事物组成的。当然人类的各种活动其范围极为广泛：生存、生产、生活是最基本的活动，还有其他政治、经济、宗教、科学、文化、教育、体育、战争等。这些活动都在地球上留下了可用作旅游的人文资源。其分类方法各式各样，不去详说。地质公园中可利用的人文旅游资源主要是考古和具历史或文化价值的遗址，即各种古建筑或人类活动的遗址。一般包括：古城池、古村落、宫殿、古寺庙、名人故居、战争遗址、革命纪念地、区域民族文化遗址等。

三、人文资源评价

人文资源评价不是地质公园评价的重点，但由于是公园景观资源的一个组成部分，对丰富地质公园的景观和文化内涵具有重要意义，建议在对园区内旅游资源调查的基础上，对其主要事实和现状进行客观描述，并说明其当时的社会历史地位、意义及对所在区域或世界发展的影响，对现代人们的教育价值。必要时可与自然资源相结合，与古代文明产生的特定自然环境条件一起阐述，说明特定的自然环境对古代文明发展的促进或制约作用。这样的评价可以启迪今人如何更好地利用自然、爱护自然，与自然和谐共处。

所谓客观描述包括：遗址最早产生的年代和一直到现代存在的历史过程及状况；对遗址产生重要影响的历代著名人物、事件及其对社会历史产生的影响；遗址各个时期的规模和现存在的规模，遗址遗物（建筑物和其他实物）的特征、保存现状、完整性；与国际、国内或区域类似遗迹比较（年代、规模、特征、保存现状、对人类社会发展的影响）。应该注意，描述还应包括照片、图片，必要时用摄像真实记录遗址、遗物当前的状况。对现存的古村落或少数民族聚集地，除调查物化的建筑街巷外，对其非物质的文化、民俗也应作调查评价，这也是吸引游客的重要资源。

在调研评价的同时，当然还可就保护或恢复其原貌的可能性和必要性作出说明或建议。

第四章　地质公园的空间结构

第一节　基本概念

一、概述

任何有形的事物都是以一定的空间结构形式存在于宇宙之中的。地质公园同样如此，也是以特定的空间结构形式存在于地球表面之上。

前已简述，从空间构成上一个大的地质公园由若干相对独立的园区组成，除此外，从空间层次上，由高层次向低层次（或由大范围到小范围直到点）展开，2002年我国国土资源部地质环境司在《国家地质公园建设技术要求和工作指南》中分为六层空间结构：公园—园区—景区—功能区—景群—景点（景物）。并给出了一个空间层次关系图。

1999年正式颁布的国家标准《风景名胜区规划规范》（GB 50298—1999）将风景的景观资源分为4个空间层次：景区—景群—景点—景物。其中景物是最底层的景观单元；景点是由若干相互关联的景物所构成的基本境域单位；景群是由若干相关的景点所构成的景点群落或群体；景区是“在风景区规划中，根据景源类型、景观特征或游客需求而划分的一定用地范围，包含有较多的景物和景点或若干景群，形成相对独立的分区特征”。

对功能区的理解和在空间结构中的位置上，两种规定表述略有出入，暂不评价。

地质公园的空间结构除纵向层次结构外，还有横向平行排列的结构。如一个大型地质公园包含若干个园区；一个园区又由若干个景区组成，如此等等。后面将进一步阐述地质公园的空间结构问题，这一问题的阐述将为地质公园的总体布局提供理论基础。

二、地质公园的园区

地质公园的园区通常指，较大的公园中，分为若干个相对独立且其内各自功能又相对完善，并可各自直接接待游客的境域单元。

这类地质公园的地质景观分布广而散，有些是地形（大山或大河）阻隔，有些是分散在不同的行政区划范围内。为便于安排完善的服务设施和有利于管理，宜将整个公园划分为若干园区，建立次级的管理机构（园区），分别接待游客。

如四川大渡河峡谷国家地质公园，是由地处四川省乐山市的金口河区、雅安市的汉源县与凉山彝族自治州的甘洛县接壤部组成，面积为404km^2，划分为4个园区：大渡河园区、大瓦山园区、顺水河园区和皇木园区（原规划称景区），每个园区均安排有完善的3类功能区：游览区、保护区、服务接待区。又如兴义贵州龙国家地质公园总面积达256km^2，由于园区分散，规划根据景区景点的实际分布，将其分为7个园区：顶效贵州龙科普中心园区、乌沙贵州龙遗址科普园区、马岭河峡谷漂流游览园区、西峰林田园生态园区、东峰林湖光石林观光园区、泥凼石林游览园区、坡岗岩溶生态游览园区。每个园区均是一个完善的单元，每个单元均安排接待分中心、各种旅游和科普设施等，每个单元都是地质公园内相对独立的园区。2006年批准的房山世界地质公园，园区面积达953km²，就是由北京房山的6个园区和河北涞水、涞源各一个园区组成的大型地质公园。

较小的地质公园可能就只是单个园区，如四川自贡恐龙古生物国家地质公园，其面积只有8.7km²，园内有功能完善的各种设施，是由门区、游客中心、恐龙埋藏地博物馆和其他设施组成的单个园区公园。又如陕西翠华山国家地质公园，面积为32km²，实际也是一个以山崩地质遗迹为主体，以堰塞湖为中心，与其他辅助景观设施和旅游设施组成的单个园区地质公园。

三、地质公园功能区

地质公园功能区指：按照地质公园的需要分工承担某种特定作用的地域范围。这一范围根据实际需要来确定，可大可小，大到数十平方公里，小到一至数公顷，其功能也应根据需要来确定。地质公园可以设如下功能区：门区、游客服务区、科普教育区、地质景观区、生态景观区、人文景观区、生态保护区、公园管理区、原有居民保留区、外围环境保护区等。

1. 门区

门区是公园的大门及附近区域，通常包括停车场、门区广场、大门、公园标志碑、售票检票、游客信息中心等设施，有时门前区还包括售货、餐饮服务等设施。

2. 游客服务区

较大地质公园，有条件时可以设专门的游客服务接待区或接待中心，有餐馆、住宿、娱乐或其他旅游服务设施。

3. 科普教育区

这是地质公园不可缺少的功能区，通常有地质博物馆、科普演示教室（厅），有时信息中心、资料馆也设在科普教育区内。

4. 地质遗迹保护区

按其价值的不同，分为不同等级的保护区，采取相应的措施对地质遗迹进行保护。大部分地质遗迹都具有观赏价值，因此地质遗迹保护区也常与地质景观区重叠。

5. 地质景观区

地质景观区是地质公园的主景区，或称地质景观区，也是地质科普天然场地。大部分的地质景观区与保护区是重叠的。

6. 生态景观区

生态景观区是地质公园的重要景区，是城市游客体验大自然、享受生态、欣赏美景的功能区。园内生态比较脆弱的区域，不适宜游客入内观光的，可列入地质遗迹保护区内保护。

7. 人文景观区

有的地质公园内，包含有一定历史文化价值的古迹，或非物质文化遗产；有时一些近代现代的人类生产、生活景象对游客也具有某种吸引力。地质公园不排斥这类人文景区，相反，地质公园规划者，应在考察阶段，认真调查，善于发现人文景观，将其列入地质公园之内。较大的人文景区，可单独立设为公园的功能区。

8. 原有居民保留区

较大的地质公园内，常常有大小不等的村庄，一定时期内难以搬迁，可以划出一定范围，给予保留。公园应在力所能及的条件下，安排就业，如劳动力转为护林工、保安员、清洁工和其他服务工种。

9. 公园管理区

地质公园建成后，在获取各种效益的同时，当然需要一定数量的管理人员和员工。这就应对其工作、生活场所作出安排，通常在稍隐蔽的地域划出一块公园管理区。有时，管理区可安排在接待服务区边缘处或保留的居民区边缘处。

10. 外围保护区

有时地质遗迹分布范围很广，甚至达到一个县的大部分区域，不可能都纳入地质公园范围；或者地质遗迹分布范围内有较多的居民点，也不可能都纳入到公园范围内。基于这些情况，较好的处理方式是将最需要保护的地质遗迹和最精彩的地质景观划入公园范围内，其余地质遗迹分布区，可以纳入外围保护区。外围保护区的保护方式是：禁止大规模或生产性采石、采矿，保护生态环境，禁止建设有污染的企业即可，保证原有的居民生产、生活不受影响。这样做可免除因公园过大而需要安置园区内大量居民就业的负担以及增加公园不必要的管理困难。

四、地质公园总体规划中的空间结构

从目前中国国家地质公园规模分析，大部分的规模都超过 $100km^2$，有的甚至达到 $1000km^2$ 以上。这就产生了公园的分区问题，即产生园区的概念，俗称“大园套小园”。同时，作为一个园区，公园应有的功能如保护、景观、科普、服务、管理等，一般园区都应具备。因此规模较大的地质公园总体的空间结构，可借用表 3-4-1 来表示。该表可以帮助我们在规划中方便区划园区和安排园区内各功能区。

表中的交叉点类似于“矩阵”中的元素，这些元素有些可以为“0”，其概念是无此功能区；有些可以合并，如科普区、服务区可以合并到门区内；有时地质公园规模较小，实际只有一个园区，在表 3-4-1 中只体现为一行，该公园下属若干功能区。

第二节 地质公园的区划

规模较大的地质公园的区划，可以按照自然分界或行政所属分为几个园区。区划的原则和方式如下。

一、区划的原则

（一）规模适中原则

一个园区的规模应以游客步行或借助园内交通工具不超过一天（最佳为半天）可到达主要观光景点并回到出口为宜。由这一时距估算的园区面积在 $10 \sim 100km^2$ 范围之内。还要考虑被划出的园区要有一定量的有吸引力的地质景观或地质景观加人文景观，能使游客至少停留半天的时间。

（二）自然为本原则

地质遗迹和生态环境构成地质公园的自然主体。园区区划应以自然分布的相对集中的旅游资源为本，合理安排，或以一条大山沟为一园区，或以某一大型天然洞穴为一园区，或以某一水域及其周边为一园区，等等。具体勘界时以自然地貌边界为园区的边界。

地质公园规划中空间结构表 **表 3-4-1**

功能区 / 园区	门区	地质景观区（A 区）	其他景观区（X 区）	服务区	科普区	保护区	……
园区 1	1 园门区	1 园 A 区 *	1 园 X 区 *	1 园服务区	1 园科普区	1 园保护区	……
园区 2	2 园门区	2 园 A 区 *	2 园 X 区 *	2 园服务区	2 园科普区	2 园保护区	……
园区 3	3 园门区	3 园 A 区 *	3 园 X 区 *	3 园服务区	3 园科普区	3 园保护区	……
园区 4	4 园门区	4 园 A 区 *	4 园 X 区 *	4 园服务区	4 园科普区	4 园保护区	……
园区 5	5 园门区	5 园 A 区 *	5 园 X 区 *	5 园服务区	5 园科普区	5 园保护区	……
园区 6	6 园门区	6 园 A 区 *	6 园 X 区 *	6 园服务区	6 园科普区	6 园保护区	……
……	……	……	……	……	……	……	……
……	……	……	……	……	……	……	……

注：* 可以有多个地质景观区或其他数个自然人文景区。

（三）与原有区划一致的原则

原有行政区划（县或乡镇）是多年形成的管理体制，地质公园园区与其一致，有利于管理。跨行政区划（县或乡镇）建设一个园区，在我国现行体制下可能不利于经营和管理。如确有必要，可以采取合并乡镇的做法，整合景观资源，建设功能齐全的统一的园区。

（四）与原有规划协调一致的原则

大型地质公园往往包含数个独立的旅游景区或风景名胜区，这些景区在当初已经编制过相应的规划，确定了相应的范围和边界，为减少不必要的麻烦，没有必要再去改变原有已经批准的规划范围和边界。

二、区划的方式方法

1）遵循以上四大原则，深入调查研究，广泛征求当地行政管理机构和园区内村镇群众意见，运用顺其自然的方式，就比较容易将园区选择和确定下来。

2）园区的边界通常以自然地貌边界（山脊线、山谷线、崖边线、河湖边界等）、人工地物边界（道路边界、田梗边界、水渠边线等）或行政区划边界（县市界、乡镇界、村界等）划定，切忌不经深入调查，主观随意地在图纸中以划线的方式划界。

3）在整合相邻的、较小的景区为一个园区时，应考虑能否共用相应的游客服务设施，旅游线路是否能顺畅连接，以及必要的园区范围。

4）选择园区范围时，还应避开较大的村落，以减少不必要的麻烦。必要时建立专门的原有村落保留区，虽然村落不在园区内，但园区可吸收保留区内的劳动力，使其在地质公园的某些岗位（护林绿化、环境卫生、保安、服务）上就业。

地质公园范围的划定和园区的划分是一份非常细致的技术工作，又是与当地民众利益和政府管理密切相关的问题，还会遇到各种复杂情况。作为地质公园的规划工作者要面对实际，深入调查，摸清情况，统筹兼顾，谨慎安排。尚要不断积累经验，总结出科学而又符合实际的园区区划方法。

第三节 功能布局

一、功能区布局的基本概念

（一）构成公园的要素及其功能区

一个对外开放的自然或文化遗产类公园，主要是由吸引游客的基本景观、遗产保护和各类辅助功能设施三大功能要素组成。第一类要素的功能是吸引游客，主要指自然景观或历史文化遗产景观；第二类要素的功能是景观（或遗产）保护，可用划出保护区的方式或采取适当的措施、方式保护；第三类要素的功能是服务，包括游客接待服务、科普展示和解说等。除此以外，必要时还需增加其他辅助功能，包括园区管理、原居民安置等。因此，吸引物（或景观）、保护设施、接待设施、服务设施、科普解说和展示设施等构成了公园各类要素的物质基础，并总是呈一定空间区域分布的，通称功能区。本章第一节所列的10类功能区，是地质公园规划中常见的功能区。但不是每一处地质公园均要安排这10类功能区，有时由于相近的两类或几类功能设施用地不大，可安排在一个功能区内。所有这些均要根据实际需要安排。（表3-4-2）

（二）公园功能布局的定义

所谓公园功能布局，是指对构成公园的基本功能要素进行合理的区域空间安排，这种安排包括确定其区域的面积和空间位置。

公园功能区布局分自然布局和规划安排两类。

地质公园要素功能及功能分区类型表　　表 3-4-2

<table>
<tr><th>基本功能</th><th>次级功能分类</th><th>主要设施</th><th colspan="2">功能分区</th></tr>
<tr><td rowspan="3">吸引物</td><td>地质景观</td><td>交通、解说牌</td><td>地质景观区</td><td rowspan="3">可合并为单一景观区</td></tr>
<tr><td>人文景观</td><td>交通、说明牌</td><td>人文景观区</td></tr>
<tr><td>生态景观</td><td>交通</td><td>生态景观区</td></tr>
<tr><td rowspan="2">景观保护</td><td>分区保护</td><td>界桩、界牌、警示牌</td><td colspan="2">保护区</td></tr>
<tr><td>其他措施</td><td>警示牌、边界林带</td><td colspan="2">外围保护区</td></tr>
<tr><td rowspan="3">服务功能</td><td>门区</td><td>大门、停车场、信息中心</td><td>门区</td><td rowspan="3">可合并在门区内</td></tr>
<tr><td>接待服务</td><td>住宿、餐饮、购物</td><td>度假区 *</td></tr>
<tr><td>科普展示</td><td>博物馆、演示厅、解说牌</td><td>科普展示区</td></tr>
<tr><td rowspan="2">辅助功能</td><td>园区管理</td><td>配套设施用房、管理用房</td><td colspan="2">管理区</td></tr>
<tr><td>原居民安置</td><td></td><td colspan="2">原村落保留区</td></tr>
</table>

注：* 有条件时才设度假区，安排游客住宿和其他必要的服务设施，若不设度假区，餐饮和购物可安排在门区内或其他允许的区域内。

1．自然布局

自然布局，不需要人为安排，空间已经客观存在，规划者的主要任务是划定合适的区域范围，这类主要指园区内已有的各种自然景观区、历史文化遗产区；还有些周边需要保护的环境（内外保护区），也是已经自然布局的，规划者任务是根据其对景观或遗产环境影响的重要性，分不同等级划出适宜的保护范围。

2．规划安排

其他各类设施功能（门区、接待服务、科普展示、管理等）是需要规划者综合考虑各种因素、权衡各类关系进行布局安排的，人为因素起着重要作用，这应是规划布局的重点。所谓人为作用是指，规划者的主观因素，包括规划者的知识水平和实际经验、规划者对该公园现状了解的深度和广度、规划者的实际决策能力以及外界的各种影响等。

较小的公园，可将其功能区简化为 3 个：门区、景观区、保护区。其中门区内安排了接待、服务、管理和科普展示等功能设施。还有公园区内原居民点的去或留也是规划要面临的一个重要决策，应认真地调查研究，在尊重原居民意愿和当地政府意见的基础上确定，即使保留的也要严格控制，提出限制的措施。

二、公园功能（或功能区）布局原则

公园的功能布局应遵守全局性原则、可持续发展原则、突出地质景观原则、服务设施大分散、小集中原则和可达性原则、方便游客等原则。

（一）全局性原则

公园规划布局要从全局出发，统一安排；充分合理利用地域空间，因地制宜地满足地质公园多种功能的需要。

（二）可持续发展原则

规划布局要有利于保护和改善生态环境，妥善处理开发利用与保护之间的关系；处理好游客游览与当地居民生产、生活等诸多方面之间的关系；处理好当前利益与长远发展的关系，在空间上要给持续发展留有余地。

（三）突出地质景观原则

在充分分析各功能特点及其相互关系的基础上，以地质景观游览区为核心，合理组织各功能要素，使之构成一个有机整体。

（四）服务设施大分散、小集中原则

较大的地质公园由于各景观的分散性决定了需要建立若干个相对独立的园区。园区的分散性决定了各类接待服务设施形成大分散的格局，但分散的各个服务区，其各类设施应紧凑布局，以节省土地。

（五）可达性原则

地质公园的功能布局，要为安排交通设施（包括道路、步道、码头、观光车、游船等）提供条件。交通功能是任何公园都不可缺少的重要功能，但公园的交通设施一般不能形成专门的交通功能区，它是分散在公园的各个功能区中，成为联系公园各园区和功能区的纽带。功能区布局和园区规划中，应充分满足公园交通规划提出的要求，为交通设施留足空间。

三、地质公园功能区布局的特点

（一）规划步骤上，先划分园区后安排功能区

地质公园与一般风景名胜区不同的是它占地较大，常常是跨行政区域，有的呈不连片分布，这些就决定了大型地质公园需要划分园区、分片管理、接待游客。园区的布局当然是呈自然分布状态，规划者的任务是按前节所述的方式划界。在这样的基础上再对各相对独立的园区的功能区进行布局。实例见本书第五篇中的《中国兴义贵州龙国家地质公园规划（文本）》。

（二）处理好公园和园区的功能互补关系

在划分园区的地质公园中，处理好公园和园区的功能互补关系十分重要。以《房山世界地质公园总体规划》为例说明如下（摘自《房山地质公园总体规划》说明书）：

园区组成

根据自然布局原则，本公园从总体上划分为一个标志区8个园区：世界地质公园标志区（良乡游客咨询服务和科普中心区），十渡岩溶峡谷综合园区、上方山云居寺宗教文化园区、周口店猿人洞科普园区、石花洞银狐洞观光园区、圣莲山观光体验园区、白草畔生态休闲体验园区、野三坡综合园区、涞源白石山园区。

功能结构

本地质公园规划的功能结构从总体安排上包括：游客接待、科普求知、度假休闲、观光游览、参与体验五大系统。其在各园区的布局是：

1. 游客接待布局

由于整个公园景区景点分布在953km^{2}广阔范围内，这就决定了游客接待设施布局不可能集中于一个点，规划安排：3个游客接待咨询服务中心（主中心设在良乡，次中心设在三坡镇和涞源白石山）和几个分散在各园区的接待分中心。

2. 科普区布局

本公园科普区主要分布在各岩溶地质地貌、岩溶洞穴，官坻村花岗岩体风化地，周口店北京人遗址，上方山森林公园，以及良乡本公园标志区（设北京房山地质博物馆），野三坡的白石山次中心；此外有关岩溶地质地貌的科普解说分散在各景区地质遗迹显露处；一些分散在各处的珍稀古树名木，也应设立名称牌和解说牌。

3. 度假休闲布局

度假休闲区主要分布在拒马河两岸滨水地带，规划建议也要适当集中，如十渡至十六渡、三坡镇、拒马河源头涞源县城等。

4. 观光游览项目布局

观光游览项目主要分布于周口店、石花洞、云水洞等洞穴；沿拒马河两岸山水峡谷峰林、上方山云居寺、龙门天关、圣莲山等处。

5. 参与体验性项目布局

除十渡建设有游客参与性项目外，一些自然景区也是很好的参与探险、体验自然生态的去处，如白草畔、百里峡、圣莲山等。

互补关系

世界地质公园标志区与管理服务主中心

选择在良乡卫星城，用于安排建设世界地质公园标志碑、地质博物馆、科普导游培训中心、游客咨询服务中心、公园总的管理中心，形成一个集散和管理的中心。良乡主中心与两个次中心以及各园区的接待分中心联网，互通信息，确保整个公园的有机联系和运转，使地质遗迹保护和各项效益接近最佳。

事实上各个园区都是各自管理并分别接待游客的独立景区。各个园区内都有不可缺少的功能要素，即吸引物、服务设施、遗迹保护、科普解说等，它们在园区内的功能布局也同样遵循与公园类似的原则和方式安排。但其规模、具体设施内涵各不相同，各有差异。如度假设施只在十渡园区、野三坡园区内有安排，其他园区内就没有安排。规划的良乡主中心区功能是相当于房山世界地质公园的“门区”和信息服务及管理中心，在对外宣传营销、对内协调管理和沟通信息方面起着主导和突出的形象作用。

各园区内的功能结构可见表 3−4−3。

（三）规划要特别重视地质科普教育区和门区的安排

门区是公园的集散中心和标志形象区，对地质公园来说是十分显眼和十分重要的功能区。规划首先要选择好门区的位置，再确定其范围和规模。任何一处较大的地质公园常常有几个进出口，选择主入口（即门区）时，必须遵循如下原则：交通方便，便于集散；有足够的和相对平坦的用地，便于安排停车场等占地较大的设施；要尽可能避开基本农田；要远离核心保护区、生态保护区，防止人流过于集中对地质遗迹和生态环境造成破坏；还要善于利用地形，如在大山沟口或在丘陵缓坡地等常常有开阔地可供选择。

地质科普教育区，是集中对游客进行地质科普宣传教育的功能区，最主要的设施是地质博物馆和教育演示厅等。科普教育区的区位的安排有多种选择方案：

1）有条件时首先考虑安排在门区的门内，先给游客一个本公园的总的概念，以引起游客对“野外”实际“考察”兴趣或决定自己的旅游线路。

2）门区无条件时，可选择园内有空间、人流集散方便、区位适中之处。

3）较大的有多个园区的公园，可选择主园区或对游客最有吸引力的园区内适当位置（园区门内或园内适宜位置），如兴义地质公园博物馆规划的位置就设在贵州龙发现地顶效园区（顶效科普中心园区）内。

4）公园规模很大、园区比较分散、园内无适宜的空间时，可与城市规划部门协商选择安排在市县区的旅游集散中心内。这样既方便游客，也是城市一景，拟建的房山世界地质公园博物馆就安排在房山区行政中心

房山世界地质公园园区与功能区结构简表　　表 3−4−3

功能区 园区	门区	地质景观区	其他景观区	服务区	科普区	保护区
标志区	良乡	—	园碑	信息中心等	主博物馆等	—
十渡园区	—	多种景观	生态景观	接待度假	博物馆	有
云居寺园区	有	上方山	云居寺	—	展馆	有
周口店园区	有	北京人遗址洞	科学家墓园	—	博物馆	有
石花洞园区	有	石花洞银狐洞	—	—	展室在门区	有
圣莲山园区	有	圣米洞、断层	寺庙等	有	分散展牌	有
白草畔园区	有	多种景观	生态景观	有	分散展牌	有
野三坡园区	有	多种景观	生态景观	副中心和度假	博物馆在门区	有
白石山园区	有	多种景观	生态景观	副中心	博物馆在门区	有

所在地良乡，规划在这里安排了整个公园的标志区，这里又是旅游集散中心、科普中心和管理中心。

（四）在地质景观园区外安排集中服务设施

通常地质景观园区也是生态脆弱地区，不宜建设集中的设施。大型服务设施如度假宾馆、餐馆、娱乐设施一般安排在园区外，至少应安排在重点地质景观区和原生态生物分布区外。

在实际规划中，集中服务设施区有时可选择利用废弃的村寨遗址及附近弃耕的荒地；有时与原有的村寨统一规划，将地质公园的接待服务作为新农村的发展产业来安排。

（五）单一园区的地质公园的规划布局

规模不大的地质公园，吸引物也相对集中，完全可以单一园区来布局各功能区。

第五章　游赏景区景点的选择

第一节　地质游赏景区的选择和安排

一、地质游赏景区的基本概念

（一）基本概念

在第一篇中已经阐述，地质景观是地质遗迹以地貌形态出露于地球表面，构成规模和形态各异的地貌为人们提供了具有观赏、游览价值的景观。地质景观是一种常见的旅游资源，是地质公园最重要的物质基础。

很显然，地质景观以一定规模分布的区域构成了地质景观区，在功能上构成了地质公园的地质游赏景区。

构成地质景观至少要符合3个条件：在特定范围内（全球、全国或地区）地质地貌有典型的科学价值；其景观有美学或旅游价值；游客可近距离观赏体验，当然第三条也包括到达该点的某种人工措施（以不破坏或极少破坏环境为前提）。

在国标《旅游资源分类、调查与评价》中，在155种基本旅游资源类型中，其中46种是地质景观（详见附录7）。而在《国家地质公园总体规划工作指南（试行）》中，将地质旅游景观资源类型列表分为3大组（岩石圈、水圈、宇宙太空）、11类、47种景观，并举例作了说明（详见附录6）。这些都为我们选择地质景观提供了重要的提示和参考依据。

（二）地质游赏区的基本特征

1. 必须有一定数量的有游赏价值的地质景点或宏观上对游客有震撼力或吸引力的地质景观

后者最突出的一个实例是：贵州兴义地质公园的万峰林就是在数十平方公里的区域内密布有气势磅礴的成千上万个山峰，就连徐霞客都对此感叹“天下山峰何其多，唯有此处峰成林”，这的确是值得游客体验的地质游赏区。

2. 地质游赏区内地质景观通常都与其他自然景观（如生物景观、水系景观、天象景观等）共生、相互交织

突出的实例是山间瀑布、谷中溪流、夷平面上的草原、群峰中的云雾、山顶观日出等。地质景观大多是与其他自然现象相互作用而交织在一起的自然景观。

3. 有具典型科学价值的地质遗迹

二、地质游赏景区的选择

（一）选择条件

首先要是符合地质游赏区基本特征的景区；同时景点要有一定丰度，即有一定数量并相对集中的景点（可以是其他类型的景点）；最后是可达性，即从区域上通过外部交通工具能方便到达景区，景区内有条件建设方便的交通设施，使游客到达或接近景点。

（二）地质游赏景区的范围选择

地质公园园区的范围是考虑多种因素而确定的（见本篇条一章），地质游赏区范围要小一些，基本上是沿着游线两侧分布。对不同特征的地质景观基本选择的范围各有差异。

1. 洞穴

洞穴特别是喀斯特溶洞，其空间范围是明晰的，地质游赏区基本就是洞穴范围，加上洞前引导区。

2. 峡谷

对于峡谷，地质景点基本是沿峡谷分布，两侧延伸至谷顶视线范围的各类景点，其空间范围基本尚能确定。选择峡谷的长度范围建议不宜太长，较长的峡谷，通常是选择最精彩的、景点相对集中的（即丰度高的）峡谷段，长度基本上以半天的游程为宜。

3. 山峰

对于山峰，地质景点是在较宽广的范围上分布，视线到达的范围游客不可能都能到达，地质游赏区的范围通常划定在游客到达的区域。这样安排，不影响游客观光游赏，远处的景同样能观赏到，这类似中国园林的借景手法，毗邻的景为我所用。实际观赏的范围没有明晰的界线。

4. 开阔地域（草原、荒漠、海滨等）

对于开阔地域，游赏区更是难以划界，游客真正活动的范围基本是一条游线，甚至是一个人工安排的度假（村）点。

5. 岛屿

对于岛屿，特别是小于几平方公里或几公顷的小岛，游赏区范围比较明晰，以水为界。

我们讨论地质游赏区的范围，其目的不仅是为了安排范围内的各类设施，同时也为计算环境容量提供了环境范围基数，以科学来确定环境容量（详见后述）。

（三）进入方式的选择

从外部进入地质公园园区可以借助汽车、轮船，甚至是火车、直升机。

到达园区后进入景区景点的方式要因地制宜地选择，既要考虑方便游客，又要不因建设交通设施而破坏地质遗迹和生态环境。可选择的方式有：步道、栈道、水路、滑索、索道、电瓶车和其他无污染动力车道等。

1. 步道

在入口至景点间距离和高差适中的情况下，首选的交通方式是步道。所谓适中，作者的建议值是：距离为 2 ~ 3km，高差为 200 ~ 300m。

2. 栈道

在不得已要通过地质遗迹处或生态脆弱地时，可通过架设栈道方式引导游客通过，栈道一般用木材，因特别安全要求，也可能用金属型材。

3. 水路

在有条件的山沟，可利用天然水面或修坝形成人工水面。水面长在 2000m 以内的可用非机动船代步；超过 2000m 可考虑用非污染机动船运送游客。

4. 电瓶车或清洁燃料车道

入口至景点较远，步行距离过长，地形条件和生态环境允许时，可修机动车道，车道在确保安全的前提下，路宽尽可能窄一些。

5. 滑索或索道

高差较大时，修机动车道困难，滑索、索道不失为一种保护生态环境的选择，可根据实际条件选用。滑索是利用高差坡降，不用动力的运送游客的一种工具。这种方式一般是单向的，也是带有刺激的娱乐项目，从安全考虑，坡降和距离都应受到限制。索道是有动力的空中运送游客的工具，可以长距离、较大落差运送游客，有时长度超过 2000m、高差超过 500m。

三、地质游赏景区的规划安排

由于地质游赏景区从空间上是自然分布的，规划的主要任务是选择地质景观景点，在地质景点集中区划定地质游赏区范围，安排旅游线路和到达各观景点的交通方式，安排科普设施和地质遗迹保护设施，安排其他必要的服务点（详见第四篇）。

第二节　地质景点的发现和选择

一、地质景点的一般概念

在《风景名胜区规划规范》中明确定义：风景区构景的基本单元是景物，景物是具有独立欣赏价值的风景素材的个体。又定义景点是：指由若干相互关联的景物所构成的具有相对独立性和完整性、并具有审美特征的基本境域单位。

很显然，地质景点是由若干相互关联的地质地貌景观个体所构成，并具有相对独立性和完整性及审美特征的基本境域单位。

二、地质景点的发现和选择

地质景点广泛存在于自然界中，要靠人们去发现，并进行比较筛选，构成景点。在发现和选择中应注意如下几点：

1）符合地质景观的三条原则即：有地学科学价值、美学或旅游价值、可在一定距离范围内观赏。

2）有利于与其他自然或人文景点组织到一个景区内，使其相互烘托、相互借景、丰富景色。

3）有利于组织到园区的游线附近，尽可能做到游线两侧视线内景点不断，步移景异。

4）善于运用视觉从大自然的天然山水空间组合、外观奇特岩石中发现景点，选择本身是从发现开始。

三、地质景点资料的整理

总体规划阶段，要及时将考察中发现的地质景点记录整理出来，包括文字描述、照片实录，除此外还应在适当比例（1∶10000或1∶50000）的地形图上表明其空间位置。经过比较、筛选，将有较高价值的地质景点给予恰如其分的命名（命名方法见第四篇第三章），并纳入地质公园的总体规划中去，这就是地质公园的景点分布总图。

四、地质景点的分类

根据大量的地质公园规划设计的实际分析，就游客的直接感受而言，地质景点可以归纳为4种类型：山岳型、峡谷型（半封闭型）、洞穴型（封闭型）、精品微观型。规划的任务实际上是根据不同类型，选择不同的观赏位置点，设计到达观赏点的线路和平台，站在观赏台（点）上，地质景点也就展示在游客面前（具体的展示设计详见第四篇）。

后面多幅照片是4类地质景点的典型代表，录于此，供参考（图3-5）。

图3-5　地质景点的几种类型

巨型（山岳型）

半封闭型（峡谷）

半封闭型（玛珥湖）

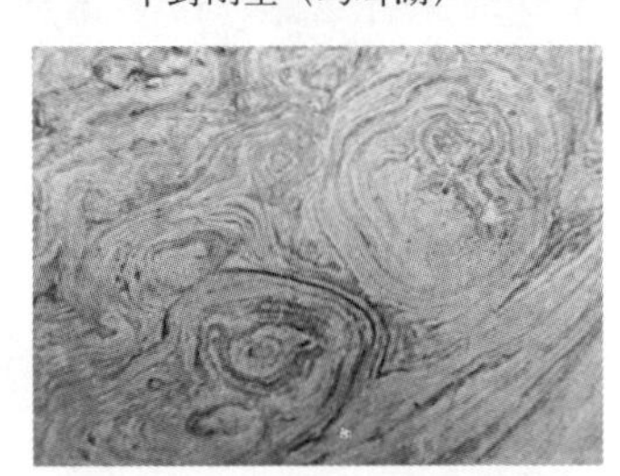

精品微观型

封闭型（洞穴）

精品微观型

第三节　其他游赏景区的选择和安排

一、简述

前已阐述，地质游赏景观常常是以某种地貌的形态出现，在这种地貌上附着有各种各样的生物：如林、灌、花、草、动物及滋润生物的水体等，因此地质景观常常是地质地貌与林、灌、花、草、水共生的自然景观。这类以地质地貌为主并附有各类生物的自然景观，本书统一将其列入地质景观之中去，分析研究并进行规划安排。本节讨论的其他游赏区有两类：①主要指由在地质遗迹不突出的区域范围内聚集分布的森林、灌丛、草地、园地构成的相对独立的生态自然景观区。②以人文景观为特色而构成的景区。为丰富地质公园的旅游景观，增加游客的兴趣，延伸公园的活动项目，可适当选择地质景观附近的有旅游价值的其他尚未开放（或处于半开发状态）的境域范围，并将其划入地质公园园区范围内。这样做既有利于资源的保护和利用，又增加了地质公园的价值和活力，这种安排在许多地质公园中都已经实施，并取得了较好的效果。

二、自然生态景区的选择和安排

（一）自然生态景区的选择

自然生态景区的选择一般要满足如下条件：

1）有一定的景观特色和良好的生态环境，被确认为是有旅游价值的生态旅游资源。

2）该景区同处于有价值的地质遗迹的大地质背景区域范围之内，划入地质公园内，有利于地质遗迹的完整性得到确认，有利于地质遗迹的整体保护。

3）有利于组织园内的旅游线路，增加游憩空间，安排必要的服务设施。

需要说明的是，不是将附近所有的景区、景点都纳入地质公园范围内。有些已经是开发成功的自然旅游区，如已经经营得很成功的森林公园，并没有特别科学价值的地质遗迹，就没有必要再纳入地质公园之内。但有些旅游景区，其本身的地质遗迹很有科学价值，进入地质公园序列之内，可以提高其科学内涵，增加科普教育功能，大大提高了园区的品质，是可以纳入园内的。有些著名的旅游景区，本身的地质遗迹、地质景观资源的科学价值很高，可单独申请地质公园。如著名的黄山、泰山、庐山、云南石林等都先后又冠上世界地质公园之名，大大提高了其园区的科学品质。

（二）布局安排

自然生态景区本身在空间上是自然分布的，是任何人都不能移动的，规划能做的是将景区、景点，组织到整个地质公园的旅游线上。自然生态景区最理想的旅游方式是进入其中，以获得生态体验，吸收清新的空气。为了保护生态环境，安排游线和旅游设施时应注意两点：

1）穿越林区或草原时，尽可能沿原有小路，或选择对生态资源破坏最小的线路；若要在其中设置观赏停留点时，尽可能选择疏林地或小空地。为了保护草地或湿地，可选择简易栈道，引导游客观赏体验，从而保护了生态环境和资源。

2）选择游览线路，要从地质公园总体考虑安排，将地质景点，林、草等景点，人文景点，以及服务设施联结为整体线路，并尽可能形成回路。

三、人文景区的选择和安排

地质公园不主张建设新的人工人文景点、景区，对于园区内现存的曾对区域文明有一定影响的或一定知名度的人文景点、景物，都应妥为保护。丰富地质公园的景点，应组织到公园之内，并安排成为游线中的一个服务节点，利用其适宜的空间，安排游线中的小型服务点（如小型购物、饮料、卫生间等）。

如果有一定规模和有较高知名度的人文景区，处于有重要科学价值的地质遗迹同一大地质背景区域范围之内，纳入地质公园统一管理而不会有其他不必要的麻烦时，可以选择安排成为地质公园的重要人文景区；反之就应放弃。

如果该人文景区规模较大，知名度很高，有单独经营管理的历史或条件，可安排作为地质公园的一个园区，并建设相应的接待、经营、管理设施，独立经营管理。北京房山世界地质公园中的“云居寺—上方山宗教文化游览园区”就是这种情况的典型代表。

第四节　游线规划安排

一、地质公园游线规划

（一）游线规划的定义

地质公园游线规划是：为方便游客观光，利用现有条件并改善和创造条件，安排一条或数条游览线路，将大部分地质景点和其他景点合理地组织到这些旅游线路附近的规划。

（二）游线规划的任务

与所有自然公园一样，地质公园的景点是自然分布的，游线是随景点分布而展开的，可选择的余地不大。规划的任务是安排最合适的途径和工具，将游客送达或引导到园区的各主要景点或大部分景点。

二、地质公园游线规划的要点

（一）游线的选择

旅游线路的选择当然首先要考虑的是用较短的线路将各景点串起来，并形成环路。有经验的规划师选线时，具体做法是：

1. 充分利用原有道路设施

地质公园所在地的原有道路包括县级以下的各类可行车的道路，有些是可行农用车、拖拉机或马车的山间、田间、村间道路。这些路随土地划入地质公园后，可利用其原有路线，适当整修加固改作园内旅游线路上的观光车道或步道。

2. 利用原有田间、乡间小道改建加固

这类小道包括山坡牧羊小道、河谷溪边小道、山民种地采摘打柴形成的山路等，这类小道由于是村民长期使用的结果，其线路上有天然的合理性：路径较短、坡度较缓、路基稳固、相对安全。作者在实际考察选线时，由当地村民做向导，取得了很好的成果，避免纸上谈兵或现场无路可走、无法下手，做到事半功倍。当然从观景考虑，尚要在原有小路线路基础上作必要调整，对小路适当地加宽、加固，以满足游客观光和安全的要求。

3. 合理选择新线

在前两种都有困难时，可考虑选择新线或局部新线。新线选择要在保护地质遗迹的前提下，充分利用地形，使其工程量小，有利于生态环境保护，方便游客，使游客的体力和时间控制在允许范围之内。新的游线可根据实际条件，选取两种或几种交通方式的组合。一般一条游线的游程控制在半天之内，如 20min 的电瓶车，1h 的步行，其余时间可供游客在各景点停留。景点特别分散时，一般游程控制在一天之内，中间安排用餐，景区间路途用机动车或其他工具运送，到景区内步行到达各景点，全天步行累计时间控制在 2h 内，其余时间供游客在各景点停留。总之，根据实际条件规划线路，将客观条件和游客主观需求很好地结合起来，进行多方案比较，才能选择到合理游线。

4. 交通方式的选择

地质公园是自然科学公园，游客来此

旅游，当然优先考虑步行，这也是规划应该首先安排的交通方式。不得已为节省游客体力或时间，可考虑园内清洁能源旅游车道或水路（无动力船或电动船）。在地形起伏变化大，或高差太大，修机动车道可能对生态环境破坏较大时，可考虑安排索道或无动力滑索。

（二）旅游线路与服务设施相结合

与景点的自然分布不同，服务设施是人为安排的，有一定的随意性。一般服务设施是追随在旅游线路附近安排的；但一些大的服务设施如餐饮、住宿等受用地的制约，选择旅游线路时，也要考虑这些因素，大的服务设施应是旅游线路的一个重要节点。

（三）为游客提供多线路选择的可能

不同的游客，需求也不同，选择游线时也要考虑多种因素，为不同要求的游客提供多线路选择的可能。如：山顶一个必到的景点，高差较大，对一般游客步行很困难，规划安排了一条索道是合理的；但同时也要安排一个登山台阶步道，对愿意挑战自我的游客提供了一个方便，登山步道也是一个安全备用通道，在索道出现故障时，可安全疏散。又如：一个人工的或天然的水域，阻隔在游线中，将两个景点或目的地分隔开，规划除安排用船运送（同时也是游览）游客到对岸，还应尽可能创造条件，安排一条水边（或山腰）步道连接两地，满足步行游客的需要。

第六章 旅游设施规划

第一节 公园门区的设施

在地质公园总体规划阶段，门区规划的任务首先是选址，选址的原则前（本篇第四章第三节）已阐明，本节研究门区设施的安排。通常门区的基本设施有大门、公园标志碑、公园信息中心、停车场、门前门后集散广场、大型导游图等。信息中心和停车场一般置于大门外适当的位置，公园主标志碑的位置根据实际条件安排于门前或门内。

本节重点对大门、公园标志碑和信息中心的总体策划方法和要求进行介绍。停车场作为静态交通设施在第四篇第四章中介绍。门区更详细的安排需要在公园建设规划设计阶段进行。

一、大门

（一）大门通道

分两种类型：一种只允许游客通行；另一种允许游客和机动车通行。

1）此种通道数量要根据预测的游客流量确定，通常按高峰时最大瞬时人流量计算，瞬时人流量超过 800 人 /h，应考虑设两个通道；超过 3200 人 /h 的大型公园，应设 5 个通道。进出口应分流，出口不得与入口重叠。

2）允许机动车通过的车道，通常不允许社会车辆通过而进入园内，而是由公园提供清洁能源车接送游客入园游览。大门通道一般为 2 ～ 3 个车道。

（二）售票检票

通常售票窗口与大门合为一体考虑安排。售票窗口不得少于两个，其数量随瞬时客流增加而增加。检票口数量不得少于 2 个，大体与通道数一致（通道和窗口数计算方法详见第四篇第四章第三节）。

（三）大门的建筑要求

地质公园大门外观风格应与周围自然山水环境相协调，符合地质公园这一主题。防止做成古庙的山门，更不能成为现代游乐园、主题公园大门。所谓与环境协调，作者认为满足以下三条（体量、色彩、风格）即可：

1）大门体量要适宜，尺度满足功能要求即可，不宜太大；高度要远低于毗邻山体的高度，不能喧宾夺主。

2）色彩不要过于艳丽，尽可能与当地山体岩石或植物群落的色彩接近，以灰、绿、蓝等与大自然友好的色调为主，其他色彩点缀即可。

3）风格要简洁流畅，少人工雕琢，做到“虽是人工造，酷似自然生”。

（四）总体规划的深度

地质公园总体规划对大门的选址，通道、售票的设置要求和建筑风格应提出明确的宏观意见，为大门的建设规划设计提供依据。

二、公园标志碑

总体规划阶段，首先确定公园标志碑的文字内容，初步确定碑址位置，并根据地质公园的特色提出碑的方案设计要求。在门区建设规划阶段，通过公开征集方案或其他方式来确定方案。

标志碑的正面是公园名称的全称，背面或侧面是记录公园建设的过程和重大事项。

地质公园标志碑特色要求能体现地方特色和自然特色。所谓地方特色，是指与当地传统文化相吻合，或反映该地区当代人们的精神风貌；所谓自然特色，是标志碑能反映该公园的地质遗迹本质或该地的山水风貌特征（图3−6−1、图3−6−2）。

既然是标志碑，就不仅是公园的标志门牌，更应该是具有里程碑意义的纪念性标志，好的标志碑应该是艺术品，会为地质公园添彩，并会永久留在游客的记忆里，游客不会忘掉它所代表的公园。云台山世界地质公园的标志碑给本书作者的印象很深。

多园区的大型地质公园，必要时可以设立以标志碑为中心的标志区。标志区可以设在主园区的入口处，或游客人流集散地和其他适宜的位置。标志区除设立标志碑外，还可以根据实际情况安排地质公园博物馆、游客服务中心、停车场和其他旅游设施。如在房山世界地质公园规划中，其标志区安排在良乡卫星城，该标志区与管理服务中心结合起来，用于安排建设世界地质公园标志碑、地质博物馆、科普导游培训中心、游客咨询服务中心、公园管理中心等，形成一个管理集散中心。

大型跨行政区域的地质公园标志碑常常设立主碑和副碑。如房山世界地质公园由北京市房山区的6个园区和河北省涞水、涞源两个县的各1个园区构成，因此房山世界地质公园的主碑设在房山，涞水的野三坡和涞源县城各设立一副碑。

三、公园信息中心

（一）一般概念

公园信息中心在我国目前有多种名称，

图3−6−1 地质公园标志碑

图3−6−2 地质公园园区标志

如公园信息服务中心、游客信息咨询中心、游客咨询中心、游客信息接待中心、游客咨询服务中心、游客信息咨询服务中心等。作者的实践经验认为，就地质公园而言，定名为“地质公园信息服务中心”为好,简称“公园信息中心”，因为提供信息是其主要功能。

（二）功能

1. 为游客提供公园需要的所有信息

如门票价格、开放时间、园区景点分布和旅游线路、交通工具、接待设施及服务价格、餐饮购物和其他娱乐设施信息等。

2. 为游客提供各类科普资料

包括免费赠送和有价出售的文字、图片、影像资料。

3. 随时提供园内各景区和各种服务项目游客数量的适时动态信息

使公园管理部门了解各景区或服务项目的瞬时动态，及时调整各园区或景区的客流，从而提高公园管理调度水平服务。

（三）主要设施

1. 全园的信息网络系统

大型地质公园应建立全园的信息网络系统，在信息中心设立主机，与各园区、各景区（点）、服务区的终端联网，中心主机与各终端及时互通信息，主机汇总并发布。

2. 信息自动服务台

信息中心和各园区都设有信息自动服务台，即信息自动触摸服务机，直接为游客提供信息自动服务。自动服务台按高峰日千人以下设一台，超过一千人，每增加一千人增加一台。

3. 面对面信息服务台

它主要是为旅游团提供信息服务和安排团体游览、餐饮住宿等业务。当然也对不会使用自动信息服务机的游客提供面对面直接服务；还接受游客对园内各景点和各部门的投诉。

4. 其他常规的必要家具

如饮水设备等。

（四）建筑规模

信息中心的建筑规模，根据公园规模和预测的游客总量确定，大体上分 3 个等级，其建筑面积分别为：100m^2、200m^2、500m^2。

（五）建筑位置

信息中心主要是对外服务的，是公园的窗口，因此一般都安排在大门之外。至少与售票窗口一样，与大门连体，左侧为信息中心，右侧是售票窗口，中间为公园大门。但与售票窗口不一样的是，信息中心是以敞开的大门接待游客入内而获取各种信息的。

第二节　公园的接待设施

一、接待设施

本书所指的接待设施有：首先是接待游客的公园信息中心，游客到此了解信息，计划到本地质公园的全部游程；其次是餐饮，游客累了饿了，需要小憩饮茶、吃饭，这就需要饭馆、小吃、茶座等；再次，晚上提供休息住宿场所的宾馆或度假村等。信息中心前节已经介绍，本节只对住宿和餐饮的规划阐述如后。应该特别说明，住宿设施不是每个地质公园的必要设施，根据市场需要和条件可能安排。公园内没有条件安排的，可以在地质公园附近城镇安排住宿宾馆。

二、接待设施规划原则

（一）分离原则

接待设施通常需要较大的空间，占地较多，建设中可能造成对生态环境或地质遗迹的破坏，故住宿和餐饮设施远离生态环境保护区和地质遗迹保护区，与地质景观和其他重点景点分离。住宿设施尽可能依托原有大的居民点，共用配套设施，促进地质公园与社区共同发展。

（二）方便游客原则

接待设施是为游客服务，规划应安排在旅游线路的节点上，巧妙的规划，正好在半天的游程结束时有餐馆，一天游程结束地正好是宾馆。

（三）节约用地原则

地质公园一般地处山区，建设用地紧张，接待设施应遵循大分散小集中、紧凑布置、节约用地原则。

三、住宿设施

（一）选址

应遵守上述原则。特别要考虑生态保护和地质遗迹保护的要求，遵守自然保护区的规定，住宿设施安排在核心保护区和缓冲区外的“实验区”内；但不得选择在地质遗迹重点保护类（见本篇第九章中的分类）产地内，对呈大面积分布的地质景观（如包括雅丹地貌、丹霞地貌、岩溶地貌、火山地貌等）应避免因建筑而直接破坏其特色景观。

（二）规模

应根据实际可提供的用地数量、环境容量和市场预测的需求确定。从经营考虑，独立的宾馆或度假村最小规模一般不少于 200 个床位。

（三）建筑规划控制

建筑形式与环境协调；尺度与环境相适应，建筑高度要严格控制（通常不超过 3 层），单体建筑体量宜小（通常单栋面积不超过 $800m^2$）；建筑用地内的建筑密度也应严格控制（通常不超过 20%）；建筑要与环境融合，顺其自然，不能用城市园林的思路（小桥流水、亭台楼阁、小品雕塑、植物造型等）规划设计大自然环境中的宾馆、度假村。以上这些要求，不适用于远离地质公园的城镇区域的住宿设施，这类情况应遵守当地城市规划的要求。

（四）住宿配套设施

一般宾馆或度假村，都应配套以相应的餐饮、服务、娱乐设施。有时根据市场需求，还可配套以相应的会议场所（会议室、厅）。

（五）住宿设施的标准

一般根据公园所处的区位、公园的等级、游客的构成，由市场调查确定。属国家级的地质公园，住宿设施至少要有带卫生间的客房，或达到星级宾馆标准；属世界地质公园的，要安排住宿设施，应达到不低于三星级宾馆的标准。

（六）能源

所有公园内的住宿设施，均要使用清洁能源。提倡应用可再生能源，如太阳能热水，边远景点道路照明用太阳能电池。

（七）污水处置设施

所有住宿设施均应有相应的污水处置设施，污水处理的深度，根据环境的自净能力确定。宾馆排放的污水为生活污水，除生物能降解的 BOD 或 COD 污染质外，无特殊污染质，在经过简单的生物处理后，其沉渣和处理后的尾水可用于绿化或还田灌溉。大型度假村或宾馆集中的地段，可建设专门的污水生化处理厂集中进行处理，达标排放；或达到中水标准后，作为景观用水使用，补充景观水面，或作为冲厕、喷洒停车场和道路等的水源。

地质公园具有旅游功能，应该在保护和允许条件下，在地质公园内、外安排适当的住宿设施。有关住宿设施的进一步论述超出本书的范围，不再赘述。

四、餐饮设施

通常地质公园的旅游线路的游程都超过半天，因此安排餐饮设施十分必要。

（一）选址

在遵守前述接待设施规划原则的前提下，在游线路过的适宜地点可安排规模不等的餐馆、茶室。

（二）布局

小型餐饮点可沿游线设置；大型快餐馆一般安排在公园园区的进入口；有条件时，较大餐馆可安排在地质博物馆附近；高档或大型餐厅常与住宿设施安排在一起。

（三）环保和卫生

餐馆应使用清洁燃料；垃圾和剩余食物应有及时处置的设施和场地；分散的餐馆污水，禁止乱倒和随意排放，可收集存储就地进行封闭消化处理或运出集中处理。

（四）其他要求

与住宿设施相同。

第三节　其他服务设施

一、购物

（一）集中购物场所的位置

考虑到方便游客和有利于管理，集中的购物场所应通常安排在公园或园区大门外；或人流集中的地质博物馆附近；零星的（主要供应饮料）小卖点，在不污染和破坏环境的前提下，可安排在游线中途游客小憩处。

（二）集中购物场所的布置形式

集中购物场所有两种布置形式：购物一条街式和集散广场周边式。

1. 购物街式

一些旅游区的购物街常常是在旅游景区大门外自然自发形成的。总结这些经验，地质公园规划应注意购物街中间通道要有足够的宽度，通常根据游客规模确定，但最小不得小于10m，以减少购物者与通行者相互干扰。规划应注意将购物街安排在离大门稍远处，以保证公园或园区门前有足够的空间（集散广场），方便游客活动。

2. 广场周边式

一般地质公园门前常以标志碑为中心，形成一定规模的广场。该广场功能：一是游客暂停摄影留念，二是集散。有条件时，可以在广场的周边合理安排购物小店。但规划者要注意，周边小店前要留有一定空间，不得干扰广场原有功能的发挥。好的规划，两者结合得很好，形成良好的广场景观和方便的购物环境。

还应注意的是，购物场所要与停车场或机动车道分离，互不干扰，以确保安全。

（三）购物商店的商品

地质公园购物商店要有自身的特色，除销售一般的旅游商品外，更要有地质特色的商品出售，如宝石、玉石及其工艺品，化石复制品，本地矿泉水，地质科普资料、图片、光盘等。有条件时，在不破坏地质遗迹的前提下，可组织生产和销售以当地石材为原料的工艺品。但建议不要低价出售料石，这可能造成资源的流失或地质遗迹的破坏。

（四）地方特色

购物商店建筑要有地方特色，尽可能反映本地质公园的特征，与门区自然环境融和，不要城市化和过分商业化。其他建筑规划控制要求同前节。

二、娱乐

（一）安排小型娱乐项目

地质公园内一般不安排大型室内娱乐设施，考虑到游客在园内住宿过夜和过夜生活的需要，可以与宾馆、度假村一起适当安排小型娱乐项目，如小型卡拉OK歌厅、棋牌室、游戏室、科普阅览室等。

（二）放映影片

可利用地质博物馆的演示厅，放演地质科教片和其他影视片。有条件的公园园区内，也可露天放演。

（三）举办露天歌舞晚会

露天歌舞晚会是适合自然类旅游区的传

统娱乐项目，当然也适合于地质公园。规划可选择离住宿设施不远的适当位置安排晚会场地，其用地规模和场地设计除考虑演出要求外，还要考虑游客的参与，自娱自乐。

三、体育健身

（一）户外拓展健身

一般地质公园提供的观光活动，通常是爬山、远足，这是最好的户外健身运动。规划要充分利用良好的自然环境，安排更多的户外拓展、挑战自我的活动线路。同时注意要安排相应的安全设施，如系统完整的线路指示牌、救护系统、安全护栏等。

（二）洗浴桑拿

为适应白天多数游客户外运动后，需要消除疲劳，洗浴桑拿房是应该安排的设施。这可与住宿设施一起规划设计安排，规模和标准与其住宿设施相适应。

（三）中医理疗、水疗

中医理疗室，SPA 水疗等都是消除疲劳、健身美体的有效活动，有条件的地质公园内可与住宿设施同时安排。

（四）不安排健身房

除非特殊原因，没有必要在地质公园内安排室内器械运动设施，即不安排健身房。

第七章　配套设施系统规划

第一节　道路交通规划

一个大型地质公园可能有多个相互不毗邻的园区组成，游客从客源地到旅游目的地，再到各园区内的景点，需要经过外部交通和园区内部交通两大系统。外部交通包括从客源地到目的地城市，再从城市到地质公园各园区的所有交通系统；内部交通包括从园区大门到各景点所有交通系统和方式，其方式包括：机动车道、步道、水上航线、索道、滑索等。

一、外部交通

（一）长途交通通道

从客源地到目的地城市，常见的有铁路、航空、公路、水路等，这些都是长途交通通道，相互间有联系，并互为补充，游客可选择一种或多种形式才能到达地质公园所在的城镇。这一系统是由国家统一规划组织实施的。

（二）公交客运

从公园所在城市到地质公园或地质公园园区门区的交通，主要是公路客运，包括旅游专线和公共交通线。当然大型地质公园之间的交通，也是通过公交线或旅游专线来实现的。编制地质公园总体规划时，必须将此项交通规划纳入其中，明确提出解决游客到达公园所在城市后，通过何种途径到达地质公园各园区，并与城市交通规划协调，为保证将规划的线路能实施，应建议将此项交通项目纳入城市规划之中。

二、园区内部交通

（一）园区内部交通模式

与城市交通的单一功能不同，包括地质公园在内的范围较大的自然风景区内，交通不是单纯的游客空间位移，还能在位移中观光游赏。位移和游赏是园内交通的两大功能，当然这两者，在园区的不同的区位（路段），其目的性相差很大：有的路段景观单调，交通目的是以通过（位移）为主；有的路段景观丰富，步移景异，以欣赏体验为主；当然两者兼而有之的亦有。

任何较大的自然风景区，其范围内各处的景观价值不是均等的，往往最精彩的景物、景点分布在交通不便的深山之中，规划者要在对自然环境破坏最少的条件下设法安排某种方式将游客快速送到观赏点（或其附近）去，这称为以移动为主的交通模式。相反，当游客进入重点景区或园区深处，规划只能安排步行路，游客在步行路上以游赏为主，空间位移为次，这称为游赏交通模式。

以移动为主的交通模式，通常采用器械快速输送；以游赏为主的交通模式，通常提供步行道，供游客步行游赏。

器械快速输送对游客而言，是以节省时间和减少体力而快速到达目标地为主的交通模式，当然也有“坐车观景”的辅助目的。所谓器械，包括：行驶在地面道路上的清洁燃料汽车、电瓶车；借助架空缆绳（索道）以电力驱动的缆车；当然还有用以提升高度的电梯；有时还有快速通过水面的快艇等。

步行游赏则是以欣赏景观和获取体验为主要目的，以交通为辅。有条件时，通过营造或利用天然水面，游客借助无动力船欣赏自然风光、获取特殊体验（如漂流）。

规划编制人员应充分的进行调查研究，针对不同的目的，选择相应的交通模式，并进行合理组合，提出解决园内交通的可能方案，并进行优选比较最后确定较为合理并能实施的园内交通规划方案。

（二）园区内交通工具的分析

包括地质公园在内的较大的自然风景区所使用的运输器械或交通工具见表3–7。需要说明的是，表列各项只是可供公园选择的各类交通工具，大多数园区也只会选择几种。步行是惟一在所有的风景区、公园内都不可缺少的"工具"。步行是一种行为，双腿也可算是自带的工具，为了便于比较，亦列于表的最后。

（三）园区内部道路交通方案的选择

1. 园区内交通分析

包括地质公园在内的自然风景区园内的交通组织呈现如下特征：

由于园区的空间范围一般都比较大，从出发点（园区大门）到目的地（各景区的观赏点），其交通一般先要经过器械快速输送段（该段景观一般），然后步行到观赏点（步行段）。

从园区大门到各观赏点的交通应该是快速移动段，是园区交通的主干线，该段应该尽可能短，最好能形成环线，并与通向各观景点的步道相联结。

通常的自然风景区，景物景点的分布，时而集中，时而分散。原则上在观赏点与交通主干线之间设交通步道，而景物景点集中分布区应安排游赏步道。大多数情况兼而有之。

完整的园内道路交通系统通常由主干道（通行园内客车）、次干道（通行电瓶游览车）、支路（步行游道）构成。但不同规模或不同

地质公园交通工具分析简表　　　　**表3–7**

交通工具名称	功　能	配套设施	使用地点
大型客车	快速移动	高标准道路（7m）	门区至各景区间
中型客车	快速移动	中等标准道路（6m）	门区至各景区间
电瓶游览车	中速移动，游览	中等标准道路（5m）	门区至各观赏点间
有轨车	定向移动，游览	轨道路	园区或景区内
缆车	空中移动，观光	架空缆绳及绞盘	园区或景区内
垂直电梯	垂直提升	垂直井及动力配件	特别需要处
快艇	摆渡，中速移动，游览	水面，水道	有条件处
游艇	摆渡，游览	水面，水道	有条件处
无动力船	游览，体验，摆渡	水面，或急流	有条件处
人力车	游览，短距离慢速移动	中等标准道路（4m）	需要时
人力轿（杠）	年老体弱游客登高	步道或踏步	爬坡处
马车等	游览，体验	平整道路（3m）	需要时
骑马等	游览，体验	步道	需要时
步行	游览，体验，短距离移动	平整步道或踏步	观赏点附近或必要时

注：电瓶游览车，国内有多种不同名称，如电动观光车、观光电动车、观光电瓶车、游览电瓶车、电瓶车、电动车等等，由于电动概念太宽，观光与游览接近，但游览包含更接近旅游区内的活动，因此本书统一采用电瓶游览车的名称。

条件的园区，其中某些部分会省掉或缺失，如主干道直接与支路连接、次干道与支路连接或只有步行游道。一般交通系统都应形成回路，特别是只有步行游道的系统。

除了道路交通外，还有其他形式的交通方式，如空中索道、水路、有轨道交通等。在以后编章中将有介绍。

2. 交通方案的选择

所谓交通方案的选择，是指首先确定出发点和目的地，再选择交通模式，最后选择线路。

1）确定出发点和目的地。

(1) 出发点一般在园区大门内，详见本书第四篇。

(2) 目的地指观景点（观赏点）。通常园区有多处观赏点，因此就出现了多个目的地，为此规划的快速交通线就应该考虑到达或通过这些观赏点（或其附近），在其附近设立停靠站，有条件时在离大门最远点的适宜位置设线路终点站。

2）交通模式的选择。

(1) 园区的规模，或出发点到目的地路程，如果在一般游客体力或心理能承受范围内（如距离在2500m左右内，地形高差在300m左右），完全可以选择步行模式。

(2) 出发点到目的地路程距离超过承受范围（如2500m左右），但不是太远（如在5000m内），可优先考虑用电瓶车输送；如果超过一定距离（如在8000m以上），或游客量较大时，可考虑用大、中型客车（清洁燃料车）输送。

出发点（不一定在门区）到目的地高差超过承受范围（如300m左右），可考虑用提升缆车（索道）输送；特殊条件下可采用垂直升降的电梯。有时在地形复杂地区，地面修路困难、工程量大、对生态破坏较大，也可进行方案比较后决定是否采用索道缆车输送。

(3) 在园区内寻求除上述交通模式和步行以外的其他模式。如水上快艇、游艇或无动力船输送，这些模式的起始点不一定在园区大门附近，可利用原有水面，或有地形条件许可地段人工筑坝构成的水面。其他的人力、畜力运输一般不提倡采用，特殊条件下经充分论证后可有控制地安排。

3）线路的选择。

(1) 大中型客车、电瓶车线路的选择。线路选择是专业性很强的技术工作，包括地质公园风景区在内的机动车道路要满足如下要求：要能将园内主要观赏点都组织到干线（或附近）上来；要能满足在一定速度下（如电瓶车15km/h，大中型客车40km/h）的线形（纵坡、平曲线等）技术要求；要考虑工程量尽可能小、对环境破坏最少。

(2) 索道线路的选择。首先选择起始点或上下站点，站点要靠近目的地，即重要观赏点附近；索道线在平面上是直线，从技术上应有适宜的中间支撑点，安全有保障；索道线应该远离文物（或文化遗产）地，或有争议的文化景观地区。

（四）几种交通方式的概述

1. 清洁燃料车辆通道

地质公园园区也是地质遗迹保护区或生态保护区，因此园内通道，必须控制，只允许园内清洁燃料车通行。距离较长的也可用燃气客车或其他类型清洁燃料车。由于无外界社会车辆进入，道路设计宽度保证两条车道即可，即大客车道宽7m、中客车道宽6m。距离较短时使用电瓶游览车，电瓶车道宽3.6～4m。

2. 索道

索道是跨越深沟、提升高度的有效交通方式。修建索道有两大优点：①可减少因爬山涉水、登高给游客带来的体力大量的消耗和疲劳，为体弱妇女和中老年人游览大山提供可能；②索道与修路相比，对自然景观破坏最少，是保护景区生态环境的有效方式。笔者和许多规划工作者的实践说明，索道以直线通过生态景观区，建设中只占几个点，对景观和生态环境影响很小，因此经充分的环境评价后认为是可以建设的。风景旅游区一概反对修索道的观念是片面的，除一些只对少数人开放的景点，只要条件允许、环境评价通过后，在高差大、跨越深沟、修路困难的景区，是可以用索道代替道路的。

3．滑索

滑索是无动力、自高而低的的跨越障碍的简易的交通工具。滑索也是带有冒险的娱乐项目，有条件的园区，可将其与娱乐设施结合起来安排，当然实施中安全是第一位的。

4．水上渡船

一些有水面（湖泊、河流、水库等）的地质公园，可利用水面行船（电动或人工动力），这也是一个可行的交通方式。有条件的山沟（沟坡较缓、有来水源、岩石不渗漏、沟宽适宜、景观单一等），可设中低坝，形成一条水路（水路长不小于500m）。笔者在规划实践中也曾试过，效果较好，游客在走过一段较长的山路后，坐船休息片刻，观两侧景观，再继续前进，感到很是惬意。

5．游客步行道

游客步行道，是园内提供给游客的主要的观光、体验通道。其基本要求是：保证安全、足够的宽度、合理的线形、明显的指示系统；满足游客方便步行到达每一个景点；最好形成环路，使游客不走回头路。步道的宽度单行道不小于1m，双行线不小于1.5m，具体宽度根据游客流量确定。地质公园一般多山，坡度大于25%应设台阶；山坡坡度超过100%（相当于45°）时，可选用“之”字形回路，使台阶坡度控制在30°为宜。所有叉路口都应设指路牌。所有陡坡、侧边为岩崖、深沟、水边等危险处均应设安全护栏，护栏要牢固，确保安全。

6．栈道

步道通过需要保护的地质遗迹、地质景观或其他需要保护的旅游资源（如湿地、峡谷等）时，应架设栈道，栈道的架设和材质要与环境协调，尽可能减少对景观和资源的破坏，通常是钢架木材面。其他要求与步道相同。笔者最近发现用原木支架、筋巴（筋条编造）铺面的栈道，既与自然环境协调，行走其上也很舒适；这对充分利用北方山区大量的筋条资源，发展贫困山区经济也很有利（图3–7）。

图3–7　栈道的几种类型

7. 其他

下面一些交通方式可结合园区实际，灵活选择采用：

汀步，在跨越浅水、滚水坝顶、小溪沟时可采用。

索桥，跨越深沟、河流和其他较深水面时可采用。

第二节　其他配套设施的安排

一、公园配套设施规划简述

在总体规划阶段要对配套设施作出初步总体安排，包括给水、排水、供电、电信、环卫、供暖、燃气等，主要的内容是对其容量、规模作出估算，为地质公园筹建单位能与地方政府相关业务部门协调、寻求支持提供依据。这些配套设施的容量、规模估算的依据，主要决定于公园建成后在旅游旺季时的游客流量，以及总体规划安排的科普设施（如博物馆等）和服务接待设施的具体项目内容及规模。

如果总体规划中不安排住宿宾馆，那么水、电、能源所需的容量就大大减少；反之如果公园内安排度假村等住宿休闲设施，那么其所需求的水、电、能源将占公园的很大比例，有些甚至超过60%。

有关给水、排水、供电、环卫等的容量测算详见第四篇。其他如电信、供暖、燃气等，将在建设规划阶段根据游客总量与相关业务单位协调而确定其用量规模。

二、防灾工程规划的思路

地质公园的防灾工程主要指：服务区或建筑区消防，森林防火、防病虫害，地质灾害（包括滑坡、崩塌、泥石流等）防治等。在地质公园总体规划阶段可把问题提出，并提出防灾工程的总体思路和主要工程措施，进一步的安排在公园建设规划阶段进行（详见第四篇）。

我国是地质灾害频发的国家，据不完全统计，2006年我国大小地质灾害达10万起以上，其中滑坡8.8万起，崩塌1.3万起，其他有泥石流、地面塌陷等。统计表明这些地质灾害，95%以上是自然因素引起的。地质公园是地质遗迹丰富的区域，也常常是地质灾害多发地，这要引起地质公园规划工作者的高度注意，预防地质灾害十分重要。预防的主要措施有：对公园范围内的可能发生的地质灾害进行普查，编制地质灾害多发地域图，不在可能的灾害点及附近建设任何建筑和设施，禁止游客进入危险地块，规划将其安排为生态保护区。

三、环境保护工程规划的纲要

地质公园的环境保护工程主要指：为防止因公园的设立和建设引起的对环境的破坏而安排的防治工程。其中因公园的设立，增加了游客，因游客的活动对原有环境可能造成的负面影响或破坏，应在规划中先行评估，并提出相应的防治措施。这些措施包括控制游客数量和对排出的污物（垃圾、污水等）的无害化处置。在公园建设中造成的对自然环境的破坏，应在规划中提出相应的控制措施，使其对自然地貌的破坏降到最小，建设完工后，应安排恢复工程。

在总体规划阶段，要对因地质公园的设立可能对原有自然环境造成的影响作出评估，并提出相应的防治环境恶化的工程措施。有关地质遗迹保护和生态保育规划将在后面的章节给予论述。

第八章　科普解说系统

第一节　科普解说系统的功能和规划原则

一、科普解说系统的功能

地质科普教育是地质公园的基本功能之一，是区别于其他风景旅游区的最主要的特征之一。为了保证科普教育功能的实施，所有地质公园均需要建立专门的科普解说系统。它承担的具体功能如下：

1. 教育功能

即解说系统为游客架起了通向了解地质科学知识的桥梁。通过这一系统，普通游客与千变万化的岩石（地质遗迹）之间，就能对话，听到其诉说自己的身世、变迁，让游客感叹山河的奇妙，热爱大自然和我们的地球。简言之，解说系统架起了游客认识、了解岩石的桥梁。

2. 识别功能

通过展示设施（展示碑、牌等）将地质公园信息和科学知识展示出来，吸引游客。地质公园的倡导者从一开始就非常注重地质公园标志碑的建设，亲自参加开园揭碑仪式。标志碑的设立，传递了一个地质公园诞生的信息。已经对外开放的旅游景区设立了一个地质公园标志碑，建立了一套完善的科普解说系统，就标志着它已经不是一个普通的旅游景区，而是一个地质科学公园。

3. 导游功能

即园内外的引导牌将游客引到各景点，景点前的解说牌可使游客获得科学知识和信息，整个解说系统是一个完美的导游员。

可以说地质公园的科普功能主要是由解说系统承担的。

二、科普解说系统规划的原则

1. 方便游客原则

能引导游客到他想到的地方，能回答游客想问的问题，即成为游客的导游。

2. 系统完整性原则

按照游览线路，完整系统地安排科普解说设施，如门区的信息咨询中心、导游图、博物馆、引导识别系统、景点解说牌等，形成相互联系的解说体系。

3. 科学性原则

所有解说词要准确，符合科学，反对迷信。

4. 通俗性原则

解说词要深入浅出、简明扼要、通俗易懂，地质年代要注明相对年龄，与普通时间相对应，便于游客理解。

5. 美观协调原则

所有解说系统设施（碑、牌、板、展台、展馆）都应统一规划设计，色彩、尺寸、外形等要统一和谐，美观大方，材质尽可能选用与环境协调的自然材料，少用、不用人工仿石、仿木的水泥装饰。

第二节　科普解说系统的组成和规划

科普解说系统主要包括：科普导游设施、博物馆、科普出版物和实施科普解说事业的保障机构。其中科普导游设施是地质公园中最重要、分布最广、最实用、游客接触最多的科普解说设施；而博物馆是最具标志性的集中的科普设施。

一、科普导游设施

科普导游设施是指在没有导游员的条件下引导游客游览地质公园并获取其科学知识和信息的所有设备的总和。这些设备包括：引导类、信息识别类和解说类三大部分组成。科普导游设施应有统一的视觉识别设计（VI设计），有统一的形象，并应用于各类图、碑、牌、板中（详见第四篇）。

（一）引导类

引导类设施主要指道路指示牌，包括从公路、高速路出口，引导机动车到地质公园大门区的所有区域道路的交叉口、转弯处，都应设立大中型引导指示牌、道路名称牌。这类牌的制作除遵守公路部门标准要求外，所有指示牌也要符合公园VI设计要求，并且位置醒目、指示内容连续，保证游客驾车毫无疑问地顺利到达公园门区的停车场。

园区内所有步道路口、交叉点、景区或景点支路口均应指示引导牌，设置位置适宜，高度稍高于游客身高，约2m。可以一杆多牌，指向不同目标（图3–8–1）。

（二）信息识别类

信息识别类主要包括：公园、园区标志碑；景区、景点名称牌；界碑界牌；门区大型导游图、景区中小型导游图。

1．地质公园标志碑

地质公园标志碑是公园的主体形象标识，是所有地质公园必须设立的标志物，一般设在公园门区主入口处。由于标志碑的特殊功能作用，其设计应满足如下要求：反映本地质公园的主题、与环境协调、有地方特色。其文字正面为园名，为相关部门（如联合国教科文组织、国家国土资源部、省市相关机构等）批准的“中国 ××× 世界地质公园”、“××× 国家地质公园”、“××× 省级地质公园”等。前两级公园碑名还应有英文对照名。此外在碑的背面或侧面，刻有简明介绍公园概况的文字，包括公园保护的主要地质遗迹和景观特色及建园的过程和园区的范围等。有多个园区组成的地质公园，其园区可以设副碑，副碑要比主碑明显略小，名称可刻“××× 国家地质公园——××× 园区”，其他同主碑（图3–8–2）。

2．景区、景点标识牌

景区、景点名称应设标识牌。景区牌可书(或刻)“××× 国家地质公园 ×× 景区”；

图3–8–1　公园道路指示牌案例

图 3–8–2　地质公园标志碑案例

景点牌可直接书（或刻）景点名。一个地质公园的景区牌形象色彩和尺寸要统一，景点牌也要基本一致。

3. 界碑界牌

界碑界牌指在地质公园与其他用地的分界线上设立的界碑牌，可用方形石柱埋设，或立牌标明。若经国家有关部门批准的国家地质公园，可在牌上注明批准单位和时间。如“××× 国家地质公园界 · 中华人民共和国国土资源部 · 20×× 年 ×× 月 ×× 日”(图 3–8–3)。

设专门地质公园保护区的，也应设界牌，提示进入保护区要保护地质遗迹和自然环境。

4. 导游图

一般在地质公园门区的显著位置应设立反映全公园旅游景点分布和游览线路的导游图。其图面较大，其尺寸根据园区的景点数量、范围和门区的环境确定，以方便游客为准，该图为游客进入公园提供向导和安排游程计划。一般较大的地质公园或园区，在游览线的节点上或途中，还安排设立中小导游图，并在图上注明观图游客此时的位置，方便游客识别。

（三）解说类

解说类主要包括地质遗迹解说牌和景观介绍栏板。解说类设施是游客获取科学知识的最主要的工具。

图 3–8–3　地质公园界牌和保护区界牌示例

1. 门区或园区、景区前的介绍栏

对本区内的地质背景和主要的地质遗迹、地质景观和其他景观作简要介绍，使游客对本区域有一个大体的了解，为进一步的游览提供帮助。

2. 地质遗迹解说牌

在规划考察调查中发现的地质遗迹都应立牌解说，编写好每块牌的解说词极为重要，也是一项最难的工作。前已阐明，解说词应遵循准确科学、深入浅出、简明扼要、生动易读的原则。有些为了方便游客理解，根据需要可以附近一简图说明，但该图不是景观照片，不一定每块解说牌都要附近图（图3-8-4）。

二、博物馆

地质公园博物馆是露天天然地质遗迹、景观、遗址展示的重要补充。它更系统地用文字、图表、实物标本、浓缩的模型展示；用现代的声、光、电演示当地的地质变迁历史及其科学价值。

从目前中国地质公园发展的现状来看，凡是开园的国家地质公园都安排了地质博物馆。从总体上的需要分析，我国地质科学普及程度尚较弱，完全靠地质公园在室外自然展示其地球奥秘尚不够，至少在一个区域建立一个完善的综合性的地质博物馆是需要的。在每处地质公园内至少要反映本公园地质背景和地质遗迹特点的展馆也是需要的，本书所指地质博物馆是指的后者，即地质公园博物馆。

地质公园博物馆的规划包括两方面：建筑形式的确定和布展内容的选择。

（一）建筑形式

建筑形式包括博物馆的选址、博物馆规

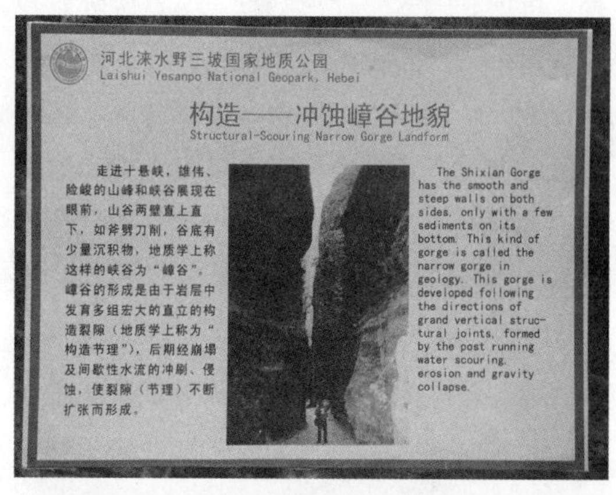

图 3-8-4　地质遗迹解说牌示例

模（建筑面积或布展面积）的确定、博物馆外观和色彩的选择等几个方面。

1．博物馆的选址

博物馆是科普展示区内最重要的建筑，该区选择在地形相对平整有足够面积的游览线路附近，该区也是公园人流集散地。在公园内无条件安排时，博物馆常选择在门区附近，并作为门区的一个重要建筑物给予安排。

2．博物馆的规模

其规模由3个因素确定：地质公园的规模和等级、应展示的内容（展牌和实物数量）和预测的接待规模。对于第一个因素，如果是世界地质公园，规模就大些，省级或地方级的可以是一个规模不大的展室；如果公园所在地地质构造复杂，遗迹资源丰富，可展示的实物较多，以容纳下展品（实物和展板）稍有宽裕即可；预测的游客数量是关键，建筑规模以能容纳下高峰时的游客流量作为依据。在计算建筑面积时应包括：序厅（一般要安排公园的全景模型）、展厅（可以有数个）、演示厅、资料室、办公室和管理用房。建议分为5个等级，见表3–8。其中最大的综合性区域地质博物馆，除展示所在地质公园内容外，还兼有省市区域展馆功能。

3．建筑外观

建筑外观反映了本公园的主题特色和地方特色，即要有个性；同时要简洁大方，崇尚自然，要与当地环境相协调。要注意，此博物馆是自然博物馆，建筑外墙千万不能用水泥仿石材料，否则自然博物馆不自然！（图3–8–5，外观不可取的博物馆）

（二）布展内容

地质公园博物馆布展内容是根据不同等级的公园来安排的。其大体的组成参见表3–8。但重点是本公园范围及附近的地质演化史和地质遗迹，要系统地介绍本地区的地质概况、演化史，及其在地球和我国区域地质演化中的位置意义；本区域地形地貌形成条件及其特征；本区域重要地质遗迹的分布及其在科学研究中的价值和景观价值；尽可能系统详细介绍科学家对本区域地质研究的成果；总之要充分展示与本区域相关的地质研究成果。

为了丰富博物馆的展示内容，吸引游客观众，对地质公园范围内的动植物资源、生

图3–8–5　外观不可取的博物馆

地质公园博物馆等级规模简表　　表3–8

等级	性　质	建筑规模（m^2）	主要构成和内容
综合	综合性区域博物馆	≥4000	地球地壳变迁史、综合厅、我国地质演化史、区域地质背景、本园遗迹厅、演示厅等
一级	世界地质公园博物馆	4000	地球演化简史、我国和区域地质背景、本园地质遗迹厅、演示厅等
二级	国家地质公园博物馆	1000～4000	我国地质史、区域和本园遗迹厅、演示厅等
三级	国家地质公园展览馆	500～1000	我国地质史、区域和本园遗迹厅等
四级	地方地质公园展览室	≤500	区域地质背景、本园遗迹展

注：1．综合馆的内容包括地质科学史及地质科学对人类的贡献等。

2．此表为本书作者建议，供参考。

态环境和人文历史古迹，作为旅游资源也留有一定的空间，给予适当的介绍。

（三）布展形式

总体要求是充分运用现代技术将地球和本地域的地质演化史及其遗迹系统生动地展示给游客。从对目前我国各地质公园博物馆现状的分析，大体有如下几种形式：

1. 图文展板展示

这是应用最广的一般平面的展示方式。平面展示的方式根据不同材质、照明和图文组合，也呈现出多种多样形式。如平板式、透明板、灯箱式等等。

2. 模型展示

这也是应用较广的立体展示方式，有静态模型、静态灯光活动模型、动态模型等。最常用的是公园的沙盘地形和典型地层剖面。如果是火山地质公园，可设计动态模型，模拟火山喷发过程等等。

3. 动画展示

利用现代声光动画技术与平面或模型组合，展示（演示）本区域的地质演化过程。

4. 科教片演示

设立专门演示厅，演示专门制作的科教片。该类科教片是对本地质公园实景拍摄，与动画制作相结合，辅助于生态的解说，并制成反映本公园特色的光盘，在演示厅定时放演。

5. 标本展示

不仅有矿石标本、化石标本，更有反映地质活动变迁的标本，如波纹石、角砾岩、叠层石、泥裂构造等等，以及溶洞内二次沉积形成的各种形态的岩石标本。

随着现代技术的发展，布展的形式逐渐多样化，从单纯的平面、立体模型、动画、实物，正向组合、综合的方向发展。形式服从内容，用最简单又最生动的方式，将丰富的地质演化变迁呈现给游客，给游客科学知识是最终目的。

三、科普出版物

包括科普导游图、折页简介资料、科普图书、资料等；还包括宣传光盘及电子读物等。出版物应丰富多样，其内容和形式不断更新，以满足各文化层次的中外游客的需要。

科普出版物应组织地质专家与艺术家或通俗作家共同编写，做到科学、通俗、生动、图文并茂、引人入胜。

四、科普机构

在地质公园管理机构中应设立公园旅游解说科，负责整个地质公园解说词的编写审定、导游图的编制、地质公园宣传广告词的审查及整个公园解说工作的业务指导，特别是对地质博物馆的指导。解说科还承担公园的地质科普工作，还兼有组织培训解说员、导游员的职能。

第九章　地质遗迹保护规划

第一节　地质遗迹保护分类

一、现有的地质遗迹保护分类方法

（一）国家《地质遗迹保护管理规定》（1995年）

1995年中华人民共和国地质矿产部发布了《地质遗迹保护管理规定》（本节内，以下简称《规定》），该《规定》的第九条从宏上对地质遗迹保护区分三级：国家级、省级、县级。《规定》第十一条还对保护区内的地质遗迹按保护程度也分为三级：一级保护、二级保护、三级保护。

（二）《国家地质公园总体规划指南（试行）》（2000年）

2000年，有关部门为适应地质公园规划的需要，内部发布了《国家地质公园总体规划指南（试行）》，提出了地质遗迹景观保护区划的概念，"景观保护的区划应包括生态保护区、自然景观保护区、史迹保护区、景观游览区和发展控制区等"，并对这5种区域的划分和保护规定作了说明。这大体上是从《风景名胜区规划规范》（GB 50298—1999）直接转抄过来的，是针对一般风景区的保护，而不是地质遗迹景观保护区的概念，也没有突出地质遗迹的保护。本《指南》对"地质遗迹景观保护区"还提出四级保护区的分级方法："保护区应包括特级保护区、一级保护区、二级保护区和三级保护区等四级内容"，其保护规定也是转抄自该《规范》，是针对一般风景区的分级，转抄过来时也没有对地质遗迹如何保护提出分级或分类，以及提出相应的地质遗迹保护措施。

针对上述存在的问题，本书作者根据自身和近年来其他一些专家的经验，提出按地质遗迹分布特征分类进行保护，比较符合地质公园的实际。

二、按地质遗迹分布特征分类

地质遗迹在地球上的分布规模大小不同、存在形态不同、遭受损坏的难易性不同、科学价值和景观价值不同，因此保护方法和措施也有很大差异。地质公园规划中对地质遗迹的保护应该从实际出发，针对不同的情况，提出切实可行的措施，保护宝贵的地质遗产。

研究发现，上述四种"不同"也存在着一定内在的联系，从保护地质遗迹的角度去归纳分类，有利于安排保护措施。为此作者提出了"以地质遗迹分布特征为主，综合其他因素的地质遗迹分类"的概念。这里"地质遗迹分布特征"是指地质遗迹分布的规模、形态等特征，这些特征常常与其科学价值和景观价值相联系，因而影响了对其保护的方式。按地质遗迹分布特征分类如下：

（一）点状或线状出露并易受损坏的地质遗迹

一般具有典型、稀缺、并易受破坏的地质遗迹都呈点状分布，少量呈线状分布。这些遗迹有的具有极高的科学价值，如“金钉子”就是具有全球对比标准价值的典型层型剖面点；有的是稀缺的生物化石（含人类化石）产地点；有的是贵重矿物（如陨石、宝石、玉石、水晶、贵重矿石等）及其典型产地；有的是具有特别观赏价值的微型地质景观点，如北京银狐洞的“银狐”奇石、广东韶关丹霞山的阳元石等（图 4-3-7）。

（二）局部分布的地质遗迹

这类遗迹分布范围中等（数公顷至数平方公里），具有较高的科研、科普价值，能给游客一种特殊的体验，能启迪人们认识地质灾害和防护自救。这类地质遗迹，一般岩性较硬，处于天然缓慢风化或沉积生长中，除非人为故意破坏，一般尚能保存。这类呈局部分布的地质遗迹有：各类石林、石蛋、石笋；典型的地震、火山、地裂、塌陷、沉降、崩塌、滑坡、泥石流等地质灾害遗迹；有特殊地质意义的瀑布、湖泊、冰川、鸣沙、海岸等。

（三）分布面积较宽广的地质景观

这类地质遗迹的分布范围大于数平方公里，有时达数百平方公里。其地质地貌景观十分壮观，很有观赏价值，如丹霞、雅丹、岩溶、峰丛、峰林、黄土、河口三角洲等。这类地貌，除非人为大规模采石破坏，一般较易保护；但其生态环境脆弱，人类的不恰当的活动或过度开发，可能造成对其生态环境和景观的破坏。

（四）形态空间相对完整的地质遗迹

由岩壁构成的空间相对完整的地质遗址，具有较高的科学价值、地质景观价值，如溶洞及其他洞穴、天坑、峡谷等。

（五）其他

主要指是具有保健价值的资源及产地，如温泉、矿泉、矿泥等。

第二节　地质遗迹保护措施

一、现有的分级保护措施

现有的分级保护措施大体上是针对风景名胜区保护或自然生态保护区的宏观保护措施，还没有针对地质遗迹和地质景观的具体的措施，即使有也不具体或可操作性差。

二、按分布特征分类采取相应的保护措施

（一）点状出露的地质遗迹

这类地质遗迹或地质景观，一般价值都很高，属最高保护等级，其最有效的保护措施是与游客隔离，绝对不让进入、触摸。如北京的“银狐”奇石用玻璃罩与游客完全隔离，游客在隔离设施外可看不可摸；丹霞山的阳元石也与游客隔离，只能在隔离设施外观看、拍照，禁止游客进入对其造成损害。对陨石，可收入博物馆保护，特大而无法搬运者可就地隔离保护，允许游客在隔离设施外参观；对宝玉石、水晶、贵重矿石等，可收集样品陈列于博物馆保护，其产地应隔离，严格保护，严禁偷盗、开采、破坏。

（二）局部分布的中小型地质景观

这类地质景观包括各类石林、石蛋，典型地震、崩塌、泥石流、冰川的遗址，还有瀑布、奇泉等。这类局部分布的地质景观，一般不让进入，或排除危险后，有控制地允许进入考察、观光；规划可在附近安全地带安排指定线路或平台让游客观光。其保护方式是：在景区内禁止采石、取土等以及其他对保护对象有损害的活动。

（三）呈大面积分布的地质景观

这类地质景观包括雅丹地貌、丹霞地貌、岩溶地貌、火山地貌等等，这些地质景观允许游客进入观光，在规划核心区外可安排建设必要的旅游设施，如道路停车场等。保护

方式是：划出保护范围，作为地质公园园区，区内禁止采石、取土、开矿、放牧、砍伐以及其他对保护对象有损害的活动。这是大部分地质公园采取的保护方式。

（四）形态相对完整空间的地质遗迹

这类空间一般是由岩石围成，包括各类洞穴、天坑、峡谷等。在保证其完整性的前提下，游客通过规划建设安排的步道进入其空间内观光。有时（如峡谷河流）游客可在规划的航道上漂流，体验大自然的神奇。其保护方式是：所有车行道路、建筑都不得进入其保护的空间内，更不得进行采石、取土等以及对构成空间的岩石有损害的活动。

（五）其他

温泉、矿泉、矿泥是重要的保健资源，在旅游业产品中是发展休闲健身娱乐、建立度假村的重要资源条件。保护的方式是：科学核定开采量，度假村的规模由允许的开采量来控制，以保证这些资源的永续利用；对资源产地的地形地貌严格保护，使其不被破坏，保证环境不受污染，特别是对泉水的水质，严格保证其不被污染。

以上这些保护措施是地质公园建设规划必须安排的主要内容之一。

三、健全地质遗迹保护机构

根据国家《地质遗迹保护管理规定》，地质公园作为地质遗迹保护区的一种方式（机构）对地质遗迹实施保护。目前我国的地质公园存在着重视公园经营而轻视或忽视地质遗迹保护的迹象，没有专人或专门的机构对地质遗迹保护实施管理。地质公园规划应在提出地质遗迹保护措施的同时，安排专人或机构对其实施管理和监督。当然地质遗迹保护机构可与生态环境保护机构合并，但应设专人保护地质遗迹。

第十章　生态环境保育规划

第一节　地质公园的生态环境保护

一、生态、生态系统、生态环境和生态环境的保护

所谓生态，简言之是生物的生存状态。任何生物的生存不是孤立的，都是处于生物群落及其地理环境相互作用的自然或人工系统之中的，这一系统称生态系统。例如森林、草原、山地、苔原、湿地、河湖、岛屿、农田、公园、乡村、城市、海洋、地球等。作为高等生物的人类也不能离开这一系统而独立生存。从狭义上来说，生态系统包含4个基本组成成分，即无机环境、生物的生产者（绿色植物）、消费者（草食动物和肉食动物）、分解者（腐生微生物）。生物之间存在着生物链的相互关系。太阳能由绿色植物光合作用转换为生物能，并借生物链流向动物和微生物；水和营养物质（氮、氧、氢、磷等）通过食物链不断地合成和分解，在环境与生物之间反复地进行着生物—地球—化学的循环作用。以生物为核心的能量流动和物质循环，是生态系统最基本的功能和特征。生态系统内的生物种类的组成、种群数量、种群分布同具体的地理环境的联系，构成各自的结构特征。结构与功能的统一制约着自然生态系统的生产力、生物产量以及对环境冲击的自我调节控制。对生态系统的研究关系到合理开发与利用生物资源，以及自然环境的保持和保护（引自《辞海》）。

所谓生态环境，是上述系统的整体，即由生物群落及非生物因素组成的各种生态系统所构成的整体，主要或完全是由自然因素形成的。生态环境与自然环境是两个在含义上十分相近的概念，但严格说来，生态环境并不等同于自然环境。各种天然因素的总体都可以说是自然环境，但只有具有一定生态关系构成的系统整体才能称为生态环境；仅有非生物因素组成的整体，虽然可以称为自然环境，但并不能叫做生态环境。从这个意义上说，生态环境仅是自然环境的一种。同时自有人类以来，人工创造的环境如乡村、城市等也具有生态系统整体的特征，也是生态环境的一种，可称为人工生态环境。

生态环境直接、间接，或潜在、长远地影响着人类的生存和发展，任何自然生态环境的改变，都有意无意地影响着人类自身。如果不慎，对生态环境造成了破坏，将导致人类的生存环境的恶化，甚至灾难。因此保护生态环境是人类共同的责任。

生态环境也是一种旅游资源，是地质公园不可缺失的景观资源，保护生态环境是规划和建设地质公园的一项不能遗忘的重要任务。地质公园规划，必须明确生态环境保护的目标与要求，确保旅游设施建设与自然景观相协调；科学确定公园的游客容量，合理设计旅游线路，使旅游配套设施建设与生态

环境的承载能力相适应。

二、地质公园与生态环境保护的关系

地质公园是保护地质遗迹的一种形式，同时也是利用地质遗迹为人类服务的一种途径。地质公园是建立在自然生态环境之中的一项有利于人类身心健康的事业，其本身也是一项生态环境保护事业，两者是统一的、相辅相成的。

1）地质遗迹是构成生态系统中非生物因素的重要因子，其土壤以及土壤中的无机元素均是地质遗迹的产物。如果水土流失，土壤覆盖被破坏，地质遗迹将发生改变，甚至作为公园的地质景观也将受到破坏。保护生态环境，也能使水土得到有效保护，地质遗迹或地质景观也能得到保护。反之，如果地质遗迹受到破坏（如采石、采矿等），水土流失加快，微生物、植物难以生存，生态食物链被破坏，生态系统也就被破坏。

2）自然生态景观是地质公园的不可缺少的重要组成部分，许多景观是由自然生态和地质遗迹共同构成的，或相互补充、相互衬托而形成的。从理论上讲，在地球上，没有自然生物存在的纯地质景观构成的地质公园是难以想象的。如化石类地质公园，其化石本身既是地质遗迹，更是生物遗迹。

3）公园作为人们休闲（休息、健身、娱乐、求知）的自然活动空间，良好的生态环境是不可缺失的基本条件，地质公园当然也是如此。在地质公园选址时，不仅要考虑地质遗迹的科学价值，也必然要充分考虑园区或园址的自然生态环境状况。否则，该地质遗迹只能划为保护区，而不能开辟为公园。

三、地质公园生态环境保护的原则

（一）生态环境保护与地质遗迹保护协同一致的原则

地质遗迹具体保护方式与生态环境保护虽然有差异，但在许多方面是一致的，如在两者保护区内都要严禁采石、采矿等，要保持水土，可以协同一致安排。

（二）保护优先原则

生态环境的利用与保护统一，保护优先。

（三）总量控制原则

游客总量控制在生态环境承受能力之内，即游客排泄污物总量控制在生态环境能自然净化的范围内。除游客总量控制外，还有建筑总量控制，而后者往往被忽视。

（四）培育与保护结合原则

在林木覆盖率较低或植被遭受到破坏的地质公园区域内，应坚持长期造林绿化，主动培育生态环境。

（五）旅游服务设施排污减量化原则

如用电瓶车运送游客，减少尾气排放；利用太阳能热水，减少燃料尾气污染；旅游服务设施采用节能节水技术等。

（六）分区分级保护原则

例如，最易被破坏的生态敏感区为核心区，列入特级保护区，严禁游客进入，禁止建任何人工建筑（包括道路、房屋、设施）等。

第二节　地质公园的生态环境保育规划

一、规划步骤

地质公园的生态环境保育规划通常按如下步骤进行：首先对地质公园所在区域的生态环境现状进行调查，并作出评估；其次对建立地质公园后可能对生态环境造成的影响，包括正面和负面的影响作出科学的预测；根据前两项的结果，制定克服负面影响的保护和改善原有生态环境应达到的预期目标；以及达到该目标应实施的措施。现分别介绍于后。

二、公园区域的生态环境现状的调查和评价

（一）生态环境现状的调查和评价的目的和意义

在建立任何一个地质公园之前，都应对其原有的生态环境质量有所了解。一是为了判断该地的生态环境质量是否适合建设公园、接待游客；二是为了摸清公园的生态环境背景质量，作为对照和依据，在编制地质公园规划时，控制游客数量和旅游设施（建筑物）规模，以保证其在环境能承载的范围内；三是作为地质公园正式开放后考核其是否对生态环境造成了破坏和破坏程度的本底标准。

（二）调查方法

生态环境质量现状调查的方法除现场调查外，更多的是通过各种方式收集已有资料。

环境质量现状的现场调查，是最基本和最可靠的调查方法，一般与旅游资源调查同时进行，主要是通过现场考察、讯问、拍摄、记录、座谈获取与生态环境质量有关的各种信息。获取的信息应及时分类整理、归档，以作为下阶段评价的依据。

收集现有资料是最常用的方法，特别是大范围的背景环境质量信息，要通过相关部门（林业、农业、环保、水务、国土、城建、气象等部门）和研究单位、图书资料馆、高校等获取。这些资料是前人或他人现场调查的成果，其中大部分是经过加工整理归纳的成果，有些是研究的结论，从时期上可能还不能完全反映当前的情况，需要现场调查来鉴别、修正、补充。互联网也是收集信息的重要途径，但其真实性还要通过其他途径佐证和补充。

（三）生态环境质量的现状调查内容

环境质量调查的关注点与资源调查内容是不同的，它注意的是人类和动植物生存环境状况及其相应的指标。主要包括：

1. 该区域的基本自然信息

经纬度、海拔高差、四季气温、降雨量变化、主要自然灾害特别是地质灾害等。

2. 植被与动植物种类

植被包括植被类型（草原、灌丛、森林、湿地、农田、荒漠等）；动植物种类，列出区域内所有动植物的种类、名称，特别要列出国家保护的濒危和稀有物种及近十年来本区域消失的物种。要调查引起生态变化的源头或引起物种灭亡的原因。

3. 土壤和水土流失情况

包括土壤的类型及其分布，土壤受污染的原因及分布面积，水土流失的现况及原因。

4. 大气环境质量

作为对公众开放的地质公园（特别是洞穴类），一定要对大气质量现状进行监测：包括二氧化碳、总悬浮物（TSP）、二氧化硫、氮氧化物、一氧化氮、臭氧和其他可能存在的有害气体。

5. 水环境质量

包括地面水和地下水的质量，按国家相应的标准测定。

6. 环境本底天然放射性剂量水平

有些区域原有岩石本体含有放射性物质，造成其附近环境放射性辐射剂量超过规定标准；或由于受某种放射源污染，大气或水体中放射性物质超过规定标准，都将对游客产生伤害，因此在做出建立地质公园之前必须进行本项调查测试。

7. 居民对自然生态的影响

包括居民数量，生存状态（经济来源、生活方式、能源结构、对本地自然依赖的程度等）和对生态破坏的情况。

8. 其他必要的调查

如噪声等。根据不同的情况和需要确定。

以上调查应该是动态的，至少有一年的

变化资料，有时可能需要数年的资料，才能看到其变化规律。

（四）生态环境现状的评价

生态环境质量的现状描述和评价，是生态环境保育规划的首先的基础性工作。它包括如下内容：

1）将前述项目的调查进行整理，列出大气环境质量、水体环境、土地环境质量、天然放射性辐射剂量等指标，并与国家相应的标准对比，明确判断本地质公园所处的生态环境是否受到了外界破坏或污染，并对其被破坏或污染程度进行分析，作出恰如其分的评价，说明其生态环境质量是否适宜对公众开放。

2）对生态植被、生物多样性等作出定量描述；对区域整个生态系统作出定性评价，包括该区域生态系统对其附近居民生存环境产生的功能价值、科学研究价值、历史文化传承价值以及规划区生态环境在大区域生态系统中的功能作用等。

国家环境保护总局颁发了《山岳型风景资源开发环境影响评价指标体系》（HJ/T 6—94），在对地质公园生态植被指标分级评价时，可参照该指标体系（表3-10-1）。

3）对规划区域生态系统的敏感性作出评价，包括对生态系统可能造成破坏的最敏感的因素的分析；本区域生态环境自净能力的分析；对生态系统抗干扰能力的分析，或游客生态环境容量承载力的估算。

三、建立公园后对生态环境的影响的预测

由于建立地质公园对生态环境会产生正面和负面的双重影响，对这两种影响要分别作出实事求是的评价预测。评价预测应以原有的生态环境本底评估为对照标准。

（一）正面影响的预测

由于确定了建立地质公园，就需要整顿环境，停止采石、开矿，关停有污染的企业，采用可持续发展的措施发展经济，改变当地居民对生态环境不利的生产、生活习惯，进行封山育林等等。这些措施有利于生态环境的良性发展。对这些正面影响应作出充分的评估和预测，这也是制定地质公园生态环境保育规划目标及其实施措施的依据。

（二）负面影响的预测

表现为两个方面：一方面，建立地质公园，包括游客在内的人类的活动对生态环境的干扰所造成的破坏及其程度；另一方面，建立地质公园需要设立的服务设施包括建筑、道路、标识等，在建设过程以及使用过程中对生态环境造成的破坏及其程度。

1）对于前者，应通过分析生态系统环

评价区生态指标、标准及分级　　表3-10-1

指标＼标准		一（优）	二（中）	三（可）	四（劣）
森林覆盖率（%）		>70	60～70	50～60	<50
植被覆盖率（%）		>95	85～95	75～85	<75
维管束植物（%）	寒温带针叶林区	>40	30～40	20～30	<20
	温带针阔混交林区	>80	65～80	50～65	<50
	暖温带落叶阔叶林区	>100	80～100	60～80	<60
	亚热带常绿阔叶林区	>125	100～125	75～100	<75
	热带季雨林、雨林区	>150	125～150	100～125	<100
陆栖脊椎动物（种）	寒温带针叶林区	>5	4～5	2～3	<2
	温带森林	>10	8～10	5～7	<5
	亚热带林灌区	>15	12～15	8～10	<8
	热带森林、林灌区	>20	15～20	10～14	<10

境的自净能力，把游客数量限制在环境能承受的范围之内，使人类活动的排泄物能被自然吸收，成为生态系统中的一个有利环节，超过一定数量将会产生不易消除的负面影响。人类的活动对自然生态的直接破坏（如践踏草地、采花摘枝、惊吓野生动物、污染水体等）要有评估预测，通过采取必要的措施（宣传教育、警示提醒等）使其负面影响减到最小。

2）对于后者，要充分认识到，只要建设就会对原有生态产生干扰，甚至破坏。地质公园规划者或风景旅游规划设计人员，不仅要考虑方便游客安排旅游设施，更应充分注意服务设施建设对景区生态产生的破坏或负面影响。对负面影响，特别是建设过程中的破坏及其遗留下来的问题，应该有充分的评估，为采取防止对策提供依据。建筑数量控制是减少负面影响的更重要的因素，它把建筑物占地总量控制在游客所能到达的园区范围的 2% 以内。

（三）参考指标

地质公园建立后，由于设施的建设和游客的进入，对生态环境产生了影响，同时也对游客自身感受产生了影响。可参照《山岳型风景资源开发环境影响评价指标体系》（HJ/T 6—94）中的“环境感应指标”来评价。环境感应指标是衡量（表征、描述）游人对游览区环境卫生及拥挤程度在心理上和生理上的基本要求的指标，具体的指标和标准见表 3−10−2。

四、制定生态环境保护的预期目标

生态环境保护的目标包括生态建设的目标和因公园开放可能对生态环境引起的负面影响的控制目标等。

（一）生态建设目标

对于需要封山育林区，应制定分阶段达到的森林覆盖率或植被覆盖率指标，制定目标可参照表 3−10−1 所示；对需要新绿化的区域，也应制定切实可行的应分阶段达到的预期目标；对水土流失地区，应制定相应的治理目标。

（二）调控目标

对因建立公园并对公众开放而引起的负面影响，应提出相应的调控目标和相应的实施目标的措施。如污水处理的标准，一般建议达到中水标准。还有垃圾无害控制目标，噪声控制目标等。

（三）控制建筑总量的指标

对需要建设规模较大的接待设施如度假村，应制定控制建筑总量的指标，并制定完工后，恢复植被的指标（或具体数量）。

（四）控制游客容量的指标

对游客容量应提出科学的控制指标（详见下一节）。

五、提出实施预期目标的措施

为达到规划提出的生态环境保护的预期目标，应从推进宣传教育、大众参与和实施工程控制两个方面的措施，同时加强监测管理。

（一）宣传教育、大众参与

地质公园是大众的科普和休闲旅游的场

游览区环境感应指标和标准　　表 3−10−2

环境感应指标		标　准	说　明
卫生	恶臭	不可觉察	即强度等级为 0 级
	垃圾	不得发现	指非垃圾收集场所
拥挤度	建筑物占地（%）	<2.0	游人可达游览区内
	景区游人密度 [m^2/(人·d)]	<100	
	景点游人密度 [m^2/(人·h)]	<5	单独景点

所，生态环境保护需要每一位游客的参与，因此加强生态环境保护的教育尤为重要。其具体措施如：营造保护生态环境的氛围（包括社会、舆论），发送宣传资料，设立爱护生态环境的提示警示牌，开展一些保护生态环境的公益活动等。

（二）工程措施

工程设施包括以下几方面内容：

（1）规划建设污水收集处理工程；

（2）垃圾收集和无害化处置工程；

（3）设置生态游道，游客按指定游路游览，防止践踏绿地和进入核心保护区；

（4）园区内使用清洁燃料车或电瓶车，采用清洁燃料炊具、采暖设备等；

（5）控制建筑总量，减少建筑工程中对环境的干扰和污染，完工后恢复原生态绿地。

（三）监测管理

为了使地质公园的生态环境能够得到切实的保护，建立经常性的对生态环境状况进行监测管理十分必要，发现生态环境状况有恶化的苗头，就应及时采取措施纠正。

第三节　环境容量控制

一、问题的提出

随着旅游业在国外和国内蓬勃发展，一些自然生态旅游区出现了人满为患的情况。首先，直接对旅游景观构成威胁，超出了生态的承载能力；其次，这一状况也与出游者的初衷矛盾，超出游客的心理承载能力。环境接待游客容量（有人亦称“环境容量”）问题引起关注，在国外是20世纪七八十年代，国内是20世纪八九十年代。国内外旅游管理学者和规划人员，在一些书籍、文献中展开了论述和讨论，在一些景区规划实践中也作了相应的控制性规定。据作者所知，我国《风景名胜区规划规范》（GB 50298—1999）是最先以国家标准对“风景区游人容量”作出规定的，生态允许标准应符合表 3-10-3 要求。

地质公园绝大多数是属于自然生态良好的区域，有些本身就是自然生态保护区，属于该表前两种类型，或前五种类型。第六种和第七种不属于地质公园讨论范畴，最后两种的滨海、浴场，地质公园可能涉及到。

二、基本概念

环境接待游客容量是指在可持续发展前提下，旅游区在某一时间段内，以其自然环境、人工环境和社会经济环境所能承受的游客数量，来控制该旅游区的接待游客数量。其中某一时段通常是指某一瞬时游客容量、

游憩用地生态容量　　表 3-10-3

用地类型	允许容人量和用地指标	
	（人/hm^2）	（m^2/人）
针叶林地	2 ~ 3	5000 ~ 3300
阔叶林地	4 ~ 8	2500 ~ 1250
森林公园	＜ 15 ~ 20	>660 ~ 500
疏林草地	20 ~ 25	500 ~ 400
草地公园	＜ 70	>140
城镇公园	30 ~ 200	330 ~ 50
专用浴场	＜ 500	＞ 20
浴场水域	1000 ~ 2000	20 ~ 10
浴场沙滩	1000 ~ 2000	10 ~ 5

注：上表摘自《风景区规划规范》中表 3.5.1。

日接待容量、年接待容量 3 个层次。

（一）环境与容量

1. 自然环境所能承受的游客容量

自然环境所能承受的游客容量，是在某一时段内，使自然生态不致退化、自然景观不遭损害的最大数量。大量的人群践踏草地、森林，难以短期恢复；大量人群排放的废弃物（垃圾、粪便、废气等），超出局部区域自然界的自净能力；过量人群也对游客的感知产生负面影响，失去了感受自然的目的。

2. 人工环境所能承受的游客容量

人工环境所能承受的游客容量，由人工建设的旅游设施规模确定，如停车场面积、游道长度或面积、客房数量、餐厅大小等。知道其规模，很容易就能确定其承载能力。规模小，可以人工建设增加规模，但为接待大量游客所增加的旅游设施，都可能对生态和景观产生破坏。因此，人工环境（或人工设施）必须加以控制。

3. 游客心理所能承受的容量

在人工环境（如游线的游道或景观广场等）中虽然采取各种措施以保护环境和景观，但过挤的人群使游客无法去欣赏景观、体验环境，使游客心理能承受的瞬时最大人流数量称为游客心理容量。它随游线和广场周边空间宽窄程度而变化。

4. 社会居民所能承受的游客容量

一般讲，外来游客可能打破原有居民原始的宁静生活，但旅游业能对当地居民带来经济利益时，原有居民会欢迎；但当游客数量过多，生活必须品物价上涨，而旅游带来的利益大部分被外来投资者占有时，原有居民就会产生对立。笔者认为，两者的平衡点就是游客容量控制的依据。经济发达地区，一般不希望有过多的游客，干扰其原居民的生活。其他由于文化、宗教原因所引起的对立，不在本书讨论之列。

（二）时段与容量

1. 瞬时游客容量(或称一次性游人容量)

一定旅游空间内瞬时能容纳的最大游客数量，单位为“人次”。

2. 日接待容量

一定旅游空间内日接待游客的最大数量，单位为“人次 /d”。它与瞬时游客容量和游客停留时间（或周转次数）有关。

3. 年接待容量

一定旅游空间内一年里接待游客的最大数量，单位为“人次 / 年”。它与景区全年能正常开放的天数和平均日接待容量有关。

三、游客容量的计算方法

实用中游客容量的计算方法有卡口法、线路法、面积法、人口总量控制法、综合平衡法。以上述最小值作为最终控制数。

（一）卡口法

旅游线路中，以最小的卡口计算单位时间内能通过游客数量，计算单位是“人次 / 小时”或“人次 / 天”。这个卡口一般出现在景区入口出口、游船渡口、峡谷窄口、山地垭口、洞穴洞口、步道卡口甚至是售票窗口。卡口常用来作校核用。如果用卡口法计算的结果小于其他方法计算的结果时，以此为控制依据。如果用卡口法计算的结果与其他法相比，低得太多时，应设法改善卡口条件，如增加出入口通道、拓宽卡口、增加售票窗口等。在没有条件拓宽时，卡口就应作为最终控制数。卡口法通常用实测法来合理确定，作者实测，良好的景区大门入口，一个通道口的合理数量不得超过 500 人次 / 小时。

（二）线路法

以景区内游览步道的总长度或总面积作基数，以平均每个游客的占道长度或面积来计算、控制游客数量。若控制过宽，步道上游人过多，游客就感受拥挤不舒适，有时游客的安全会受到影响；反之，景区经济效益会受到影响，甚至入不敷出。一般取 2 ~ 5m/ 人或 5 ~ 10m²/ 人是适宜的。博物馆等室内展示，以展线长度控制观众数量，通常取 1 ~ 2 人 /m 适宜。

（三）面积法

如果游览区面积是 S，每个游客平均所占可游览面积 E 计算，可计算出瞬时接待的游客数量 C，计算公式通常是：

$$C=S/E \qquad (3-10-1)$$

游客面积指数 E 是一个很难确定的参数，计算常会出现很大的误差，主要有两大因素，一是与计算所取的范围大小有关；二是与景区自身特点有关。这在下面将进一步讨论。《风景名胜区规划规范》推荐的面积法指标有：人工景点 50 ~ 330m²/ 人（如城市公园）；专用娱乐场所 5 ~ 20m²/ 人（如浴场水域等）。如果以大的自然生态环境面积作为计算基数，作者推荐 E=5000 ~ 10000 m²/ 人。

（四）人口总量控制法

在较大的园区内常常有一些村庄、居民点，甚至乡镇区所在地，园区内人口较超过 50 ~ 100 人 /km² 时，应按人口总量控制，按面积法计算得出的数值减去常住人口，就是允许接待的游客数量。

（五）综合平衡法

游客的数量，特别是在景点附近住宿的游客数量，还与其水源、用地、环境、交通、接待设施等有关，有可能成为制约因素。在前述方法计算的基础上，再用这些因素综合平衡后，选择其最小值，作为规划的游客接待容量。

四、环境接待容量问题的探讨

（一）环境接待容量中参数的选择

处于自然景区的地质公园，其环境接待容量计算值，往往与规划计算者主观选择的面积基数和单位面积指标有关。不同的人，选择的基数和指标是不同的，其最终确定的环境接待容量，相差极大，有些甚至闹出笑话。

作者偶然见到北京某高校为内蒙古自治区某地质公园做的规划，其测算出的年环境容量居然能达到 9.9 多亿人次，大得惊人，差不多在一年内所有的中国成年人都踏上了这个地质公园一次，足以把这块地的生态环境完全破坏掉。出现这一笑话的原因，一是对环境容量的概念不清、没有实际经验，二可能是由学生测算而老师没有校核。问题出在规划编制者对环境容量计算公式的理解出现了偏差。把该地质公园总面积定得太大，达 1750km²，重要景观面积为 350km²（作为计算面积 S），而选择的游客面积指标 E 又太小（规划编制者选的指标是 50m²/人），计算的结果公园的日环境容量竟然高达 875 万人次。且不说用什么交通工具在一天内将 800 多万人送到该地质公园去，怎么接待这多人，当游客密度达到 2 万人 /km²，就远远超出了特大城市市区的人口密度，那么该公园的生态（森林、草原、湿地、湖泊、沙地、地质遗迹）环境还能存在吗？这一结果，还谈什么“环境容量”？

很明显错误出在不理解环境接待容量参数的内涵。《风景名胜区规划规范》推荐的 E=50 ~ 400m²/ 人是游客游览具体景点（按该规范景点是“由若干互相关联的景物所构成、具有相对独立和完整性、并具有审美特征的基本境域单位”）的控制性面积指标，不适用于自然生态区的环境接待容量。

科学的选择方法是：以游客直接活动的具体景点面积作为计算基础，每个游人所占的平均游览面积指标大体为 50 ~ 400m²/ 人，我们称此法为景点容量法。同时，以自然生态区（景点的大环境背景区）生态容量进行校核，大体为平均 100 ~ 200 人 /km²，即 5000 ~ 10000m²/ 人，此时的计算面积是景区背景生态总面积，我们称此法为背景生态面积法。作者建议，以景点面积法为基础，用生态面积法进行校核。取两者的最小值作为规划的环境接待容量值，以此作为控制游客数量的依据。用此法计算，在各种设施完善的条件下，前述地质公园推荐的环境接待容量为28000人次/d，或500万人次/年。如果今后某个时期达到这一数值，这对于这个只有26万人口的地区的旅游业或经济发展来说，就是一个了不起的成就。

（二）总人口与环境接待容量

一般讲，良好的自然生态区，原有居住人口较少，人类生存向自然索取和自身对自然的污染，都处于自然能承受的状态，即人的消耗与自然再生平衡、人的污染与自然自净平衡，这就是我们期望的人与自然处于生态平衡状态。随着人口的增加，超过了一定限度，这种平衡将被打破，自然生态状况将越来越恶化，直至自然生态区消失。我们的任务是寻求平衡点（某一自然区域的人口，控制为多少，就能维持自然生态平衡）。为研究方便，我们引进了生态平衡指数这一概念：即每平方公里人口数小于某个数值之内，人与自然就处于生态平衡状态。这一指数用P表示。

在我们编制的北京房山世界地质公园规划的调研中，尝试寻求P值，并以此为依据计算环境接待容量。

从规划组对房山几个乡镇现有的实际调查分析（表3-10-4），大体可以得出如下印象：在山区人口密度小于100人/km^{2}的村乡镇，生态自然环境良好；大于200人/km^{2}生态自然环境开始受到威胁。故我们提出了：自然生态保护区的人口密度控制在100人/km^{2}左右，即生态平衡指数P=100人/km^2。自然风景区在加强教育宣传、严格防治污染措施的前提下，人口密度控制可放宽至150～200人/km^2，即$P<200$人/km^2。

规划区的总人口C_z包括原有居民C_j、外来服务人员C_w、外来游人三部分。因此外来游人数C_r可用下式计算：

$$C_r=C_z-C_j-C_w \quad (3-10-2)$$

式中，总人口C_z由规划区面积（公园园区面积）S（km^2）和选定的生态平衡指数P（人/km^2）决定，可用下式计算：

$$C_z=S\cdot P \quad (3-10-3)$$

外来服务人员C_w根据实际情况确定，也可由下式计算：

$$C_w=k\cdot C_r \quad (3-10-4)$$

式中k为外来服务人员占游人总数之

人口密度对生态环境的影响　　表3-10-4

研究区域或其他因素	区域面积（km^2）	人口密度（人/km^2）	评价印象
全国	9600000	135	局部地区污染严重
北京市域	15000	1000	环境受到了严重挑战
北京房山区域	2019	371	生态环境受到威胁
房山海拔250m以上的山丘区	1100	110	除矿区外生态尚可
房山十渡镇	208	56	未开放旅游时生态良好
房山霞云岭乡	220	48	生态良好
房蒲洼乡	63	75	生态良好
房山史家营乡	110	87	除局部矿山外生态良好
房山佛子庄乡	117	125	沿国道大石河受污染
房山大安山乡	70	141	矿山及道路受污染
房山河北镇	90	254	沿国道大石河环境较差
房山周口店镇	132	284	除新镇区外环境较差

比，通常取 k=10% ~ 30%。

这样外来游人数就是我们要控制的日环境接待容量 C_r，即：

$$C_r = S \cdot P - C_j - k \cdot C_r$$

$$C_r = (S \cdot P - C_j) / (1+k) \quad (3-10-5)$$

用此法计算前述的例子，环境接待容量为 28000 人次 /d，全年可接待 500 万人次。这是一个合理又现实的控制数。而不会出现前述全年能接待 9.9 亿人的笑话。

需要说明的是生态平衡指数 P=100 人 /km² 是针对北方丘陵山地或山前平原调查得出的数值，在南方可能要高一些，大概 P=150 ~ 200 人 /km²。

第四节　建筑容量控制

一、问题的提出

与控制接待游客容量一样，控制地质公园区内的建筑数量也是保护生态环境和地质遗迹的不可缺失的重要措施。笔者认为建筑容量应作为环境容量的一种指标来控制。地质公园规划应与关注游客容量一样来重视建筑容量的控制。

旅游设施最终总是以建筑或地面铺装（道路、广场等）表现出来的，游客的所有活动主要在旅游设施建设所占的用地范围内开展，因此控制建设用地规模也应是保护地质遗迹、生态环境和保证地质公园可持续发展一项基本措施，也应作为环境容量控制的指标之一，这与土地、建设部门现行管理制度相衔接。

二、建筑容量的标准的制定

在《山岳型风景资源开发环境影响评价指标体系》（HJ/T 6—94）中，从游人对游览区环境卫生及拥挤程度在心理上和生理上基本要求的指标提出：在“游人可达游览区内”建筑物占地比例应小于 2%，相当于 1km² 范围的游览区可允许建设 20000m² 的建筑（假设均为单层）。注意“游人可达游览区内”这一概念在具体规划中难以确定，实际操作中建议按园区的 0.5% ~ 1% 来控制。

本书作者在房山世界地质公园规划中，经过调查提出以公园园区范围为基数，把建筑量控制在 1%（10000m²/km²）以内，特别敏感的园区如白草畔—百花山（北京范围最高山）园区，建筑量控制在 0.5% 以内，而且远离核心区。以上控制数据包括村庄在内，面积较大的地质公园范围内往往避不开村庄，控制园区内的接待设施建筑总量，实际是按 0.5% ~ 1% 的指标减去已有建筑总量（包括村庄）。

三、建设用地的标准制定

制定地质公园建设用地标准，对于指导地质公园建设，并与国家相关的主管部门（土地管理和规划建设管理）的建设用地管理相衔接，有重要意义。目前国家还没有地质公园或风景区建设用地的相关标准，本书作者根据国家相关的标准和多年的实际经验提出相对较为科学和符合实际的分类制定标准的方法，所提出的建议数据仅供参考。

（一）地质公园的建设用地类型

地质公园的建设用地大体上分为 3 类。

1. 原有居民点（或村落）用地

目前国家《村镇规划标准》(GB 50188—93) 规定将其分为五级（表 3-10-5）。

对现有的村落建设用地实际是控制在四级到五级的范围里，即建设用地按 100 ~ 150m²/ 人安排。

2. 地质公园服务设施和科普设施用地

地质公园服务设施用地，含门区、接待服务、餐饮、购物、停车场等；科普设施用地，主要是博物馆。

人均建设用地指标分级　　表 3-10-5

级　别	一	二	三	四	五
人均建设用地指标（m^2/ 人）	>50 ≤ 60	>60 ≤ 80	>80 ≤ 100	>100 ≤ 120	≥ 120 ≤ 150

3. 地质公园内交通线路用地

它包括园内机动车道路和游客步行道用地。

（二）制定标准的方法

地质公园建设用地标准制定采取分类制定的方法，能取用国家现行标准的用现行标准，或采用相近似的标准；没有可采用的标准，根据实际分析来制定，对于要占耕地的从严掌握。

1. 原有村落的确定

对于原有村落，当确定保留时，按现村落面积控制，并按人均 100 ～ 150m^2 校核，多余的调整为农牧民自行经营的旅游服务设施。

2. 地质公园的服务设施建设用地的确定

服务设施用地按规划期内旅游旺季时的平均游客数量确定，按平均停留时间分别计算，分为半日的、半日到一日之间的、和过夜要住宿的 3 种。在园内只停留半日，主要是观光，不需要中午用餐，服务设施当然可少，故建设用地也少；超过半日，就要安排用餐等设施，建设用地要适当增加；需过夜住宿，可参照宾馆度假村标准确定。

3. 科普设施用地的确定

科普设施用地主要是指地质博物馆建设用地，应按地质公园的规模和等级确定博物馆的等级，按等级确定博物馆的用地。

4. 园内交通线路用地的确定

主要是根据公园的规模（面积）和景点丰度，最终由旅游线路的长度决定。

（三）地质公园建设用地的建议标准

1. 原有村落控制标准

以 100 ～ 150m^2 ／人为宜，其中人数为村民人数。

2. 服务设施建设用地标准（表 3-10-6）

3. 地质博物馆用地标准（表 3-10-7）

地质公园的地质博物馆是专业博物馆，按地质公园的等级和旅游旺季游客日平均流量划分为三级（详见第四篇），按等级安排规划用地。

4. 园内交通线路建设用地标准（表 3-10-8）

交通线路建设用地主要根据线路长度实事求是地安排，但要严格控制道路宽度（详见第四篇），其道路占地总宽度（含路基、边沟、绿带）建议按表 3-10-8 控制。

地质公园服务设施推荐建设用地标准　　表 3-10-6

	小型（半日型）	大型（一日型）	住宿型	备　注
服务设施用地（m^2 ／人）	20 ～ 30	30 ～ 40	100 ～ 150	—
以 1000 人为例（hm^2）	2 ～ 3	3 ～ 4	2 ～ 3	住宿按 200 人

注：表中人指游客人次或住宿人数。

地质博物馆推荐用地标准　　表 3-10-7

规模	大型	中型	小型
公园等级	世界地质公园	国家地质公园	省级地质公园
年接待游客量（万人）	≥ 20	10 ～ 20	≤ 10
推荐用地标准（hm^2）	1.5	0.6 ～ 1.0	≤ 0.6

地质公园内部道路占地总宽度推荐标准　　表 3-10-8

	大型机动车道	电瓶游览车道	步行主干道	步行支道
路面宽（m）	6.5 ～ 7.5	4	2.7 ～ 4	0.8 ～ 2.7
道路占地总宽度（m）	9 ～ 15	5 ～ 7	3 ～ 6	1 ～ 3

第十一章　公园与社会经济协调发展

第一节　公园与居民社会经济协调发展的必要性

一、问题的提出

我国是一个人口大国，全部国土的人口密度达 135 人 /km^2，而东中部（含东北）不足 1/3 的国土上，居住着 90% 以上的人口，人口密度超过了 397 人 /km^2。即使是自然保护区、风景名胜区内，人口密度也很高。《风景名胜区规划规范》编制组在 20 世纪 90 年代曾对 55 个国家级风景名胜区进行调查 [27]，其平均的居民人口密度是 268 人 /km^2。作者曾经编制过贵州兴义、福建漳州、浙江温岭、河南新安、湖北郧县、北京房山等地的地质公园规划。规划中尽可能地将大的居民点划出公园范围以外，即使这样，园区范围内人口密度也很高。最高的是福建漳州滨海火山地质公园，范围内人口密度超过 1000 人 /km^2，其他为 100 ~ 350 人 /km^2。全国特别是中东部地区的地质公园大体情况也都与此相似。

研究表明，当中低山非荒漠化的自然区域内的居住人口密度小于 50 人 /km^2 时，生态处于良好状态；当达到 100 人 /km^2 时，人类只要有意识地注意保护自然，生态环境基本还能保持良好状态；当居住人口达到 200 人 /km^2 时，生态自然环境开始受到威胁。

因此，当园区内居民人口达到 50 ~ 100 人 /km^2 时，就应该将居民对自然环境的影响考虑进来，利用建立地质公园的机遇，调整居民社会经济结构，减少对自然资源的依赖，保护园区的生态环境，使地质公园能够持续地发展下去，同时其地质遗迹也能得到有效保护，这也成为地质公园总体规划的重要任务之一。

二、规划的方向

规划的总的方向是，通过建立地质公园，引导当地产业结构的调整，使当地居民从依赖农、林、牧业、向大自然索取，转向保护生态、发展旅游业和服务业，使人与环境和谐相处，从而达到良性循环的目标。

第二节　居民社会调控规划

一、园区内居民社会经济的调查

只要在地质公园园区内有居民点，就应该编制居民社会调控和产业发展引导规划。规划编制要遵守国家相关的村镇规划法规和国家最新提出的新农村建设的政策要求，详见相关的法规和文件。本书就与地质公园相关的问题，作必要的阐述。

规划编制的第一步就是对园区内的居民点的社会经济现状作细致调查。调查内容包括：园内及附近相关居民点的分布及面积，各居民点人口及组成，居民点的建筑及环境现状，居民点的特征、社会管理及组织结构，维持其生存的动力，产业和就业状况，经济收入，居民社会历史文化特点等。如果已经编制了相关的规划，应了解其经济发展方向及人口流动变化的趋势。必要时，应了解居民对建立地质公园后的心理期待。

二、居民社会调控的原则

地质公园的建立将有利于引导居民社会向良性方向发展，同时对原有居民点的发展提出调控要求。因此居民社会调控规划的原则是：严格控制、转型发展、调整布局。

1. 严格控制

控制人口规模在原有范围内，不因公园的建立而盲目新增外来人口，严格控制在建立公园后能承接就业的范围内;控制居民点(村落）的用地规模不超过原有面积。

2. 转型发展

随着公园的发展，生产、就业转向护林、环卫、保安、导游、餐饮服务、商业以及地方传统特色产品产业（保证无污染）等。

3. 调整布局

原有居民点是适应农、林、牧、渔业生产而自然形成的分散的格局。公园建立后，生产就业转型，生产、生活方式也随之变化，居民点要适当集中，民宅用地也要紧凑，调整布局是必然的。

三、居民点的整合调整

原有的居民点的自然分散布局是适应原有的生产方式的，有的只有几户就是一个村，土地资源利用浪费，影响公园的景观和管理，必须进行整合、调整，适当向游客服务中心集中。有条件时，利用调整出的土地建立游客服务设施。如果是有文化特色的古村落，可在保护的基础上引导其同时成为居民点、文化景点和商业服务点。

园区内的居民点的分布和规模要与公园的发展相适应，在科学预测的基础上，控制人口规模，超出的人口分期分批迁出，并作出妥善安置。

对于重要地质遗迹、地质景观核心保护区以及生态敏感区的居民点，应整体迁出，妥善安置。对有碍公园景观的建筑或其他设施（如架空线等），应拆除或处置得与环境协调。对一切污染环境、破坏地质遗迹或自然景观的工矿企业均应拆除搬迁，并不得安排新的有污染的企业或有碍景观和环境的农副业进入园区内。

居民点的整合调整是一项关系到各方利益的复杂工作，规划应在认真调查的基础上，综合各方面的诉求，根据地质遗迹保护、生态环境和景观保护的要求，划出无居民区、居民衰减区、居民控制区和居民区，作为指导调整的依据。

四、居民点建设用地的控制

园区内居民点的建设用地严格按照国家村镇规划标准（即100～150m^2／人）控制。其中新增居民点取低值；对原有村落调整，可取高限。居民迁出腾退后的建设用地，原则上用于生态建设，恢复植被。

当依托原有居民点安排旅游服务设施建筑时，其建设用地标准取低值，并要考虑在公园建设中引进专业技术、经营管理等专门人才,确定新增人口的用地。当公园服务设施、管理用房依托原居民点建设时，其配套基础设施（水、电等）可共用。如要实际成为旅游村镇，此时应该编制专门的村镇规划，明确功能分区，旅游服务区与居住区分置，道路交通广场等应分置，互不干扰。

第三节　产业发展引导规划

一、规划区经济发展的现状调查

规划区经济发展的现状调查与居民社会经济调查同时合并进行。应注意两点：要将公园附近的经济发展现状甚至所在区域(乡镇、县市）的经济发展现状结合起来调查；同时要了解其最近发展规划或既定发展目标。

调查的内容包括：园区内原居民点及其附近区域的支柱产业和其他产业，经济发展水平、对自然资源（包括土地、林果、矿产等）

依赖的程度、制约发展的主要问题，及地方政府发展规划和措施。

二、地质公园建立后对地方经济影响的预测

地质公园建立对地方经济发展的促进作用已经被我国不少公园所证实。最典型的实例是：原先经济相对落后的河南省修武和福建省泰宁两县分别建立了云台山地质公园和泰宁金湖地质公园，并分别成功申报了国家和世界地质公园，大大促进了当地的地方经济的发展，并吸纳了大量劳动力就业，受到地方政府和当地民众的欢迎。据赵逊调查提供资料，云台山地质公园的建立为当地创造了4000个新的就业岗位，泰宁地质公园也为当地创造了2800个新的就业岗位。这些非常令人信服的数字为解决园区内居民产业的转型难题提供了提示和信心。

地质公园总体规划应该在公园建立后，对当地经济发展的影响作出初步的测算，受多种因素的影响，有时难以测算准确。作者的经验，在初步测算的基础上，总体规划阶段测算的主要任务、目的还是安排好园区内长期居住的劳动力的就业问题。

地质公园事业既是保护地质遗迹和生态环境的事业，也是造福人类的旅游事业，对当地居民来说又是一项劳动密集型的产业。公园的设立，可以安排大量的普通劳动力到护林、环卫、安保、商业、服务等岗位。这些岗位不需要太高的文化，只需适当的责任和技能的培训就可上岗，一定文化水平（如高中）的青年人经过专业培训可以进入导游、管理岗位。这些岗位的数量非常巨大，相关行业都有具体的岗位定额标准。加上地区差异也较大，各公园的实际情况也不同，规划编制者应根据具体情况选择测算。

三、产业发展政策

地质公园总体规划应明确提出产业发展政策，供地方政府引导当地经济的发展和劳动就业，不同地区和公园政策略有差异，但大体相似。主要有：

1) 限制过分依赖资源（土地、林、草、矿、采石等）性的产业和对环境造成污染、破坏的产业的发展，其中大多是严格禁止。

2) 优先把园内需要转业的劳动力安排到公园的护林、环卫、安保、服务等岗位上，鼓励农户经营为游客服务的商业或生产有地方特色的手工艺品、土特产品（前提是不破坏和污染环境）。

3) 鼓励园区内有文化的青年人参加专业培训，成为公园的导游、设施维修和其他管理人员。

4) 公园建设期，优先安排园内劳动力从事建筑、修路等工作，工程完工后转为维修、管理等。

5) 从资金上、税收政策上支持农户创办适宜三产的小型企业；有条件的地区，鼓励在公园周边创办宾馆及建设度假、休闲、娱乐等设施，吸引园内劳动力。

通过上述产业政策，可以引导园内居民发展与地质公园相协调的产业，使园内居民的生产、生活随着地质公园的发展而同步发展、提高。

四、产业空间布局

居民产业的空间布局要服从地质公园的总体规划，与公园的门区、服务区、服务点、居民点布局相一致，并在建设规划阶段作出详细安排。如在门区前留出适当的空间，建立规范的旅游商品摊棚、摊亭区（街）；园内服务区（点）建设适宜的餐饮、茶室、旅游纪念品店，出租给当地居民经营。有特色居民点也是一个接待游客的景点、服务点（区）。

不给当地居民提供就业发展的规划，不是一个好的规划，地质公园规划应充分重视园区居民的社会调控和产业发展引导规划。

第十二章　土地利用协调规划

第一节　地质公园土地利用协调规划的意义

一、土地利用协调规划的意义

（一）问题的提出

从国内外已经批准命名的各级地质公园来看，一般其范围都较大，从几十平方公里到上千平方公里，其中仍保留有居民点、耕地及其他生产、生活设施用地，还有自然林地、草地、水面、荒地等等。地质公园建设前土地利用和生态状况如何，需要对其作出实事求是的分析评价；开辟为地质公园后，必然要加强对地质遗迹和生态环境的保护，也要增加一些必要的公园设施，需要少量建设用地，因此适当调整原有用地结构布局势在必行。地质公园的设立，使原有居民的生活和生产也要随之变化（当然是向好的方向变化），游客的进入也需要相应的活动用地，也必然对原有用地结构和生态环境产生影响。如何在新增的人类活动与原有生态环境之间形成新的良性循环，以寻求平衡点？这就需要对原有的土地利用结构作出必要的调整，控制建设用地，保护和扩大生态用地、地质遗迹和景观用地。

长期以来，我国在风景名胜区规划、建设和管理中已经积累了宝贵经验，在自然风景区土地利用协调规划方面也积累了许多成熟的经验值得借鉴，有些可以稍作调整、补充，可直接应用到地质公园规划中来。本章从地质公园规划的需要出发，重点突出调整、补充的内容，并满足完整性和实用性要求，系统地介绍地质公园土地利用规划的原理和方法。

（二）土地利用规划的意义

1）土地利用规划，可以使规划的各项设施落实到具体地点（空间位置），即所谓的“项目落地”，使规划具有可操作性。

2）土地利用规划，使各类用地在空间和数量得到明确的安排，确保了地质遗迹和生态环境的范围不受侵占；使各项设施的建设用地得到控制；对原有居民点用地进行合理的安置和控制。

3）土地利用规划，是地质公园规划的核心内容之一。一旦被确认，对地质公园的建设和管理具有关键意义，是指导公园各项设施建设的法规依据，也是指导地质公园地籍管理的工具。

二、土地利用协调规划的内容

土地利用协调规划，首先要对规划区本底的土地资源分析评估；对土地利用现状进行分析，对现状不同类型用地的数量和分布进行分析；在前述两项成果的基础上，结合地质公园的需要，综合平衡，对土地利用结构和布局规划、调整；最后编制土地利用平衡表（包括现状的和规划的）。

第二节 地质公园用地分类和现状评估

一、地质公园用地分类

为了分析地质公园规划用地的现状，为安排各设施用地、保护应保护的资源环境、合理调整用地结构，就应对规划用地进行科学的分类。为了使地质公园规划能顺利实施，地质公园用地分类应与国内相关部门的土地分类协调统一，其中最与地质公园接近的是由建设部颁布的风景名胜区用地分类。参考这一分类，结合地质公园的特点，作者提出了地质公园用地分类的建议，如表3-12-1。

在对地质公园土地资源进行现状分析评估和土地利用协调规划时，对表中前四类（代号为甲、乙、丙、丁）可进一步细分。

二、土地资源的分析评估

地质公园规划不可能对土地资源进行全面的分析评估，仅对在建立地质公园后可能调整的局部地区、地带、地块作出评估。其内容包括对土地资源的特点、数量、质量、使用价值及发展潜力进行可比较的分析评估。通过评估，了解利用中的问题或矛盾，为调整用地结构、有效利用土地资源、确定规划目标、平衡用地提供依据。评估成果列入地质公园总体规划的相关章节之中，需要时可在地形图中表示，其比例与规划总图一致。

三、土地利用的现状分析

对公园范围内土地利用现状特征进行分析，可采用前述土地利用分类对其数量进行统计分析，对其利用状况进行描述，对地质遗迹保护与居民生产、生活用地的关系、矛盾进行分析，以及对土地资源的演变、利用、保护、土地权属和管理等存在的问题进行说明和分析。其中对规划的重点用地（地质遗迹景观用地、公园设施用地、居民社会用地、交通与工程用地）可以进一步细分，详细分析说明。

分析的成果包括现状用地平衡表、用地现状分布图和文字说明。这个成果列入总体规划的相关章节中，作为土地利用协调规划的依据。

四、土地利用现状平衡表

土地利用现状调查的成果可用土地利用现状平衡表直接表示出来（表3-12-2）。该表将地质公园范围内的十大类用地，分别统计出来，并分别计算出各类用地占总用地的百分比值，将人均占地面积和单位占地面积

地质公园用地分类表 **表3-12-1**

序号	代号	用地名称	范 围	备 注
01	甲	地质遗迹景观用地	地质景观用地、地质遗迹保护用地、需恢复的景观用地、野外游憩用地、其他观光用地	
02	乙	公园设施用地	独立旅游基地用地、娱乐文体用地、度假保健用地、科普设施用地、其他设施用地	
03	丙	居民社会用地	居民点用地，其他社会建设用地	非旅游建设用地
04	丁	交通与工程用地	对外交通用地、内部交通用地、其他配套设施用地	
05	戊	林 地	除园地外的所有林地	
06	已	园 地	各类人工经济林园地	不含竹木材林
07	庚	耕 地	菜地、旱地、水田、水浇地等	
08	辛	草 地	各类草地	
09	壬	水 域	河、湖、海、滩、渠、水库等	
10	癸	滞留用地	所有废弃建设用地、未利用地、荒地	

地质公园现状用地平衡表　　表 3-12-2

序号	用地代号	用地名称	面积（km^2）	占园区总面积的比例（%）	人均面积（m^2/人）	单位面积人数（人/km^2）
00	合计	地质公园规划用地			—	
01	甲	地质遗迹景观用地			—	
02	乙	公园设施用地				—
03	丙	居民社会用地				—
04	丁	交通与工程用地				—
05	戊	林　地			—	
06	已	园　地			—	
07	庚	耕　地			—	
08	辛	草　地			—	
09	壬	水　域			—	
10	癸	滞留用地			—	
备注	年现状总人口___万人，其中游客___人，职工___人，居民___人，其他___人					

注：1. 表中“—”表示不适用。

2. 序号 03 项的人均面积计算基数，只计算在此项用地内居住的人数，不含游客数。

人数同时列出。其中人口计算基数包括：原有居民、高峰季节平均日游客数、公园职工人数、规划区内其他企事业职工人数。

通常情况下，乙、丙、丁用地之和不会超过总面积的 5%，耕地也不应超过 10%，其他用地主要是地质遗迹景观和生态环境用地（林地、草地、水面等）。

注意，与城市规划用地平衡表不同的是，地质公园现状用地平衡表增加了“单位面积人数”这一指标，是基于这样一个事实：能保留下来的有价值的地质遗迹，基本上处于人口稀少的自然区域内。国内外的现有地质公园资料表明，一般地质公园园区每平方公里只有几十人至百人，很少超过 200 人的。反之用“人均面积” 表示，就是 10000m^2/人甚至更大，没有实用意义。因此建议：“人均面积”主要用于建设用地类的计算（包括乙、丙、丁 3 项）；对于总用地和其他类用地，“单位面积人数”指标比较实用（例如：我国国土面积为 960 万平方公里，按 13 亿人口计算，“单位面积人数”或人口密度为 135 人／km^2）。

因此地质公园现状用地平衡表建议采用表 3-12-2 形式较为反映实际。

第三节　地质公园土地利用协调规划

一、地质公园土地利用规划的原则

地质公园土地利用规划的原则包括：

1）突出重点，对与地质公园直接相关和重点安排的前四类用地划分要细致准确；

2）做到三个保护：保护重要地质遗迹和地质景观、保护自然生态环境、保护基本农田；

3）因地制宜的合理调整土地利用结构，使其有利于地质公园事业的发展，有利于当地经济的发展。

二、土地利用协调规划

在土地资源评估、土地利用现状分析和上述规划原则的基础上，根据地质公园规划的目标和任务，对地质公园土地需求进行科学预测与协调平衡，拟定各类用地指标和数量，编制规划方案，绘制各类土地利用范围图，该图实际也是土地利用分区图。土地利用分区图也称用地区划图，它反映了各类用地调整后的分布和范围，协调了各类用地矛盾后的综合平衡的结果，是土地利用协调规划的主要成果。这一成果应成为指导和控制地质公园各项设施建设、控制居民点的任意扩张、保护地质遗迹和生态环境的基本手段，规划经相关机构批准后，应成为土地利用管理的法律依据。

根据地质公园性质和特点，规划应该扩展甲类、戊类用地，控制乙类、丁类用地，限制丙类用地，缩减癸类用地。

应该指出，土地利用协调规划要经过深入仔细的调查，反复测算平衡，贯穿于地质公园规划的整个过程之中。土地利用协调规划与地质公园范围的选择密不可分。地质公园园区范围应在尽可能不遗留重要的地质遗迹并保持其完整的前提下，将企事业用地、居民点、基本农田减少到最小，划到园区以外；将与地质公园无关的企事业机构迁出，腾出用地建设公园需要的设施；地质公园内一般不将大的居民点（例如建制镇的中心区）包括在内，有时对地质遗迹保护和景观影响很大的居民点也不得不安排迁出；中小自然村可以包括在园内，居民可以就近从事与地质公园相关的职业，做到公园与居民和谐共存、共同发展。

三、地质公园土地利用规划图

地质公园土地利用规划图是在土地现状分析地图的基础上编绘的，其比例尺一般与规划总图一致，将调查的成果按照十大分类编绘。按照我国现行的图比例尺通常采用 1：50000、1：100000 编绘土地利用现状图，有条件的地区可借用已有的国家土地利用现状图，根据十大分类进行合并调整亦可。其色块，目前地质公园尚没有统一规定，可参照土地规划系统或城市规划系统常用示例适当调整。

四、各类设施建筑的建设用地规划

选择地质公园的主要设施（门区、服务设施、科普设施等）的建设用地位置和初步确定建设用地面积是地质公园总体规划阶段的重要任务，是调整和平衡公园土地利用规划最重要的一项任务，也是人们最关注的一项任务。有关各类设施的建设用地面积的测算可根据本篇第十章第四节推荐的标准初步确定。这里重点介绍各类设施的选址问题。有关更具体的属建设规划阶段的内容详见第四篇。

（一）选址的原则

地质公园各类设施选址应遵守环保、可能、需要的原则。

1. 环保原则

首先严禁在地质遗迹核心保护区内安排各类服务设施；不得在生态保护核心区安排各类设施；在其他可选择的用地上建设时，也应以不破坏或最少破坏生态环境为原则安排建筑。

2. 可能性原则

地质公园的服务或科普设施建设用地，尽可能选择在相对平缓的地带，以减少土石方，严禁用大规模的开挖山体和平整土地来取得建设用地。公园门区尽可能选择在远离主景区外的安全地区，如峡谷口外、洞穴口外、山脚缓坡等非滑坡崩塌的安全地带；其他园内服务设施尽可能选择平缓的荒地、疏林地带。

3. 功能需要原则

不同的设施其用地位置，应满足功能区位的要求，建设用地呈大分散、小集中的分布格局。如门区应设在：公园园区边缘外部交通方便的区位；园内中心景区边缘的集散地；园内游线中间的小型服务点等。

（二）选址的步骤

首先是在现场资源调查阶段就应注意各

类设施可能的用地位置，主要是门区和园内集散地的位置，其成果要标注在公园总体规划方案总图上；在初步确定大体用地规模的基础上，再与当地土地管理部门、土地产权单位、地质公园筹备和其他利益相关方一道进行现场初步确认；确认的文件成为总体规划安排建设用地位置和面积的依据；如果有拆迁，从此时起就应冻结地上物，不得在其上再兴建新的设施或建筑、种植新林木或农作物。

总体规划阶段确定的用地位置和面积，允许在建设规划阶段适当调整，但不应有大的变化，这就要求总体规划认真负责地选择地质公园的门区和服务设施、科普设施的建设用地。

五、地质公园用地平衡表

地质公园用地规划调整的成果集中表现在地质公园用地平衡表中（表 3-12-3）。表中将规划调整前后的数据都并列其中，反映了土地利用结构的变化。

地质公园用地平衡表 **表 3-12-3**

序号	用地代号	用地名称	面积（km^2）		占总面积的比例（%）		人均面积（m^2/人）		单位面积人数（人/km^2）	
			现状	规划	现状	规划	现状	规划	现状	规划
00	合计	地质公园规划用地					—	—		
01	甲	地质遗迹景观用地					—	—		
02	乙	公园设施用地							—	—
03	丙	居民社会用地							—	—
04	丁	交通与工程用地							—	—
05	戊	林　地					—	—		
06	已	园　地					—	—		
07	庚	耕　地					—	—		
08	辛	草　地					—	—		
09	壬	水　域					—	—		
10	癸	滞留用地					—	—		
备注		____年现状总人口___万人，其中游客___人，职工___人，居民___人，其他___人								
		____年规划总人口___万人，其中游客___人，职工___人，居民___人								

第四篇
地质公园建设规划

第一章　地质公园建设规划的由来和基本内容

第一节　地质公园建设规划的由来

一、问题的提出

在本书第二篇已经明确指出，地质公园规划，是对特定范围内的地质遗迹价值作出评价，为实现其价值，对地质遗迹保护、利用作出总体安排；并为指导公园的建设作出的具体计划和部署。该段定义前半段指的是总体规划，后半段是指“建设规划”。

国家相关的管理机构对申报地质公园的各基层单位也是这样要求的。各相关单位在申报成功后进入公园建设阶段时，发现申报阶段的《地质公园总体规划》其深度不能满足建设的要求，于是国土资源部地质环境司于2004年4月15日发函给全国各相关部门，要求编制和完善国家地质公园建设规划，并规定“未经许可，严禁在园区内建设与规划不符的建筑物、工程设施等”。很明显，要限制建设“与规划不符的建筑物、工程设施等”，就必须通过编制《地质公园建设规划》，经批准后，将其作为指导公园建设的依据。

二、地质公园建设规划的现状

国内地质公园的建设状况，大体上有如下几种：一是原来是世界遗产单位或国家重点风景名胜区，服务设施比较齐全，但缺少完整的科普解说设施、地质遗迹保护措施等；二是已经取得其他“头衔”的旅游区或各类自然公园，申报地质公园成功后正在补充或准备建设科普解说设施、遗迹保护措施，并计划根据地质公园的要求整治环境等；三是尚未得到保护、利用的新申报成功但还未开园揭碑的地质公园，从遗迹保护、服务设施、科普设施、园区管理等都要从头开始或基本上要从头开始建设的迫切需要编制完整的建设规划；四是已经揭碑开园，也大都进入了补充、完善建设各类设施阶段的地质公园。

由于申报时的总体规划不能满足公园设施“落地”建设的需要，纷纷提出编制具体的规划的要求，如：有的划出想建设的某一区域进行进一步规划（基本上按景区要求或旅游区要求详细规划）；有的为安排某种设施（科普设施等）而寻求空间位置；有的希望能真正按照地质公园的要求编制指导整个公园各项设施建设的规划。这最后一类，从整个地质公园整体考虑，对其范围内应有的各类设施作出相互协调、互为补充、有机联系的建设规划，国内目前尚很少。对原有已经对外开放的园区，其新增的科普设施、保护措施如何融入原有园区之中，并突出地质遗迹和地质景观的内涵和价值，为原有园区增加新的品质（科学性）和活力（吸引力），是建设规划应该解决的问题，目前这一切仍然做得不够。

三、编制地质公园建设规划的必要性

首先是客观现实的需要，地质公园这一新生事物发展到今天，已经六年有余，前述

的许多问题，需要通过编制地质公园建设规划来指导具体的所有公园设施的设计建设工作和整治保护公园的资源与环境，促进其持续发展。

地质公园主管部门，已经意识到这一问题的迫切性，并在2004年就发文要求“编制和完善国家地质公园建设规划”。

本篇就是适应上述需要，从理论和实践阐述地质公园建设规划的具体编制问题。

第二节　地质公园建设规划的基本内容

一、地质公园建设规划的基本概念

地质公园建设规划是总体规划的深化，是在总体规划的指导下对公园内的各类设施作出的更为细致的安排，并达到能对各类具体设施（项目）的设计和建设具有实际指导意义的目的。

现有的国内有关风景区、旅游区的“规划规范”、“规划通则”类的文件中，在规划的阶段划分上，大都主张编制总体规划和详细规划，详细规划再分控制性详细规划和修建性详细规划，在总体规划和详细规划之间还可增编分区规划和景点规划。根据作者和卢云亭先生参与编制的大小近百项风景区、旅游区、地质公园、湿地公园等（以上暂称园区）规划中，发现园区的“总体规划”是必要的，对于规模不大的园区我们也根据实际给以简化，称之为“规划大纲”。它主要分析研究园区的资源市场价值、园区的性质、园区的发展战略和目标，确定园区的范围，提出园区设施的系统体系（从接待服务设施、基础配套设施到保护设施、科普设施、管理设施等）、土地利用原则、社会协调发展构想。而规划的重点放在详细规划阶段，其内容从实际出发，做到该控制的一定控制住（如保护区禁止建设等）；对于能在规划中确定的设施、项目，尽量细致地安排，包括其规模、用地位置与范围、建设设计要求；对于包括道路停车场、配套管线等的规划安排甚至达到初步设计阶段，小型园区可用我们的规划图放心去施工（当然不提倡）。上述这种从实际出发的规划受到了政府管理部门、园区管理方、投资者三方的欢迎。

上述这种规划，既不同于控制性详细规划，也不完全是修建性详细规划，做到该简的简，该细的细，以有利于安排建设项目、保护资源和环境为主要宗旨，我们称此为“园区建设规划”。地质公园主管机关提出的“地质公园建设规划”与我们的主张不谋而合。

二、地质公园建设规划的基本内容

地质公园建设规划的内容、深度、成果等在第二篇已经作了介绍。但在实施中，往往建设规划与下一阶段各类设施的工程设计结合起来统一考虑，这样才能使建设规划更具合理性和实际操作性。另一方面，在我国现行体制下，目前地质公园的政府管理部门、园区管理方、投资者三方希望地质公园申报成功后，在两年内就能够开园揭碑、接待游客，因此留给建设规划和工程设计的时间很少，只有将两者结合起来开展工作；事实上公园的各类设施工程量虽小，但与自然环境的结合十分紧密，工程设计不是只依靠规划提要求就能做好设计的。基于以上考虑，本书将公园内与规划结合得十分密切的工程设计一并纳入本篇各章节中。当然在公园进入建设阶段时，对规划设计单位的专业素质要求当然更高、更全面；有时不得不组织规划和工程设计两家或多家单位共同协作，才能完成某一地质公园的规划设计任务（虽然工作量不大，但很琐碎细致）。

本书所指的地质公园规划设计的基本内容包括：①确定公园边界的详细位置，并设计确定界牌、界桩；②重要地质遗迹保护范围的划定、保护措施的安排；③地质景观展示规划和设计、景区规划设计；④地质公园（含园区）服务区或门区的规划和设计；⑤地质公园标示系统、科普解说系统的规划和设计；⑥地质博物馆和其他设施的建筑安排及设计条件的制定；⑦道路及基础配套设施的规划设计；⑧建设用的土地利用规划等。有关投资和效益的评估本书暂不涉及，参见其他书籍资料。

地质公园建设规划成果包括规划文本和规划图纸。规划图纸比例一般为1∶1000～1∶5000，必要时可提供效果图。其他工程设计或景观展示设计，根据实际提供具体图纸。

第二章　地质公园的边界界定

第一节　地质公园边界界定的意义

一、问题的提出

地质公园从开始建立至今仅6年历史，对于如何建设地质公园一直还在探索之中。不少已批准的国家地质公园只是在总体规划中，在1∶50000或更小比例尺（1∶100000甚至于1∶200000）的图上给出了大致的范围，实际上公园的管理者对其边界也很模糊，因此很难对公园内的地质遗迹实施有效保护和对公园范围内的事务实施合法管理。当然，在地质公园范围内真出现了事故，国家也难以追究公园管理者的责任。在发展初期，有些单位，将《地质公园的总体规划》作为一份应提供申报的文件，只是在小比例尺的图上大概示意表示其范围，有些用简单的几何线条勾画出一个轮廓，不具备实用价值。在申报成功后，为迎接开园揭碑，除安排必要的科普解说设施和旅游设施外，勘测划界成了建设地质公园的重要工作。为此，进一步界定地质公园的边界当然应该成为地质公园建设规划的一项基本任务。

如何划界？如何建立边界线？这就是本章讨论的问题。

二、地质公园的边界

（一）地质公园边界的种类

1．公园边界和园区边界

地质公园边界是基本边界，是所有地质公园各组成部分总和（不含外围保护区）的外边界线，这一边界线内各项事务属地质公园管理、经营。我国目前实际情况，较大规模的地质公园一般在界线内还有居民点，对界线内的居民根据不同情况，按照不同模式进行管理。有条件的，将界内居民转化为公园员工；不具备条件的，仍由原有乡镇管理，但需限制居民点的扩大，调整产业结构，保护生态环境，按照公园规划安排，向界内居民提供优先就业岗位。

有时，为了避免将过多的居民点或不适宜的土地划入地质公园内，常由边界不相毗连的几个园区组合成一个地质公园，每个园区可形成相对封闭的边界线，称之为园区边界线。这类边界线实际也是地质公园的边界线。

2．地质遗迹保护区的边界

地质公园的最重要的功能区之一是地质遗迹保护区。特别是稀有的、易受破坏的、价值极高的地质遗迹更需要划出清晰的边界线，采取特殊的措施给予重点保护。地质遗迹保护区一般都包含在地质公园的界线之内，需要专门设立边界线进行保护。

3．外围保护区的边界

由于多种原因，不可能将分布极广的所有地质遗迹都纳入地质公园界内，可纳入外围保护区边界内，为保护生态环境，界内除禁止大规模或生产性的采石、采矿外，还要禁止安排有污染的企业，从而保证原有的居民生产、生活不受影响。这种边界可以相对模糊些，首先在规划中确定其范围，在1∶50000或1∶100000的地形图上表明其边界，并在重要实地地段设立一些界牌，提醒人们保护的内容即可。

（二）地质公园边界线的建立

1．公园边界线的建立

1）建立地质公园规划范围档案图。根据规划确定的地质公园范围，在规划确定了边界走向和具体空间位置后，在1∶10000地形图上详细绘制地质公园园区边界线，存档备查。

2）公园和园区边界线的设立。根据规划确定的边界走向和具体空间位置图，到实地放线，在所放线的适当位置设立界桩和边界标识牌。界桩通常在界线上每100～200m处或转折点处设一桩；而边界标识牌位置，通常设在与界线交叉的路口附近，或明显的地形地物界线折点处，两牌间隔距离根据实际情况确定，一般每5～10km设置边界牌一块。

3）建立边界林带。地质公园面积通常达数十、数百平方公里，有些达到一千平方公里以上，其边界线长达数百上千公里，很难用人工围栏围合起来，而且这对景观和环境也是一种破坏，因此一般不提倡以这种方式建立边界。较好的办法是建立边界林带，即沿着边界线种植适宜的乔木林，其宽度为20～100m，根据实际情况安排。边界林的建立，除了作为地质公园边界线标志外，也是一种生态景观，是建设良好生态环境的一项重要措施。

2．地质遗迹保护区界线的建立

与公园界线一样，地质遗迹保护区界线也需要在1∶10000地形图上详细绘制，并建立档案。并在游客可能到达的界线上设立保护牌，注明保护内容和保护等级，为了与公园界牌相区别，保护区界牌建议统一用黄色板、红色字。特级或一级保护遗迹有时还要设立隔离设施，游客可在外观赏而不能入内，以防有特别价值的地质遗迹被损坏。隔离设施可根据不同情况，保护区域较大的，可在其边界线上用金属或石砌栅栏隔离；保护范围较小的点或线，可用透明板或玻璃罩隔离，如北京银狐洞的"银狐"，为防止游客手摸损坏而用玻璃盒隔离，游客可透过玻璃观赏其美姿。

第二节　地质公园边界线走向的选择方法

一、公园和园区边界走向的选择原则

在保证应纳入地质公园范围的公园都被纳入其中的前提下，在选择边界线时通常应遵循如下原则：

1．科学性原则

边界线的选择通常在减少人为主观因素、顺其自然界线、尊重历史界线等原则下进行。

2．可操作原则

即规划安排的边界线在实际界定时能方便地放线实施、设桩、立界牌。

3．可接受原则

各类边界线尽可能在无纠纷、少纠纷的前提下界定。

4．简约化原则

边界线除要在地形图上绘制明确、表示清楚外，还应用简单的文字表述清楚。

根据上述原则，在第三篇第一章我们已经提出地质公园边界线的走向大体上与下列界线吻合：行政区划土地界线；行政村、自然村属土地界线；道路边界线（一般不含路）；自然地形地貌界线，如山脊分水岭线、山谷底线、河流中心线、水岸边线、陡崖边线或

其他自然界线；原有景区已经划定的界线等。

二、公园和园区边界走向的选择方法

（一）顺其自然法

所谓顺其自然，是指利用自然地形地貌的明显分界特征或已有道路等作为界线。属于这一类的有以下几种。

1. 山脊线

大的山梁也是分水岭线，在 1∶10000 地形图上，可以很清晰地画出此线。但要注意，山脊线通常是与地形等高线垂直。山脊线通常被采用作为各类边界界线。

2. 山谷谷底线

山谷谷底线也可在 1∶10000 地形图上画出，该线也与地形等高线垂直。如果山谷（峡谷）作为一个景区（园区），谷底线就不应作为界线。

3. 河流中线

特别是较大的河流，其中线一般可作为公园和园区界线。

4. 水岸边线、陡崖边线

一般在 1∶1000 ～ 1∶10000 的地形图上可以很清晰地画出此类线。这类线也常被采用作为景区或园区的界线。

5. 公路、铁路边界线

利用现有的公路、高速路、铁路边界线作为公园和园区的界线，也是理智、简单的选择。但其范围不包括公路、铁路本身用地，界线与其外边线吻合。

6. 地块边线

在选择公园和园区以及其他各边界线时，还应考虑现有的各种地块边线，这些地块包括农田、园地、林地、场地等。

（二）与行政边界吻合

各级行政（省、市、区县、乡镇等）边界常常是公园、园区边界的必然选择。由于我国现行体制决定了跨区域的地质公园也常以行政区划安排园区，故其园区的界线必然与行政界线吻合。例如：北京房山世界地质公园，是由北京房山区六园区和河北省涞水县野三坡园区、涞源县白石山园区构成的，其中房山十渡园区与野三坡园区的分界线应与其间省、市界线吻合；四川龙门山构造地质国家地质公园，地跨 3 个市（成都市的彭州市、德阳市的什邡市、绵竹市），其园区的边界线必然与其市县界线吻合。

与村庄土地边界线吻合、包括自然村和行政村在内的土地边界线，是地质公园及其园区最常选择的边界线。实践中这样选择可以避免许多不必要的麻烦和纠纷。

（三）利用原有景区边界

从目前我国的实际情况分析，不少地质公园原来已经是旅游景区或各类遗产区（包括各类各级风景名胜区、自然保护区、自然或文化遗产区、森林公园、湿地公园、文物保护单位等），有的是各类景区的组合。为增加其科学内涵，提升景区档次，申报国家或世界地质公园，这类公园在规划时，应充分利用原来已经确定的园区边界线，作为新地质公园边界，除非特别必要时，没有必要重新划界。

当然，批准建立国家地质公园或进入世界地质公园名录的地质公园，其界桩、界牌应该按照地质公园的要求补充设立。

第三章　地质景观展示规划设计

第一节　地质景观展示规划设计的基本原理

一、问题的提出

自从地质公园进入国人视野以来，不少园林设计人员、景观设计人员和造园建设者纷至沓来，参与地质公园的规划设计与建设，这是好事，应该欢迎。但确实也不可避免地将其园林、景观专业固有的造园理念带到地质公园建设中来，出现了一些与自然地质景观不协调的因素。如有些假山、假水和城市园林小品、广场、大面积草皮、现代建筑等都进入地质公园内，有的画蛇添足，有的损害了地质遗迹，破坏了地质公园的自然美。

问题还是出在对地质景观本质的理解上。在《地质公园景观设计的理论与实践》中就提出了“地质公园景观设计”的模糊概念，主张“利用并改造其地质遗迹景观、人文景观和其他自然景观或者人为地开辟山水地貌，突出公园的地质遗迹景观特色”。很清楚，这种主张没有真正理解地质景观是一种不可再生的自然景观，因而主张要改造它甚至于要人为地开辟它；也不清楚地质公园的首要宗旨是保护地质遗迹。要知道地质遗迹景观特色是自然的，不是人为设计或开辟出来的。我们不能把园林设计或造园的理论和实践搬到以自然地质景观为核心的地质公园中来。园林的主张是“在一定的地域运用工程技术和艺术手段，通过改造地形（或进一步筑山、叠石、理水）、种植树木花草、营造建筑和布置园路等途径创作而成的美的自然环境和游憩境域”（见《中国大百科全书·园林学》）。这是城市园林的最基本的做法，无可非议。但地质公园与城市园林是完全不同的两个事物。地质公园是通过发现、保护大自然遗留给人类的地质遗迹和地质景观，设法创造条件去将其展示出来，给人以科学的启迪和美的享受。与此相反，造园理论是按照某种理念人工刻意创造出一种新环境，用这种理论和做法搬到地质公园规划设计和建设中来，带来的对地质遗迹的破坏和对原生自然环境的破坏，这与地质公园的宗旨是背道而驰的。

地质公园规划设计建设者的任务只是创造条件，将最具科学价值的地质遗迹和最美的地质景观展示出来，为人类所享用。“地质景观展示规划设计”，与“地质公园景观设计”的本质不同，是“展示”不是“改造”。地质景观不是设计出来的，是大自然数百万、上千万年甚至几亿年的变化造就的，即天然自成的。

二、地质景观展示

（一）定义

所谓“地质景观展示”是指：在保护原生地质遗迹和地质景观的前提下，采取必要的措施，将其科学价值和最美的面貌展示出来，供人们了解、欣赏和体验。

（二）观景

很显然，展示的目的是为了供人们了解其科学知识、欣赏其美貌（灵秀、奇特）、体验其神奇、壮观，为了叙述方便，本书将此简单称之为“观景”。展示与观景是一个事物的两个方面，展示为了观景，观景是对所展示的地质景观的感受。

观景分动态观景和静态观景。地质景观是静态的，游客进入地质公园园区内，通过步行和乘坐交通工具到达观赏点，在途中就是动态观景；到观赏点停下来即可观赏到最具特色的景观即静态观景。

（三）地质景观展示的方式方法

处于自然状态的地质景观是大自然赐给人类的，已经立在大地上，地质景观展示实际上是搭建可进入的观景平台，为游客提供接受大自然的恩赐营造一个环境，同时对被展示的对象命名并作出科学解释。

进入的方法不是步行就是乘各种交通工具（车、船、索道、马等）。在行进途中走走停停，检阅（游览）山山水水，从被检阅对象角度看，地质景观也就展示出来了。规划设计的任务就是为地质景观设计游览线路、交通方式、观景平台并对其命名、设立解说牌等。

图 4-3-1　远景展示的景观

（四）展示分类

1. 宏观展示

规模宏大的地质景观，如山岳峰林地貌，可用寻求登高平台、展示壮观或规划游览线的方式进入其中作动态体验。

2. 中距离展示

中观地质景观，如奇特岩石、峡谷、河湖类等，可在奇石附近、谷中或水边展示，或安排游览线通过谷中或水边作动态体验观光。

3. 近距离展示

如溶洞、地质剖面、化石出露点或奇异地质景观等，只能进入洞内或就近展示，近距离展示只能停留下来细看。

4. 精品微型景观展示

根据不同情况给予不同的展示方式（见下一节）。

三、地质景观展示规划

所谓“地质景观展示规划”是指：在地质公园总体规划的范围内，进一步选择可供观赏的地质景观区或景点，选择可提供了解其科学价值的地质遗迹区或遗迹点；并为展示其科学价值和优美容貌，而选择适宜的游赏位置（即观赏点）和安排必要的进入条件（即游览线及其设施）。

（一）游赏景观的选择

地质公园总体规划阶段已经确定了各类园区、景区和主要的地质景观。在进入地质公园建设规划阶段时，对园区、景区内的地质景观、景点应进一步挖掘、筛选，确定对外开放的游赏景观点，并进行分类，为下一步选择具体观赏位置提供依据。

许多地质公园中规模宏大的山岳、峰林等都可列入远景展示的景观，如图 4-3-1。

峡谷中的奇石、陡崖、典型地层剖面、山泉、瀑布、水潭、古树等各有特色的景点和河湖岸边的特色景点可列入中、近距离展示的景观，如图 4-3-2。

图 4–3–2　中、近距离展示的景观

重要化石出露点以及溶洞内的二次沉积的石花、月乃石等微细遗迹或景观，需要特别保护以及更近距离展示的景点，如图 4–3–3。

（二）游赏位置的选择

有了众多的地质景观和其他类景观，要能充分地将它们展示给游客，还必须选择合适的观赏地点。这些观赏点的位置的选择，要从观赏视距、观赏视域、观赏视角以及可达性等多个方面去分析考虑，才能完成。

1. 观赏视域

根据人的眼球构造，眼底视网膜的黄斑处，视觉最敏感。以黄斑中央微凹处为顶点，视轴为中心轴，作一圆锥形视域锥，简称视域。正常情况下，视域 30° 以内能看清楚景物；超过 60° 时，所见景物便模糊不清。由于人类具有水平分布的两眼，不转头正视情况下，能看清景物的水平视域为 45°，垂直视域为 26° ～ 30°，实际的视域呈椭圆锥状。在选择观景位置时，以考虑景观整体或主景物在这一视域范围内为宜（图 4–3–4）。

2. 观赏视距

游赏位置的选择在园林规划中又称观

图 4–3–3　近微距离展示的景观

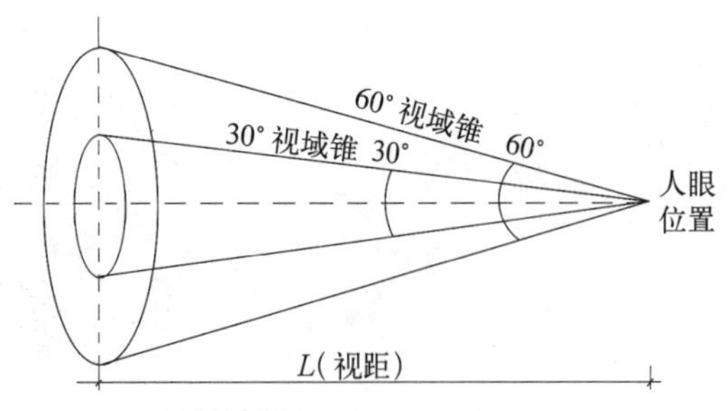

图 4-3-4　视域与视距

赏点的选择，观赏点与观赏对象间的距离称为观赏视距。众所周知，人的视力各有不同，据笔者经验，在晴朗的天气里，可远看到 20km 左右的山形的外轮廓，2km 左右的山貌色彩（明暗、春夏绿色、晚秋红色等），200m 左右的山石景象（奇石、象形石等）和花木类型，20m 左右的清晰景物，2m 以内的微观遗迹（地层剖面、生物化石等）。

据《城市园林绿地规划》介绍，在园林景物中，垂直视域为 30° 时，其合适视距为：

$L=(H-h)\cot(30°/2)=(H-h)\cot 15°=3.7(H-h)$

粗略估计，大型景物的合适视距约为景物高度的 3.3 倍，小型景物约为景物高度的 3 倍。

图 4-3-5　视距计算

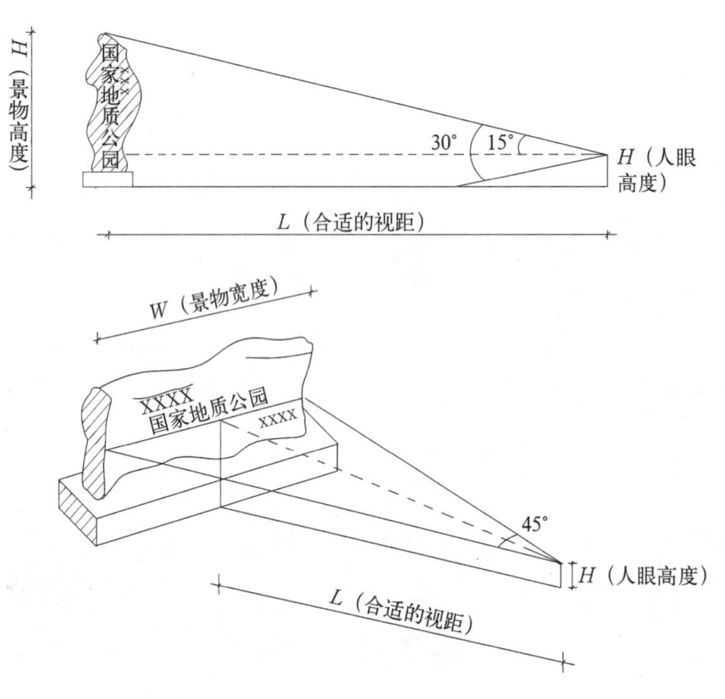

水平视域为 45° 时，其合适视距为：

$L=\cot(45°/2)\times W/2=\cot 22.5°\times W/2=1.2W$

所以合适视距为景物宽度的 1.2 倍（图 4-3-5）。

处于自然形态的地质景观，不像园林景物能精确安排观赏点位置，不可能精确选择到最佳位置，大体上满足就可以了，园林方面的数据仅供参考。事实上供游客欣赏的地质景观的范围或供科普教育的地质遗迹范围，受主观因素的影响，每个游客的要求和感受也不相同，规划在应用上述视距时，可以根据实际条件适当放宽选择范围。

3．观赏视角和扫视

地质景观比人工景观有更大的空间供游客欣赏大自然的奥秘，或在谷底向谷顶仰视（好像坐井观天），或登峰顶俯瞰众山小，或平视远眺原野，这就在垂直方向产生了不同的观赏视角。同时由于地质景观一般具有更宽广的范围，游客在欣赏时常常会转头甚至转身观景，即扫视。在选择观赏点时，也应充分利用观赏视角和扫视，从一点去观赏上下、左右 360° 视线能到达的范围的所有景象，从而产生更全面的体验。反之，同一景观也可用不同的视角和全方位去展示其风采，这就产生了多点观一景的特色。

4．观赏点的选择

选择观赏位置就是对已经确定的景观寻找具有良好的视距、视域、视角的观赏点，当然这些点还要有能为游客提供观赏活动的足够的安全空间。地质景观展示规划很大程度上就是选择游客能到达的、众多的观赏点，同时将这些观赏点合理地组织到游线之中。

（三）地质景观或景点的命名

地质景观或景点有科学价值和美学价值，需要高度提炼，用简洁的语言来概括，谓之命名。命名实际就是画龙点睛，它与园林中的“点景”类似：抓住“每一景观的特点及空间环境的景象，再结合文化艺术的要求，进行高度概括，点出景色的精华，点出景色的境界，使游人有更深的感受，谓之点景。”当然地质景观的命名还要结合其科学特征和价值，这要比园林景观命名更上一层楼，能反映其本质。

1. 景名的功能

与任何事物一样，要认识它首先要与名称联系起来，地质景观也是如此，而对一个有科学价值而又非常美的地质景观，没有景名人们怎么去认识它、传播它？因此景名的主要功能有：识别、联想、传播。

景名就是代表某一景象的符号，一提起这个符号，马上就联想到这个地质遗迹的景象、景观、地质特征、科学价值和它的美貌姿态等。用这个符号叙述去告诉别人，或宣传或发布广告等一切传播都离不开这个景名。当然景名不只是符号，景名还要与实际景观相符，是对景观的升华和高度概括。景名是实景的一面镜子和真实反映，这一功能体现得好，则其他功能当然也很容易实现。

2. 景名的类型

景名的类型大体有四类：以科学特征命名、以景观形象特征命名、以情景加艺术升华命名、以地方名加特征来命名。

以科学特征命名的如：滨海火山岛、硅化木、熔岩被等（图4-3-6）。

以景观形象特征命名的如：阴元石、银狐、风动石等（图4-3-7）。

火山岛

硅化木

熔岩被

图4-3-6　以科学特征命名

阴元石

银狐

蝙蝠山

风动石

马蹄印

火树银花

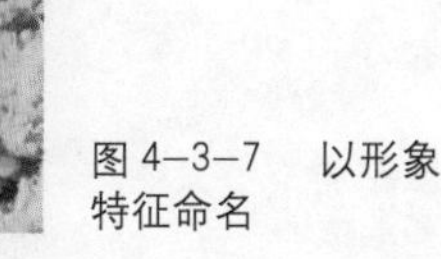

图4-3-7　以形象特征命名

以情景加艺术升华命名的如：白石山云雾、黄山迎客松、碧水丹霞等（图4-3-8）。

以地方名加特征来命名的如：丹霞山、龙潭峡、拒马源头等（图4-3-9）。

3. 对景名的要求（参见《森林公园总体设计规范》）

1）能高度概括景观景点特色，充分揭示其内涵，力求恰到好处。

2）具有科学性、新颖性与趣味性，能激发游客的游赏兴趣和探索求知热情。

3）景名构思应有虚有实，做到意境与形体的完美结合。

4）发音能朗朗上口，雅俗共赏，便于传播，不用生疏的科学词汇或孤辟的古文词语。

4. 命名的程序

对地质景观的命名实际上从开始策划地质公园项目时就开始了，在综合考察、总体规划、建设规划，一直到景观展示设计阶段甚至开园之前，都在进行。当然命名也是地质公园规划设计的一项重要任务。

最好是在现场考察时，由各方面专家、地方人士、文化人、旅游者等共同参与，七嘴八舌，初步选定。再回到室内，结合影像，并综合整个园区的景名进行调整、整合，形成全园区的系列化景名群。如有些形成四字一名的八景、十景或多景组合，有些能对仗压韵，好记、好传播，有些构成一首诗词。

有关景点的具体命名的方法后面还要详细介绍。

5. 景观解说

为了便于游客进一步了解景观的科学价值和美学价值，除对景观景点命名外，还需对其作进一步解释，这就需编写解说词。编写解说词也是建设规划的重要内容之一，由地质专家和规划设计人员（必要时可邀请语文教师）共同编写。地质景观解说词是制作景观解说牌和未来导游词编写的依据，有些可以原文照搬。

景观解说词内容包括：地质背景及其形成年代、岩石性质、地质地貌类型、景观特征描述及其成因、规模空间分布及其数据等。有些历史文化记载、传说等亦应列入。解说词要求科学、准确、简明、通俗易懂。

（四）观赏点面积的确定

观赏点的面积根据总体规划估算的游客

图4-3-8 以情景加艺术升华来命名

白石山云雾

黄山迎客松

碧水丹霞

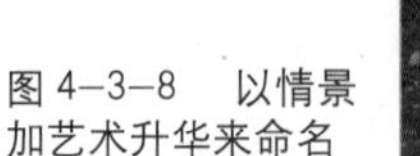

图4-3-9 以地方名加特征来命名

丹霞山

龙潭峡

拒马源头

量和实际能提供的自然地形可能条件确定。由于不是所有的游客都会到达每一处观赏点，其到达各点的游客数量和停留时间也不同，故其规划的面积也不一样。

重点观赏点一般游客必到，且停留时间相对较长，其面积按高峰时的游客量计算确定。例如某地质公园的某园区，旅游旺季时的日游客量为1000人，高峰每小时为200人，游客在此点停留时间为15min，最多停留的游客可能就要达到50人，按人均占地面积$4m^2$计算，需要的面积为$200m^2$。

一般的观赏点停留时间短，可能只需5～7min，其面积仅为$80m^2$。

但由于自然地形条件的限制，在狭窄的地带，不可能提供这样大的面积，可适当缩小，考虑到观赏点能为游客提供留影的需要，观赏点的最小面积不能小于$50m^2$，必要时可架设观赏平台。

此外，中近景观的观赏点面积还要考虑合适的视距要求，为游客留出摄影的适当空间。

（五）进入条件的安排（游览线及其设施规划）

进入地质公园园区后，规划安排游客进入观赏点的方式大体有：步行、乘园内游览车（通常为电瓶车或清洁燃料车）、乘船（自划、漂流或动力等）、乘空中索道、滑索等（图4-3-10）。

其中步行是优先考虑的最基本的方式，步行道是与观赏点联系最密切的不可缺少的交通设施。规划的任务就是为园区建立完善的步行系统，包括：园区大门至各观赏点的步行主路；其他交通工具（车、船、索道等）的站点与观赏点之间的步行的支道；跨越各种障碍的小型设施，如跨越河、沟的各种小桥（木桥、石桥、索桥等），跨越浅水面、

图4-3-10　进入园区的方式

湿地的汀步、栈道；为保护地质遗迹或生态环境而架设的栈道等等。以上这些除提供游客步行的功能外，也与观赏点一起是景观环境的组成部分，对地质景观而言起着“绿叶托红花”的功能作用。因此步行系统应纳入地质景观展示规划设计之中。其他交通方式规划设计见后。

1. 步行道的长度

为了保护地质遗迹和生态环境、减少对地形地貌的破坏，地质公园内应尽可能少修机动车道，多以人行步道引导游客为宜。当然还应考虑地形、地貌的实际，考虑一般游客所能承受的体力和心理因素。据调查和笔者亲身体验，身体健康的中老年游客在景观单调的路段（步行纵坡小于15%）步行，体力和心理能承受的距离一般为2～3km，对年轻游客为2.5～3.5km，因此规划安排的穿越单调景色的路段一般不要超过2.5km。

2. 登山步道的坡度、高度

在山岳类地质景观的地质公园内，登山爬坡是一种乐趣，但从游客体力考虑，游客在景色单调的山地爬坡（步行纵坡大于18%），体力和心理正常承受的攀登高度一般不要超过300m为宜。

本书建议在规划地质公园或其他自然景区的无特色景观的步行道时，其长度不宜超过2500m，攀高不宜超过300m，一般两个条件都应满足。

3. 步行道的宽度

1）主干步道。由园区大门到各景区的步道称主干步道。其宽度由旺季高峰时人流量决定，还应考虑游客心理和景观，以高峰人流量每分钟20人为一条步道，每个步道宽0.8～1.2m，主干步道至少不少于3条步道，其宽度分别是2.7m、3.4m、4.0m。一般不宜超过4m宽，如该园区高峰小时人流超过3600人时，可考虑再增加步道。

2）步行支道。由各种交通工具的停站点或主干步道到各观赏点的步行支道，一般不会像主干步道那样出现十分集中的高峰期，加上越深入景观内，地形空间越窄，不宜修更宽的步道。一般分为三级：1.2m、2.0m、2.7m，很少出现超过3m宽的步行支道。

4. 步道的线形

步道的线形包括平面和竖向。总的原则是顺其自然，顺坡就弯，少动土石方，以减少对原有地形的破坏。对于景点密度高的区段，要仔细考察现场，不仅要保护景观资源，而且要考虑步移景异的要求，使纷繁的自然景观能逐一展示给步道上游览的游客，这类步道称观景步道或游道。其宽度一般为0.8m或1.2m。

四、地质景观展示设计

所谓“地质景观展示设计”是指：在规划初步选景的基础上，进一步利用“借景”、“引景”等手法，在不破坏地质遗迹的前提条件下选择最佳的观赏点，安排游赏空间，尽可能作出与周围自然环境协调的观赏空间环境设计，同时对游览线路上的设施（步行游道上的构造物如台阶、小桥、汀步、栈道、扶手等）进行设计。

观赏点设计包括：观赏空间的安排、小憩休闲设施设计、安全设施设计、环卫设施设计等。

（一）观赏空间的安排

观赏点的设计要充分结合地形条件，划定空间范围，平面不追求规则，面对景观方向以近似弧形为佳。还要考虑观景的视域范围无阻挡，给游客摄影留念提供拍摄的空间条件。地基要稳妥安全，周边无塌方、坠石。观赏空间以尽可能保持自然空间环境为宜，对原有地面砂石，可稍作平整，如为土壤可用天然石材铺砌。不宜对观赏点地面做人工装饰，特别禁止用人工陶瓷、刨光石材铺设地面。

从功能考虑，狭窄的地带可以通过架设人工平台来保证必要的观赏面积，但必须保证绝对安全。架设人工平台要尽可能减少对自然山石的破坏，通常采用竹、木材料，也可用型钢材料，禁止采用钢筋混凝土结构（图4–3–11）。

（二）安全设施设计

观赏点常常处于陡坡、崖边、水边、峰顶等危险处，必须设置安全护栏。由于游客为观景经常发生推拉拥挤，护栏从功能要求考虑允许用金属材质，但要插入稳固的岩石中，栏杆间空隙宜小不宜大，立杆扶手规格宜大不宜小，保证绝对安全。若用石材，宜用石围墙，基础稳固，墙体厚不小于0.4m。护栏或围墙的高度应在人体的重心以上，通常不低于1.1m。在保证安全功能的前提下，让游客心理上放心，还要力求护栏、围墙美观大方。禁止城市园林中的轻型栏杆用于陡岸、崖边的观赏点。

（三）观赏点的其他设施设计

观赏点中可根据空间条件，安排适宜石凳、木椅。有条件时善于就地选择天然山石作为游客中途小憩的石凳、石桌（图4–3–12）。观赏点的石凳木椅主要是为了游客小憩，不宜多，注意作为自然点缀，不要过于突出张扬，面积很小的观赏点可以不设。

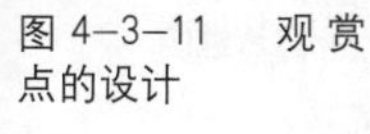

图4–3–11　观赏点的设计

图4–3–12　观赏点的小憩设施

每一观赏点都应设垃圾筒。垃圾筒宜用木质、竹质材料，亦可用钢、塑类材料，设计应简洁大方，与当地自然环境融合。为防止对生态污染，禁用水泥现场浇筑各类垃圾筒（图 4–3–13）。

较大的观赏点，或游线每 1000m 处的观赏点应设卫生间（图 4–3–14）。

观赏点内还应设立所观的景点或景观名称及指示牌、科普解说牌等。其有关设计方法、内容详见下一章。

（四）步行道上设施的设计

1. 台阶

一般坡度大于 18% 的步行坡道均应设台阶。台阶随地形铺砌，地形坡度大于 60%（即 30° 左右）时应设“之”字形台阶以缓和爬行坡度。台阶以粗加工的块石交错砌筑为宜，踏步高 15 ~ 28cm、深 30 ~ 40cm，随坡度而变化。自然山体上的台阶设置以满足爬坡功能为主，达到基本平整、安全、简洁大方即可（图 4–3–15），没有必要像城市公园那样精雕细刻去增加投资，又与自然格格不入（图 4–3–16）。有时路基本身就是岩石，直接开凿成近台阶状能满足爬坡防滑即可。缺少石材的土山地区，可用竹、木踏步，不得已时用人工砌块，自然山林中不得现场浇筑水泥踏步。高差超过 10m 的连续台阶一般要设休息平台，台深大于 1.5m。

图 4–3–13　观赏点的生态垃圾筒

图 4–3–14　观赏点的卫生间

图 4–3–15　步道中的台阶

图 4–3–16　与自然不协调的台阶

2. 栈道

栈道主要在保护地质遗迹、生态敏感区（湿地、草地等）和通过障碍时采用。栈道提倡采用竹、木支撑和铺设道面；需要时可用钢架支撑竹、木铺面；特别必要时均用钢材架设和铺面。典型的实例，如在陡峭峡谷中，沟深、潭深或有急流，沿岩壁通过障碍的栈道，通常按安全第一的原则用型钢支架、钢板铺面（图4-3-17）。

3. 汀步

在通过浅水面或湿地时，汀步是常用的过水方式。它的优点是比架桥节省，又为游客提供体验亲水的环境，景观上也自然和谐、优美。在地质公园中凡有条件的均应提倡这种设计（图4-3-18）。

4. 小桥

步道通过深沟、水面时，一般要用架桥方式通过。小桥也是游道上的重要人工景物，在保证安全通过的前提下，应该细致设计，不要与周边自然环境冲突。可以为索桥、木桥、钢架桥、石板桥等，除非不得已才采用钢筋混凝土桥。深沟窄谷中一般不用桥墩，而是一跨而过。

5. 扶手

除非安全需要，一般不主张规划设计装饰性的扶手。为保证安全而必须设置的扶手，主要从满足功能要求安排。提倡用天然竹、木、石材和钢材制作护栏，避免用精雕细刻的石栏扶手。

五、地质景观展示设计与园林设计的区别

地质景观展示设计与园林设计的区别如下：

1）地质景观展示设计，顾名思义是将

图4-3-17　栈道

图4-3-18　汀步

原有自然景观设法按较好的观赏条件展示出来；园林设计特别是城市园林设计，是以造景为主，为游客创造一个仿自然的人工游憩环境。前者是“展景”，后者是“造景”，这是两者最根本的区别。

2）地质公园，由于其各类景观已经存在，故地质景观展示设计，实际上是观赏点的选择和设计；而园林设计是人工造景或对原有景点的改造设计。前者是观赏地点设计，后者是被观的对象（景点）的设计，两者的设计重点正好相反。

3）地质景观展示设计，提倡保护原有地形地貌、生态环境、自然水环境（泉、溪、瀑、潭、塘等），提倡顺其自然，所有人工构筑物在保证使用功能和安全的前提条件下，采用自然竹、木、石材，提倡粗犷自然美。而城市园林设计提倡精细、秀美；常用人工建筑小品装饰环境，构成“小桥流水人家”的景象；常用现代材料模仿自然材质；用现代技术造人工喷泉、循环水面，灯光布景；在人工地形上绿化造景，对植物修剪造型等等。

地质公园规划设计者，必须避免把城市园林的造景的观念带到地质景观展示的规划设计中来，以此确保地质遗迹和地质景观不受破坏。

第二节　不同地质景观的展示规划和设计

第三篇中已经阐明，从有利于地质景观的展示规划和设计考虑，归为四大类型进行分析说明，即山岳型、峡谷型、洞穴型、精品微型。就游客感受而言，这四种类型构成远、中、近三种体验，规划的任务实际上是设计到达游览体验点的线路和平台，地质景观也就展示在游客面前。

一、山岳型景观的展示

山岳型景观特征是空间范围宽广，峰峦起伏，青山绿水，壮观秀丽。常见的包括：峰丛、峰林、丹霞、雅丹、火山等。这类景观从总体上宽广壮观，给人以震撼，游客入内可体验到大自然力量的巨大、神奇；同时在其范围内常常自然散布着神奇的、美丽的、动人的，甚至天生绝妙的景致（景物、景点或景群），具有极高的观赏价值。这后一点，常常是游客观赏的重点，有些是游客必到之处，常被园林学家称之为园区景观的“高潮”点，不到此点就被认为没有到过此园。

山岳型景观展示规划设计的主要任务是：在宏观保护地质遗迹完整性、重点保护主要地质景观和保护生态的前提下，安排游客进入其中游览园内重要的景点，引导游客入内体验其神奇，认识自然奥秘，同时规划设计相应的服务设施。

（一）景物和景点的选择

最有欣赏价值的地质景观常常是在内外力作用下遗留下的奇石、岩崖、群峰组合或岩体与林木的组合等。规划设计者在野外考察中要善于发现这些景物，事实上只要深入其中细心观察，也是不难发现的。发现时立即摄像、摄影，在地形图上定位（包括景物位置和观赏点的位置），记录其科学成因和价值，并初步命名。现场工作的考察资料为下一步的规划和景观设计创造了基础条件（图 4-3-19、图 4-3-20）。

（二）观赏点的选择和设计

同一景物或景点，从不同视角或距离去欣赏，其心理感受是不一样的，设计者应认真比较，选择其中一个或二个最佳的观赏点，作为未来公园的游线上观赏点。因此观赏点位置选择必须满足：该位置观景效果好（视域较宽、视距适中）、能组织到游线中、要有适当空间供游客短时停留欣赏留影等活动。

图 4-3-19　丹霞山的几处景点

图 4-3-20　张家界的几处景点

山岳型景观，与后面所介绍的峡谷型、洞穴型不同，它视线开阔，观赏点选择余地较宽，规划设计者能发挥的主观能动性较大，应通过深入现场，远眺近观、左右借景、俯瞰仰视、反复比较、亲身体验，选择和设计观赏点。

例如：有些观赏点（如丹霞山某处），远眺是层层叠叠的山峦和变化万千的山峰轮廓，近处的奇石和林木融合，俯瞰沟深莫测，游线和观赏点处在大山深处、林木之中。再如有些观赏点（如在兴义万峰林，登上一个峰顶），远眺无数的山峰一望无际，似千军万马奔腾，近观石林如削、直指天穹，俯瞰布依族村寨飘落在开满黄色油菜花的田园之上，头顶蓝天白云。笔者当时考察时，在此点停留很长时间，其景仍在眼前，无法用语言描述，后来发现这样的点在兴义万峰林有多处（图 4-3-21）。

观赏点的空间平面布置见本章前一节。

（三）观赏线路的选择

观赏线路的选择与观赏点的选择一般同时进行。观赏线往往分主干线和支线，主干线一般形成回路，支线是通向某一观赏点的端线。观赏线在最少破坏地形地貌的前提

图 4-3-21　在贵州兴义国家地质公园的一个峰顶上观景

下尽可能选择较短的路程，主干线在一定的路程（长度不超过2500m，或攀高不超过300m）以内建议选择步行路，而超过此值建议改用其他交通工具。

建立观赏线路，实际是使深藏在山岳之中的地质景观得以向大众展示的最基本方式。所有观赏点通过其主干线和支线联系起来，其中支线一般为步行路，而主干线为机动车道或索道，支线从主干线节点（道路停靠点、站或索道的下客站）延伸到观赏点（台）。当然有些观赏点就在主干线旁，选择得好的观赏线，穿越景区而又不破坏景观，两侧的美景一一展示在游客的眼前。

观赏线路选择的原则和方法是：先选择观赏点，再选择观赏线；尽量利用原有山间小路、开阔之地、缓坡之路，少穿林带、耕地；地形图上选线与实际考察复核相结合，两者缺一不可。只有了解地质遗迹基本知识，懂得工程基础理论、规划原理，有美学修养，经过多年的实践才能掌握这些原则和方法，选择到好的线路，作出切合实际的建设规划。

（四）步行设施设计

山岳型景观区的步道选线和设计相对比较简单。要尽可能地利用原有山间小道，爬坡时采用踏步，通过遗迹或生态保护段时用栈道，注意避开危险地带，设计中可采取工程措施确保游客安全等等。

（五）交通运输设施的选择

1. 远距离输送

山岳型景观地质公园的景点分布一般较广，通常需要在园内建立远距离输送游客的交通系统来满足观光的要求，这个交通系统由道路、场站和车辆组成。对于大型地质公园的园内交通系统的建立，最重要的是选择线路。线路选择的原则是：尽可能对环境破坏小、形成回路、离主要观赏点距离适中（太近了可能会破坏景点原生环境，太远了不方便游客）、满足技术要求（纵坡、宽度、视距等）。场站指：门区内停车场、中途停车站，有时在园区内道路交会处还有较大的候车站。车辆一定要使用清洁燃料或直接使用电动车。

在经过充分论证后认为修机动车道路可能对环境的破坏较大而不应采纳时，可选择架设空中索道。

2. 跨越障碍

在山岳型地质公园园区，有些是沟壑纵横，有些是深沟相隔，修路、架桥都十分困难，给游客的游览带来不便。修索道，用缆车运送游客是较好的选择。游客从空中跨越不仅是为代步，而且从空中观光会产生与地面不同的体验（图4−3−22）。

3. 提升高度

游客在山岳型园区内观光，总会产生一个提升高度（俗称爬山）的问题。前已论证，当一次超过某一高度（例如300m）时，就应设置提升设备，其中索道缆车就是较好的方式，这种方式目前采用得较多。当然经过充分论证，认为采用垂直升降梯也是一种选择，如著名的张家界的天梯，垂直提升高度

图4−3−22 跨越障碍

为326m，是当时世界上最高的全暴露观光电梯。

二、峡谷型景观的展示

峡谷是地质公园中常见的一种地质地貌景观。它的特点是空间窄长多弯曲，谷深坡陡，时而宽广，时而又成“一线天”；谷中常常伴随有流水、瀑布、跌水、深潭，两侧石缝内也常有泉水出露成瀑；谷边、谷中林木茂盛，奇石随处可见；长期的切削、剥落、崩塌，为典型地层剖面出露创造了良好的条件。所有这些，使峡谷成为吸引游客和科考的理想天地。

峡谷类地质景观展示主要是通过进入谷中，接受游客“检阅”的方式，以动态游览为主；在奇石、泉、瀑、潭、洞、古树、奇景等和典型地层剖面前稍作停留，近距离欣赏体验。

峡谷景观展示规划设计的主要任务是：在保护的前提下，安排游客进入谷中游览、体验、学习，并规划设计相应的服务设施。

（一）交通道路

峡谷景区，一般重点景观在沟的深处，而在沟口处相对要开阔些，沟底纵坡也较小。为方便游客，在不破坏地质遗迹和少影响植被的条件下，可以修园内机动车道，将游客送至步行能到达观景重点区的地方。园区内机动车当然为无污染清洁车，最常见的是电瓶车。道宽尽可能窄一些，在条件困难时可修单车道，选择适宜地段加宽供错车用。一般电瓶车单车道宽为1.8m，双车道宽3.6m即可。

峡谷景区中也常遇到较长的谷段，有条件时通过筑低坝构成水面，通过人工划船或环保型动力船穿越湖面。游客借舟代步，既获得一段小憩的机会，又获得新的游赏体验。

（二）步行道路

峡谷景区内步道在尽可能不破坏原有水流通道和水景前提条件下选择地形较高处铺砌，一般就地利用滩地或选用漂石干码砌筑，注意保护地质遗迹、古树、奇石等。步道遇到障碍、水面可结合实际设置栈道、汀步、索桥、木桥或安全踏步、扶手等。有关步道设计的标准和做法见前节。防灾一般考虑10年一遇的防洪标准，避开泥石流和塌方危岩地段，洪水发生前应停止接待游客（图4−3−23）。

（三）观赏点设计

与山岳型不同，峡谷景区内一般地形狭窄，不宜安排较大的观赏点。可因地制宜，在景点附近选择合适地段设置，或将步道适当加宽。没有空间条件就不设凳、椅等供较长时间停留的设备。垃圾筒沿步道每100m

图4−3−23　峡谷中的步道

设一个。卫生间应选择在有条件的地点设置，一般峡谷入口或停车场要设，步游道每1350m左右内均应设一处（为防止污染水体可用生态型免冲厕所）。其他有关解说牌等的设置见相关章节。

三、洞穴型景观的展示

与其他地质景观不同，天然的洞穴景观是一个封闭的黑暗空间，要使其能展示出来为游客所欣赏，必须安排好道路、照明、安全、解说四大系统。本节前三大系统内容主要引自陈诗才的《洞穴旅游学》，根据本书作者自身的实践经验作了补充、调整和系统化。

（一）道路系统

1. 洞道形式

可分为基本形式和特种形式。其中基本形式有平道、坡道、台阶、梯、桥、汀步；特种形式有弯腰跪行路、牵索坎道、船行水道、钻洞等。

2. 洞道选线

要考虑能做到步移景迁、走完全程能游览到洞内的各主要景点，有条件时安排构成环路。洞道线形布置基本有三种形式：单口单道、单口双道、双口单道。见图 4-3-24（取自陈诗才《洞穴旅游学》（2003 年）中图 3-3）。

3. 宽度

洞穴游道的特点，与其他地面景观不同。

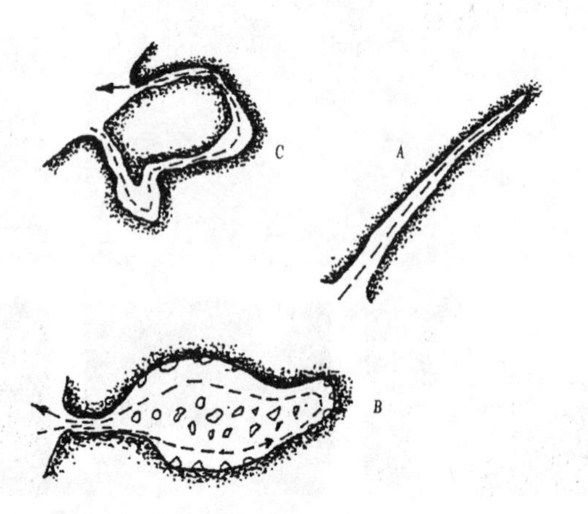

图 4-3-24　洞道游线布置形式

洞穴景观游道是在洞内各小景点之间狭窄的空间内通过的，不可能按照风景区的宽度标准来设置。考虑游客自由行走的宽度，陈诗才称该宽度为“文明宽度”，他建议文明宽度为 1.0 ~ 1.2m。特种形式路的宽度保证游客安全通过即可。

4. 平台

建立观赏平台必须符合两个条件：洞内有合适的空间；附近有重点景点。平台可以提供给游客稍稍停留欣赏重点景观，设计中除考虑视域范围和足够的面积外，还要特别注意安全问题。

5. 道路材质

洞道铺设以就地取石、土、石材为主，混凝土为辅，梯、桥可用木材、型钢。

（二）照明系统

不言而喻，照明系统对黑暗空间洞穴来说特别重要，是洞穴旅游不可缺少的基本设施。按其功能分为游道照明和景观照明。从安全考虑，洞内照明用小于 36V 电压供电和防漏电保护电缆。

1. 游道照明

设置要求是“照路不照人”，因此路灯的高度一般低于 0.5m，照度不要太强，不要闪烁，不要彩色，防止滴水。台阶、梯、桥、汀步、转弯、危险处要设灯，头顶有障碍时应做防护灯提示。路灯灯体埋设隐蔽、防水、安全，在自然洞腔内为好。游道照明系统应有断电应急照明系统，断电后自动开启，保证游客安全出洞。

2. 景观照明

洞穴作为地质公园，建议景观照明少用彩色光源，以反映洞穴景观的本来特征，正确理解认识地质景观形成的科学内涵。景观照明是一种技术，也是一种艺术创作，景灯的位置、照射的角度、强度（利用线性光束增强），以及动静、闪烁，最好经过专业人员和艺术人员的结合，精心设计，精心施工。景观照明的要求也是“照景不照人”，灯具设置原则是自然、隐蔽、防水、不直接射人。

地质公园的洞穴照明规划设计到目前为止，还没有形成固定的模式，上述介绍的只是原则和一般要求。实践中，洞穴类型不同、大小不等，各地游客的素质和爱好不一，只能根据实际，参照类似洞穴成功的经验或失败的教训，既要精心规划设计，更要注重实际施工。

（三）安全系统

1. 防危岩

洞穴在开放以前，应全面检查洞顶、洞壁和可能出现的危岩的部位，采取清除、支护、挂网、锚固和其他方式，消除一切活动危岩可能对游客造成伤害的因素。

2. 防雨水

有些洞雨季洪水进入，可能危及游客生命安全，设计应设法用渠、沟将洪水引出洞外，不能重力引出的应用泵提升排出。洞内应尽可能避免积水，若洞内有天然地下河或湖，可作为洞内水景保留，但水边应设护栏并设灯光照明和警示牌提醒，以保证人身安全。

3. 安全护栏

所有洞道可能出现危险的地段均应设安全护栏，护栏本身要坚固可靠，特别要防止群体挤靠护栏而导致其损坏伤人。

4. 障碍清除

在通道局部低矮、吊岩易碰头时应清除或凿通障碍，或用灯光照明提示游客注意。

5. 防滑

一般洞穴特别是溶洞内滴水不断、潮湿地滑，特别应尽可能避免出现陡坡段，将其改为台阶，洞道路面保持粗糙，并加强照明。

（四）解说系统

洞内因光线较暗，活动空间较窄，没有必要设立详细的解说牌，但可设立简明的景名牌、地质遗迹名称牌和指示牌。更多科普知识可通过导游解说或洞外展板、展示橱窗解说。景名不宜过多用鬼神命名，重点还是以为科普解说服务的名称为主，如石钟乳、石笋、石凳、石瀑、石帘、石旗、月乃石、鹅管、石花等。与洞外不同，景名牌在洞内用蓝底白字或白底蓝字的牌较清晰，更合适。

四、精品微型景观的展示

在已经批准的中国国家地质公园中赋存着大量的精致古生物化石，如恐龙骨架、恐龙蛋化石、贵州龙化石、海百合化石及其他鱼类、虫类、鸟类、两栖、原始哺乳动物化石和古人类化石；除化石类外，还有一些特殊的地质遗迹精品，如北京银狐洞中的“银狐”、漳州滨海火山国家地质公园的牛头山海岸潮间带南侧的“西瓜皮构造（聚敛节理）”等。这些不仅具有重要的科学价值，而且具有很高的观赏价值，有的甚至是稀世珍宝。本书从展示角度将这类地质遗迹定义为精品微型地质景观。这些精品微型景观如何展示好，是规划设计者的重要任务。

（一）就地建馆（原景地展馆）

1. 功能

在精品化石产地（埋藏地）上建馆，其功能有三个：保护、展示、游客活动。古生物化石被野外发现、暴露于地表后，容易受到风化作用或人为影响的破坏，划出足够的范围并建馆，可以消除风化和人为的破坏，这一功能是显而易见的。展示功能是指通过精心设计，架设观景台或参观线，将其最有科学价值和最精彩的部分展示给游客。此外在展馆的门、廊、厅等处还布置有图、表、说明，游客在此可以在馆内有更多活动，从更深层次解读该处地质遗迹变迁、科学内涵和价值（图 4-3-25）。

2. 展示

为了近距离将遗迹展示给观众而又不遭

图 4–3–25　四川自贡恐龙化石埋藏地展厅

受破坏，一般选择在其周边架设观景廊道，其高度要高出化石面 1.2 ~ 1.6m。更现代的展示可以用透明度很高的钢化材料，将整个化石覆盖罩住，游客在其上或外侧参观，参观者与化石体完全隔离。有些微型生物化石体可以通过光学原理放大，可以使更多游客一睹其细微容貌。

在展馆的门、廓、厅等处还布置有图、表、说明，要与实物景观完全符合，是对其的进一步说明、解释，包括发现过程。其他无关内容不要进入原景地展馆，而转至博物馆为宜。保证原遗址展馆规模合理，保持突出其原址景观特色，而不至于喧宾夺主，使主展厅太小，而辅助展示面积太大。

（二）再现古环境的展示

1. 模型式

选择适宜地段，营造一个古生态环境，并按照其已经考证的公园所在地区的古生物活动特色，按 1∶1 的比例，雕塑一定量的不同种群的古生物。游客可进入其中观光体验，得到更多的自然科学知识，有利于提升公园的吸引力。

2. 动漫式

利用现代技术和艺术，编制古生物动漫片、电子游戏，再现古生态环境的生存竞争景观。其电子产品在地质公园区信息中心或购物处展卖，或在博物馆演示厅中演示。当然这需要投资者、动漫创作者与古生物专家有机配合，共同创造。

3. 全景式

在非特级、一级保护区，选择适宜的地块（地段）再现古生态环境，包括安排“机器人”自动生物，在其古环境中活动，使游客从实地体会到远古生存竞争的自然规律和环境，这将大大提高公园的科学性和娱乐性。这种全景式的展示方式，投资较大、技术较高，目前在国内只是设想阶段，可以在有条件的少数地质公园内试一试。作者认为，这比在远离地质遗迹资源的城市建设类似的主题公园（如常州恐龙园，但作者不反对常州恐龙园）更有科普意义、旅游价值、市场吸引力。

（三）设保护罩或灯光（聚焦或衬托）

设立保护罩，是保护珍稀微型地质遗迹的主要措施，同时也是一种展示方式。如北京的“银狐”是用玻璃罩与外界隔离，但在冷光衬托下，银毛白透，十分耀眼，招人喜欢。灯光和保护罩（网）是辅助展示的工具，在洞穴中的微型景观中常用。但用灯光展示，一定要防止因光污染而加速其风化变黑，用冷光是一种可行的选择，能展示其本色。

（四）安全转移到博物馆展示

有一些稀有矿石、奇石、化石已经成为标本，可以安全转移到博物馆展示。这可以使游客更近距离地观看、欣赏，有时奇特的微细特征和动人之处，可在显微镜下欣赏。博物馆中展品的展示方式这里从略。

第三节　其他景观的展示

一、森林和生态景观展示

地质景观常与林木共生，有时主景是地质景观（山、石、岩、崖等），林木植物群落是背景、配景，增添色彩和盎然生机；更多的山峰、岭、谷、崖、梁、坡、丘要借助林木、植被、溪流、瀑、塘才能成景。植被、生态环境比地质遗迹更容易被损坏，某种条件下保护生态比保护岩石更困难。因此保护和展示地质景观一般与保护和展示林木生态景观同时进行，密不可分。

森林和生态景观展示的原则是：尽可能保留原有林木生态环境和景观，除安排必要的进入条件（道路）和暂时停留处（观景、小憩台）外，不刻意规划设计人工景观；一切人工设施（路、台、棚、亭等）都应远离并不得砍伐古树名木、珍稀保护植物，这些人工设施宜小不宜大，宜窄不宜宽，把对生态的破坏降到最小。

森林和生态景观规划的重点放在选择静态的观赏点位置和动态游线布局上。

1. 森林景观静态空间布局（引自《森林公园总体规划规范》）

其手法如下：

1）依据风景透视原理，合理确定景点视场（即观赏点）；综合借用对景、透景、障景、夹景、框景、漏景、借景等多种艺术手法，合理处理画面与景深，增强艺术感染力。

2）对景的运用应结合河流、道路、疏林、草地等自然地形、地貌设置，严禁砍伐古树名木、开辟透视线。

3）根据闭锁空间与开朗空间的具体条件，合理组织开朗风景与闭锁风景。

2. 森林景观动态游线布局（引自《森林公园总体规划规范》动态序列布局）

其手法如下：

1）正确运用“断续”、“起伏曲折”、“反复”、“空间开合”等手法，构成多样统一的、鲜明连续的风景节奏。

2）在整个演替过程中，连续布局不应平铺直叙，除自始至终要有主调、配调和基调之外，还应有阶段性，应突出开始、发展、高潮和结束的时空艺术构图特征。

3）景点的连续序列布局应沿山势、河流水系、干道的走向展开。

4）季相交替布局：森林植被是森林公园构图的主要题材。植被布局，应视具体条件，充分利用植物的干、叶、花、果的形态和色彩的季节变化，在形成四季景观的同时，应重点突出其具有特色的季节景观。

《森林公园总体规划规范》的理念是清楚的，与地质公园中展示地质景观是一致的，即不刻意搞人工景观，而是在保护的前提下，将最美的自然景观设法展示出来。

二、历史文化遗址景观展示

中国是一个文明古国，在深山大川之中遗留了大量的历史文化古迹，成为当今人们休闲游览的胜地。分布在中国大地上的各级地质公园内，也常常包含了这类历史文化遗址景观。规划中，一般是将其作为一个相对独立的景区安排，并将其组织到公园的游线之中，以丰富游览的内涵。

历史文化遗址，按照其相应的保护等级和相应的法规严格保护。不仅要保护其建筑，更要保护其环境，包括保护原有平面布置格局（城廓、道路、广场、平台、围墙、碑刻、石雕、鼎、炉等遗迹的分布）、古树和现存园林及周边风貌。建设规划阶段应更进一步明确其保护边界并设桩，同时在遗址大门前设牌说明其最初建设年代、重修或复建的历史和艺术、科学价值以及保护等级、范围、内容。

规划文本要明确提出，应以原有历史文化风貌展示给游客规划设计要求。遗址不一定要完全修复，确有必要修复时需经相关机构批准，选择有古建经验的单位，遵循修旧如旧的原则精心施工；不允许为扩大旅游空间，而背离原有历史面貌，拆小扩大。

三、其他人文景观

地质公园内一般还保留有特色的村寨、梯田、果园、田园、水渠、水坝等乡土人文风貌，对原生态的景观要加以保护。除有必要，不提倡大量搬迁有特色的村寨，但需对村寨进行统一规划，保护其原有风貌特色，有控制地发展乡村旅游。内部设施可以满足现代游客要求，但要严格防止现代建筑外观和城市街巷格局被引入古村寨内。当然随着生产、生活方式的改变，对不注意环境卫生等陋习应该改变，要加强村寨的环境卫生的建设和管理，加强绿色环境建设，提高文明素质。规划要传承古村寨的文化元素，保留原有村寨的布局特征，提高环境卫生水平，展示古村新貌景观；决不能花钱搞成现代建筑的堆积（或称建筑垃圾），留下百年遗憾。

第四章　地质公园门区的建设规划

第一节　地质公园门区概述

一、门区的基本概念

地质公园的门区是指引导游客通过公园或园区大门的内外附近的空间区域。

根据目前国内地质公园的实际，公园大门有地质公园正门、副门（侧门或后门）；园区的正门、副门；景区或景点的大门。由于大部分游客是从地质公园正门或园区正门入内观光，为此在正门附近空间就安排了一些为游客服务的设施，我们将此空间通称为地质公园门区。而公园或园区的侧门、后门，主要作安全疏散或临时进出之用，功能比较单一，没有必要安排大的空间；其他的如景区、景点也有大门，但由于人流不集中、设施较少，门的前后空间相对较小，一般与景区、景点一同设计即可。以上这两种情况本书不列入地质公园门区概念范畴之内。简而言之，地质公园正门或其园区正门附近的空间称为门区。正门是针对副门、侧门而言，在没有副门、侧门时，本书中正门与大门可通用。

二、地质公园门区的功能

（一）地质公园门区的主要功能

地质公园门区主要功能有四：公园的标志形象、公园的集散中心、游客引导和服务、进出控制口。

地质公园门区是给游客留下第一印象的区域。良好的门区形象，将会引起游客观光求知的浓厚兴趣；好的门区，会吸引游客在此首先留影。因此门区必然是地质公园的标志形象区。

就游客而言，不管是团体组织的游客或自行来的散客，都是通过乘坐不同交通工具在门前下车（或下车后步行至门前），办好必要的入园手续，通过大门后，再到园内各景区、景点游览，门区自然成为游客的集散地。

游客可以在门区获取公园的各类游览信息，或得到导游的帮助入园游览。当出现游客集中的高峰时，为了安全和生态环境保护，门区起着控制调节游客数量的重要功能。

（二）地质公园门区的主要设施

为满足以上功能，门区应有的基本设施有：进出的大门、公园标志碑、售票检票口、公园信息中心、停车场、门前门后集散广场、大型导游图、综合解说牌等（图 4–4–1）

有时以下设施也常出现在门区内：购物、餐饮服务一条街；博物馆；导游管理室；游客医疗室；其他服务性建筑小品（图 4–4–2）。

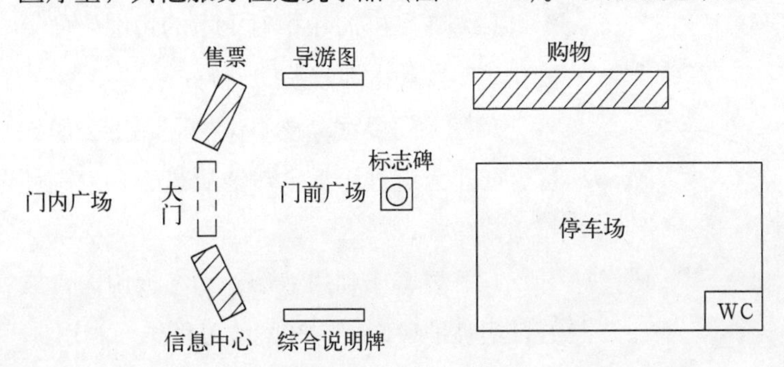

图 4–4–1　地质公园门区的基本设施

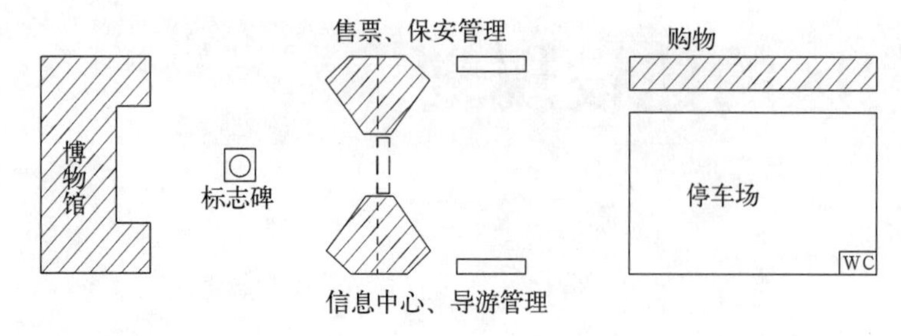

图 4-4-2　地质公园门区（综合性）设施

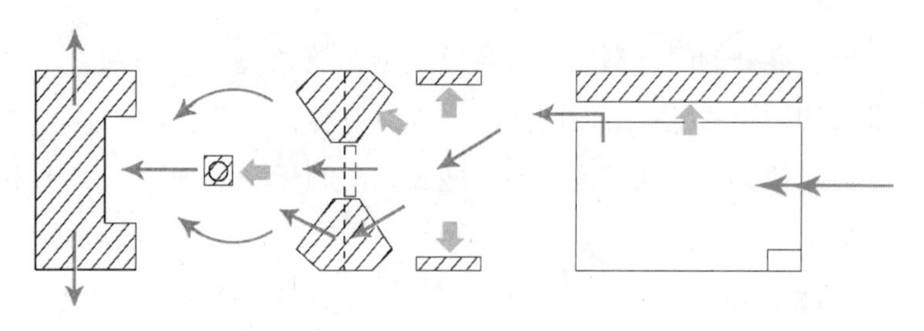

图 4-4-3　甲型门区人流示意图

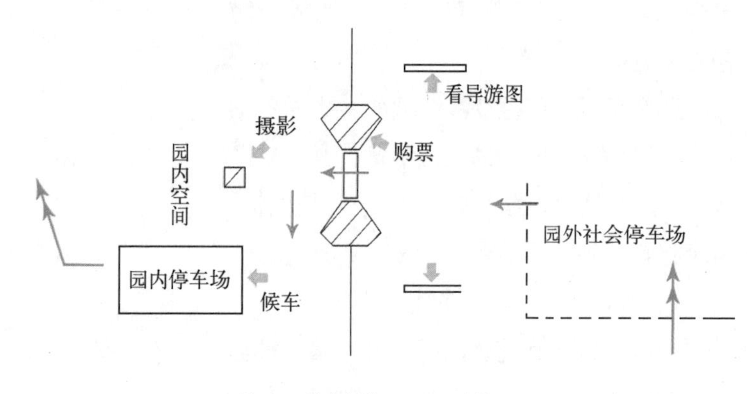

图 4-4-4　乙型门区空间

三、门区的选址原则

地质公园门区的选址应遵守如下原则：

（1）交通方便，便于集散；

（2）有足够的和相对平坦的用地，便于安排停车场等占地较大的设施；

（3）大门要远离核心保护区、生态保护区，防止人流过于集中对地质遗迹和生态环境造成破坏；

（4）要善于利用地形，如在大山沟口或丘陵缓坡地等地，有开阔地可供选择利用；

（5）要尽可能避开基本农田。

四、门区人流集散组织

门区是地质公园人流最集中的区点，任何一游客可以选择想去的景点或不去的景点，但都必须通过大门这一点，因此组织好门区的人流是门区规划的最重要的任务。

下一节将说明门区由大门外空间、大门内空间及入口大门组成，因此人流的组织也可分为三部分。

1．大门外空间人流组织

游客到地质公园游览乘坐的车辆通常分为两类：大中型客车（载团体游客）和小型客车（载家庭、朋友）。车辆从公路干线下来进入地质公园游览区，有山门时先穿过山门，并被引导至门前区停车场，两种车辆按顺序分别停留到指定的大、小客车停车区域。其中，大中型客车在进入停车场前首先被引导至下客区，下客完毕后再进入停车场就位。游客下车后被引导到门前广场，作暂短停留活动（了解公园相关信息、购票、导游引导集合，有时还有留影、购物、如厕等）后检票入园。停车场和门前广场是大门外的重要空间。

2．大门入口通道的人流组织

由足够的检票口数量，来保证高峰时人流快速安全地通过。

3．大门内空间人流组织

如果游客进园后在甲型空间稍作停留，在醒目的景点引导牌指引下就能直接步行去景点观光（图 4-4-3）。

如果大门距景点很远，用乙型空间来引导游客乘园内环保机动车至各景点。这种情况，需要有车辆调度员组织车辆，并引导游客按顺序上车，指挥及时发车（图 4-4-4）。人多时，还需要保安人员协助。张家界天子山园区门内交通就组织得较好。

第二节　地质公园门区的空间布置

一、地质公园门区的空间组成

地质公园门区空间，通常以大门为界，分为大门外空间和大门内空间。

但实际情况不像城市公园那么简单，大门外空间分为无引导路空间和有引导路空间两种。属于后者的是：因地质公园主大门离交通干道较远，常在干道边建立一标志门（山门），从标志性的第一道门开始，再经一段过渡的引导路，才到达大门（正门）外停车场和门外广场区。

大门内空间因实际情况不同分为甲型空间和乙型空间两种。甲型空间指游客入园后在其中稍作停留即可步行到达公园内各景点游览的过渡性空间；大门离主要景区景点的距离较远（大于2000m）时，游客入园后需要借助园内环保型交通工具才能到达各主要景点，此类空间为乙型空间。乙型空间内，最主要的用地是园内停车场，如张家界世界地质公园，门内内部停车场就很大。

大量的实例说明，公园的规模和大门位置的选择对确定大门内、外空间类型和其规划设计都有极为重要的影响。

完整的地质公园门区空间从外向内由如下部分组成：标志门—引导路—停车场—门前广场—正门及其通道—门内广场—园用停车场—园内景前路（图4-4-5）。最简单的门区空间由如下部分组成：门外停车场—门前广场—大门及通道—门内空间。

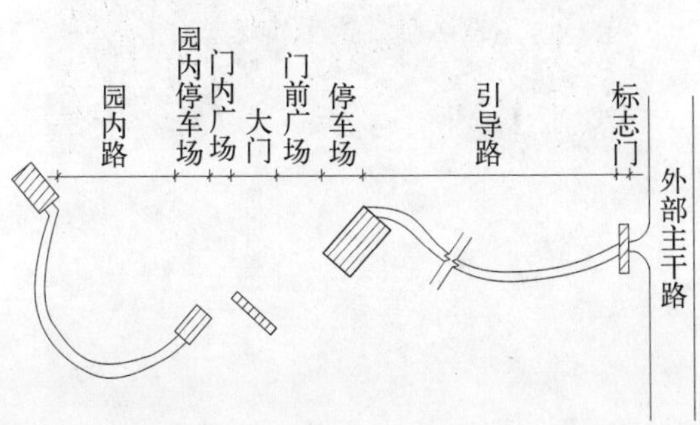

图4-4-5　完整的门区组成

二、地质公园门区空间的总体安排

门区空间总体设计是指：安排标志门和选择引导路的走向；选择大门具体位置和确定与其相配套的功能设施；确定门外停车场的面积和位置；确定门前广场面积和空间布置；根据需要和可能安排门前购物街区；安排门内过渡广场及园用停车场（面积及布局）。

门区空间的总体安排是初步的，需要在对上述空间具体设计时作调整，总体安排和具体设计相结合，使门区规划设计更科学合理、更实用。为叙述方便，先对大门内外空间的具体设计原理说明如后，再将大门的具体位置最终确定下来。

三、门外空间的规划设计

（一）确定标志门的位置和选择引导路线

1．标志门的确定

标志门是位于道路干线路边、远离主要景观或远离地质公园大门的象征的或属识别类的大门，有些地方称山门。标志门应以醒目、简洁、有特色的建筑立于干线路边的视线范围内，以吸引或引导游客，表明已经进入地质公园区了。山门的形式有：传统山门式、牌坊式、阙式、石柱式、仿自然叠石门或各种现代形式的门。

2．引导路线的选择

标志门至公园园区大门之间的引导线路，一般要通行汽车，其线路的选择要考虑以下因素：工程量要最小、对生态环境破坏要最少，坡度平缓（一般道路纵坡小于8%）、弯道适宜（按设计车速20～40km/h计算）的安全地带，在可能条件下使两侧视线范围属绿色大地、丘陵或绿色山谷，必要时人工营造绿色生态环境。

(二) 门外停车场的规划设计

1. 确定门外停车场面积

首先要科学计算停车场的面积，停车场面积包括两部分：团体大中型客车停车区和社会小客车停车区，这两区的比例要根据客源市场实际情况确定。如果客源主要来自较大区域甚至于全国范围，应以团体大客车为主；如果客源主要来自附近较大城市，社会小客车比例就较大。其停车场面积用下式计算：

$$M=(X_T \cdot S_T/R_T+X_X \cdot S_X/R_X)/N \quad (4\text{-}4\text{-}1)$$

式中 M——计算的停车场面积（m^2）；

X_T——全天团体游客总数（人）；

S_T——大客车平均占有停放面积（m^2），可按 $60m^2$ 计算；

R_T——大客车平均载客人数（人），可按 40 人计算；

X_X——社会自驾车游客总数（人）；

S_X——小客车平均占有停放面积（m^2），可按 $30m^2$ 计算；

R_X——小客车平均载客人数（人），可按 3 人计算；

N——平均周转率，即开放时间与游客停留时间之比，大型公园取 1。

将其代入上式，停车场面积计算公式可简化为：

$$M=1.5X_T+10X_X \quad (4\text{-}4\text{-}2)$$

该式也证明了乘大型客车的每位游客只占 $1.5m^2$，而乘小客车的游客平均要占 $10m^2$，这也是近年来有些近大城市旅游区停车场面积不够用的主要原因。

以某 A 园区为例：

高峰季节日游客人数 X=4800 人，游客在园内停留时间为 1 天，其中 75% 游客乘大型客车，25% 游客乘小客车，其停车场面积为：

$$M=1.5X_T+10X_X=1.5 \cdot 4800 \cdot 75\%+10 \cdot 4800 \cdot 25\%=17400m^2$$

实际安排时还要考虑进出口位置等，其停车场面积为 $18000m^2$。

2. 停车场的位置

停车场的位置一般要选择在较为平坦之地，当然也要尽可能与门前广场靠近。有时上述两条件都不能达到时，只能在狭窄谷地内分散选择几处来满足面积要求。

3. 停车场的内部分区

在停车场的位置和面积确定后，应对其进行分区。大型客车停车区在外侧（远离大门侧），小型客车停车区在内侧，两者之间为可以调节的停车区，大型车多时停泊大车，反之停泊小车。停车场内要考虑留有通道，保证任何一辆车可随时进出。超过一定面积（如 $1000m^2$）时，应设两个或多个车辆进出口。

有条件时可布置为绿荫停车场，车辆停泊在树木之间、树冠之下，停车场设计与绿化布置相结合（图 4-4-6）。

图 4-4-6 绿荫停车场

(三)门前广场的规划设计

1. 门前广场的一般概念和功能

门前广场是由大门、服务性建筑、自然景物(林、岩崖、水)等围合而成的处于停车场与大门之间的过渡空间。其主要功能是为游客出入园区提供暂时停留、了解信息、安排游程、购票、购物、团队集散、客流高峰缓冲之地。门前广场除上述功能外,它也是公园的第一个景点,其显著位置安排有公园的标志碑,好的门前广场能使游客为之振奋,忘却旅途疲劳,产生很强的入园观光欲望。

因此安排门前广场,必须考虑满足上述实用和景观两大功能,空间足够,活动流畅,还要能反映本公园的特色。

2. 门前广场的面积

门前广场面积,一般按高峰时游客停留5～10min计算瞬时人数,从游客心理承受因素考虑,人均占地应控制在5～10m^2,以此两参数确定门前广场面积。也按某A园区为例,瞬时最多达200人,若按人均占地5m^2计算,门前广场1000m^2左右为宜。此面积不包括其中的建筑物或花坛所占地面积。

3. 门前广场的设计

门前广场的设计应从满足功能和营造景观两方面去进行。

从满足功能要求出发,拟定合理的在门前区停留、活动的流程,将门前应有的设施如大型导游图或解说板、信息中心、售票窗口、标志碑、卫生间,有时还有购物点(或购物街、购物区)作出合理布局。其中,售票窗口、信息中心可与大门组合在一起,成为功能齐全的大门建筑;标志碑应设立在显著位置;购物街区处于停车场与门前广场的过渡地带;卫生间处于相对隐蔽的地段,但通过指示牌引导可方便到达;导游图板不应遮挡大门、标志碑、通道等主要功能设施,一般设于广场边缘。

从营造景观考虑,主要是满足空间视觉舒适和美感,以标志碑为视域中心,以大门和原有自然景物为背景,购成有本公园特色(壮观或柔美)的与自然和谐的景象。作者感到,整个地质公园中,这可能是惟一带有人工造景色彩之处,其他天然景观均不需要人工雕饰,均以保护为主。

4. 标志碑的安排

标志碑的安排要注意如下几点:

1)作为公园的主体形象的标识,标志碑应安排在门区或标志区的显著位置(例如轴线上)或视觉中心上,同时也处在视觉的显著位置上。如果门区是处在地形变化的丘陵地,碑体位置应安排在最高点为宜。

2)地质公园标志碑本身也是公园的重要景观,可能也是地质公园惟一的人造景观(其他均为自然景观或原有人文景观)。它是向游客提供公园第一个信息的景物,在其周边要留有足够的空间,供游客停留活动,如了解公园的初步信息、以标志碑为背景的摄影,并设置团队游客集散的标志点等。

3)标志碑在作为主体景观的同时,也要与标志区(或门区)的其他功能建筑相协调,从景观空间上相互补充,互为配景、借景。

标志碑通常设立在园区门前广场内,因空间布局的需要也可设置在门内广场上。

(四)停车场与广场的连接

门前停车场与广场的连接,有两种类型:一种是门前广场与停车场毗连,游客下车后就直接进入广场;另一种是在广场与停车场间设置购物街或购物区,游客下车后要穿过购物街区然后才能进入广场。其中购物街区的规划安排是属功能与景观相结合的建筑设计课题,下一节再讨论。

四、门内空间的规划设计

(一)门内空间的类型

门内广场应该是相对简单的过渡性空

间。通常有如下两类：

1）园内无机动车时，门内广场主要是分导客流，在风景园林中也称为“序幕空间”，公园景观从此开始拉开序幕，游客可通过此空间按照导向牌选择不同线路顺序，步入园内到各景区景点观光。

2）主要景区景点离大门较远时，需要用园内车辆接送游客到园内各目的地，在门内设停车场时（图 4-4-7），门内广场与停车场组合在一起，很多情况下门内广场成了候车场地。因此规划应将门内广场与停车场两种空间综合起来考虑安排。

（二）园用停车场及其面积确定

为了保护公园的生态环境，较好的做法是让社会车辆停泊在园区外，在公园内用环保型客车在大门和各景点、服务点之间接送游客。这类车辆同样需要在各点停泊，其中最大的园用停车场是在大门内附近，其面积由园用车辆数决定。园内车辆数按下式计算：

$$N=T/t=(2L/V)/(R/X_h) \quad (4-4-3)$$

式中 T——园内车辆由大门至主要景点下客站来回一圈的平均行驶时间（h），$T=2L/V$；

L——大门至主要景点的距离（km）；

V——园内客车行驶速度（km/h）；

t——运送游客的平均间隔时间（min），$t=60R/X_h$；

R——客车平均载客数（人）；

X_h——高峰小时入园游客数量(人/h)。

可以这样理解：如果高峰时游客数为 X_h，运送游客客车平均载客数为 R，那么高峰时需要车次数为 $n=X_h/R$，其倒数即相当于时间间隔 $t=R/X_h$。

仍以前述某 A 园区为例：

高峰小时游客人数 X_h=1200 人，园车平均载客量 R=40 人，那么需要发车次数 $n=X_h/R$=1200/40=30 辆次/h，平均间隔时间 $t=R/X_h$=60·40/1200=2min。

该园区大门至主要景点的距离 L=10km，行车速度 V=20km/h，来回一圈平均行驶时间 $T=2L/V=2\cdot10/20=1$h，即 60min。那么车辆总数不小于 30 辆。

如果车辆是停在大门内，若每辆车占地 60m²，那么园用停车场面积不小于 1800m²。差不多是门外社会停车场面积的 1/10。加上游客候车面积门内空间总面积不超过 2000m²。

（三）乙型空间布置

乙型空间即门内有园内停车场的空间。园内停车场布置相对比较简单，车辆种类相对比较单一（一种或两种），车辆尺码统一，管理可控，由调度员安排，因此可以根据车辆尺码紧凑布置。但要注意划分停车区、出车区和候车区。要保证游客在候车区的等候时间在 5min 内，最多不超过 10min。同时候车区可设遮阳亭或棚，要有保证游客按顺序上车的设施，这些设施要与门前广场设施和周边自然环境相协调。

（四）甲型空间设计

甲型空间指无停车场的门内广场，是连接大门入口和通向景区步道的过渡广场。广场除大门入口外，通常有两个或三个出口与步道连接，有时仅有一个出口，这要根据实际情况安排，顺其自然。广场面积没有特别要求，纯粹是过渡空间，但规划时要结合自

图 4-4-7　园内停车场的候车廊

然景观条件来安排，尺度适宜，空间较小时，要巧安排，不使人感到压抑；空间较大时，要适当点缀林木，引导游客顺利进入通向景区的步道。以自然景观为特色的地质公园，除非功能需要，不宜画蛇添足在广场内建设园林小品。

（五）大门与主景点之间的线路选择

总体原则是“顺其自然”，即基本沿着原有自然形成的小道，选择步道，使人为对自然的破坏减到最小。当然有条件时，应选择二个通道，一进一出。其中第二条通道可能做不到沿原有小道，可选择距离不是最短但坡度稍缓的线路作为步行通道。总之根据实际条件，以对自然破坏最少、距离较短、对游客体力消耗最少为原则来选择步行线路。

通常大门与主要景点之间有价值的景点不多，游客在这一段中步行相对比较单调，因此距离不能太长，爬坡不能太高，超过了一定极限，就需要通过园区内交通工具来接送游客。第三篇中我们已经论述过：如果这一距离超过 2 ~ 3km，或爬坡高差超过 300m 时，就应该借用交通工具，其中最常用的是园内环保公交车。车行道的线路选择应在保证车辆安全行驶的前提下，选择工程量小、对环境破坏少的线路。

五、大门位置的选择及规划

1. 影响大门位置的一般因素

一般最精彩的景点藏在深山之中，从标志门至主要景点之间很长的门区空间范围内，公园大门选择在什么位置，取决于门区的地形空间条件、功能要求和环境因素。首先，门前、门后需要留有较为宽敞的集散用地，附近要有足够的停车场用地；其次要尽可能减少对原有生态的干扰，以便有利于对重要地质遗迹的保护。后一个条件具体说就是指大门不要离主要景点太近。简而言之，大门附近要有足够的可供利用的土地。

2. 大门具体位置的确定

门区位置确定后，大门具体位置不能随意确定，应对门内外的所需的空间面积进行合理分配后确定。通常门外的社会停车场和门前广场面积远大于门内，前述某 A 园区的大门前后停车场两者面积之比是 10∶1，再考虑门前广场功能和所需面积也多于园内广场，因此规划建议某 A 园区门前与门后空间总面积之比确定为 9∶1 较为合理。以此比例的界线就是大门的位置，当然在实践中大门的具体位置还要考虑实际地形条件、门的形式和景观要求进行“微调”最后确定。

3. 大门的组成

大门就一般意义而言是一个可供启闭的安全通道，但作为对公众开放的地质公园大门，通常都含有与其相关的附属功能设施，如检票口、售票窗口、信息中心等。有时售票、信息服务可与大门建筑分离，纳入门前广场安排，此时大门只设检票口。

4. 大门的功能安排

大门的功能安排是指如何将检票口、售票窗口、信息中心合理组织在大门建筑之中。

信息中心主要是为游客提供地质公园各种信息的窗口，是直接对外服务的。因此一般都安排在大门之外，至少与售票窗口一样，与大门连体修建。左侧为信息中心，右侧是售票窗口，中间为公园大门（图 4-4-8）。但与售票窗口不一样的是，信息中心是以敞开的大门接待游客入内，为游客提供各种信息服务。

六、景区和景点前的空间安排

（一）景区入口

景区是同类景点相对集中的区域，或有若干相似或不同类景点集合的区域，是规划中应用的一种空间概念。有时公园管理中也常使用景区这一概念。个别情况，如果是独立经营管理的景区，需要设立入口，其入口

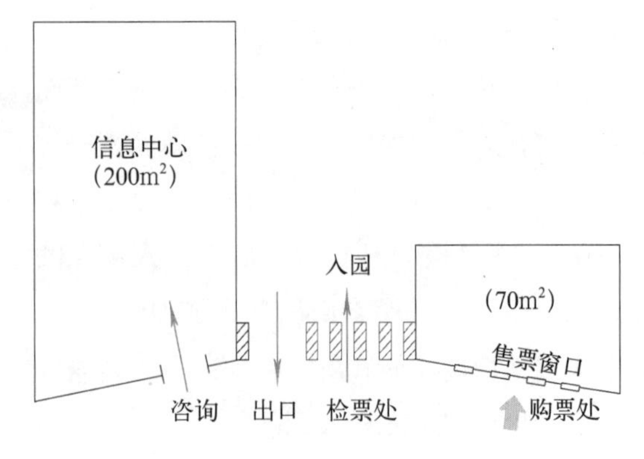

图 4-4-8　大门功能安装

空间安排大体与前述园区入口类似，但规模要小一些。大多数景区不独立经营，可在进入景区前醒目位置设立标志牌和导游牌，但没有必要设立大门和其他附属设施。

（二）景点前空间安排

景点前空间是游客重要的活动场所，游客在此稍作停留，了解有关该景点的信息，并在此开展留影等活动。因此要根据景点自身的尺度，安排必要的景点前空间，宽而高大的景物，考虑留影的需要，其空间尺度必然要大一些，将景物能收入镜头之中。另一方面还要考虑高峰时到此景点的游客的数量、平均停留时间，来安排适宜的空间（详见第三章）。

如果由于保护需要或客观条件，使游客不能到达景点前观赏，可在离其一定距离内设置观赏点供游客欣赏（有关观赏点的规划设计详见第三章）。

七、门区规划实例

郧县国家地质公园是由七个相对分散的园区组成，门区安排在核心景区（青龙山恐龙蛋集中产区）附近东侧，并将博物馆等一些重要设施，也纳入到门区内，使该门区成为一个包含接待、服务、科普等为一体的综合性的门区。其平面布置如图 4-4-9。

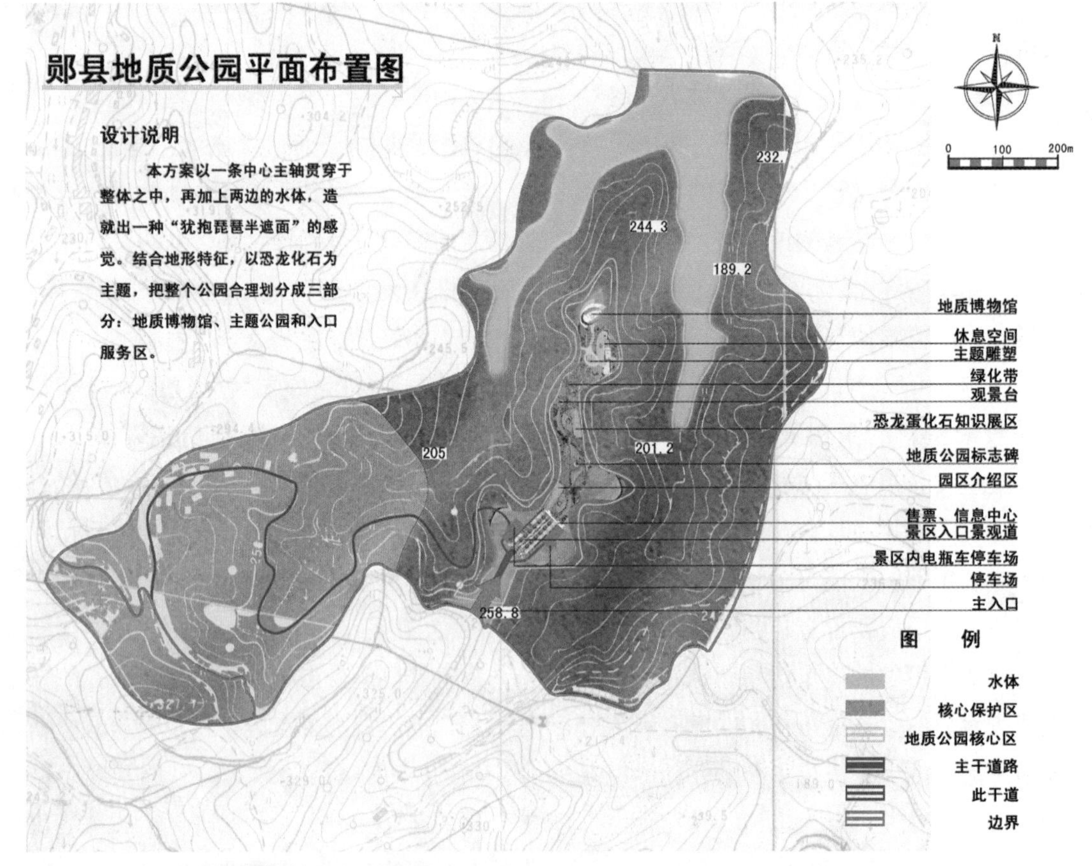

图 4-4-9　湖北郧县国家地质公园门区平面图

第三节　地质公园门区主要设施的设计要点

一、地质公园大门的类型和设计

（一）地质公园大门的类型

前已阐明，除地质公园大门（正门）外，还有远离大门的标志门（标志门的形式后面将阐述）。地质公园大门就功能可分为：单一功能型和组合功能型；或步行入口门、车行入口门、混合型入口门。从建筑特色分有：利用自然景物类、仿自然景观类、仿古建筑类、现代建筑类等（图 4-4-10）。

单一功能型主要指，该大门只用于检票、控制游客进出，在规模不大的地质公园或较小的园区常采用。但大部分地质公园的大门都是将售票、信息服务、门区管理、检票等组合成一个多功能的大门，成为公园门区的主体建筑之一，如果设计得当，与园碑一起构成地质公园园区的第一景观。

大门入口，一般不考虑社会车辆通过，属纯步行入口。有些特大型地质公园，范围大，景观分散，允许环境达标的车辆入园活动，这类大门的设计要满足行车要求。属混合型的入口，必须人车分离，保证安全。

有关建筑特色问题不完全属于本书的范畴。本书认为，其建筑类型，应与其所在环境相协调，融合于其中，还应尽量减少对自然环境和自然景观的人为破坏。最好不要在地质公园范围内建设一切人工仿石、仿林建筑，可用真石、真木、真竹建筑，保持自然界的纯真。

（二）标志门的形式

由于标志门的功能就是吸引游客，只有吸引和引导功能。一般常年敞开，或根本就不设可关闭的“门”，允许车辆自由通行，直达园区正门前停车场（图 4-4-11）。因此标志门其建筑结构一般都很简单，根据这一特征，标志门通常有如下几种形式：

1. 牌坊式标志门

它类似于古代石坊、门式牌楼。石坊通常为四柱三间石坊，大型的偶有六柱五间石

图 4-4-10　地质公园大门举例

图 4–4–11　标志门举例

坊。门式牌楼常为四柱三间单檐或重檐，偶有六柱五间重檐式。牌坊式标志门建筑简洁，有历史厚重感，容易与自然环境融合，以峡谷、山岭为特色的地质公园常以此作标志门。

2. 柱式标志门

其门座呈柱状，一般由双柱夹一门组成，亦有单柱一门的，偶见双柱三门的。柱式门座简洁明快、高耸醒目，容易吸引游客注意，是一种较实用的标志门形式。其中：双柱夹一门，实际是在车道两侧置立两方宽柱，柱上刻地质公园园名，两柱间就形成无门扇的“门”；单柱一门，实际是单柱立一侧，另一侧为一短墙或小屋，中间也是无门扇的“门”。

3. 自然叠石

实际是在路旁用自然石块叠成具有本园特色的能吸引游客注意的标志，引导游客进入。有时也可将地质公园标志碑（或副碑）置于标志门处，这是更简单的一种选择。

4. 其他

用现代或仿古手法设计的其他各种形式的无门扇的“门”。但不管怎样，都要遵守简洁、醒目、能反映该公园特色、起到吸引和引导作用这些基本原则。

（三）地质公园大门的设计

大门的位置和组成在本章前一节规划布置中已经阐述。大门的设计是指作为一个具体的单体建筑设计。包括在规划确定位置和组成的基础上对其进行平面布置、拟定建筑规模和尺寸、确定建筑风格和立面等。建筑施工图本书不作阐述。

1. 平面布置

图 4–4–12 是常见的将检票口、售票窗口、信息中心组合在一起的几种典型平面布置图。

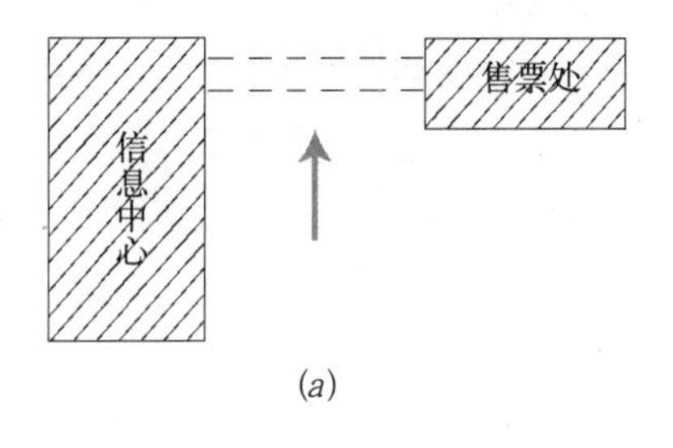

(a)

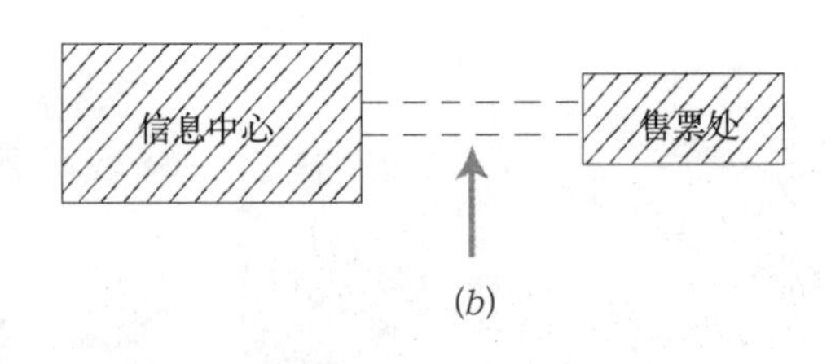

(b)

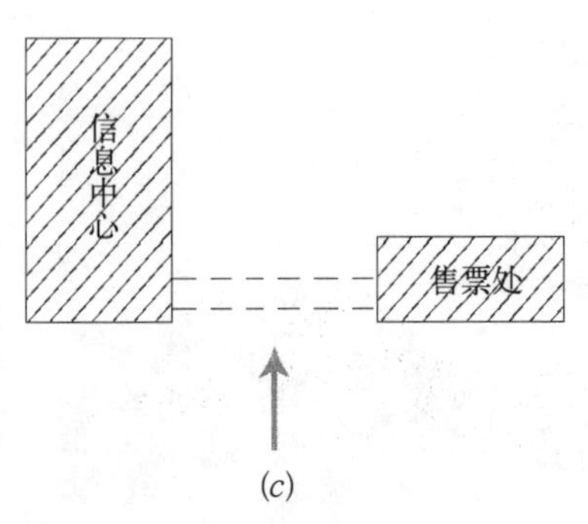

(c)

图 4–4–12　大门的几种平面布置形式

2. 建筑规模和主要尺寸

建筑规模和主要尺寸由旅游高峰时接待游客的数量决定。

3. 大门通道的条数

大门通道宽度由通道数决定。经验表明，通道数量是由旅游高峰季节旅客最集中的瞬时量来决定，为避免人流集中时因检票造成门前游客排队过长心理烦躁，瞬时排队人数不应超过 30 人，相当于排队等候检票时间约 1min。通道数可由下式计算：

$$N = K_h K_m X_d / n \quad (4-4-4)$$

式中　N——大门检票口通道数；

X_d——旅游旺季日接待游客数（人）；

K_h——游客高峰时集中系数；

K_m——游客高峰分钟集中系数；

n——一个通道瞬时通过人数（人/min），取 30 人。

试举例说明如下。某大型地质公园园区，旅游旺季日接待游客数 X_d=5000 人，游客高峰时集中系数 K_h=30%，高峰时客数 $X_h=K_hX_d$=1350 人/h；游客高峰分钟集中系数 K_m=10%，瞬时高峰游客量 $X_m=K_hK_mX_d$=150 人/min。由此可计算大门通道数量（或检票口数）：

$N=K_hK_mX_d/n$=30%·10%·5000/30=5

故该园大门检票口安排 5 个。

单个通道宽可按 0.8m 计算，5 个通道即为 4m，考虑检票员占位，门口宽 6m 是合理的。

4. 售票口数量

售票窗口虽因售票占用时间较多，但购票除散客外，更有集体、团体购票，可大大节省售票时间，窗口数可大体与通道数相当。

每个售票窗口占地宽可按 1.2m 计算。

5. 信息咨询中心面积

信息咨询中心面积由其内部设备和高峰时接待团队和游客数量决定。内部设备包括：自动咨询主机（电脑服务台等）、服务台、票务中心、资料中心、接待室、办公室等。作者的经验，根据规模大体分为三等：100m²、200m²、500m²。

地质公园大门的设计应满足以下几方面要求：

1）建筑风格。大门的建筑风格应由规划统一安排，与园区内其他服务建筑协调一致。至少要做到门区建筑的协调一致。由于大门是游客对本地质公园的第一印象，其建筑风格、特色，十分显眼，建筑设计应遵守第三篇曾提出的三原则。

2）大门体量要适宜，尺度满足功能要求即可，不宜太大。即满足售票、检票、信息咨询即可，其他功能建筑不要与大门合建；大门总体高度和宽度要远低于毗邻山体，至少视觉比例上，不能喧宾夺主。

3）色彩不要过于艳丽，尽可能与当地山体岩石或植物群落色彩接近，以灰、绿、蓝等与大自然友好的色调为主，其他色彩点缀即可；禁用瓷砖等人工饰面和红色机瓦，提倡用天然石材、竹、木等装饰，或用其作为结构材料。

4）建筑外观要简洁流畅，少人工雕琢，做到“虽是人工造，酷似自然生”。以自然景观为主的地质公园的大门要充分利用原有地形条件，顺其自然进行设计，切忌画蛇添足，不适当地将城市园林做法引入其中。

二、地质公园标志碑的设置类型

从外观造型设置方式也分为三类：立式、卧式、混合式。根据门前广场空间大小、周边建筑尺度、可能提供的碑体材料尺寸形体综合考虑选择确定（图 4-4-13）。

1. 立式

碑体竖立设置，是最常采用的设置类型，一般选用天然条形巨石竖立在基座上，或几块巨石叠置成高大碑体。遇有如下情况时选

图 4–4–13　标志碑的几种类型

择立式碑体为宜：门前广场宽阔，大门为多功能组合、建筑尺度较大，或门区周边岩体较高时。

2. 卧式

碑体横向设置，通常选择尺度适宜的天然巨石卧放在基座上。这种类型常在下列条件下采用：其所处广场狭窄，周边建筑体量较小，地形平缓时。也有在平原地带用人工堆土（石）设置的。

3. 组合式

由若干巨石纵横组合，或一横一竖两石组合构成。

三、门区服务设施的建筑设计

（一）简述

门区服务设施除大门外，主要指卫生间、购物店（棚、亭等）、餐饮店，有时在门前区形成一条购物街；或围绕门前布置这些小建筑。这建筑设计应与门前区规划同时进行，它是处于门前广场和停车场之间的过渡地带。其建筑设计应服从门前广场总体要求，以满足功能为主，不要张扬；与标志碑、大门相比，处于从属位置，总体空间上要远离标志碑和大门。建筑高度严格控制，基本为一层，有足够地形空间条件的个别大型公园可以为两层。

（二）卫生间设计

我国旅游部门提倡达标的旅游区必须采用豪华的星级卫生间，其初衷是改变过去不重视游客如厕的卫生环境，完全是应该的。卫生间的设计更应该满足如厕方便、卫生等功能，在外观上不要过于豪华，特别是在以自然风景为主的地质公园园区内，要适当隐蔽，不张扬，在引导牌的指引下能方便卫生地如厕即可。卫生间内的蹲位数量要与游客流量相适应，男、女蹲位比例大体相当；要设置必要的洗手盆，管理用小屋（供应卫生纸）等。室内功能一定要齐全，卫生条件要一流，外观设计要简洁，这是自然景区卫生间设计的三大原则。

（三）购物和餐饮店的建筑设计

与前述理念一样，购物和餐饮店的建筑设计应以满足功能为主，其规模受地形条件和用地的控制，在规划安排空间位置的基础上进行设计。由于建筑量可能在门区中较大，要仔细考虑建筑群体对景观的影响，做到功能建筑景观化，避免对地质公园门区造成负面影响。

所谓建筑群体，是指购物、餐饮店组成了一条商业小街，或广场一边的半条街。设计者，应避免将城市商街的豪华引进自然景区来（如野三坡国家地质公园的百里峡园区商业街）；追求向自然聚集、而又有序的小集市景观，建筑顺其自然随地形排列，错落有致，酷似自然村落。

四、广场的铺装

门区广场铺装根据使用功能大体分为停车场类、步行过渡性广场、公共活动类广场三种。不管哪一类，其铺装原则为：提倡生态性铺装，切忌大面积水泥现场浇筑或沥青混凝土铺面。不少游客都有这样的体验，夏天驱车到达某一自然风景区旅游，一下车地面的热气立即扑面袭来，这是水泥地面或沥青地面大量吸收太阳热又反射的结果。铺装本来的目的是防止雨天泥泞、晴天尘土飞扬，但带来的“城市热岛效应”应该避免。用原生态的石材铺路是首选，不得已可用人工砌块铺装，现代用透水砌块铺装是理想的生态选择。

（一）停车场的铺装

在保证承重、大体平整、安全停靠、营造人性化生态停车环境的前提下选择铺装类型。停车场的铺装大体有如下几种类型（图4-4-14）。

1．原始的砂石面层

一般在地质公园建设初期，平整出一块场地，为防止雨天泥泞，用砂石铺面即可，为防止干季扬尘，应及时洒水养护。这种面层投资少，是过渡性的措施，园区发展起来后，可作生态铺装。

2．块石、条石漏缝铺砌

面层为大体平整并适当加工的粗糙石面，石块间缝隙约100mm，用天然表土回填缝，缝内自然生长杂草。

3．不规则石材铺砌

石材可是卵石、片石、块石，铺砌时面层尽可能平整，在不规则的石缝间填土以供杂草自然生长。

4．人工预制水泥砌块铺砌

有方形、条形、六角形，厚度不小于100mm，平面尺寸为250 ～ 500mm。铺砌时有大缝和小缝两种，大缝宽约100mm，可填土长杂草；小缝缝宽小于20mm，可渗漏雨水。

5．人工留空砌块（又称草坪砖）铺砌

从生态考虑，砌块中留孔可填土长草，现在已经被越来越多的停车场地面铺装使用。

附带说明，营造生态停车环境，不仅要从铺装考虑，还可在车场内种植乔木，形成车窝，汽车停在绿荫下。

（二）公共活动广场的铺装

公共活动类广场在地质公园中主要指标志碑周边的广场。这类广场相对而言，人工

图 4-4-14　停车场的铺装

色彩多一些，是地质公园惟一的人工景点区。与此相配套，地面铺装可以精细端庄一些，但不允许用水泥现场直接浇筑的地面，可以用天然石板加工成型（没有必要用水磨光面）的平整地砖，或选择适宜的预制仿石砌块铺砌。但应避免引入城市广场砖而失去了天然公园的特色。

（三）步行过渡性广场的铺装

上述两种以外的广场，属步道性质，建筑就地取用各类石材铺装，如卵石、块石、片石、石板等，天然的或加工成型的都可。铺装时可根据实际条件或需要，留缝铺砌，缝中长草；或紧密铺砌，留窄缝渗雨水（图4-4-15）。

图 4-4-15　步行过渡性广场铺装

第五章　地质公园景区的建设规划

第一节　地质公园景区的特点和规划

一、地质公园景区的特点

（一）地质公园景区的一般概念

在地质公园内有一定区域范围、由若干景点组成的、承担游客游赏功能的、相对独立的区域称地质公园景区。本书定义的地质公园景区与地质公园园区不同，景区没有相对独立的服务设施，一般不独立经营或管理，是地质公园园区的一个游赏功能区。

地质公园景区包括三种类型：

1. 纯地质景区

在一定区域范围内主要的景观是由地质景点或地质景点群落构成的相对独立景区称地质景区。地质景区一般不含其他自然景点或人文景点。

2. 以地质景观为主的混合型景区

在地质公园的特定区域范围内以地质景观为主，还包括其他自然或人文景点，共同组成的相对独立的景区。

3. 以自然景观或人文景点为主的景区

在一定地貌基础上的自然景区（如大片森林）或包含人文景点（如古镇、大型寺庙等）的景区

（二）地质公园景区的特点

与一般自然景区不同，地质公园景区，至少包含有一定科学价值的地质遗迹或在一定地质地貌基础上形成的自然景区（不排除包含有人文景点）。正是这一特点，使地质公园景区承担着与其他自然公园不同的功能，即为游客提供了认识我们赖以生存的地球的科学知识的天然课堂。

与地质公园园区不同，地质公园景区只承担游客的游赏功能，使游客在游赏中获得愉悦和知识。

二、地质公园景区的建设规划

前述的地质公园景区的两大功能特点（天然科普课堂和游赏活动场地）决定了地质公园景区规划建设与其他功能区完全不同，是以保证这两大功能能够得到实现为目标的。还应该指出，与其他城市公园或人工造景园林完全不同，地质公园景区是大自然的神工巧匠造就的，是自然分布、自然形成的，把它建设成为地质公园，没有必要再画蛇添足，规划建设的任务只是提供较好的进入条件和较好的观赏条件。

（一）景区划分

景区是地质公园园区的最重要的功能区单元，是游赏目的区和科普实物课堂。景区建设规划的首先的任务是在地质公园园区大范围内，安排和划分若干个景区。每个景区都是这样形成的：选择一定范围内最有特色的景点为主景点，并以此为主适当扩大其范围，将毗邻的景点纳入，形成相对独立的景观特色的景区。一个园区通常由若干个景区构成，当然每个景区在科普价值上和景观价

值上是有差异的，景区划分要重视差异，也要突出重点景区，在建设游线和观景平台时也要优先考虑重点特色景区。

（二）景点和观赏点

景点是指景物和景群本身；观赏点顾名思义是指游客所处的观景的地方。地质公园的地质景点和自然景点是自然之物，是不依赖人类而早已存在的；观赏点（台）是人为选择安排并规划建设起来的，是供人们观赏和接受科普教育的现场。认识了景点和观赏点的区别，很清楚，所谓景区景点的建设规划实际上是选择和建设观赏点的工作。这又是与城市公园和园林以造景为主完全不同的建设理念。

不同特色和规模的景点与观赏点之间的距离差距很大。有些是群峰突兀，在周边山峦烘托下，远观较好，观赏点与其距离较远；有些是微型景观，当然近观较好，其观赏点就在景点前；当然大部分是宜于中距离观赏的景点，选择距离适宜的观赏点。还有气势磅礴的群峰、石林，可以选择在高处设远距离的观赏点，以欣赏其壮观之美，又可伸入其中近距离设体验性的观赏点或游线。所有这些要因景点特色而异，观赏点的选择定位完全决定于规划设计者的实际经验、科学和艺术素养、现场深入的程度。这是与园林设计师不同的设计理念，不是造园，而是最大限度地去寻求和展示自然之美，给游客寻找一个观赏之地。

（三）选择观赏点

在每个景区中每个景点也同样是有差异的，规划的下一步任务是选择最佳景点的最佳观赏点。在本篇第三章地质景观展示规划设计中已经详细介绍了观赏点位置的选择，不再赘述。应注意的是任何一个观赏平台，可以以观某一景点为主，还要兼顾观赏其他景点，做到一台观多景。实践中还有一个有趣的现象，一个高矗突出的地质景点，从不同的侧面，有不同的感受，就出现了一景点多个观赏点的情景，这就要规划设计师去发现和巧妙安排。

（四）安排观赏空间

规划安排观赏空间是景区建设规划的一项具体任务，第三章对观赏空间也已作了详细介绍。具体设计中要注意：不因观赏平台设计不当造成对环境和景观的破坏；尽量避免在观赏台中增加不必要的建筑小品或人工景观，如建景观亭之类（图 4–5）；游客在

图 4–5　不提倡的景观亭和人工小品

观赏台中可能因观景激动而忽视安全，因此观赏空间设计要特别注意加强安全防护设施的安排。

（五）布置游线

游线是将各景区的观赏点连接起来，并与园区主干道连接的步行旅游线路。观赏点的选择常常与游线的选择同时进行，反复调整，做到相对合理。游线选择要考虑游客的心理因素，巧妙地安排游线，最好不走回头路；在景点密集区，游线本身也是活动的观景台，可以做到步移景异，但此时要特别注意步道的安全防护；特别在危险路段（起伏的山路和水边崖边窄路），遵守“走路不观景，观景不走路”的原则，合理增加观赏台，加强防护。

（六）现场科普解说牌

科普解说牌是观赏点（台）不可缺少的设施，是体现地质公园景区的科普教育功能的重要设施，有关解说牌的内容、制作，在其他有关章节中已经阐述。

第二节　地质景点的游赏策划

一、地质景点的游赏策划

地质景点的游赏策划指对自然状态的地质景点与游客的关系进行分析，通过策划安排，使景点具有吸引力和供游客欣赏的环境。地质景点是自然分布、客观存在的，而游客进入景区，从不同点去看它，得到的感受是不同的，要寻找相对最佳的地点（包括视角、距离）去欣赏它，才会得到最佳的感受。规划者的任务就是：

1）安排旅游线路通过这个最佳点，并在最佳位置，安排适当的空间，供游客稍作停留、欣赏或摄影。这个线路可以是旅游步道、水上游船、空中索道等。

2）必要时营造欣赏地质景点的小环境（观赏点），处理好游客与景点的关系，类似于园林设计中的引景、借景、框景等，使游客在景中，景在游客心中，达到流连忘返的意境。

3）在适当的位置，设立解说牌，让游客了解其科学内涵和景观价值。

4）给该景点命名，以加深游客对该景点的印象。

二、不同特色地质景点的策划

不同类型和特色的地质景点，其策划内容和方式各不相同。通过对大量地质公园规划的分析，大体上可分为几类：

1. 山岳壮观型地质景观

要寻找具有开阔视野的位置，设观赏点或观景台。该位置或高或低，或在山顶观全貌，或在深谷这边看对岸，有的是隔山相望，有的是在雾山中体验。最典型的例子是作者曾在晋豫交界的太行山顶山西省一边放眼看河南的云台山，既十分壮观，又锦绣如画，如果跨省山上山下联合起来，建设一座完整的大型地质公园，是作者的期望。

2. 峡谷类景点

峡谷大部分是由于地壳抬升、水流切割、剥削、崩塌而形成的深沟。谷两侧是天然的地层剖面，由于自然力的作用形成的切割、剥削、崩塌留下的地质遗迹，构成大小不等、上下两侧丰富多彩的地质景观观赏点。加上水流和生物，使峡谷成为许多地质公园吸引游客的主要景观。峡谷类景观观赏点策划相对比较简单，常常是沿谷底或一侧安排一条步行游道，遇水架桥（梁桥、索桥、拱桥、汀步等），遇峭壁架栈道，或利用天然穴洞穿越。这类游道往往不用太多的人工构筑物，尽可能利用天然地形地物稍加整修即可，切忌大动土木修标准道路，这将造成对生态和地质遗迹的破坏。规划者主要任务是现场选游线，将沿线所有可能的小景点都命名，并组织到游线附近。游线总长度控制在半天游程内；有条件时，使游线形成环路，谷底去，谷顶回，或一侧进，另一侧出。

3. 洞穴类景点

洞穴景点，最常见、数量最多的洞穴是溶洞。溶洞的沉积物展示出千变万化的景象，对游客具有极大的吸引力。自然洞穴作为一个整体景点，其洞内各小景元已经自然形成，洞穴景点策划主要指软件设计和硬件规划。其中软件设计主要指对洞及其中各小景元的形成给予科学解释；对其形象给予描述，有时加上美丽的传说，以增加游客兴趣。硬件规划，洞穴专家陈诗才在《旅游洞穴学》一书中提出三个系统：道路系统、灯光系统及防护系统。本书作者认为，作为地质公园还应增加一个科学解说系统。道路、照明、防护、解说四大系统构成洞穴景点硬件规划的基本要素。

4. 精品微观型景点

精品微观型景点分为两类。

一种是微型的象形景点。这多指各种岩石风化后形成的酷似各类动物、人物形象或各种群体形象的景点，有的怪异奇特，很有欣赏价值。这类景点随观察者的位置不同，形象也发生变化，选择最佳视线角度和距离最为重要。当然这一位置也要在规划的游线上或游线附近，一般要在深入现场考察时选择，同时对每一景点命名，并在地形图上（最好是万分之一至千分之一之间的地形图）标注准确清楚，以利建设规划中详细安排。一般在选择的观看点位置游道适当加宽扩大，并设指示牌和解说牌，指示牌要明确指出观看的方向。

另一种是有科学价值的微型景点。如化石产地点、岩石矿石露头、标准地层剖面点、地层构造遗迹点、冰川擦痕、外力作用（风蚀、冲刷、风化、崩塌等）遗迹点等等。这些是地球历史演化的记录、活的教科书，景点策划的重点是在保护的前提下，将最有典型特征意义的遗迹点展示化石，并立牌加以解释。当然规划要安排好步行安全到达展示点的条件。有些遗迹如古脊椎动物化石产地点，可就地建保护馆，既保护化石，又展示化石，供游客参观。

三、景点命名

景点命名通常是在现场考查时进行，各类专业人员面对景物，共同切磋，随时有感而发，科学定名，切忌“闭门造车”。总结多年的实际经验，发现给景点命名没有地质公园命名那样严格、复杂，但也有一定的规律可循，简述如后。

（一）命名原则

1. 名景相符原则

景点名称一定要与实景相符，可以神似、形似或反映科学事实，三者至少有一相符即可。神似指实景与景名在游客心目中能联系起来，如山顶一块孤石，与其下托起的基岩岩性不同，用“飞来石”游客很容易接受。形似容易理解，且用得比较多，如将军岩、一线天、阳元石等。反映科学事实的也不少，如百丈瀑，该瀑高 30m 左右。

2. 简明原则

通常景名不宜太长，应简单明了。一般以 3 ～ 4 个汉字为宜，1 ～ 2 个字不易表达意境，6 字以上传播和记忆都不便。不少地质公园常用相同的字数如 4 个字，排列成八景、十景、十六景或二十景……以方便游客进园寻找、游完全部景点，是可取的方法。

3. 上口原则

景名读音上要有韵律，不拗口，叫起来上口，容易记忆、容易传播。景名不允许用生僻字，地质名词最好能大众化，少用社会上根本不流行的外来语。

4. 有吸引力原则

一个好的景点名称，应该能吸引游客，

使游客一听名就想去看。

（二）命名方法

1. 理性科学命名法

地质景点，直接用地质用语命名对科学普及有利，这也是地质公园规划策划者应该提倡的首要命名法。应该注意的是命名既要注意科学性，又要能被大众所接受，如猿人洞、峰林、溶洞、化石、硅化木等。

2. 灵感艺术命名法

很多景点常常是考察人员到现场被景点吸引，十分兴奋，甚至是震撼，产生灵感、联想，景名脱口而出。有些专家不仅专业科学知识丰富，而且历史文化修养较高，富有激情，确实产生了不少有创意影响深远的景名。如河北省涞水山坡乡，20 世纪 80 年代，邀请一批北京旅游专家去现场考察，为涞水县的山水所吸引，原生态保留良好，很能吸引北京游客，大家有感而发七嘴八舌议论，“野山坡”景名立即产生。一个“野”字点出了景点的最基本的特色，此名一经传出去，吸引了大批京津游客前往旅游，野山坡已成了河北省的著名旅游品牌，如今在北京几乎家喻户晓。2004 年被国土资源部确认为国家地质公园，2006 年被列入世界地质公园房山地质公园园区之一。

3. 形象命名法

以形象为景点命名，是从古到今在中国广泛采用的方法。

（三）景点名称的组成

景点名称通常有两部分：文化名 + 自然物名。

1. 自然物名

包括自然现象、形态、物质名、构筑物名。如云、天、望月、观海、原、园、苑、瀑布、泉、潭、池、井、湖、河、石、岩、崖、峰、谷、山、坡、丘、洞、窟、岸、岛、地、木、树、林、草、花、城、堡、院、亭、台、阁、轩、桥等等。这些名通常置于景点名的后半部。

2. 文化名

包括心理描述、景观描述、现象描述、形象描述、抽象名词、动物名、植物名、人物名词、历史名词、地理名词、地质名词、量词等等。

景点名称举例：飞来石、将军岩、三叠泉、千丈瀑、石猴观海、日月潭、一线天、五指峰、槐抱松等。

第六章　地质博物馆和服务设施的建设规划和设计

第一节　地质公园的建筑总体策划与设计

一、地质公园的建筑总体策划

（一）建筑策划的一般概念

建筑策划是为实现总体规划目标，而提出的科学而符合逻辑的具体设计条件或依据，是有效衔接总体规划与建筑设计之间的一项重要工作，可用图 4-6-1 表示。

要把总体规划落到实处，不管承认与否，需要建筑策划这一中间过程，才能拟定各类具体的建筑项目及其相应的功能、规模、空间结构；并对其经济效益预测，对社会、环境影响的评估等；通过这一研究，得出的结论当然能够成为下一步建筑设计的依据。当然建筑策划的过程需要认真细致的社会、经济需求和环境的调查，精密的测算、理性的分析。这里不详介绍，读者有兴趣详见《建筑策划导论》。

图 4-6-1　建筑策划的基本概念

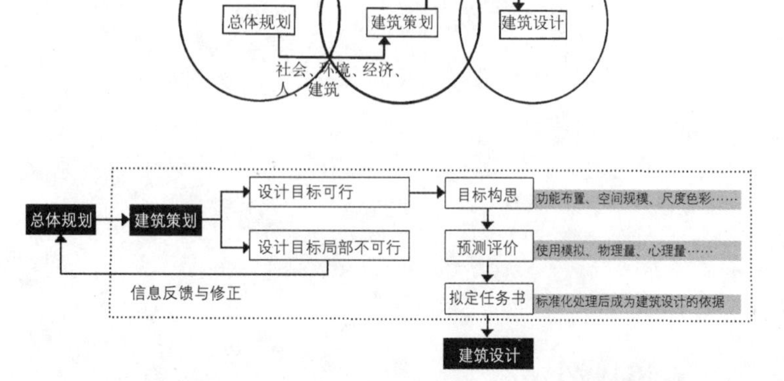

（二）地质公园规划中引进建筑策划的必要性

本书第二篇已经明确指出地质公园规划的主要目的是指导地质公园的建设、发展和保护。为此，地质公园总体规划审批后，进入建设规划阶段，应该安排公园的具体的科普设施、旅游服务设施和保护设施，为了使这些设施落到实处（有些旅游规划专家俗称“落地”），引进建筑策划是可行和必要的环节。实际上在原有的规划中，我们在自觉不自觉做着这些工作，如在总体规划完成后，总是在研究各类设施具体项目的功能、形式、规模、布局，如何要求建筑设计中满足游客需求以及与环境的协调等等。现在可在地质公园建设规划中通过建筑策划，用简洁的概念（或语汇）概括，为建筑设计提供依据。

（三）地质公园中的建筑策划

在地质公园规划中，已经对园区的空间功能做出了安排，其中保护区内禁止建筑；游览区中除安排步行路和解说牌外也禁止建筑。而其他的如服务区、集中科普区（博物馆）、管理区、居民点则需要通过建筑策划，提出具体的建筑种类，每种建筑的功能、数量、规模、布局；园内所有建筑的统一的基本风格、色彩、形式、甚至建筑材质。

当然建筑策划必须充分了解社会需求（包括游客数量）和客观可能（包括园内可利用的土地），才能做出好的符合实际的建筑策划，为下一步的建筑设计提供可靠的依据。

其实在本篇第四章中的一些内容实际就是对门区的建筑策划。本节中下面的一些内容为建筑策划提出了原则要求；后两节就博物馆及其他服务设施建筑策划和设计作了较详细说明。当然建筑策划是适应社会需要新提出的一种介于规划与设计之间的中间环节工作方法。清华大学吴懿同学首次将这种方法用于地质公园规划之中，虽然还不完善，但是个方向，作者也将此法介绍给读者，并在应用中不断完善。

二、自然公园与城市园林

地质公园，是自然公园，是以自然科学奥秘和自然美吸引游客。规划者的任务是在保护自然环境的前提下，安排游客进入园内探赏的基本设施，从而使游客能有条件去体验大自然的神奇，欣赏自然之美。园内所有不得不建设的建筑都是围绕服务游客而设立，主要是满足功能需要；当然公园内的任何建筑也有景观功能，也应注意功能建筑景观化，但更要注意这些功能建筑要尽可能融入自然之中，是“自然之物”，不要张扬，要顺其自然。

城市公园与自然公园完全不同，城市公园是在有限的空间内，由园林师仿自然山水去造园，并根据园林师个人爱好在园内种植林木花草，称之为园林。为了区别于自然公园，人们通称为城市园林。中国大百科全书对园林作出的定义是：“在一定的地域运用工程技术和艺术手段，通过改造地形（或进一步筑山、叠石、理水）、种植树木花草、营造建筑和布置园路等途径创作而成的美的自然环境和游憩境域。”当然其他许多园林专家也各有不同的定义，但共同的是改造原有地貌，不是完全无中生有、由平地造出园林来的，强调用工程和艺术去营造环境。为了突出一个造字，后来形成了一个“造园学”；进而出现了园林建筑学等。本书作者并不是否定城市园林，而是强调自然公园的规划设计理念与城市园林完全不同，并反对用城市园林的造园思想去规划设计以大自然环境为主的自然风景公园。

近十多年来，民富国强，大量的资金转向投资包括地质公园在内的自然风景区，并用城市园林的造园思想，将一些风景区改造得面貌全非。地质公园正在兴起，我们应该充分认识到问题的严重性，引以为诫。至少，从事地质公园的规划设计者，不要将造园理念引进地质公园之中，保护越来越少的自然资源。

三、建筑与自然环境

笔者反复强调，包括地质公园在内的自然风景区中，建筑仅是满足游客服务功能之物，在自然环境中以不张扬为好，融入自然之中，或反映其主题特色即可。但园林建筑师则反之，《园林建筑设计》（该书第4页）则认为，建筑起点缀风景作用，“没有建筑也就不成其‘景’、无以言园林之美（周维权）”，这也许对城市园林来说是对的，但这一思想不能引到自然风景区来。地质公园的自然之美是不用建筑来点缀的，有时建筑成了画蛇添足。

最近几年，我国一些著名的名山为了“申遗”，或已经成为遗产保护单位的，因大量建筑受到黄牌警告，不得不花重金大量拆除与自然不协调的建筑，恢复自然本来的面貌。其实，已经建成的再拆除，不仅代价更大，而且要恢复自然原貌是不可能的。自然之美，一旦破坏，就不能恢复，地质公园规划设计者要永远记住这种教训。

自然环境、地质景观，是地质公园之本，是游客旅游的目标所在。游客不为建筑而去，如果建筑不是主要为了服务功能需要，在景观中是多余的。本着这一理念，将建筑完全融入自然环境之中，让游客游完公园全程，对地质遗迹和自然景观印象深刻，却没有感到这些园内服务建筑的存在，或只有淡淡的印象，或通过建筑外观记住了公园的主题特色，这样的建筑设计就是笔者所期望的目标。

四、建筑主题

有关建筑功能问题前已阐明，不再赘述。本书所说的建筑主题是指：建筑外观要反映特定的地质公园的主题，与其一致或融入其中。

例一， 以火山地质遗迹为主题的地质公园，外墙建筑材料可取当地玄武岩或玄武岩饰面铺地（海口石山火山群地质公园的大部分服务设施和展馆外观做的都是玄武岩饰面，铺设步行道，效果很好）；也可用当地凝灰岩作建筑装饰或铺地（雁荡山地质公园温岭长峪园区有大量凝灰岩建筑，效果很好）。

例二， 以恐龙蛋和恐龙化石遗迹为主题的地质公园。如湖北郧县国家地质公园是以恐龙蛋集中分布为特色，其博物馆的建筑外形就是以一个似半埋恐龙蛋状的椭圆球体，其他建筑外墙显著部位用卵石点缀装饰，反映该地质公园的主题特色。

五、建筑尺度

（一）自然与建筑

自然风景区的服务设施的建筑尺度，原则上是宜小不宜大。要满足功能要求，建筑要融入自然之中，设计要处理得好像是从自然中长出来的一样。特别是处于山丘、谷地中的建筑，在体量上要远低于周边山体的高度。房山十渡有一处新建筑在与山岭比高低，是一大败笔（图 4–6–2）。也不能将谷中大门修得像一道高墙，与自然格格不入。在林区一般建筑的高度不要超过乔木高度的一半，最多相当于两层楼，隐蔽在树林之中。

图 4–6–2　与自然不协调的建筑

（二）人与建筑

服务设施建筑群为人所用，空间尺度要与人体尺度相近。城市豪华宾馆，有一个高大宽敞的大堂，是因为人们长期在狭窄的城市空间和汽车空间内生活，心胸逼闷，需要有一个释放的空间。而在大自然的空间中，建设得再高大宽敞的大堂，对活动在大自然中的游客来说并没这一感觉。相反，要有一个贴近自身尺度的服务设施更有亲近感。这就是我们提倡的大自然景区中的度假建筑尺度宜小不宜大的重要原因。

第二节　地质博物馆的策划和设计

一、地质博物馆的功能

作为地质公园的地质博物馆，首要的功能是：在有限的空间内集中展示本地质公园所在区域的地质背景、地质演化史、岩体性质特征；集中展示本公园内典型地质遗迹及其价值；集中展示本公园内地貌现象、特征、科学规律，展示其主要的地质景观及其旅游价值。游客在馆中首先对本公园有一个最初的了解，为下一步到园区内实景观光体验打下了基础；如果实地观光后再到博物馆参观，将会加深对本地区地质地貌现象本质及其价值的认识，从而获取大量深刻的地球科学知识，提升了游客自身的文化科学素养。这就是地质博物馆的科普功能。

地质博物馆的第二个功能是：保存了本地有价值的岩石标本和各类资料，为地学教学和专业研究提供了场所。地质公园的专业教育功能是无可置疑的，其中地质博物馆功不可没。随着时间的推移，一些地质公园的博物馆不断有新的标本入藏，新的研究成果也不断补充进博物馆内，博物馆为专业研究提供服务也应是其功能之一。

收藏和保护地质遗产也是博物馆的基本功能之一。

二、地质博物馆的规模

地质博物馆是地质公园不可缺失的科普设施，其规模决定于三个因素：地质公园的等级、馆藏内容的丰富程度和公园本身的游客流量。

目前国内综合或专业博物馆的规模按建筑面积大体上分三类：

大型馆建筑面积≥ 10000m^2；

中型馆建筑面积 4000 ～ 10000m^2；

小型馆建筑面积≤ 4000m^2。

地质博物馆属专业博物馆，其规模要小于上述类型。号称亚洲最大的中国地质博物馆建筑面积达 10000m^2，除此以外，各省规模大都在 2000m^2 以下。规划中的南京地质博物馆将达到 7200m^2，将是省级最大的地质博物馆。

国内各地的地质公园的博物馆大都在建设或规划设计阶段。根据掌握的资料，地质公园的博物馆按规模分三类：

大型馆建筑面积≥ 4000m^2；

中型馆建筑面积 1000 ～ 4000m^2；

小型馆建筑面积≤ 1000m^2。

展品丰富、年游客量超过 20 万人次的世界地质公园的博物馆，其规模可按建筑面积 4000m^2 的大型地质博物馆设计。国家地质公园或展品量中等的世界地质公园的博物馆，年游客量不足 20 万人次，可按中型馆设计，其建设面积根据展品量和游客量，控制在 1000 ～ 4000m^2 之间。省级地质公园的博物馆展品较少，年游客量不足 10 万人次，均按小型馆设计。有些规模更小的实际只是一个陈列室。

三、地质博物馆的选址

地质博物馆选址考虑三个因素：人流集中区或游线上、有足够可供建设的土地、有特别原因需要建在遗迹产地。前两个是必要条件，在选择馆址时必须遵守。

实践中，地质公园博物馆常安排在门区附近，或依托公园内某一主要景点服务区内，很少单独择地建馆的。从管理考虑在门区附近建馆，一般选择在公园门内一定位置，游客入园后，首先参观博物馆，再游览真实的“天然博物馆”。游览完毕出园前还可再入馆回味，加深对所见到的地质现象科学本质的理解，真正实现博物馆的科普功能。

实践中曾经遇到特别情况，在有很高价值的生物化石产地，从保护和展示双重目的出发，就地建馆。将该化石罩在室内，在其周边建设参观线，并安排必要的展室和演示厅等博物馆设施。四川自贡恐龙古生物国家地质公园博物馆就是建在自贡东北郊大山铺恐龙化石埋藏遗址现场，博物馆内设有化石埋藏厅、化石装架陈列厅、恐龙生活环境厅和报告厅等，总建筑面积达 6000m^2。其中恐龙化石埋藏厅约 1900m^2，游客可直接见到多种恐龙骨骼埋藏的情景。

四、地质博物馆的组成和展示方式

现代地质博物馆，通常包括展示区（含实物陈列厅、模型厅、图文字解说厅等）、科普演示厅、游客服务区、馆藏库区、技术及办公区等。

现代地质博物馆的展示方式多种多样，并且还在创新发展中。据作者所知，目前地质博物展示方式包括：原始的实物（岩石标本、化石骨架）陈列展示、模型展示（地形沙盘模型、地层剖面模型、古生物复原模型、古环境复原模型、火山喷发模型等）、图文解说展示、DV 或三维动画演示等。展示方式的创新，直接影响了博物馆的建筑设计，或者说展示工艺决定建筑设计，因此博物馆的建筑设计人员，首先要接受地质科普教育，了解展示内容和流程才能作出好的设计。

五、地质博物馆建筑设计的要点

地质博物馆建筑设计主要有两大部分：包括功能、流程布置；建筑外观设计。现简述如后。

（一）总平面布置的要点

1．分析参观流程和功能区

地质博物馆就功能而言，要满足地质科学及其特有丰富内涵的布展陈列要求，留有足够的空间；要满足受众接受科普教育的要求，要有视觉音响效果均好的演示厅；要满足当代游客渴求系统地了解地球山水变化知识的期望，要有完整的参观线路。

博物馆平面布置要与参观流程相吻合。通常游客首次来博物馆参观的流程是：序馆（门厅），了解地质公园概貌（设公园地形沙盘模型）和本公园的主题地质遗迹（用相关模型展示）；公园所在地地质演化史（图文展示）展厅；岩石标本、化石骨架等实物展厅；科普报告和影像演示厅。以上建筑面积要占总面积的 60% 以上。

博物馆除以上各功能展厅外，还要安排必要的功能区：游客接待服务区（提供咨询、发送或售卖科普资料、出售旅游小商品和纪念品、休息处、贵宾接待室等）、办公管理用房区、标本收藏库房、后勤保障服务用房。

2．建筑总面积的控制

前已阐明，建筑规模由公园等级、馆藏内容和游客流量三大因素确定。这些应该根据实际资料参照前述因素进行测算，并在公园规划中提出，建筑设计中一般不得突破。

3．初步拟定各厅室面积

1）实物展厅面积主要根据实际收集到的标本量确定，并留有一定未来新增标本的展陈面积。

2）图文展示厅要考虑等级，对世界地质公园不能仅局限于本地区的地质演化史，应有展示地球演化历史等更大范围的内容，因此面积要有所增加。

3）科普报告和影像演示厅的面积，根据游客流量计算确定。通常按一天 8 ～ 10 次周转计算，如日接待 1000 人的博物馆，演示厅人均指标为 2m^2／人左右，其面积约为 200m^2。

4）服务用房按参观人数确定，按高峰日接待量计算，人均指标为 0.5m^2／人左右，当达到 1000 人／d 时，服务区建筑面积不小于 500m^2，其中贵宾接待厅面积不小于 100m^2。同时展厅每层都要有足够的男女厕所面积，不可忽视。

5）办公管理用房按地学研究人员工作用房指标即每人 30 ～ 50m^2 计算，讲解员、其他后勤管理员按每名员工 5 ～ 10m^2 计算。

6）藏品库房和标本修复、展板制作室都要考虑适宜的面积，最少不小于 50m^2。

7）其他按实际数据计算。职工生活用

房不得列入其中。

4．各层建筑平面的拟定

建筑平面的拟定是在认真研究参观流程基础上提出的，通常要求提出两个以上方案，反复比较后最后拟定。

通常序馆、影像演示厅和服务区安排在首层；实物标本展厅要有足够面积，考虑使展品与观众在空间上分离，有特殊价值的展品应设单独展室或单独存放展出复制品；展厅空间不宜太小，要考虑灵活调整、分间布展的要求，同一主题展线不宜太长（最长也不要超过 300m）；展品前参观通道的宽度要留足，避免高峰人流超越通过条件（大型展馆展板前通道宽不小于 2.5m）；所有展厅至少有进、出两个口，引导观众按顺序参观，展厅之间连接通道、各层之间的楼道，其宽度根据人流确定，但最窄不小于 2.5m；各类展厅的每层楼面都应配置男、女卫生间各一间，根据游客量确定便器数量，男、女间内至少各设 2 个大便器，并配有洗手盆、污水池，楼层面积超过 $1000m^2$ 时应适当增加卫生间数量。

藏品库房、展品加工、研究办公管理用房要与游客活动参观区分隔开，通常安排在顶层或后院。

其他消防安全等规定都遵守国家有关的公共建筑设计规范执行。

（二）建筑外观设计的要求

规划者虽不直接参加博物馆的建筑设计，但要根据本公园的资源与环境条件，对建筑外观设计提出相应的具体要求，即规划条件。

1．建筑与周边环境

地质博物馆与城市内的博物馆不同，是处于自然大环境之中的，总体上要达到“虽是人工所建，宛如自然所生”。建筑物所覆盖的面积不宜大于博物馆用地面积的 30%，即建筑在绿地之中。建筑物前广场为生态型

图 4-6-3　地质公园博物馆的建筑外观

广场，禁用现场浇筑水泥铺面。

2. 建筑风格控制

建筑外观要能反映出这是地质博物馆，而不是城市娱乐宫；要简洁、大方，少人工雕饰，似自然之物；要能从当地文历史文化中吸取营养，形成符号、元素，并反映到建筑外观中；建筑高度要与周边山水环境相适应，不能喧宾夺主；外墙饰面禁用人工瓷片，尽可能选用自然材质，如石、木、竹等（图4–6–3）。

第三节　旅游服务设施建设规划

一、地质公园的旅游服务设施

一般旅游业通常有六大要素：吃、住、行、游、购、娱。地质公园增加的科普，是更高档次的游和提高素质的活动。

就地质公园而言，旅游六要素中的“住”和“娱”两项不是必要的组成部分，一般只在地质公园总体规划中作出适当安排，到建设阶段，宾馆和大型娱乐项目可单独立项设计、建设。同时宾馆度假村和大型娱乐设施的具体设计问题超出本书范围，本书只在第三篇从公园宏观规划上对其进行了叙述。有关“行”的问题，本书有专门章节中介绍。

旅游六要素中的“吃”和“购”两项以及一些附属的小型的接待、娱乐设施的规划设计，将在本章中介绍。

二、服务设施的内容与规模

（一）服务设施的内容

地质公园的旅游服务设施必须满足旅游的基本服务需求，建设完善的接待、餐饮、购物体系。应安排有当地特色的农副产品、手工艺品、纪念品商店和地方特色的餐饮店，当然也可从地质旅游的特色出发，有控制地提供当地奇石、矿泥、矿泉水、化石复制品和其他高档的地质旅游纪念品。安排设计好服务设施，不仅方便游客，而且有利于促进就业、发展地方经济，更能促进地质遗迹的保护，达到人与自然、游客与当地居民、游客与经营者和谐相处的良性发展的目标。

（二）服务设施的建筑规模

1. 餐馆规模

餐饮设施的规模由两大因素决定：一是游客流量；二是游客在园内停留的时间。后者指，公园规模较大，参观时间较长，例如超过半天时，游客就餐比例大增，园内餐饮设施规模当然要大，具体规模分析如后。

估算的用餐人数可按下式估算：

$$X_R = K_R \cdot X \qquad (4\text{–}6\text{–}1)$$

式中　X_R——估算的用餐游客数（人）；

K_R——用餐比例系数，即用餐人数占游客总数之百分比；

X——全天游客数（人）。

用餐比例系数 K_R，随游客在园区内停留时间而变化，但非直线正比关系，据作者实际观察分析，K_R 的变化规律是停留时间在1.5h之内，$K_{1.5} \cong 0$；2.5h时开始急增，$K_{2.5} \cong 20\%$；到5h时开始变缓，如果5h以后还不去餐店用餐说明是自带食品。K_h 随时间变化的规律参见表4–6和图4–6–4。该表和图只是说明一种规律，具体的 K_h 值随公园游客的消费水平和习惯有所变化。

假设餐馆的餐位周转次数为 N_R，规划

地质公园园内用餐比例系数表　　**表4–6**

游客园内留时间（h）	1.5	2.5	3	4	5	6	7	8
用餐比例系数 K_R（%）	≌0	20	30	50	60	63	65	65
备注		安排餐饮点时间区段						

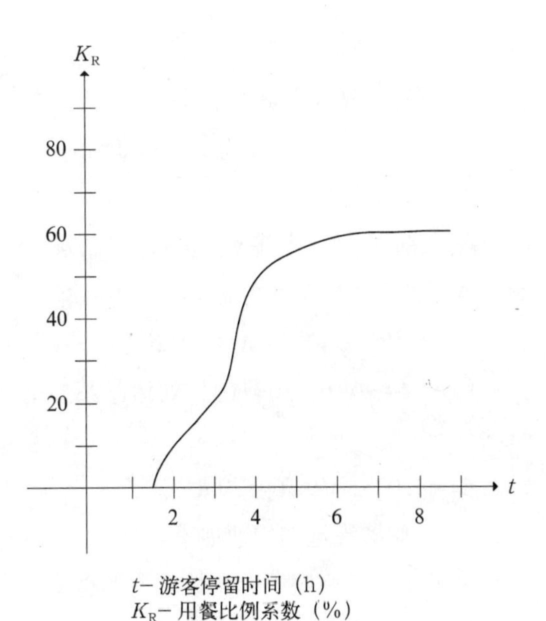

图 4-6-4 t-K_R 关系图

餐馆的餐位总数由下式估算：

$$R=X_R/N_R=(K_R/N_R)\cdot X \qquad (4\text{-}6\text{-}2)$$

式中 R——规划餐馆的餐位总数（座）；

N_R——餐位使用周转次数（次）。

由式（4-6-2）可推算餐馆餐厅的建筑面积的计算公式：

$$A_R=q_R\cdot R=q_R\cdot X_R/N_R=q_R\cdot(K_R/N_R)\cdot X \qquad (4\text{-}6\text{-}3)$$

式中 A_R——餐厅的建筑面积（m^2）；

q_R——餐厅单个餐位平均所占的建筑面积（m^2/座）。

据有关资料[34]，餐馆的餐厅与厨房（含各类辅助面积）之比，大体上是 1∶1，因此餐馆总建筑面积 A_{2R} 由下式估算：

$$A_{2R}=2q_R\cdot(K_R/N_R)\cdot X \qquad (4\text{-}6\text{-}4)$$

为了便于理解（4-6-4）的意义，试举一中等规模的地质公园为例，计算其餐厅的建筑规模。该公园高峰季节日接待游客 X=1000 人，由于游客在园内停留时间算较长，用餐比例系数 K_R=60%，餐位周转次数 N_R=2.5，单个餐位面积 q_R=1.5m^2，由此计算餐馆的餐位总数为 240 座，总建筑面积为：

$$A_{2R}=2\cdot1.5\cdot(60\%/2.5)\cdot1000=720m^2$$

实际安排时可在园内人流集散地安排，为方便游客可分两处安排，其中一处为快餐。

2. 购物设施规模

购物设施是地质公园内为游客服务的辅助设施，对其规模没有统一的规定标准。园内游览区特别是地质遗迹保护区和地质景观区建议不设置购物店或点。大型集中的购物场所，购物设施一般设在门区的门前广场外侧或包括博物馆、餐馆等在内的集中服务区内。游线较长的园区内，为方便游客，可在游线的适宜位置安排小型的购物设施如饮料小食品流动点。

集中购物设施的规模由以下因素决定：①是否有足够的用地条件；②是否能提供丰富的、有地方特色的和有吸引力的商品；③公园本身有足够的客流量。如果前两项有保护的前提下，客流量是决定因素。

地质公园范围内出售的商品一般主要是纪念品、特色产品、地质小商品（奇石、化石复制品等）以及饮料、果品、小食品等，其商品体积一般不大，因此每个售货位面积可按 6m^2 计算，其中售货柜台线长按 3m 计算。

可能的售货位总面积由下式计算：

$$A_S=6X_h/P_S=6K_hK_SX/P_S \qquad (4\text{-}6\text{-}5)$$

式中 A_S——商业售货位总面积（m^2）；

X_h——旺季高峰日高峰时集中的可能光顾商店的游客数量(人/时)；

K_h——高峰时集中系数，即游客高峰时占全日游客的比值，通常 K_h = 30% ~ 50%；

K_S——高峰时光顾商店的游客数量占此时游客总数之比，通常游客不一定购物但可能到此停留 2 ~ 5min 看看，通常 K_S = 40% ~ 60%；

P_S——每个售货柜台（长3m）单位小时能接待的顾客数（人/时），通常按游客在柜台前停留2～5min考虑，取P_S=12～30（人/h）。

为了便于理解（4-6-5），试以前一中等规模的地质公园为例，各系数均按取中间数，则商业售货摊位总面积为：

$A_S=6 \cdot 40\% \cdot 50\% \cdot 1000/20=60m^2$

相当于10个售货位面积，如果存货和辅助用房，以此为例，购物设施总面积大约120m² 基本能满足需求。

购物设施面积要远小于餐馆面积数。当然如果除公园门区外还有条件建设集中服务设施区，有充足的理由，服务区内的购物商店面积可适当放宽。

3. 休息茶室的规模

包括地质公园在内的自然风景旅游区，一般景点分散，游线较长，在游线的适当位置安排游客休息点是必要的。如果游客在步行（或游览）了很长时间（通常为2小时左右）后，能有一处提供休息饮水的小小茶室，一定会得到游客欢迎。在建设规划阶段应该考虑安排这样的服务设施。

按照上述类似的方法分析，可以估算出一处休息茶室建筑面积如下：

$$A_T=1.5q_T \cdot (K_T/N_T) \cdot X_T=0.025K_T t q_T X_T \quad (4-6-6)$$

式中 A_T——休息茶室总建筑面积（含辅助面积）（m²）；

q_T——单个茶位所占面积（m²），一般取1.0～1.6m²；

K_T——路过此休息点高峰时用茶人比例，通常为20%～40%；

N_T——此时茶位每小时周转的次数，$N_T=60/t$；

t——游客在此休息饮茶停留时间（h），一般为10～20min；

X_T——路过此休息点的游客数（人/h）；

现以前述同一中等规模的地质公园为例，若经过此线的游客占总数的50%，即

$X_T=50\% \cdot 40\% \cdot 1000=200$ 人/h

代入（4-6-6）中得出该处休息茶室的面积：

$A_T=0.025K_T t q_T X_T=30m^2$

（三）服务设施的用地规模

由于服务设施处于自然景区内，建筑一般为单层，最多两层，建筑底地面积大体为总用地的30%左右，因此可以直接估算出各类服务设施的用地面积。以前述中等规模的地质公园为例，其餐馆用地面积约2400m²，购物设施用地面积约400m²，服务设施基地总用地面积可以考虑3000～4000m²为宜（不含交通等配套基础设施用地）。

三、服务设施基地的选择

服务设施基地选择考虑的因素主要有：在人流集中区或游线上；有足够的可供建设的土地；对地质遗迹和生态环境不构成威胁。

实践中，如果大型自然公园内早已形成了较大居民点（村镇），可依托该居民点，在其附近或其内建设相应的服务基地。原有居民点的产业结构将因建立地质公园而改变，由农、牧、林业转为旅游服务业和生态保护。

规模不大的园区，如果游客在园内正常的游览停留时间在半天之内，可考虑服务基地与门区结合，此时除门区功能外，还安排有餐饮、购物服务设施和地质博物馆等，成为集中的旅游科普服务区。

第七章　地质公园标示系统的建设规划和设计

第一节　地质公园标示系统

一、地质公园标示的定义

“地质公园标示”是国土资源部地质环境司于2002年发布的《中国国家地质公园建设技术要求和工作指南（试行）》中提出的一个术语。该文件解释：“国家地质公园的标示说明系统，是一个面向游客的信息传递服务系统，它的功能是使国家地质公园的教育功能、使用功能、服务功能得以充分发挥，它的客观存在是国家地质公园作为一个适应社会需求的旅游目的地和天然科学博物馆的不可缺少的基本构件。”

标示、标志、标识等是同义语或近义词。上海辞书出版社出版的《辞海》明确地把“标识”与“标志”的第一条解释等同为“记号”，“识”读作[Zhi]，与“志”同音。标识在我国商业或公共事业形象上更多地被采用，作为品牌、视觉形象的识别标志。如“山、水、洞、恐龙”组合图案就是国家地质公园的标志。公路道路上各类指示、警示标志通称号志。标示是不见于辞书的新词，人们应用它除含“标志”的内涵外，可能还增加了解说、公示等更多的内容。因此本书所提“标示”包含了前述所有内涵。

地质公园标示系统是指将公园形象、科普解说、导游、管理等用完整的视觉识别表达体系向公众（游客）提供的信息服务系统。

二、地质公园标示系统的建立

地质公园标示系统可以借鉴先进的VI（视觉识别Visual Identity）体系，应用到各个公园的形象和标志规划设计中去。所谓VI是指以针对某一团体（企业、社团、机构、城镇、旅游区等）而精心设计的标志、标准字、标准色彩为核心而展开的完整的、系统的视觉表达体系。统一应用到该团体的内外环境布置、办公用品、产品包装、陈列展示、广告媒体、服装服饰、公务礼品、印刷品等之中。好的VI体系，可以准确反映该团体的形象，弘扬其文化，使该团体的员工有认同感、归属感，有利于凝聚员工的亲和力、调动员工积极性，有利于树立本团体的社会形象和认知度，推动该团体的事业发展。

地质公园标示系统的建立就是用规范的视觉识别体系来统一各类碑、牌、图、板、栏等展示物。用精心设计的标志、标准字、标准色彩及其组合构成基本的要素来统一规划设计上述展示物，这是地质公园建设规划阶段的重要任务之一。

世界地质公园（UNESCO-GEOPARK）的标徽是由York Penno设计的，它象征人类所居住的地球行星环境是由各种事件和作用构成的不断变化着的系统，这一标志已经被广泛地应用到被联合国教科文组织（UNESCO）批准的世界地质公园标示系统上。同样，由山水地层恐龙组成的中国国家地质公园标徽，作为标志也已被广泛应用到国家地质公园的各类展示碑、牌、图、板之中。国内有一些公园也设计了有自己特色的园徽，并应用于展示物上。这是很可喜的现象，但对国内的地质公园进行专门的VI设计的还不多，出现了同一公园内各类展示物在色彩、字体、风格上都不统一的现象，不能构成印象深刻的整体形象。地质公园规划设计者有义务引进VI设计理念，并将其应用到公园的标示系统中去，从整体观念上提升每一个地质公园的特色形象。

三、地质公园标示系统的分类

从目前国内地质公园发展的情况综合来看，地质公园标示可由识别类和解说类两大类组成。

（一）识别类

识别类标示指：用简单符号、单个或几个词表示的简单信息的碑、牌。

1. 交通引导类指示、警示牌

包括：园区外附近道路的号志；地质公园方位引导牌；园区内各类旅游设施、服务设施、科普点、景观点的引导牌、指示牌（图4-7-1）。

2. 形象名称碑、牌

地质公园各空间层次形象和名称的碑、牌，如：地质公园标志碑；大的地质公园所属的各园区的标志碑或牌；有的设相对独立的景区的景区牌；最基础的是各景点的名称牌。

3. 其他

包括：警示、提示类；界碑、界牌等（图4-7-2）。

（二）解说类

载有更多信息的（一段或较多文字、一幅或多幅图）用来对游客进行解说或说明的牌、板、栏。

1. 科普解说牌、栏

牌上载明了对地质遗迹、地质景观的特征、形成年代、科学价值的解说词，必要时用简图说明。当然文化历史类介绍、特有植

图4-7-1 交通引导类指示牌

图4-7-2 其他识别类牌

物识别和其他自然景观科普介绍的牌、栏也可列入该类（图 4–7–3）。

2. 导游图

包括在公园门区、景区入口、集散点、节点（旅游线路上交叉点、景点道路交汇点等）的醒目位置安排的各类、各层级的导游图板、栏（图 4–7–4）。

3. 公示栏

提供希望或需要让游客了解的各类活动、管理的信息。

第二节　地质公园识别类标示的规划设计

一、地质公园识别类标示规划

（一）形象名称类标示规划

1. 地质公园标志碑的安排

标志碑是地质公园主体形象的标识，除在其上刻记公园名称外，还在其背面或侧面作简要说明，介绍其所在的地质遗迹的基本特征、范围、批准机构、建园经过等。地质公园标志碑通常设立在公园的主入口处的显著位置。

地质公园标志碑的上述性质和位置特征，常常形成了以标志碑为中心的地质公园门区，在门区的详细规划中，要特别注意安排好标志碑的具体位置，使其处于突出的和中心的位置。

2. 景观名称牌的布局规划

地质公园包括园区、景区、景点等不同空间级别的景观，与其相对应，也应设立不同空间级别的景观名称牌。

园区、景区名称牌大都安排在园区、景区的入口处，景点名称可与解说牌合并设立在景点附近的适宜位置。由于名称牌只是一个识别的标记，不要求在特别显著位置或中

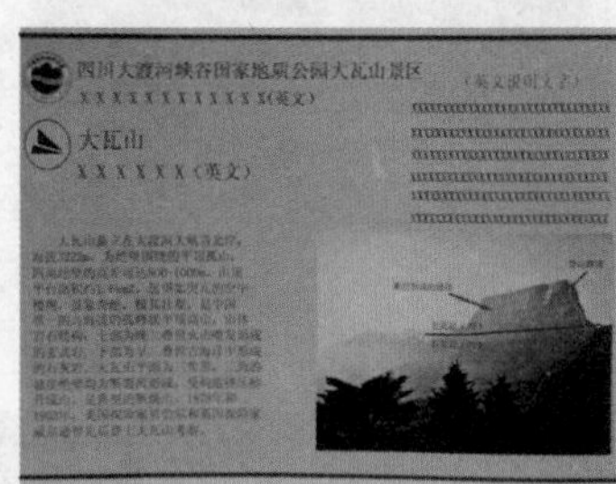

图 4–7–3　科普解说牌

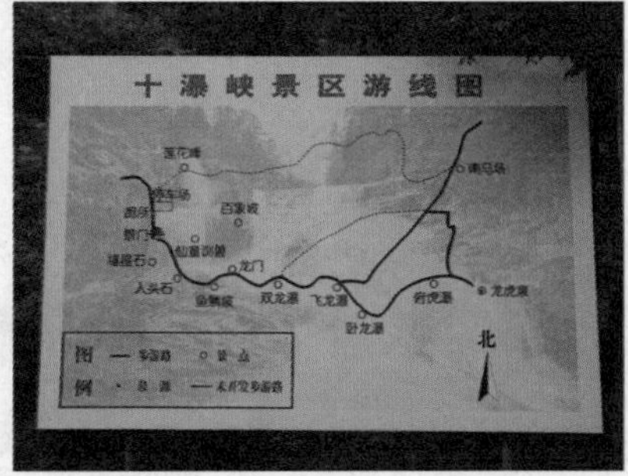

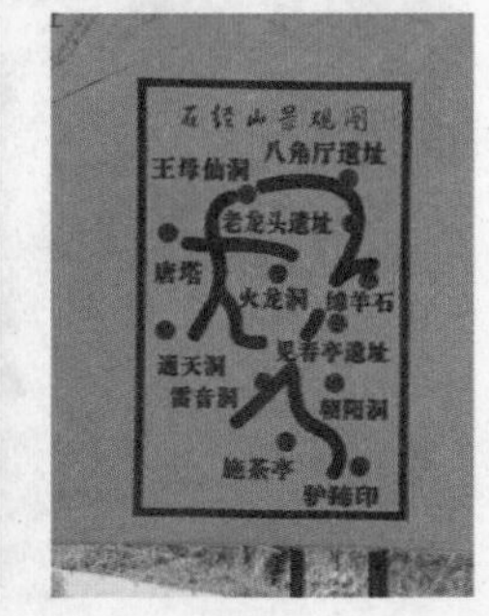

图 4–7–4　导游图

心位置，以达到游客能识别即可。

（二）导游图板的布局规划

导游图板是供游客了解景观分布和旅游线路的图牌，按其内容分为总图、分图和局部线路图。在公园门区、大型集散点应安排全公园的导游总图，将全园的园区、景区和主要景点位置以及相应的观光线路都反映在其中。分图是指所在园区、景区范围的导游图，设立在其入口处和区内游客集散点或主要节点处，并在图中注明该点的位置。局部线路图是指在景区内的游路的节点、拐点、交叉点处设立的简明导游图，只绘出本景区各景点方位、所经线路和所在点的位置简图，以方便观光途中的游客识别其即时位置和安排下一步的游程。

导游图板不仅是游览地质公园重要的识别工具，其本身也是公园、园区或景区的解说牌。牌板上常常是左侧是导游图，右侧是解说词。

（三）交通引导类指示、警示牌布局规划

1. 园区外交通指示牌规划

园区外交通指示牌规划是指从道路干道（高速路、高等级公路等）出口、火车站、机场到地质公园大门、园区入口之间的所有交叉节点（十字交叉口、多路交叉口、丁字路口、Y 型三叉口等）均要设指向地质公园及其园区的导向指示牌，并注明到达目的地的里程。为方便游客，在所有交叉节点前适宜位置都要设导向指示牌，不要遗漏任何节点，否则将给驾车游客（或专职司机）带来麻烦。在到达目的地前的地方要设指导进入该地的停车场的导向指示牌。

2. 园区内交通指示牌规划

园区内交通包括：区内环保机动车交通、架空索道、有轨电动车、水上交通和最普通的步行交通。除步行交通外，其他形式一般都是由园区提供交通工具，为游客到达目的地服务，规划应在主要交叉节点处安排导向指示牌。而对步行路（含步道、栈道、台阶踏步、桥、汀步等），在所有步行路的交叉节点处都要设到达不同目标地（含景点、景区、服务设施等）的导向指示牌。一交叉节点处的导向牌可指向不同的目标地，如图 4-7-5 所示。考虑为游客提供人性化服务，

图 4-7-5　交通指示牌

主要节点设简明导游图，凡有交叉节点的均需设立导向牌，以免游客迷路而找不到目标地。同时，对引导至任何一个目标地的指示牌，都要构成不间断的指引系统，直至目标地为止。如甲景点是一个重要的地质景观，离大门入口较远，甲景点的指示牌从门区广场开始，至甲景点观景处，沿途每个交叉节点都应设立指示牌，以顺利指引游客到达目标地。

园区内外的各级各类导游图和交通指示牌一起组成了一个整体导游系统，借助这一系统游客不用导游员就可获得公园的景观信息，安排自己的观光计划，并很方便地到达想要去的每一处景点。规划者在建设规划阶段的任务之一就是规划设计这一系统。

3. 交通、安全警示牌规划

园区间、景区间的道路除设交通导向指示牌外，从安全考虑，在节点、弯道处尚需设立限速警示牌。

在园区、景区内，除在机动车道上设限速警示牌外，更要根据不同情况设立提醒游客注意安全的警示牌。如狭窄通道注意碰头、陡坡山路小心慢行、湿地路段注意防滑、机动路口注意车辆、临水深谷陡崖处注意脚下安全等。

这些看似小节处，孕育着大隐患，在地质公园建设规划阶段应该给予细致的安排。

（四）其他类识别系统规划

1. 服务设施识别牌

服务设施识别牌，如游客信息中心、售票口、卫生间（男、女）、停车场、分类垃圾筒等。其规划是根据实际分布安排。而像购物、餐馆、娱乐很容易识别的服务设施可不安排专门的识别牌，如需要可设具有个性特色的经营字号牌。

2. 提示类牌

提示类牌，如注意保护草木、注意环境卫生、注意不要吸烟、标识求助方式或电话、注意安全、警示危险等等。这类识别牌，文字应简明、符号合乎常用习惯、设置位置要醒目。

3. 界域标示牌

界域标示牌主要是对公园、园区以及特定保护区的界域的标示，其功能是向人们提示所属范围的法律边界。通常分为边界标示牌和界桩两类。界桩通常在每100 ~ 200m或天然分界线转折点处设一桩；而边界标示牌位置，除满足边界线外，通常设在路口附近、明显的地形地物界线折点处，两牌的间隔根据实际情况确定，一般每5 ~ 10km设置边界牌一块。

二、识别类标示碑、牌、板的设计

（一）标志碑的设计

1. 设计原则

1）满足功能要求。标志碑是地质公园主体形象的标识。游客认识、游览该地质公园首先见到的是标志碑，一般都要在碑前留影，表明已到过该地质公园。简而言之，标志碑的功能是形象标识、留影景观。

2）要与地质公园的性质和景观特征相符，有科学内涵和地方文化特色，与周边环境协调。

3）自然、简洁、大方、明快、尺度适宜。

2. 基本尺度

适宜的标志碑的基本尺度要要满足两点：与人的尺度数量级相近；与周边（通常是公园门区）环境空间尺度相协调。人的高度为1.5 ~ 2.0m，因此标志碑的高度不宜超过20m；人的背宽为0.4 ~ 0.6m，故其碑宽不宜超过6m。当然门前广场尺度很大（超过60m）的大型地质公园标志碑的尺度可适当加大；反之，可缩小。但标志碑的最小尺度至少要高于2m，此时宽度可大于6m。

3. 材质选择

与城市公园不同，地质公园是自然公园，因此作为其标志的碑材当然以选用天然石材为宜。切忌用水泥仿石建碑。

文化根基深厚的地区，可以用其他形式（如阙、牌坊、雕塑等）代替石碑，当然最好选用石材建造，但在选取天然石材特别困难时，也可选择其他材料。

4. 文字刻制

正面的碑文应是相关机构（如联合国教科文组织、国土资源部、省国土资源厅）授权或批准的正式名称全称，以及相应级别的徽标［世界地质公园（UNESCO-GEOPARK）、中国国家地质公园、省市级地质公园］，也可增加刻制该地质公园的园徽。碑文一般为阴刻，字体宜选用书法家的行书，不提倡官员书写。文字排列可竖向、也可横向，根据碑体特征形状选择，以得体、协调、自然美为准。

碑的背面刻制对公园的说明文字，国家级及世界级的地质公园标志碑说明文字一般应中英文对照，合理排列，考虑到方便游客阅读，单个字尺寸不宜小于 3cm×2cm。

5. 艺术造型

标志碑的艺术造型受设计者审美观的影响，各有差异，难以统一，也不宜统一，这里不深入讨论。但本书作者认为标志碑的艺术造型必须遵守前述三大原则：①功能要求（反映该地质公园主体形象）；②有科学内涵和地方文化特色，与环境协调；③自然、简洁、大方、明快、尺度适宜。

（二）名称牌的设计

园区、景区的名称牌，根据实际环境和条件设计，可以设计成与标志碑类似的形式，也可以做成简易的平板式或条式（竖条或横条）。属园区的其上刻写“××× 地质公园——××× 园区”；属景区的其上书写“×× 地质公园 · ×××”。如“北京房山世界地质公园——野三坡园区”，“北京房山世界地质公园 · 十渡仙峰谷”等。

景点或地质遗迹点名称牌可与解说牌合一设立，详见下一节。

（三）园区景区内的导向指示牌的设计

园区景区内的导向指示牌，主要指引导游客步行观光的引导牌，同一园区其色彩、字体、规格、设置高度应该统一（图 4-7-6）。其中前两项可通过 VI 设计从公园整体形象考虑来统一，后两项考虑以人体尺度和步道宽度来确定。通常能满足 5 ～ 10m 距离内能清晰分辨清楚牌上的文字和符号即可。当步道宽度在 2.5m 内时，视距按 5m 考虑，牌的规格为 0.3m×0.5m，牌中心距地面以 1.5 ～ 2.0m 为宜。当步道宽度为 2.5 ～ 5.0m 时，视距按 10m 考虑，牌的规格为 0.4m×0.6m，牌中心距地面以 2.0 ～ 3.0m 为宜。当然在一根立柱上设不同方向的几块

图 4-7-6　导向指示牌

导向指示牌时，其规格可窄长（如0.2m×0.5m～0.25m×0.6m），各牌距地面高度根据同一柱上的牌的数量来安排，通常为1.0～2.5m。

（四）导游图板的设计

1. 导游图绘制

导游图绘制的最基本要求是：能清晰地将该园区（景区）主要景点的位置、到达的线路表示出来，为游客提供下一段观光旅程的简明的信息。

为满足这一要求，建议用简明的单线条示意图，注明主要景点和重要服务设施位置，以及到达各点的线路。有必要时，也可在图上附上典型精美的景观照片。但千万不要弄巧成拙，眼花缭乱，使游客看不懂或不知如何是好。有些景区管理者将规划图直接复制放大作为导游图展示，效果很差，这是应该避免的。规划图是为了指导公园建设用的，目的不同，突出重点当然不同，如果需要，可请规划编制单位协助编制导游图。

导游图板面通常也是园区景区的解说牌，此时解说牌板面由导游图和简要的文字说明两部分组成，为了突出图，一般图在左，文字在右。

2. 导游图板的设置

见下节公园解说牌的设计。

（五）界域标示牌的设计

界牌上文字包括：地质公园全名称、批准设立本公园的机关、批准时间等，用标准字体阴刻，必要时中英文对照。界牌设立要保证坚固能长久存在，通常用天然石材，其尺寸为0.60m×1.00m～1.00m×1.50m。

界桩上文字，可用地质公园简称，用标准字体阴刻，用方形条石制作埋设，地面以上部分不小于0.4m。

（六）其他牌设计

包括服务类、提示和警示类牌，有两种形式：一种是采用社会惯例或国标；另一种是园区特有，根据公园的VI（视觉识别Visual Identity）体系设计的标准文字、标准色彩及其组合元素来设计。建议有条件时采用后者进行专门VI设计；没有专门VI设计时，采用前者。

第三节　解说牌的设置和设计

一、解说牌的种类及布局

地质公园解说牌根据空间分布特征通常分为两大类：区域解说牌和景观（景点）解说牌。

区域解说牌指公园和园区、景区、保护区的解说牌，通常设置于该区域的入口附近。整个地质公园的说明也可以刻录于公园标志碑的背面，也可以单设解说牌。

景观或景点的解说牌，直接设置于该景点前，但具体位置，以不影响其景观为前提，如不影响游客在景点前摄影留念。作为地球科学的科普基地的地质公园，景观、景点解说牌是最重要的现场教科书。建设规划阶段一定要十分重视解说牌的布局规划工作，要多专业（地质、地貌、生物、规划等）联合现场考察，选择科普点（包括地质、地貌、植物等）位置，现场搜集资料（摄影、记录），初步确定解说内容，为规划设计解说牌做充分准备。目前国内某些地质公园景观、景点解说牌过于稀少，使地质公园起不到应有的科普作用，这应该在今后地质公园建设规划阶段加以弥补，增加园内解说牌的密度和数量。

二、区域解说牌的设计

（一）公园解说牌的设计

1. 文字说明

地质公园总解说牌的文字应包括：经批准的公园全名称；公园建立的简要过程和概

况；基本的地理信息（区位、范围、面积、经纬度和海拔高度、所属行政区划等）；所属的园区和功能区；地质地貌信息、科学价值；景观类型和特色；主要的服务设施等。

除文字说明外，还应有图示说明，通常用整个公园的导游图表示，包括所有的园区分布、景区和主要景点的位置、服务设施分布以及进出各园区的交通线路、到达各景点的园内游览线路（含园区内电动车、其他无污染动力车、索道、渡船等）、步行游线等。

2. 解说牌设计

公园解说牌有简易型和小品型两类。

简易型，通常是平板式，其内容和图用电脑设计制作并喷绘打印在塑纸上，再粘贴到平板上，立在入口的适当位置。平板的尺度与人体相近，与门区空间相匹配，大体为 2m×3m ～ 5m×8m；架设高度控制在平板下边，与人眼平视高度一致，即 1.5m 为宜。

小品型，是指将解说牌作为公园门区的一个建筑小品景点来设计安排，可以设计成橱窗型、影壁型、木坊型等，文字说明及导游图镶嵌在其中。较宽的橱窗或影壁上除安排说明文字和导游图外，还可将园内最精彩的景观照片陈列其中。注意小品型的解说牌要与门区环境协调，避免弄巧成拙，造成视觉上的冲突。

（二）园区解说牌的设计

基本与公园解说牌类似，重点说明本园区的发展过程、地理信息、地质地貌信息、科学价值、景观类型和特色等。并用本园区的导游图说明其位置和游览线路。园区解说牌的导游图更具实用性，用更简洁的图示，将主要景点位置和游线用简明的线条表示，做到一目了然。

（三）景区解说牌的设计

空间上比园区更小的景区解说牌，只需对本景区的地质遗迹基本信息及其科学价值作简要的说明，导游图范围以本景区为中心适当外延游线前后景观即可。其形式和安排位置可以更灵活一些。

三、地质遗迹景点（景观）的解说牌设计

（一）景点解说内容

1. 文字内容

地质遗迹景点解说牌的文字内容：景点名称和该遗迹的科学描述、成因、年代、范围、高程、科学价值等。文字要准确、简明、通俗、生动。国家级及以上的地质公园需要中、英文对照。

2. 图示内容

主要图示内容：对景观解说的示意图、素描图或照片。这类图可以是地质构造剖面、生物化石、地貌特征、微景观放大图等。

（二）解说牌的板面设计

1. 解说牌规格

解说牌的板面尺寸和位置的确定以满足游客阅读舒适、清晰为宜。一般以游客眼睛距牌中央 1.5 ～ 2.5m 为基准，若正视不动，眼球最清晰的视锥角在 15° 内，解说牌外框边长以 0.4 ～ 0.6m 为宜。根据中国人的平均身材，眼睛平视的高度约 1.5m 左右，解说牌板顶应在平视线以下，有利于游客稍微俯视舒适阅读，由此确定解说牌的设置高度，即板顶离地高度为 1.4 ～ 1.5m。板面汉字的最小尺寸应不小于 1 号字，以保证正常视力的游客舒适、清晰地阅读。

2. 板面布置

板面布置应从方便游客识别、阅读考虑。习惯上文字在左，图示在右；左上角可安排公园标徽及名称，其下为景观名称，必要时其前可冠景观类型标识；左下角为文字说明，双语对照时，左中文右英文，或上中文下英文。图示占板面比例一般不

超过板面的1/3。不一定所有的解说牌均要配置图片，文字能说明清楚的可以不用配图。牌板底色一般以与大自然协调的浅蓝、浅灰色为宜。

（三）解说牌的材质和安置

解说牌一般用石材、木材、铝板、铜板、不锈钢板制作。

石板解说牌通常用石材基础支座托板，文字用阴刻方式刻制，如有简图可刻制，如为图片可镶嵌板上。有条件时可将石板解说牌直接镶嵌在天然岩石上，甚至直接刻制在天然岩体上。

木材解说牌一般直接安置在木杆架上。木杆架形式多样，有白以原木粗加工再作防腐，以表现自然美；有的细加工成近似艺术品，根据各自条件选择。

其他金属板解说牌均安装在金属支架上，注意不要过于张扬，要与自然环境融合。

地质景观（景点）解说牌既是地质公园的重要的标识系统，又是重要的科普设施，也是教科书，是区别于其他风景名胜区或其他旅游区的重要标志。它的设置对地质公园十分重要，规划设计者应从选择科普点、编写说明文字、选择图面照片、布置板面、选择材料和架设安装等多个环节精心设计，以保证其完美。

四、公示类栏板设计

在不同时间、不同季节，或临时情况、突发事件，都可能有希望或需要让游客了解的各类活动、管理的信息，可发布在公示栏板或专门的橱窗中。栏中公告根据需要可随时更换。

公示栏板有多种形式，规模大小也不一，本着适用、与环境协调、简洁大方的原则，根据实际情况设置。图4-7-7为几个示例。

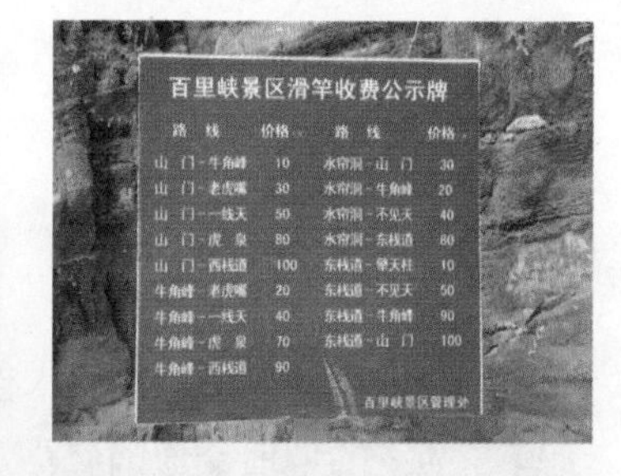

图4-7-7　解说牌设计

第八章　基础配套设施建设规划

第一节　园区内道路交通设施规划

一、园区内道路交通总体规划方案的进一步论证

（一）对原方案的论证分析

在编制园区内道路交通建设规划前，应对原有初步拟定的交通总体规划方案作进一步论证。首先对选择的交通模式从对工程的使用管理的合理性、对环境的影响、施工的条件、工程量、投资等作深入比较分析，可能出现如下情况：

（1）原方案基本可行，作部分修改补充；

（2）原方案要作较大修改，线路作较大变动，原有交通模式仍保留；

（3）原方案交通模式需要改变，如原以大客车为主的地面交通因修路对环境破坏太大，投资太大，不得不改为索道缆车方式；有时则反之。

（4）更多的情况，是根据园区规模、地形条件和游客量综合分析比较提出包含几种模式组合的方案。

例如，有某个较大的园区，景观分散，主景区地形高差变化大，游客量也很大，并且旅游旺季高峰日集中。可能的方案是：从园区大门至主景区前为近10km的主干车道，该主干道沿途有4处停靠站，各站点向外用步道（长约几百米不等）与各观赏点联结；主景区前为园内停车场，游客下车后步行数百米，到达索道缆车的下站，索道长800m，提升高度为310m，到达索道上站，再步行数百米，可到达山顶数个观赏点。

（二）交通模式的比较

为了便于比较各交通模式的优缺点，有利于选择最适合于当地条件的方案，现将各类交通模式的特点列于表4−8−1中。

园内交通模式比较表　　**表4−8−1**

交通模式	优　点	缺　点	适用范围
大中型客车	适用范围较宽，可远距离快速输送，安全性、舒适性较好	道路建设对环境、景观破坏较大，建设工程量大，投资较大，地形复杂地区施工难度大，施工周期长	园区规模较大，景区远离大门，景点分散，地形起伏不大的园区
电瓶游览车	机动灵活，安全舒适，占用路面窄，代步、观光兼有	输送容量中等，速度中等，对地形路面平整要求较高	中小园区，地形相对平缓园区
有轨车	输送容量大，安全舒适，观光代步兼有	轨道只能专用，地形要求平缓	景观呈长廊分布，定向专用
索道缆车	占地省，对环境破坏小，观光代步兼有	技术要求高，设备要经常维修，要有一定客流，要有必要的空间条件	起始点地形高差大或跨越障碍较复杂地区
垂直电梯	占地省，对环境破坏小，迅速提升	技术要求高，投资大，要有一定的客流，有必要的地形地质条件	大量游客需要快速提升，地质条件许可
快艇、游艇	保护环境，投资少，游客欢迎	局限于有水面处	有水面
无动力船	保护环境，投资少，观光体验兼有	局限于有水面处	有水面
步行	对环境破坏少，投资少，健身观光体验	距离受游客体力和时间限制	小型园区，短距离，观赏点附近

（三）交通模式比较举例

以下是综合作者规划实践和国内已经建成的园区的实际，抽象出的一个园区例子（简称甲园区），选择交通模式方案的过程，供参考。

甲园区面积约 50km²，门区（A 点）选择在离公路干线 2km 处，地面高程 620m，此处有较开阔的地用于建设停车场和门区服务设施。从门区开始，为一坡度较缓（平均 3% 以内）的峡谷地，走向由东向西，长约 6km，谷宽 15 ~ 30m；北侧岩壁陡峭，有几处景观和地质遗迹比较精彩，沟中有溪流，虽不大，但水不断；南侧山坡稍缓，林木茂密，物种丰富；在谷西端 6km 处地面高程约 800m（B 点），从 B 点起坡度开始陡升；西北侧陡壁上有溪流瀑布，高近 100m，平时细流奇秀，雨季十分壮观；西南侧坡比西北侧稍缓，但仍较陡，上升到 1200m 处，有一不大的平台（C 点），从 C 平台沿水平小道可建多处观景台，向上向下景观十分奇特、丰富，是整个园区主景区；再向上到高程 1350m 处（D 点），即为夷平面，忽然开朗，天高云淡。年接待游客量超过 50 万人，高峰日接待游客量为 4000 人。

园区的基本要求是，要将大部分游客送到 C 点，其他根据各自的体力和兴趣自行登高到 D 点，或步行到 B 点。规划提出了两个交通方案（图 4-8-1）。

方案一，大中型客车运送方案。即从门区（A 点）沿谷地南坡修宽 7m 的道路，到 C 点，路长约 16km；再修通 A 点到 B 点的电瓶车道，道宽 3.6m；从 B 点到 C 点为以台阶为主的步道，长约 1.5km，宽 1.5m。游客从 A 点到 C 点乘园内大客车；从 C 点到各观景台或向上攀登到 D 点均为步行路，总长约 2.5km，宽 1.5m；从 C 点到 B 点步行下山；从 B 点到 A 点大门乘电瓶游览车。

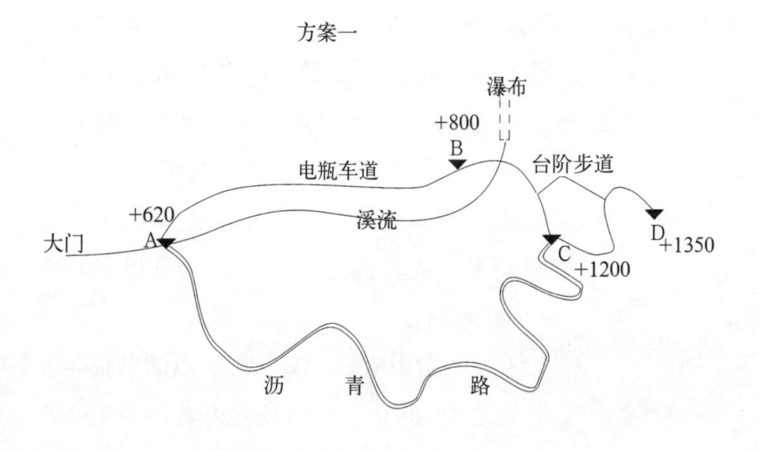

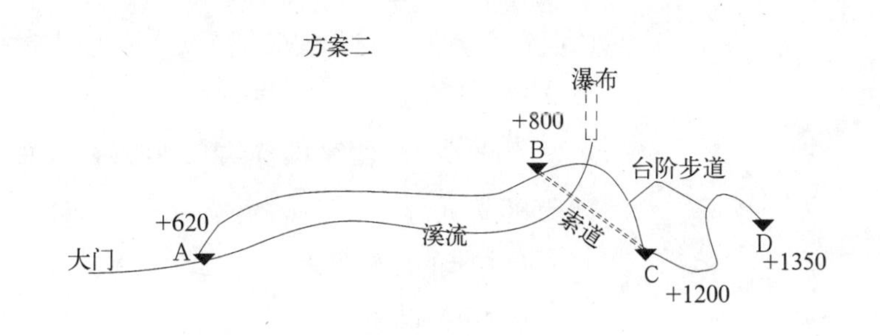

图 4-8-1　某园区交通方案比较示意图

工程费用估算：山区沥青路，保守估算工程费平均为 400 元 /m²，宽 7m，长 16km，总费用为 4480 万元；电瓶车道，工程费平均 250 元 /m²，宽 3.6m，长 6km，总费用 540 万元；步行台阶路，总长约 4.0km，宽 1.5m，工程费平均 500 元 /m²，总费用 300 万元。大客车数，按高峰日接待游客量 4000 人次 /d、高峰时接待游客量 1000 人次 /h 计算，每小时至少需要 40 席位的大客车 25 辆次，考虑中途靠站，按车速 32km/h，全程来回正好 1 小时，故需 25 辆车，每辆 40 万元，共需 1000 万元；电瓶车，每小时需要发 10 座席的电瓶车 100 辆次，平均时速 24km/h，来回 12km，需要 50 辆车，每辆 5 万元，总计 250 万元。全部交通工程总费用为 6570 万元，其中大客车及其道路总费用为 5480 万元。

方案二，修通 A 点到 B 点的电瓶车道，长 6km，宽 3.6m；从 B 点到 C 点为以台阶为主的步道，长约 1.5km，宽 1.5m；

从C点到各观景台或向上攀登到D点均为步行路，总长约2.5km，宽1.5m；同时修从B点到C点的索道，安装缆车，索道长1000m，落差为400m，吊装缆车25辆。游客从A点到B点乘电瓶车，从B点到C点乘缆车，从C点返回B点，可乘缆车，也可步行而下。

工程费用估算：A点到B点的电瓶车道的费用为540万元，电瓶车的费用为250万元；以台阶为主的步道的费用为300万元；B点到C点的索道和安装缆车，根据以上参数（索道长1000m，落差为400m，每小时运送1000人），估算投资约2500万元。总计3590万元。

两方案的比较见表4-8-2。

从“甲园区交通工程方案比较表”可知，方案二比方案一优越得多。即采用索道缆车方案要比开山修路投资省，更有利于保护生态环境，除停电检修给游客带来不便外，平时都十分方便。建议甲园区采用索道缆车方案。

据大量报导，国外已有大量的自然景区采用索道缆车的方法运送游客。我国也已经有数百条载客索道在旅游景区中运送游客。

二、园内大客车道

（一）综述

地质公园大型园区，由于面积较大，采用园内大中型客车输送游客是普遍的选择。国内如张家界世界地质公园、九寨沟国家地质公园等均在园区内规划建设园内交通客车道路。园内安排有通向各景区、景点的园内交通线，游客入园后，可以在规定的站点自由上下，大大节省游客的时间和减少体力消耗。园内车辆均为环保型，对环境的影响可减到最小。

园内交通的路网的规划应在总规中提出。在建设规划阶段，应对路网做进一步的复核，对道路的具体走向、位置作出详细布置，提出道路的设计条件（标准），并对每条路的路宽、平面线型、纵横剖面作出规划安排。

园内交通与公路或城市公路规划设计的不同是：园内交通更要合理利用地形，因地制宜地选线，要同当地景观和环境协调；道路走向位置不得穿过有滑坡、塌方、泥石流等危险地质的不良地段；不得因追求某种道路设计标准而损伤地质遗迹、地质景观；应避免深挖高填，因修路对岩体生态创伤面应提出恢复性补救措施，及时恢复。除非特殊需要，车行道边一般不设人行道，人行步道另行规划安排。

（二）园内客车道规划设计标准

园内客车道规划首先要提出设计标准，但目前国内还没有专门的旅游景区内道路设

甲园区交通工程方案比较表 **表4-8-2**

	方案一	方案二
工程主要内容	电瓶车道长6km，步行台阶路长约4km，山区沥青路长16km，大客车25辆	电瓶车道长6km，步行台阶路长约4km，索道长1000m
工程投资	6570万元	3590万元
对环境的影响	修长16km的路，破坏植被，短时难恢复	无大影响
对景观的影响	修长16km的路，影响整个园区景观	无大影响
方便游客程度	较方便	方便，停电检修时不便
工程期限	工期较长	工期较短
管理	简单	技术要求高
管理人员	司机多（多25辆大车）	相对较少

计的标准。作者参照公路或城市公路等规划设计标准，结合实际作必要的调整，提出园内旅游客车专用道路参考标准如下：

1. 等级标准

园内客车道路根据地质公园等级、规模和具体地形条件分为三个等级。

园区一级道路。园区规模巨大、地形条件允许的世界地质公园均为一级。如果国家地质公园规模和地形条件与前款相似，也可定为一级。

园区二级道路。不具备地形条件的世界地质公园或国家地质公园，其规模较大，地形属丘陵低山或高山平原，被定为二级园区路标准。

园区三级道路。地形复杂的国家地质公园和所有其他地方地质公园，均为三级。

2. 设计车速

园区一级路，设计车速为50km/h；二级路的设计车速为40km/h；三级路，设计车速为30km/h。大体上相当于3～4级公路（山丘）标准。

3. 设计参数

本书推荐的地质公园园区内大客车专用道设计参数见表4-8-3。

（三）规划方法和成果

1. 规划方法

在地质公园建设规划阶段，可在1∶10000地形图纸上选线，再现场核对。如果道路通过旅游设施集中建设区，通常有详细的地形图（1∶1000），应在图上仔细确定线路位置，并按照其路宽用双线表示其占地范围，包括线路、交叉口、停车场、站点加宽等。注意道路选线、占地应避开需保护的地质遗迹点，及大树、古树、保护林木。

2. 规划成果

园内客车道路规划成果可与其他交通规划合并为道路交通规划图，图中详细表示道路走向位置，并附道路横剖面图，明确其道路宽度和组成。

旅游设施集中区，应有综合的道路交通规划图，在1∶1000的地形图上表明道路平面设计各要素，并附道路横剖面图。

三、电瓶车道

（一）概述

经验证明，通常在园内机动车道路长度小于10km时，更适合于采用电瓶游览车运送游客。据不完全统计，国内生产电瓶游览车的企业有十几家，并且还在增加。

地质公园园区内大客车专用道主要设计参数表　　表4-8-3

参数 ＼ 等级	园区一级车道	园区二级车道	园区三级车道
园内道路总长度应大于（km）	8	8	8
设计车速（km/h）	50	40	30
平曲线最小半径（m）	150	100	65
极限最小半径（m）	100	60	30
停车视距（m）	75	40	30
超车视距（m）	350	200	150
最大纵坡（%）	7	7.5	8
缓和曲线最小长度（m）	50	35	30
路面宽度（m）	7.5	7	6.5
路基宽度（m）	9	8.5	7.5
路基竖向创伤面高度小于（m）	8	7.5	7

注：1. 园内道路总长度小于上表数值时，建议修建电瓶游览车道，借助电瓶游览车运送游客。
2. 出现道路端头时，要考虑车辆返回条件。

按其座位数分，从2座到14座不等，旅游景区内最常用的在10座至14座之间。以14座为例，其外型尺寸长、宽、高分别是5m×1.4m×1.9m；最小转弯直径为11m，最小离地间隙为140mm，最大爬坡度为20%，最大车速为20～45km/h，一次充电续驶里程为80～100km。以上数据可作为规划设计电瓶游览车道（简称电瓶车道）的参考依据。由于车辆较小，机动灵活，电瓶车道的宽度可比前述大客车道窄许多，可减少工程量，大大减少对环境的破坏，因此被许多地质公园园区和旅游景区采用。

（二）电瓶车道规划设计标准

1. 等级标准

电瓶车道建议分两个等级：一级电瓶车道和二级电瓶车道。

2. 设计车速

电瓶车一般车速低，根据目前掌握的资料，通常行驶的最大车速为20～45km/h。由于现有的电瓶游览车绝大部分是敞开式的，车速受到安全因素的控制，一般正常行驶速度控制为15～20km/h为宜。故一级电瓶车道设计车速标准确定为20km/h；二级设计车速为15km/h。

3. 设计参数

地质公园园区内电瓶游览车专用道设计参数见表4-8-4。

（三）规划方法和成果

同前“园内大客车道”所述。

四、小火车轨道

在园区地形条件许可、客流量大的场合可采用轨道小火车的交通方式输送游客。其地形条件是指：地形相对平缓，或峡谷中谷内有一定的空间，且纵坡能满足要求。园区轨道小火车的优点是空间要求小（与电动游览车道相当）、运力大，用电力拖动，不污染环境，能有序地管理，有利于快速展示分散的景点或快速通过某一特定的空间（如需要保护密林，或没有太大景观价值的区段等）。常常被一些景点呈线形或环状分布的园区采用，如张家界的十里画廊等。

与城市轨道交通不同的是，园区轨道是直接铺设在加固的自然地面上的（个别跨沟、涉水点会架空），工程量和投资大大低于城市，与园区大客车道相当，有时还要低些，是比较实用的园内运送游客的方式。预计未来会被更多的公园建设者或投资人认识，会有较大发展。

轨道交通的规划设计包括选线、制定设计标准、确定设计参数等。这是技术性很强的工作，地质公园或景区规划者主要是初步选择线路位置，并与轨道技术人员一齐确定具体走向位置即可。

五、园区步行道

（一）园区步行道规划发展的概要

园区步道的功能是指游客不借助交通

地质公园园区内电瓶游览车专用道设计参数表　　表4-8-4

	一级电瓶车道	二级电瓶车道	人车混行时
园内道路总长度范围（km）	4～10	2.5～8	2.5～5
设计车速（km/h）	20	15	10
平曲线最小半径（m）	15	11	11
最大纵坡（%）	8	10	10
路面宽度（m）	4	3.6	5
停车带加宽（宽×长）(m^2)	1.5×20	1.4×15	1.5×20
路基宽度（m）	5	4.2	5.6

注：表中所列“人车混行”是不得已而采取的措施，一般不提倡使用，控制车速是保证安全的主要措施。

工具，利用园区提供的条件自行游览。“游”即移动，“览”即看和体验，“游”的目的是为了“览”。本篇第三章所阐明的景观展示主要是为了游客“览胜”，本节的重点是从交通（即移动）方面阐述。

包括地质公园在内的任何自然区，在没有正式开放前，也都有人类根据各自不同的目的进入其内开展活动，有的是放牧、耕种、采药、狩猎，或是科考、探险及其他活动。“走的人多了便成了路”，鲁迅先生的名言没有错，以上人类活动在自然区中留下了许多没有铺装的小道，在人口稀少的地区，以上活动规模较小，人与自然处于和谐共存的环境之中，对环境不构成威胁或破坏。但建立地质公园或其他风景区（旅游区）并对外开放后，大量的人群入内，如果还是无序的自由行走活动，那必然要对自然植被（林木、花草、苔藓等）、小溪、湿地、地质遗迹等造成损坏，对自然环境构成威胁。作者曾接到一个景区规划委托，由于在此前周边不少游客慕名而来，大量进入，加上无人管理，大面积的原生草地遭到践踏，不少林木遭到破坏，还出过一些事故。

很显然，任何自然景区，系统合理地规划必要的步行游道，做到有序引导游客游览，对保护景区资源和环境，保护游客安全是极为重要的。园区步道规划是园区规划的不可缺失的重要组成部分。

园区步道规划设计包括步道走向位置选线、确定不同区段步道宽度、选择铺装材料、确定跨越障碍的方式、设立安全设施等。为完成上述步道规划任务，首先要根据园区的等级、规模、人流量和步道所在园区内不同区段，将其划分等级，并建立相应的不同等级标准，以指导园区步道的规划设计。

（二）步行道等级的划分

园区步行道从总体上分为步行主干道、步行支道和观景步道。步行主干道是指从园区大门到各景区或各景区之间的步行路；步行支道是指从步行主干道到观赏点的步道，有园内机动车送客的是指从下客站点到观赏点的步道；观景步道又称游道，是指深入景观内、景点密集的游览步道（要求步移景异）。

园内步行道的等级除考虑上述因素外，还要由人流量来决定，其宽度由计算通道数决定。每条通道宽为 0.8 ~ 1.2m，根据地形、游客心理、高峰人流量取用不同值。本书暂以通道数来划分等级，详见表 4-8-5。

（三）步行道设计标准

为了避免随意性，园区步行道也应有一定设计标准，根据作者和其他实际设计者的经验，按照步行通道等级，提出园内步行道推荐设计标准供讨论（表 4-8-6）。

（四）步行道路面铺装设计

园区步行道的铺装是步道设计中的极为重要的内容，对于以自然环境为主的地

园内步行道的等级推荐表　　**表 4-8-5**

步行通道等级			步道宽 (m)	允许高峰人流量		备　注
				人 / h	人 / min	
等外	游道		0.8	≤ 300	≤ 10	地形狭窄处采用
步行 1 道			1.2	300 ~ 600	10 ~ 20	
步行 2 道		支道	2.0	600 ~ 1000	20 ~ 30	游道支道共用
步行 3 道	干道		2.7	1000 ~ 1600	30 ~ 45	支道干道共用
步行 4 道			3.4	1600 ~ 2400	45 ~ 60	支道干道共用
步行 5 道			4	2400 ~ 3600	60 ~ 80	

注：人流超过 3600 人 /h，必要时可酌情加宽。

园内步行道推荐设计标准表 表4-8-6

等级	宽度（m）	最大坡度（%）	台阶		铺装要求
			高度（m）	深度（m）	
等外	0.8	18	≤0.35	≥0.30	顺其自然，自然石材
步行1道	1.2	16	≤0.30	≥0.30	顺其自然，片石条石
步行2道	2.0	14	≤0.28	≥0.32	顺其自然，规则石材
步行3道	2.7	12	≤0.25	≥0.35	规则石材或人工预制板
步行4道	3.4	10	≤0.22	≥0.38	规则石材或人工预制板
步行5道	4	10	≤0.20	≥0.40	规则石材或人工预制板
无障碍通道	按残疾人无障碍要求设计				

注：属连续爬坡高差超过10m的台阶段，一般需设置休息平台，台深应大于1.5m。

质公园来说，其步道铺装与城市公园完全不同，仍以崇尚自然为宗旨，特别是游道更是如此。本书作者在各地考察中曾发现，有些地质公园或自然风景区，步道的铺装过于豪华，不仅将城市公园的做法引进，甚至在高山松林之中用豪华宾馆中才用的精细花岗石铺地，工程造价达到1000元/m^2，其使用效果是与自然环境不协调，游客并不感到满意。

因此步道特别是游道铺装要顺其自然，在不破坏地质遗迹和景观的前提下可以就地取材，如果原有地面已经是坚硬岩石、卵石、碎石或砂石，在原有基地上稍作平整，必要时就地用石板、块石、卵石铺装即可。所有在雨季可能泥泞的步道均需“硬化”，用石材或不得已用人工预制板铺装，但不提倡就地水泥浇筑，以免造成对土壤的污染。不提倡用精致石材或水磨材质铺游道，这不仅可能引起游客滑倒，也与自然环境不协调。

对于步行干道、支道，可用规则条石或石板铺装，整体上要求平整，但不作细面。对于步行干道的铺装要求石材相对方正、规则，可以用人工预制板块铺砌，但不提倡现场浇筑混凝土。近年来，具有渗透性能的铺装材料开始应用，应该在地质公园和自然风景区内推广。

六、滑索

（一） 滑索发展概况

滑索又称溜索，在古代是原始的渡河工具。我国西南山高川深，生活在金沙江、怒江、澜沧江、岷江一带的藏、傈僳、怒、独龙、羌族等民族，为了克服大江的障碍，用智慧创造了溜索。即用绳索，分别系于河流两岸的固定物上，一头高，一头低，形成高低倾斜。绳索有牦牛毛绳、竹或藤编绳及钢丝绳等多种。过渡者将竹、木制作的溜板或特制座位，吊在绳索上，借助于绳索的倾斜度，依靠自重溜向彼岸。根据史料，公元前250年（秦孝文王时）蜀守李冰已在四川建造了溜索，这是我国架空运输的最早的工具。在国外，秘鲁安第斯山的印第安人也运用溜索作为渡河工具。近代瑞士，滑索最早用于高山自救和军事突袭行动，后演化为游乐项目。它同蹦极、攀岩和赛车一样，是一项极具挑战性、刺激性和娱乐性的现代体育游乐项目，它们被共同称为“极限运动”。

作为娱乐项目，滑索又称“速降”、“空中飞人”等。滑索可跨越草地、湖泊、河流、峡谷等地物，使人在有惊无险的欢愉中尽情地陶醉于大自然的迷人美景之中，给予游客难忘的快乐、刺激和满足。

（二）滑索的设备组成和技术要求

1. 设备组成

两端支架（台）、钢索、滑轮、吊具（吊带、滑动小车）、缓冲装置、防护装置、吊具回收装置等。

2. 技术要求

滑索跨度一般控制在400m以内，绳索的两支点要有落差，根据水平长度绳索的弦倾角为3°～11°，绳索通过空间无障碍，并有足够的安全距离。如果是飞越障碍（河流、深谷等），一般成对设置，以方便游客可双向跨越（图4–8–2）。

3. 适宜的人群

身体健康，无高血压、心脏病、恐高症等疾病；体重为30～100kg者；游玩时不得吃得过饱、不得饮酒。

七、索道

（一）索道在我国的发展概况

索道是利用架空绳索支承和牵引客车或货车，运送乘客或货物的一种特种机械运输设备。架空索道由于能适应复杂地形，跨越大山和深沟，克服地面障碍物，提升高度，在我国交通、工业、水电、林业以及旅游等行业中得到日益广泛的应用。

溜索是架空索道的原始形式，我国古代在西南山区不少河流渡口利用竹索或藤索渡河。可以说我国是使用架空索道最早的国家。

我国较早的动力索道主要还是用于跨越江河的运输工具，如重庆嘉陵江客运索道是我国第一条双线往复式索道，1982年元旦投入运行。

北京香山公园索道是国内较早用于旅游观光的索道，其类型是单线循环固定抱索器吊椅，线路水平距离为1273m，提升高差为431m，于1982年9月建成并投入使用。

随后，国内大量的自然景区纷纷上马建设观光索道，如：大连老虎滩索道、北京八大处索道、南京紫金山索道、陕西骊山索道、安徽九华山索道、山西五台山索道、江西庐山索道、河南石人山索道、广东丹霞山索道、河南王屋山索道、河南嵩山少林寺索道、山东泰山索道、陕西翠华山索道、浙江雁荡山索道、福建武夷山索道、峨眉山金顶索道、张家界索道等。其中不少已经被批准为国家地质公园或世界地质公园。

一般国内的索道长2000m以内，落差在500m以内。进入21世纪以来，我国索道发展非常迅速，长距离、高落差的索道也不断出现。四川出现了落差700m、长2400m的西岭雪山索道；黑水阿坝落差达1200m、长达3000m以上的索道也已经出现。

（二）索道的功能

索道在地质公园或自然景区中，主要有三大功能：跨越山川障碍、保护自然环境、

图4–8–2　滑索

方便游客。

1. 跨越山川障碍

在地质公园和以大山深沟为地形条件的自然风景区中，最有价值的景观往往在深山中，一般游客步行难以到达；而修地面机动车道工程浩大、投资巨大、又破坏景观，简言之，修路不现实。要跨越地形障碍，国内外大量的经验证明，可行的方式是修建架空索道。

2. 保护自然环境

前已说明，在选择以大山深沟为地形条件的自然景区交通方案时，修路不仅工程量和投资都巨大；最重要的是要进行巨大的土石方工程，即开山填沟，山体的挖填造成生态的破坏，是短时间难以恢复，甚至是永久不能恢复。而选择索道，只对几处设立支架点和建设上下站房，对自然的改变降到了最少，整个山川生态环境，得到较好的保护。

3. 方便游客

以大山深沟为地形条件的自然景区中，以索道代替道路，可减少因爬山、涉水、登高给游客带来的体力大量消耗和疲劳，为体弱、妇女和中老年人游览大山提供可能，也节省了时间；同时在空中观光多姿多彩的山体、深沟、林木……可给游客带来与地面不同的感受，甚至震撼。

（三）索道的类型和特点

客运索道按其运行方式可以分为循环式和往复式两大类。循环式索道中又可分为：连续循环式，脉动循环式及间歇循环式（运行—停止—运行）三种。其中连续循环式应用最广泛，其次是脉动循环式，而间歇循环式较少采用。往复式索道又可分为承重与牵引分开的往复式单客厢索道，承重和牵引分开的车组往复式索道以及承重和牵引合一的单线车组往复式索道三种。

客运索道还可按照使用的抱索器形式和运载工具的形式进行分类。按使用的抱索器形式：有固定抱索器客运索道和脱挂式抱索器客运索道；按所用的运载工具形式分，有吊厢式、吊椅式、吊篮式和拖牵式等。

据有关资料介绍（北京起重所），我国客运架空索道主要类型和特点有：

1. 单线循环式固定抱索器索道

一般能适应我国大多数景区的地形要求，具有结构简单、维护方便、投资较少、建设周期短等特点。在我国已建索道中占有较大比重（约占 70%）。

2. 单线循环脉动式索道（快速运行——慢速运行——快速运行）是一种吊具为成组成对的吊厢式的索道，适合沿线支架跨距较大、距地较高的线路，并具有上下车方便的特点。 约占客运索道总数的 9.2%。

3. 往复式索道

主要用于跨越大江、大河和峡谷，跨度可达 1000m 以上，并具有一定的抗风能力。约占客运索道总数的 8.6%。

4. 脱开挂结式索道

这种索道在线可高速行驶（7 ～ 8 米 /s），进站可停车上下乘客，具有运量大、适应线路长等特点；但设备复杂，投资较大。 约占客运索道总数的 7.1%。

5. 拖牵索道

是一种乘客在运行中不离开地面的小型、简易索道，广泛用于滑雪场、滑沙场等娱乐场所。这种索道投资少、建设周期短，目前国内有 200 条左右。

（四）客运架空索道的安全性

作为一个规划工作者，除应对客运架空索道的基本知识有一定了解外，还应对其安全性有所了解。客运索道的安全运行是索道的生命线，为保证其安全运行，在规划阶段，选择索道方案时，就应该对国家颁布的《客运架空索道安全规范》（GB 12352—1990）有所了解，严格遵守规范。

（五）公园建设规划中的索道安排

1. 索道走向和位置选择原则

1）人流集中地段。

2）地形适宜的空间。

3）避开古建筑文化遗址。

2. 规划中索道走向选择的步骤

选择索道走向和位置是一个反复比较的过程。通常根据前述原则在1∶10000的地形图上寻找所有可能的走向位置，再现场核对其可能性，还要考虑索道两端上、下站有否设置条件，初步确定其较优的走向位置。最终位置由索道具体设计单位在规划初步拟定位置的基础上确定。

3. 上、下站位置的选择

上、下站位置选择要遵守地形相对平缓、对环境破坏最少、方便游客三大原则。

1）地形相对平缓。上、下站是游客人流的集散地，需要足够的用地面积（200～500m^2），一般不易满足，只能寻找相对平缓地带或可能的平台。有时不得已需要进行少量的土方工程才能实施，此时更要注意保护林木。

2）对环境破坏最少。应该避免设在受保护的地质遗迹点和林木集中地，特点要避开古树、国家保护品种林木生长地。

3）方便游客。通常，其他交通下客站、观赏点，离索道上、下站都应有一定的距离（在几百米之内是允许的），但不能太远，否则就失去建设索道的意义。

4. 索道规划成果

地质公园建设规划中，如果经过论证选择了索道，其成果要在规划文本中加以说明，明确提出建设索道的规划条件：

1）安排索道线路的走向和上下站的基本位置，至少要在1∶10000的地形图上表明其位置。

2）提供索道规划设计的基本参数：水平距离、上下站的落差（或提升高度）、高峰季节每天运送游客数量等。

3）如果有条件，应该初步核算需要的用电负荷，为公园供电设计提供依据。

八、水道

（一）水道的优点和建立条件

作者及其同事在大量的自然风景园区规划实践中深深体会到，较大而景点分散的园区，如果在园区内寻求到一个较大水面，这就大大拉近了游客与景点的距离，游客载舟漂在水上，既可代步又可观景。特别是步行了很长一段道路后，如果登船继续游程，既得到暂短休息，又获得水上观景体验，这是游客最愉悦的时刻。水道，不仅提供了水上交通的条件，更提供了特有的欣赏景观的环境。常言道：园区有水则美，谷深有水则活。峡谷型地质公园，最美和最有价值的遗迹常常在峡谷深处，机动车无法进入时，全靠步行数公里甚至十多公里，许多游客体力和心里难以承受。如果条件许可，在谷中某处设一低坝，形成数公里的水面，游客在谷中步行一段，乘一段船休息体验，再步行游览，确是理想的安排。

在地质公园或自然风景区，开辟水上交通，需要一定的条件。这类条件有两类：一类是园区内有较大水面可利用，另一类是利用有利的地形地质条件，可筑低坝收集降水形成人工湖面。

（二）水道规划设计

1. 属第一类条件的水道规划设计

已经有可利用的水面，主要是选择安全的客运码头位置和水运方式。客运码头至少两处，位置靠近人流集散地和主要景观附近，但避开急流处。水运方式决定于水面大小或运输距离，如果在500m以内，游客自行划桨；如果在500～2000m之间，选择无动力船，由船工划桨送客并导游；2000m以上应考虑采用电动游艇，专人导游解说；5000m以上通常用快艇运送。

2．属第二类条件的水道规划设计

修筑人工水面，最常见的是在沟（或峡谷）中筑坝。规划设计要点包括：

1）建立人工水面的可能性分析。能否在包括地质公园在内的自然风景园区内建立人工水面，除人为主观因素外，很大程度上取决于自然条件的技术因素。首先是地质上能存住水，不会渗漏（经验证明石灰岩地区、断层断裂带渗漏可能性大）或渗漏较小可采取人工防漏补救措施的；其次是上游有足够的汇水面积，能收集到足够的降水量（可利用1∶50000地形图进行汇水面积、当地降雨资料和植被条件进行分析测算）；第三，工程可能对景区带来负面影响的分析（淹没部分景点、对陆上交通的干扰、引发淹没区岸边塌方等）；第四，工程投资及收益分析。

2）选择坝址。规划中坝址的初步选择的因素，当然首要是考虑不漏；其次是淹没段长度要长（即坝上游沟底坡度要缓，最好沟底纵坡在1%以内）；第三是在园区内位置适宜，即有利环境、有利景观、方便游客、方便施工、有利管理。

3）确定坝高。规划建议的坝高首先决定于技术经济的分析，当沟底的平均纵坡为i、期望的水面长度为L时，其规划坝高H由下式计算：

$$H = h+L \cdot i \qquad (4\text{-}8\text{-}1)$$

式中，h为坝顶超高，或安全高度，一般为0～2m。当计算的汇水量超过库容量时，洪水不对下游构成威胁、不设溢流道口条件，汛期洪水可从坝顶直接溢流时，h=0；当考虑洪水对下游可能造成威胁，需另设溢洪道时，$h \geqslant$ 2m，需要进行仔细分析计算。

笔者经验，较大的峡谷或山沟的纵坡i=1%～0.1%的发生机率是较大的，取其中值h=0.5%，坝每增高1m，水面长度将会延长500m，因此形成2.5km的水面，坝高只有5m（不计算地面以下基础部分）。不少实例说明，自然风景区内的人工坝一般都是低坝，是比较容易实施的。

4）选择水运方式。通常由水运距离决定，参照表4-8-7。

九、导向指示系统

（一）园内机动车道导向指示系统

园内机动车道系统包括：园内大客车道、园内电瓶车道。因为都是专用车道，且为园内固定司机驾车行驶，司机对道路线路、交叉口、弯道、方向均熟悉。对机动车道的导向指示系统设有特殊要求，参照国家交通部门的通用交通指路标志和安全提示、警示标志安排设置即可。

自然风景区水运方式的选择推荐表　　表4-8-7

水面类型	水运长度（m）	适宜水运方式	备　注
天然长流水河流	≥10000	动力观光游艇、快艇	
天然长流水河流	2000～10000	无动力漂流	急流段
天然长流水河流	2000～10000	电动观光游艇或快艇	平缓河道
天然湖面	≥2000	电动观光游艇或快艇	
天然湖面	500～2000	无动力船，由船工划桨送客	
天然湖面	≤500	游客自行划桨或船工划桨送客	
人工低坝水面	≥5000	电动观光游艇或快艇	
人工低坝水面	500～5000	电动或无动力观光游艇	
人工低坝水面	≤500	游客自行划桨或船工划桨送客	

但在所有停车点、换乘站都要设立为引导游客服务的线路牌和景点指示牌，引导游客到达目的地。具体安排和做法详见本篇第七章标示系统建设规划设计。

（二）步行类道路导向指示系统

步行类道路导向指示系统是直接为游客服务的标识设施，由于绝大多数游客都是第一次到某一园区来，对道路游线、景点分布都很生疏，导向指示牌对游客特别重要，因此步道类导向指示系统应仔细周全的设计安排，保证在任何情况下游客都不会迷路。地质公园的建设规划应在交通规划，特别是步道具体规划中同时作出导向牌的具体安排。

1）在所有机动车（大客车、电瓶车、小火车、索道缆车、游船等）下客点、站都要设立线路牌、景点指示牌。

2）在机动车道与步行道相接的路口、所有步道上的交叉口、丁字路口都要设立指向不同目标方位的导向指示牌。必要时，在弯道或较长路段（一般超过200m）之中也应设立导向指示牌。

3）导向指示牌的设置要形成系统，要像链条一样，一环扣一环，中间不能间断。举例说：到园区最远的一个景点，导向指示牌在某一交叉口少设了一个，游客就可能找不到这一景点。

4）规划设计者，要以自己是一个游客到一个从未去过的园区的身份，认真仔细考虑安排所有导向指示牌。

5）指示牌要做到清晰、醒目、风格统一。详见本篇第七章。

第二节　给水排水设施规划

一、概述

给水排水设施是仅次于道路交通设施的地质公园配套设施，由于其主要设施是要通过土木工程建设最终才能建成投入使用，因此给水排水设施又称为给水排水工程。包括地质公园在内的自然风景区的给水排水设施有：为园区提供游客用水的设施，收集并处置各类污水的工程，有时还包括为园区绿化和水景提供水源的工程，或回收并处理净化后作为绿化和水景的补充用水工程（中水工程）。本节重点介绍园区给水工程，对中水工程和排水工程规划作必要的介绍。

在地质公园建设规划阶段，必须包括公园的给水排水规划。

二、给水设施规划

（一）园区给水设施的基本组成和规划程序

1．给水设施的基本组成

地质公园的园区给水设施（又称供水工程）包括水源工程、输水工程、净化消毒工程、配水工程等。根据实际情况就近取用地下水，输水工程省去，水源工程即为一眼井，不用净化，在井室内增加消毒器即可，实际最简单的供水工程就是水井和配水管网。

有时不仅园内服务设施需要供水，为了增加园区水景还要增加取自不同水源的景观供水工程。例如游客服务设施生活用水取用地下水，而景观水取用地表水或利用处理净化后的中水。

2．规划程序

地质公园园区供水工程规划通常按下列程序进行：计算园区规划用水量，现场踏勘选择水源，提出并完善供水方案。按照其步骤简要说明如后。

（二）计算用水量

1．生活用水量的计算

首先分析用水对象，确定用水定额；根据用水人数和定额，计算生活用水总量。

地质公园和自然风景区主要用水对象为：观光游客和员工；如果有住宿设施就应

增加住宿客人；如果园区内有少量居民点，应统一考虑进去。

用水定额即游客或其他用水对象高峰用水季节每人每天全部生活消耗的水量，它包括：餐饮、冲厕、洗涤、洗浴等全部生活水量。由于气候、习惯、地区的差异，用水定额也不相同。以下是根据国家相关标准和作者近十多年旅游景区规划的实际经验及节水的原则，推荐的用水定额。如表4-8-8，供参考。

利用这个推荐的用水定额表，根据高峰季节日游客量和其他用水人员的具体数据，就可以计算出高峰日生活用水总量。

试举例，一南方某地质公园，计算如表4-8-9。已知数据是：高峰日观光游客1000人/d，宾馆住宿200人/d，景区工作人员120人，园内无居民。试计算高峰日用水量。

2．景观用水量的分析

景观用水量，主要是指人工水景的补充用水量。任何一个水景，如果没有补充水实际就是死水，时间稍长就会发臭，该水景也就不存在。计算确定更新的补充水量是景观用水规划的主要内容之一。其方法是，先要确定该水景的自净周期即在一定时间内水质不会恶化（超过规定的水质标准）的时间，其次确定每天自然损失（蒸发）水量。总水量就包括以上这两部分。

试举例说明，某景观水总容量为24000m^3，夏季自净周期约30天，平均日蒸发量约24t，计算更新补充水量。

答案是夏季每天应更新补充的水量为：24+24000/30=824t。

（三）水源选择

1．生活用水水源

自然风景区生活用水量一般用量都不大，且离城市集中供水系统较远，故通常单独寻找水源。自然景区中一般不难找到供生活用的少量地下水或泉水，考虑到简化净化消毒工艺，优先选择地下水（需要打井提升），其次引泉水，经当地权威部门化验合格符合国家饮用水标准后即可确定水源。很少采用地表水（库水或河水），在不得已时，需规划设计净水设备，经处理合格后供出。

2．景观用水水源

景观补充水源通常有三种来源：一是不需要人工构筑物的上游天然流水补充；二是引地表水或提升地下水；第三是利用污水净

推荐的地质公园园区用水定额 [单位：L/(人·d)]　　**表4-8-8**

大区域	黄河流域以北	长江流域附近	北回归线以南
观光游客	10	15	20
住宿旅客	200～250	250～300	300～350
管理员工	120～150	150～180	180～200
当地居民	100～150	120～180	150～200
省市区名称	京，津，冀，晋，鲁，内蒙，辽，吉，黑，陕，甘，宁，青，新	沪，苏，浙，皖，闽，赣，豫，鄂，湘，渝，川，黔，滇，藏	粤，桂，琼，港，澳，台

某地质公园园区生活用水量计算表　　**表4-8-9**

	数量（人）	用水定额 [L/(人·d)]	用水量（t/d）
观光游客	1000	20	20
住宿旅客	200	300	60
工作人员	120	180	22
合计			102

化处理后达标的中水。其中第三种是在缺水地区越来越多被采用的方案，该方案能保护园区环境，有效利用资源，是最值得提倡的方式。

（四）供水方案

这里主要指在需水量确定后提出园区生活饮用水供水方案。

供水方案包括：水源地选择（地下水或地表水）和取水方式、净化消毒方案、输配水方案。

其中水源地选择，如是地下水应初步选择井位，选择大口井还是管井，划定水源保护范围。如果是地表水选择取水口的位置和划定水体保护范围。

如取用地下水，一般消毒后即可送出，消毒装置与水源井建在一起，设一小房即可。如取用地表水，目前国内已经有成熟的净化装置，日产水量从几十吨到几百吨规格的都有，直接选择即可。

输配水管网是由水源地或净化厂送到用户的管网。管网除要考虑直接铺设到用户(餐饮点、卫生间、住宿点、博物馆、管理用房、居民点等)，还要考虑形成环形网络，以保证供水安全。管道口径根据供水量计算确定，主干管要考虑设置消火栓的要求，一般主干管不小于100mm。管材的选择，目前D200及以下口径建议选择改性塑料（UPVC）给水压力管。供水压力保证管网末端水压超过建筑高度10m即可。其他按国家有关规范执行。

三、排水工程规划

（一）概述

包括地质公园在内的自然风景区的排水工程规划主要指：选择排水体制、提出服务设施的防洪防灾措施、制定生活污水收集和处置方案。

其中排水体制指雨水和生活污水收集是分开还是合并的方式。一般自然风景区的雨水已经形成了原有的顺坡自然排除的系统，没有必要再修人工排除雨水的系统，只将服务区的生活污水单独收集起来并集中处置。这就是我们常说的分流制排水系统。如果因建设服务设施，改变了原有地形地貌，雨水可能对地面造成冲刷，则要注意采取防止水土流失的措施，如种植灌林或铺砌地面防止冲刷。在山谷地建设服务设施时，由于地形复杂，要注意防止洪水对服务区的威胁，避免将服务区选择在可能被冲刷的地段。

（二）污水处置及回用

在服务区应建立收集生活污水的排水管道系统，污水经排水管道自流到污水处理站。各种生活污水进入污水管网前，通常先在其附近的消化池（或称化粪池）初步去除固体杂质，上清液进入污水管网。为防止污染水体，所有污水不得排入雨水管或用明渠排放。

污水管道系统（管网）按重力自流原理布置设计，为防止管道堵塞，管道最小直径不小于200mm，并在所有管道折点和交叉点均用检查井连接，以便于工人疏通。管材采用水泥管、铸铁管，小口径可采用陶土管。污水管道一般均应铺设在混凝土基础之上，以防沉降，渗漏污染环境。

污水处理的工艺流程：首选生化处理法，即通过初步沉淀——生物处理——过滤——消毒——中水回用。其中生物处理有两种方案，生物氧化法和生物厌氧消化法。前者（生物氧化法）用动力向污水中充氧，使其对有机污染质（即BOD）进行生物氧化降解，达到消除或降解污染质的目的。后者（生物厌氧消化法）相反，污水在封闭缺氧的环境下，有机污染质进行厌氧消化，使污染质分解（产生沼气和水等）达到消除或降解污染质的目的。两种方案根据具体环境条件选择。在污水量不大的情况下建议优先选择消化法，这大大简化了工艺，节省了动力（电力），管理简单。

例如自然景区中分散的卫生间，就可将化粪池扩大，并相对密封，增加污水在池中停留时间，使污染质在池中缺氧的条件下充分的消化分解，达到处理的目的。处理后的上清液和少量污泥都可当肥料回归林地或农田。

不管用什么处理工艺，处理后的水建议再经过滤处理消毒达到中水标准后作为景观用水补充水源，或用作环境生态用水（还林还田）。

第三节　环境卫生设施规划

一、园区环境卫生设施的组成及规划

园区的环境卫生设施主要是指垃圾收集、处理设施和公共卫生间。其规划是指合理布局垃圾筒、公共卫生间的数量和位置，安排固体废物的收集、贮运、消纳及其管理系统。

环境卫生规划，首先要根据高峰日游客数量计算整个园区可能产生的垃圾总量，以此为依据规划安排贮运、消纳设备规模和清运管理人员数量。垃圾总量可按下式计算：

$$G=\Sigma F_i \cdot C_i=F_1 \cdot C_1+F_2 \cdot C_2+\cdots \quad (4-8-2)$$

式中　G——高峰季节日产生垃圾总量（t/1000d）；

F_1、F_2——高峰季节观光游客、住宿旅客数量（人）；

C_1、C_2——实测的观光游客、住宿旅客日产生的垃圾量[kg/(人·d)]。

C_1、C_2的实际数量随季节、游客在园内停留时间和消费水平而变，在没有具体实测数据时，可暂参考下表计算，建设中再根据实际修正。

试举中等园区一例：观光游客1000人，住宿旅客200人，园区职工120人，园内无居民，其每日固体废物总量为：

$$G=1000\times1+200\times2+120\times0.7=1484\text{kg}\cong1.5t$$

二、垃圾筒的布局

垃圾筒主要布置在人流集散点、门区、服务区、观赏点及旅游线上。其中在旅游线上，根据游线人流密度，每50～100m设立一个。垃圾筒的位置应在游客视线可达处，但要避开景观显著位置，以免影响游客摄影留念活动。

三、卫生间的布局

园内公共卫生间布置十分重要，是反应旅游服务设施完善水平和保护园区环境的重要设施，国家旅游局甚至将此纳入评定旅游景点等级的重要标准之一。

卫生间要合理布局，要做到在游客需要方便时总能找到它，而又不影响园区景观，做得好可以成为自然风景的点缀。一般布置在如下位置：停车场、游客集散点、服务区内、主要景点（或观赏点）、游线中间休息（饮茶棚）处等，如果步行游线较长，最远1000m就应设立一处。餐馆、茶室、宾馆内的卫生间也应对外开放。

卫生间男女分置，根据游客量安排蹲位数，特别是停车场和人流集散点，要考虑按高峰人流时设计，按高峰日流量每50人1个蹲位，最少男女各2个蹲位，并设洗手盆。卫生间的设计按国家旅游局颁布的星级旅游

旅游景区垃圾产生量参考表 [kg/（人·d)]　　**表4-8-10**

	观光游客	住宿旅客	园区职工	当地居民
日产垃圾量 C_i	1	2	0.7	1.5

厕所标准执行。

四、废物处置

园区内固体废物应及时清理，特别是客流高峰时，应随时清理，以确保旅游园区的环境卫生。日产生2t以上垃圾的大型园区，可在游客视线达不到的和对园区环境不产生负面影响的地段设临时集中转运站，每天在闭园后及时运送到城市统一安排的垃圾处置场无害化处理。若园区离该处置场较远，可选择适当地址，进行分捡，回收部分可再利用之物，其余有机物送附近与农家肥混合发酵堆肥，剩余无机物消毒后安全填埋。废物处置是园区规划设计者要认真对待的问题，一定认真调查，结合实际，妥善安排，慎重处置。

第四节 其他设施安排

一、概述

其他基础配套设施包括供电、照明、通信、供暖、燃气、消防和防灾等设施。这些设施一般由当地专业单位参与规划设计。但由主持规划的单位测算其容量，提供给当地专业单位具体设计和实施。

另一方面以大自然为主的风景园区，应提倡应用生态的可持续的能源，既保护生态又是很好的科普教育景观。例如：有条件的园区外总照明采用太阳能光电转换发电蓄电，用于夜间照明；用太阳能热水器供热水；采用热泵技术采暖制冷；用生物沼气池吸纳秸秆、弃枝、弃叶等废弃有机物产生能供餐饮使用的燃气等。现在这些技术已经成熟，完全可在专业人员指导下直接引用。

二、用电负荷的估算

园区的服务设施的用电负荷可根据规划的不同类型的建筑面积或场地面积进行估算。计算公式如下：

$$P = K_{\Sigma} \cdot \Sigma P_i = K_{\Sigma} (P_1+P_2+P_3+P_4+P_5+\cdots\cdots) \quad (4-8-3)$$

式中 P ——用电总负荷（kW）；

K_{Σ} ——同时使用系数，通常 K_{Σ} = 0.7 ~ 0.9。

P_1、P_2、P_3、P_4、P_5 分别是餐馆、宾馆、博物馆、其他公建、广场停车场的用电负荷，单位：kW。

用电总负荷用下式计算：

$$P = K_{\Sigma} \cdot \Sigma(A_i \cdot P_i) = K_{\Sigma} \cdot \Sigma (A_1 \cdot P_1 + A_2 \cdot P_2 + A_3 \cdot P_3 + \cdots\cdots) \quad (4-8-4)$$

式中，A_1、A_2、A_3、A_4、A_5 分别是餐馆、宾馆、博物馆、其他公建的建筑面积或广场停车场地面积（单位：m^2）；

P_1、P_2、P_3、P_4、P_5 分别是餐馆、宾馆、博物馆、其他公建的单位建筑面积用电量或单位场地用电指标（单位：$kW/1000m^2$）。

表4-8-11为建筑类型单位建筑面积的用电量（用电指标），仅供参考。

试举中等园区一例：餐馆1000m^2，博物馆4000m^2，其他建筑5000 m^2，无宾馆，停车场和其他广场约10000m^2，其用电总负荷为：

P=0.8（1000×70+4000×80+5000×30+10000×3）/1000=456kW

三、防灾设施规划

（一）消防

所有服务区、门区、博物馆等集中建筑区，除在室内按建筑设计规范安排室内消防

地质公园各类设施用电指标 （kW/1000m^2） **表4-8-11**

	餐馆	宾馆	博物馆	其他建筑	停车场
用电指标 P_i	50 ~ 100	70 ~ 120	60 ~ 100	20 ~ 50	2 ~ 5

设备外，在室外都应该规划安排消防设施，安排一定消防存水量，所有给水干管线上均按规范安排消火栓，为此，给水主干管的最小口径需要能够保证安装室外消火栓，一般应不小于100mm。同时在给水系统规划中，应尽可能安排一高位水池，保证停电时能借助重力供给消防存水。

（二）森林防火

森林防火工程建设，必须贯彻“预防为主，积极消灭”的方针。森林防火工程设计，应符合现行《森林防火工程技术标准》（LYJ 127—1992）和《森林公园总体设计规范》（LY/T 5132—95）的规定。

森林防火工程主要包括瞭望、阻隔、通信、道路、防火机场、防火站等工程建设，应根据地区特点和保护性质，设置相应的安全防火设施。同时也要加强预测预报、巡逻、检查等具体管理措施。

设计中，瞭望塔（台）、观测站等巡逻瞭望工程的设置，必须通视良好、视野宽阔、控制范围广，其设置位置、结构形式、色彩和高度，均应与公园景观相协调。

在可能有火险地段，应设置防火隔离带（或防火线），隔离带宽度一般为20～30m，最低宽度不应小于树高的1.5倍。

野营、野炊等野外用火的旅游场所，必须设置防火设施。

（三）地质灾害防止

据统计我国发生的地质灾害，主要是滑坡、崩塌、泥石流，其中95%以上是由于自然因素引起的。因此，地质公园建设规划的重要任务之一是对可能发生地质灾害的地段进行勘查，明确可能引发灾害的范围，在没有办法排除险情之前，不得安排任何建筑和设施，不得安排游线进入，并有明确的危险区界桩和警示牌。地质灾害危险区块内，进行自然生态保护，封山育林；无法种植者，作为灾害遗迹保护，成为科普现场教材，但除非专业人员指导，可在外围远观，不得靠近，更不能入内。这些理念要转化为规划措施，并反映到建设规划中。

（四）其他防灾工程

在地质公园的林区，应采取措施防止病虫害、鼠害。为保护生态环境，宜采用生物防治措施，所选用的天敌，以本地区或附近地区具有的种类为主，需引入外地天敌必须经过本地试验后方可采用。林区面积较大时应按规定建立病虫害、鼠害预测预报站、检疫检验室等。

防止人为对地质资源和生态资源的破坏，禁止在地质公园内采石、采砂、采土以及其他毁林、破坏景观的行为。

第九章　土地利用规划

第一节　建设规划阶段中的土地利用规划

一、规划内容和重点

本阶段土地利用规划是进一步细化总体规划的内容，确认总体规划阶段已经分类区划的用地，根据实际变化和需要作必要的调整；特别是要对属于建设用地的部分做重点更细的安排，以保证其规划的可操作性，对地质公园的建设具有真正的指导意义。

二、确认和调整用地总体规划

由于在总体规划阶段对用地的分类和区化尚处于初步阶段，特别是为申报各级地质公园而编制的地质公园总体规划，其用地规划更粗浅，有些甚至没有编制用地规划，到本阶段必须新编制或对原有已编制的用地规划作必要的调整。当然首先要对总体规划阶段的规划安排的十类用地逐一分析、核对、确认。在十类用地中，对地质遗迹景观用地（甲类）、林地（戊类）、草地（辛类）、水域（壬类）等均为自然分布，不会有太大变化，只要清晰复核界定即可；对居民社会用地（丙类）、园地（己类）、耕地（庚类）、滞留用地（癸类），除确认其现状外，尚要根据地质公园设施的需要，对其作适当的调整、限制，这也较为困难但又是本阶段规划必须完成的任务。

1）在庚类用地，应细化对属于基本农田的部分要界定给予保留，有一些价值很低的旱地可以调整为建设用地，有些旱地必须退耕还为林地、草地。

2）对己类用地（园地）应具体分析，经济价值不大的可以调整，或还林地或调整为建设用地。

3）癸类用地，尽可能地利用，只要区位合适可以调整为建设用地。要最大限度地减少滞留用地比例，根据具体条件转化为其他用地。

4）对原有居民社会用地（丙类），原则上要限制在原有范围内，迁出其中的企事业单位。对自然村落如果影响到地质遗迹或生态保护的，应该迁出；可以保留的，应在不超过原村落范围的前提下，划出保留的界线，控制其扩大，可在界线内拆旧建新，或改建为农家接待户（接待村）。

以上四条是最近多年地质公园规划实际经验的总结，可以根据不断变化的情况不断补充、调整或修正。

三、细化建设用地安排

建设用地是指人类为了生活生产活动而改变原自然状态并在其上建设各类设施的用地。地质公园建设用地包括上述十类用地中的乙、丙、丁三类，即公园设施用地、居民社会用地、交通与工程用地。所谓细化是指根据需要和可能，将此三类用地进一步分类、确定其面积、安排其空间位置、划出其范围。当然这一过程，必然要对原有建设用地进行分析，以为规划调整、控制、新增建设用地提供依据。

地质公园建设用地进一步分类见表4-9-1。

表中细类一般指已经确定的项目具体用地名称，如公园门区（乙11）、地质博物馆（乙41）、外部停车场（丁11）等，根据需要细分。表4-9-2 所列细类供地质公园建设规划阶段中编制用地规划时参考，实际规划中可以减少其类别，一般不会再增加新的细类。

地质公园建设用地分类表 **表4-9-1**

类别代号			用地名称	说明
大类	中类	细类		
乙			公园设施用地	
	乙1		公园集中建设用地	独立设置门区、综合旅游基地、集散地
	乙2		娱乐文体用地	集中用地外的独立文体娱乐或表演场地
	乙3		度假保健用地	独立度假村、保健康复等用地
	乙4		科普设施用地	独立的地质博物馆、科普场馆用地
	乙5		其他旅游设施用地	上述之外独立设置的购物、餐饮、游览用地
丙			居民社会用地	
	丙1		居民点建设用地	保留的原有村镇用地
	丙2		管理机构用地	独立设置的公园、行政或其他管理机构用地
	丙3		科技教育用地	除地质科普外的独立设置的科技教育用地
	丙4		工副业生产用地	为公园科普旅游服务的产品的生产加工设施用地
	丙5		其他居民社会用地	上述以外的建设用地
丁			交通与工程用地	
	丁1		对外交通用地	与公园相关的公园外缘的道路、停车场、车站等
	丁2		内部交通用地	园内道路、场站用地
	丁3		供应工程用地	独立设置的水、电、气、热等用地
	丁4		环境工程用地	独立设置的环保、环卫及污物污水处置设施用地
	丁5		其他工程用地	水利、防洪、防灾、养护等其他工程用地

地质公园建设用地分类细表 **表4-9-2**

用地代号			用地名称	备注
大类及名称	中类	细类		
乙 公园设施用地	乙1		公园集中建设用地	
		乙11	门区	包括大门前后的广场和停车场
		乙12	综合旅游基地	
		乙13	集散地	
	乙2		娱乐文体用地	
		乙21	娱乐用地	
		乙22	体育用地	
		乙23	文化表演场地	
	乙3		度假保健用地	
		乙31	度假村用地	
		乙32	保健康复用地	
	乙4		科普设施用地	
		乙41	地质博物馆用地	
		乙42	其他科普场馆用地	
	乙5		其他旅游设施用地	
		乙51	商业服务用地	独立设置的购物、餐饮
		乙52	其他游览设施用地	

续表

用地代号			用地名称	备　注
大类及名称	中类	细类		
丁 交通与工程用地	丁1		对外交通用地	
		丁11	园外道路用地	
		丁12	园外交通场站用地	
	丁2		内部交通用地	
		丁21	园内道路用地	
		丁22	园内交通场站用地	
		丁23	园内步道用地	
	丁3		供应工程用地	
		丁31	供水工程用地	
		丁32	电力工程用地	
		丁33	供热工程用地	
	丁4		环境工程用地	
		丁41	污水工程用地	
		丁42	环卫工程用地	
	丁5		其他工程用地	
		丁51	水利工程用地	
		丁52	地质灾害防治用地	
		丁53	施工临时用地	

第二节　土地利用规划成果

一、建设规划阶段土地利用规划的深度和成果

建设规划阶段首先对总体规划阶段的总的土地利用协调规划成果进行复核并适当调整，其深度达到十大类能区划（位置、范围、面积）清楚即可；在此基础上对建设用地类别用地进一步区划，一般达到中类的深度，按照表4−9−1的类别进行区划(确定其面积、位置，并划出其范围)。

土地利用规划的主要的成果包括：地质公园用地平衡总表、地质公园建设用地平衡表；地质公园土地利用规划总图、地质公园建设用地规划图。

二、地质公园土地利用规划总图

本阶段土地利用规划总图在总体规划阶段编制的土地利用规划图的基础上适当地补充、修改即可，但注意对公园设施、居民点、交通与配套工程等建设用地应标注得更准确、更清晰些。

三、地质公园建设用地规划图

建设用地规划图是对公园将要建设的各类设施用地详细地安排、区划，对居民社会用地作出的调整用图块确认。编制地质公园建设用地规划图应注意以下几点：

1）公园建设用地只占地质公园总面积的5%以下，有些不到1%，为了清晰标示各类用地的规划范围，一般需要测绘1∶2000～1∶500地形图。在这类比例的地形图上用色块区划各类（根据需要有选择地参照表4−9−1的类别）用地范围。

2）如果居民社会用地与公园设施用地相距较远，可分别绘制建设用地规划图。其中居民社会用地规划图应按照村镇规划要求绘制，以求与村镇规划建设统一，保证规划的可操作性。

3）交通与工程类用地，一般指集中建设用地外的道路、独立场站和基础配套工程

用地。属纯交通线路用地，可直接在土地利用规划总图中标示其线路，注明其占地宽度。

4）建设用地规划图是本阶段规划最重要的成果之一，是建设征地的主要依据，应细致地绘制，其面积要与建设用地平衡相吻合。

四、地质公园用地平衡总表

本阶段该表是对总体规划用地平衡表的复核和修正，当然要将现状和规划同时列于表中，以表明地质公园设立前后土地利用结构的变化，参照表3-12-3。本阶段复核的重点是将三类建设用地（乙类、丙类、丁类）要清晰地区划清楚，并成为建设用地平衡表的依据。

五、地质公园建设用地平衡表

建设用地平衡表一般将现状和规划分开列出，许多情况下，如果地质公园设立前尚没有旅游设施，或旅游设施很少，只有居民社会用地属建设用地，就没有必要再编制现状建设用地平衡表，《地质公园规划建设用地总表》（表3-12-3）就足以。

因此地质公园建设用地平衡表，一般指建设用地规划成果，具体见表4-9-3。

表中，人均用地因居民社会用地指标必须遵守建设部规定的考核指标，不应超过120～150m^2／人，因此与公园设施分别计算。

地质公园建设用地平衡表 表4-9-3

用地代号		用地名称	面积（km^2）	占建设用地面积的（%）	人均（m^2／人）	备注
大类	中类					
乙		公园设施用地				人均用地按旅游高峰季节平均日游客量计算
	乙1	公园集中建设用地				
	乙2	娱乐文体用地				
	乙3	度假保健用地				
	乙4	科普设施用地				
	乙5	其他旅游设施用地				
丙		居民社会用地				人均用地按实际社会居民数量计算
	丙1	居民点建设用地				
	丙2	管理机构用地				
	丙3	科技教育用地				
	丙4	工副业生产用地				
	丙5	其他居民社会用地				
丁		交通与工程用地				人均用地按旅游高峰季节平均日游客数与居民数总和计算
	丁1	对外交通用地				
	丁2	内部交通用地				
	丁3	供应工程用地				
	丁4	环境工程用地				
	丁5	其他工程用地				
合计				100		

第五篇
地质公园规划实例

为使读者进一步理解前述的地质公园规划原理和方法，本篇了作者主持和参与的四个规划实例。其中：《中国兴义贵州龙国家地质公园规划》为总体规划深度，选取的是规划文本的全文；《漳州滨海火山国家地质公园总体规划》选取的是规划说明书的全文；《房山世界地质公园总体规划》是选取的规划文本的摘要；《河南新安峡谷群地质公园建设规划》是摘要选取其中龙潭峡景区的相关内容，龙潭峡景区现已经建成对外开放，并成为《中国王屋山—黛眉山世界地质公园》的重要景区。

实例一　《中国兴义贵州龙国家地质公园规划（文本）》

本书引用此例的说明：

本规划是为贵州省兴义市政府申报和建设国家地质公园而编制的，规划的名称为原名称，后在审批时改名为《贵州兴义国家地质公园》。在2003年贵州省国土资源厅组织专家评审的四个类似的规划中，给予的评价最高，会议主持人认为本规划可以作为今后贵州省编制地质公园规划的范本。本规划是以李同德为主，与陈兆棉、徐柯健等合作，接受中国地质调查发展研究中心聘请于2003年编制的。参与科学考察编写综合报告和对本规划提供宝贵资料的还有钟林生、王立亭、李兴中、张尚益等，贵州省和兴义市政府领导、相关单位专家以及中国地质调查发展研究中心（承接单位）的付晶泽、任景明等对规划的编制也给予了许多支持和帮助。规划编制过程中，还得到陈安泽先生和其他专家学者的指导，作者引用此例时再次表示谢意。为保留原规划的系统完整性，《规划文本》均是当时定稿的原体例全文，本书引用时对一些词句作了订正。规划说明书略。

第一章　规划总则

第一条　地质公园发展进程

地质遗迹是地球发展演化历史的实物例证，是地壳活动留下来的痕迹，属于自然遗产的重要组成部分。

1991年召开的“第一届国际地质遗产保护学术会议”上，与会代表共同签发了“国际地球记录保护宣言”，提出地球的过去，其重要性决不亚于人类自身的历史，应该学会保护地球的记录，阅读人类出现以前写下的这部书。1999年，在联合国科教文组织执行局会议上，正式通过了“世界地质公园计划”（UNESCO Geopark Programme）筹建“全球地质公园网”的新倡议。2000年，联合国教科文组织开始对“地质公园计划”进行可行性研究，计划每年在世界范围内建立若干个以地质遗迹即地球记录保护区为基础的世界地质公园（UNESCO Geopark），并把保护地质遗迹同发展地方经济相结合。2002年4月，联合国科教文组织地学部正式发布《世界地质公园工作指南》，将世界地质公园建设工作推向正式实施阶段。

我国早在1985年“首届地质自然保护区区划和科学考察工作会议”上，与会专家一致建议设立武陵源国家地质公园。1987年，原地质矿产部下发的《关于印发建立地质自然保护区规定（试行）的通知》中明确提出，国家地质公园是建立地质自然保护区的一种重要形式。1999年，联合国科教文组织“世界地质公园计划”的推出，对中国建立地质公园体系起到了重要的推动作用。同年12月，国土资源部在“全国地质地貌景观保护工作会议”上，重新提出了建立国家地质公园的设想。2000年，国土资源部下发了《全国地质遗迹保护规划（2001—2010）》，正式启动了国家地质公园计划，并于2001年和2002年分两次批准并公布共44个国家地质公园名单。

地质公园的建立建设不仅促进了地方旅游业的发展，而且提高了旅游的科技含量，受到了当地政府、群众、游客的广泛欢迎。预期今后我国将会建设更多的地质公园。

第二条　规划依据

《中华人民共和国环境保护法》

《中华人民共和国文物保护法》

国务院《中华人民共和国自然保护区条例》

国务院《关于进一步加快发展旅游业发展的通知》

国土资源部《古生物化石管理办法》

国土资源部《国家地质公园总体规划工作指南（试行）》

国土资源部地质环境司《中国国家地质公园建设技术要求和工作指南（试行）》

《兴义市城市总体规划（1997—2015）（修编）》

第三条　规划期限

本规划分两期实施：

首期，2003～2005年，基本界定地质公园范围，按规划建设基本的科普和旅游设施，申报国家地质公园成功揭碑，并正式对外开放接待游客。

二期，2006～2008年，完善本规划的全部旅游设施，建成红椿旅游度假村；城市污染得到基本的治理，绿色环境有大的改善。

第四条　规划指导思想

地质公园规划必须遵守严格保护，统一管理，合理开发，永续利用的原则；协调处理好保护与利用的关系；有利于促进当地旅游业和经济发展。

第二章　地质公园的性质和发展目标

第五条　地质公园性质

兴义贵州龙地质公园是以产贵州龙动物群化石的三叠纪碳酸盐岩地层在地壳运动和溶蚀切割双重因素作用下形成的多姿多彩的溶岩地貌为主构成的地质公园。

兴义三叠纪地层中贵州龙化石自第一次被发现后，到目前已经名扬世界，“贵州龙”已成为本地质公园的主题特色。

第六条　地质公园范围

兴义贵州龙地质公园基本范围由国家级风景名胜区——马岭河峡谷风景区北中部区域和顶效、乌沙两个贵州龙产地以及泥凼石林、坡岗岩溶生态区组成，总面积约为270km^2。

为了更有效地保护好本公园，还在公园界线外设置了地质公园外围控制区，总面积约为1000 km^2。

第七条　总体发展目标

兴义贵州龙地质公园发展的目标是：确定地质公园用地范围，完成地质公园勘测划界，明确地质遗迹和生态保护区范围；制定各类管理法规，实施依法管理；力争申报国家地质公园成功，达到地质遗迹保护与环境、社会生活、经济效益协调发展；经过若干年的建设和努力，争取列入世界地质公园名录。

第三章　兴义地质遗迹及其价值评价

第八条　地层岩性

区内的地层属于扬子地层区和华南地层区，出露于石炭系、二叠系、三叠系地层，其中三叠系分布最广，约占全区总面积的90%。由于其主要为碳酸盐岩，因此构成了区内岩溶发育的物质基础，形成了以峡谷、峰丛、峰林、石林等为特色的岩溶地貌景观。

园区内最重要的古生物化石遗迹——贵州龙动物群化石，主要产于中三叠纪的关岭组以及上三叠纪的竹杆坡组和瓦窑组的灰岩中。

园区内第四系主要有：残积坡积形成的红黏土，大面积覆盖于高原面上，以兴义、顶效一带分布最广；岩溶区地表水、地下水活动形成的次生碳酸钙沉积，以马岭河峡谷分布最为集中。

第九条　地质构造

园区的大地构造处于扬子陆块西南缘，南临右江造山带，在地质历史发展中经历了多次构造作用。主要的褶皱断裂定形于燕山期，园区内主要的构造线方向为北西向。主要的大型褶皱有：马岭东南的付家湾向斜；马岭以北的海子向斜；马岭以西的岩脚背斜；马岭河峡谷主要沿岩脚背斜和付家湾向斜的核部穿行。在喜山期及新构造时期园区内主要受到区域隆升及断裂活动的影响，在早期褶皱及断裂的基础上，叠加了北北东向的走滑断裂，既控制了第三纪红色断陷盆地的形成，也深刻影响了晚近时期岩溶地貌的形成。另外由于晚近时期地壳的区域性的多次抬升，形成了深切河谷及多级溶洞。

园区地质构造属黔西南普安旋扭构造变形区，断裂褶皱复杂，总体构成一幅向北西收敛、向南东撒开的帚状应变图像。

园区内新构造活动明显，以大幅度、大面积抬升为主，同时具有间歇性及差异性抬升的特点。

第十条　地质遗迹评价

在兴义众多的地质遗迹和地质景观中，以贵州龙动物群古生物景观和岩溶地质地貌景观为最突出，成为公园内最主要的导向型景观，具有很高的科学及观赏价值。

兴义市顶效镇绿荫村胡氏贵州龙的发现，是中国乃至整个亚洲三叠纪海生爬行动物的首次发现，从而揭开了中国乃至亚洲三叠纪海生爬行动物研究的历史；是惟一同时发现三叠纪海生爬行动物和鱼化石的产地，这在国外相关地层也是少见的；鱼类化石的发现填补了我国在鱼类这一重要演化阶段的空白；贵州龙动物群具有明显的古地理学意义，其组合面貌与欧洲的德国、瑞士、意大利等同期同类生物群类似，这种类似性或相似性表明贵州龙海生爬行动物属于特提斯生物群。胡氏贵州龙及其产地不仅是一个重要的科研场所，而且是一个重要的科普教育基地。

岩溶地貌景观是园区最重要的地质景观旅游资源，它以峡谷、峰丛、峰林、石林、丘峰溶原、钙华瀑、岩溶洼地、漏斗、溶洞以及发育其间的瀑布群、岩溶泉群等景观组合为主要特征。其中马岭河峡谷漂流、天星画廊在国内是罕见的地质地貌景观旅游资源；泥凼石林和红椿水上石林是与云南路南石林的风格不同、可与之比美的石林景观；坡岗的间歇泉和太阳泉也是罕见的神奇岩溶景观；东、西峰林及洼地田园村寨的绝妙组合，构成具有极强感染力的自然风光。

第四章　地质公园功能布局

第十一条　总体布局原则

本规划遵循以自然为本、确保游客能安全舒适到达各景点和接待设施、采取大分散小集中的格局、有利于保护地质遗迹和生态环境以及与原有规划协调一致的原则，安排布局。

第十二条　空间布局

公园的平面总体布局按自然分布展开，中央是连在一起的马岭河峡谷和东、西峰林，顶效、乌沙两个贵州龙园区分列其两侧，还有两块“飞地”（泥凼石林园区在南，坡岗岩溶生态园区在东），总计7个园区。

第十三条　功能结构布局

本地质公园规划功能结构从总体安排上包括：游客接待、观光游览、参与体验、科普求知等。

1．游客接待布局

游客接待设施安排：顶效设主接待中心，其他6个景区设接待分中心。另在兴义机场设游客接待咨询处。

园区内除红椿内设小型度假村外，其他景区均不设住宿类设施，新增宾馆仍设在兴义市区。

2．观光游览布局

观光游览主要分布于：西峰林和纳灰河两岸的田园生态区；东峰林和湖光石林观光区；泥凼石林区；坡岗岩溶生态区等。

3．参与体验性项目布局

主要为马岭河峡谷四段漂流区和峡谷生态体验区。

4．科普区布局

本公园科普区主要为古生物化石胡氏贵州龙动物群产地：顶效科普区和乌沙科普区。有关岩溶地质地貌的科普解说分散在各园区地质遗迹显露处。规划在顶效中心区安排了“中国兴义贵州龙地质博物馆”。

第十四条　公园外围保护区布局

外围保护区主要分布于马岭河两岸各2～3km处，顶效——郑屯以南至市界，敬南——捧乍——三江口一线以南至南盘江，以及黄泥河沿岸宽约1km，总计约1000km^2。

外围保护区内各有条件开发的景区如黄泥河峡谷景区、云湖山景区、南龙布依古寨以及其他一些人文景点，可作为本地质公园的外围补充景点景区，协作经营。

第五章　地质公园园区区划

第十五条　地质公园园区划分

根据规划总体布局，本公园总体上分为7个园区：顶效贵州龙科普中心园区、乌沙贵州龙遗址科普园区、马岭河峡谷漂流游览园区、西峰林田园生态观光园区、东峰林湖光石林观光园区、泥凼石林游览园区、坡岗岩溶生态游览园区。

第十六条　顶效贵州龙科普中心园区

贵州龙首先发现地在顶效绿荫村，加上顶效交通方便，是城市的副中心和经济开发区所在地，故将“中国兴义贵州龙地质公园”的标志和主要科普场所“中国兴义贵州龙地质博物馆”安排在本区内。同时将本公园的主接待中心（游客咨询服务中心）设在区内。主要功能是：向游客展示有关兴义地质和贵州龙的科普知识；接待游客，旅游咨询、服务。

第十七条　乌沙贵州龙遗址科普园区

近年来在乌沙镇域多处出土了大量个体较大的贵州龙动物群化石，考虑选择一处贵州龙出土遗址，争取再挖掘出较大化石个体并留在原处，在此建立贵州龙遗址科普馆。主要功能是：让游客进一步了解贵州龙动物群当时的生存环境和地壳变迁的现场遗迹（科普）。

第十八条 马岭河峡谷漂流游览园区

马岭河峡谷是国内少有的最适宜漂流的峡谷之一，是游客追求刺激、参与惊险、融入自然、体验生态的理想之谷。规划划分为四大漂流河段和一处峡谷生态体验区（天星画廊）。其主要功能是：本地质公园中的核心旅游区。

第十九条 西峰林田园生态观光园区

位于纳灰河西侧的峰丛山地和纳灰河两岸的田园生态区。主要功能是：观光气势雄伟的锥状峰林及其间的锦秀田园村寨。

第二十条 东峰林湖光石林观光园区

位于则戎（安章）与红椿之间的峰丛、洼地及其东侧红椿万峰湖边的石林区。包含两个二级功能区：浩如烟海、锥峰层叠的观光区和湖光石林观光区。主要功能是：陆上体验恢宏峰林，水上观赏佳景石林。

第二十一条 泥凼石林游览园区

位于泥凼中心镇区以及以西数十公顷的石林。包含两个二级功能区：泥凼石林游览区、泥凼名人故居文化区。主要功能是：观光。

第二十二条 坡岗岩溶生态游览园区

位于马岭河以东，有一眼太阳泉和一眼间歇泉，以及周围奇特山石和良好生态。主要功能是：岩溶和泉水的科普、观光。

第六章 地质公园园区规划及景点策划

第二十三条 顶效贵州龙科普中心园区

1．规划要点

顶效贵州龙科普中心区安排在现顶效东侧，其范围为原城市规划顶效片区东部的一小部分、324国道南包括绿荫村及后龙山贵州龙产地。区内保护范围还包括附近贵州龙化石层位区，西起顶效木桄，往东延伸经郑屯、三家寨，进入安龙县界，在兴义市域内总面积约20km^2。现已在木桄、绿荫、光堡堡、北杏林、小尖坡等处发现贵州龙。

景区主要安排的项目有：门区接待中心、中国兴义贵州龙地质博物馆、绿荫贵州龙现场展示科普馆、贵州龙化石遗址保护区、绿荫布依村寨观光区等。

从门区安排道路至绿荫村寨、现场展示科普馆、光堡堡等各景点，形成一条旅游环线路。长约5km，路宽为3～5m，硬化路面或用石材铺砌，便于园内观光车行驶或游客步行。在游客到达的视线范围内均应实施绿化，超过25°坡地均退耕还林。

2．门区接待中心

门区安排在现顶效东侧、324国道南。作为地质公园的大门，主要设施为：“中国兴义贵州龙地质公园”标志碑、停车场、游客咨询服务中心、兴义贵州龙地质博物馆等。作为兴义贵州龙地质公园门区，由于区位和功能的重要性，其建设规划应纳入兴义市城市规划（城市副中心顶效片区）中安排。

（1）游客咨询服务中心。游客咨询服务中心是为游客提供整个地质公园信息的咨询服务部门，是游客到兴义旅游的总服务台。它提供各景点的旅游信息、住食交通信息，并提供所有景点门票销售、住宿交通活动安排等服务。中心内有现代化的自动咨询主机（电脑服务台等）、服务台、票务中心、资料中心、接待室、办公室等，总建筑面积按同时接待10个团考虑，约500m^2。

门区前的“中国兴义贵州龙地质公园”标志碑，用大型石材堆砌，造型大方自然，除刻有“中国兴义贵州龙地质公园”外，还刻有国家地质公园园徽和本园园徽，背面刻有简要建园经过。

（2）中国兴义贵州龙地质博物馆。地质

博物馆是地质公园不可缺少的场馆，它是科普场所和解说中心，又是科学研究的实物资料库。不仅陈列已经出土的各种贵州龙动物群化石、岩石标本，而且用图表模型和现代声光电技术，演示地质构造、地壳运动的种种奇妙地质现象、规律。博物馆总建筑面积约2000m²，包括标本馆、展示厅、演示厅、报告厅、资料室等；需要时可增建标本化石库和化石修复房，面积不得超过1000m²。

此外，地质公园解说中心、地质公园管理中心可与博物馆合建。

（3）停车场。按生态绿荫车场规划设计，场地是块石嵌草，并种有阔叶树，保证车辆停在绿荫中，停车场总面积不小于5000m²。现场展示科普馆附近没有公众停车场，游客需通过园内环保车或步行到现场科普馆参观。

3．绿荫贵州龙现场展示科普馆

选择在贵州龙发现最早的绿荫后龙岗上，争取在现场再挖掘出一组贵州龙动物群化石，并就地原位保留。规划建议用半透明大棚（永久建筑），将贵州龙产地整个挖掘坑都盖在其中，大棚面积为500～1000m²。其目的，一是保护产地现场；二是作为贵州龙出土现场的科普展示馆，对外开放。科普馆按保护和展示两功能要求另行安排设计。

4．布依村寨观光

绿荫村是一个古老而保存较好的布依村寨，寨内错落有致的建筑布局、典型的布依民居大院、风格独特的建筑，以及附近神奇的绿荫塘和神秘的绿山，都对游客有很强的吸引力，是很好的旅游资源。规划建议对绿荫村的环境进行很好的整治，拆除所有影响观瞻的建筑装饰，恢复原有砖瓦、天然石材本貌；对街道、宅院环境卫生进行彻底的整治；除观光外，有条件的民居，可改善居住卫生条件，将自来水、厕所引到室内，最终成为可接待游客的民俗旅馆。

绿荫村前的洼地在1992年前原是海子，要退耕还湖，以便有利于生态环境和旅游。绿荫水泥厂对大气污染严重，应关闭。

5．贵州龙产地遗址保护区

从顶效到三家寨有多处贵州龙出土遗址，为了更有效地保护遗址，应划出保护区。保护区范围除包括已开挖的坑及周边地区外，还应将可能的贵州龙埋藏地层及周边保护带都划入保护区内。保护区内严禁采石、开矿、挖土，未经许可，禁止建设一切工程（建筑、管线、水利、阴宅等）。除遗址坑外，凡适宜地面均应绿化，保持水土，超过25°坡地均退耕还林。建立专业保护队伍，切实保护好化石采坑遗址。

第二十四条　乌沙贵州龙遗址科普园区

1．规划要点

乌沙镇域内的多处贵州龙产地，据不完全统计，有佳克、泥墨古、革里、谢米、干石洞、永康桥等村的山坡上都有出土贵州龙动物群化石，覆盖面积达91km²，占整个乌沙镇域面积的68%。

乌沙贵州龙遗址科普区以保护为主，适度对外开放；规划在佳克或乌沙镇中心区设一个接待处（地质公园接待分中心）；选择一贵州龙化石产地（初定在佳克西），建设成为“乌沙贵州龙化石遗址展示馆”；修通至遗址展示馆的道路。

2．乌沙贵州龙展示科普馆

选址的条件是：遗址坑能再出土一较大化石个体并保留在现场；交通方便。在第一条件不能满足时，选择在佳克西侧山包遗址，将出土的贵州龙动物群化石陈列在原址处。

规划建议在遗址现场上加盖展示大厅，展示厅边有通道供游客参观。展示厅旁有陈列室和科普演示室，用高科技手段生动演示2.3亿年前贵州龙的生活习性和生存环境；

演示贵州龙从当时消亡到目前状态的地质变迁过程。

该馆总面积控制为 500 ~ 1000m^2。

3. 乌沙贵州龙遗址科普区的接待中心

作为《兴义贵州龙地质公园》游客咨询服务分中心，主要服务内容是：提供到乌沙来的游客的一切咨询，安排旅游活动、交通住宿等。分中心内有与顶效中心主机联网的自动咨询服务电脑。可以自动为游客提供整个地质公园和兴义的旅游信息。分中心有接待大厅、服务台和办公室，总建筑面积约 300m^2。

分中心门区前设地质公园标志物，标志物用天然石材刻制，正面刻："中国兴义贵州龙地质公园——乌沙园区"，背面刻乌沙园区建设经过。

分中心附近设一绿荫生态停车场，面积约 2000m^2。接待分中心与展示科普馆之间道路宽约 5m，路面需硬化，用园区内部环保车将游客接送至展示科普馆。展示馆前不设对外公众停车场。

第二十五条　马岭河峡谷园区

1. 规划要点

马岭河峡谷区从车榔温泉至红椿水上石林全长约 65km，规划按水流状态和两岸景观、功能用途，分为 5 段：上游从清水河大桥至马岭镇为漂流一段；马岭镇至峡谷大桥为漂流二段；峡谷大桥至龙头岛为天星画廊；龙头岛至赵家渡为漂流三段；赵家渡至红椿水上石林为漂流四段。其中除天星画廊为观光外，其余 4 段均以漂流为主。马岭河峡谷现已有初步的旅游设施，主要是接待游客冲浪漂流、观光天然奇景和体验峡谷生态。规划建议进一步完善并提高现有设施接待能力。马岭镇漂流入口应重新规划，位于峡谷桥附近的天星画廊入口增加游客咨询服务分中心。

2. 上游段（漂流一段）

从车榔温泉至马岭镇，长约 26km，有温泉、三县洞（兴义、兴仁、普安交汇处）、清水河大桥（180m 高的桥墩据说是世界最高）、依古鲁天坑、九门廊等景点，及两岸原生植被奇花异草，都是有待开发的景点景观。

该段在当年修南昆线清水河大桥时留有一些上下道路设施，可整治后利用，接待步行游客入内观光。九门廊一段约 10km，湾多流急，十分刺激，可作为马岭河第一漂开发。

3. 马岭镇段（漂流二段）

马岭镇至峡谷大桥段，约 10km，有五彩崖、古木桥、龙腾关，两岸有众多溶洞崩塌奇异景观、浓密的灌丛。这段也有急流和浅滩，漂流有惊无险，现已常年对外接待游客漂流。

建议重新规划漂流入口区，包括：设立停车场、大门、标志物，改善漂流更衣环境，改进上下码头安全设施，整治环境卫生、摊点商铺等，树立园区形象，以良好的入口环境迎接漂流客人。停车场位置占地较大，纳入马岭镇规划统一安排，要求面积不小于 2000m^2。

4. 天星画廊

位于马岭河峡谷中段，兴义到顶效的公路大桥至龙头岛，长约 2km。该段上百条瀑布从 100 ~ 200m 左右高的谷缘顶飞流而下，含在瀑水中的 CO_2 在冲击力作用下被析出，使碳酸钙重新沉淀在岩壁灌丛上，久之形成钙华体。灌丛与钙华体共存共生，多姿多彩，构成立体的天然神秘画廊，是整个马岭河峡谷之精华。近年来，当地旅游公司为方便游客，巧妙利用地形，从谷顶修通步道到谷中，与原有古道相连，游客穿插于画廊之中，体验大自然的神奇，感受相互依存的生态环境。

规划建议谷中画廊除加强安全措施外，不再安排任何人工设施、建筑。画廊入口位于公路桥附近，现已初具规模，建议应增加一处游客咨询分中心，增设石制《中国兴义贵州龙地质公园——马岭河峡谷园区》标志碑一方。

规划建议天星画廊谷顶上的公路桥（兴义至顶效）远离天星画廊，改道至上游1km以外，以保护这难得的“天公杰作”。原桥作为游客从“天上”观“地缝”之“天台”。

天星画廊谷顶两侧正是人口稠密的城镇，污水污物均通过瀑布进入画廊之中，污水治理刻不容缓。建议先在两岸之外铺设截污管，引到下游适当地点再排出。污水处理厂建成后，引入厂内处理达标后再选择下游适当位置排出。

5. 下游段（漂流三、四段）

从天星画廊龙头岛至赵家渡，长约10km，经勘测，此段水急、滩多、潭深、坡大，可以作为更刺激的漂流段对外开放。但上下码头和安全设施必须跟上。如果可能，少数游客可直接进入漂流四段，漂流至万峰湖，换观光船再游览水上石林。

在马岭河峡谷规划建设中必须重视的是，由于峡谷属于早期发育阶段，峡谷仍处于强烈演化过程中。主要表现为：谷底仍在猛烈向下深切，流水湍急；陡壁不断崩塌，崩塌巨石堵塞河道。因此，在开发和运营过程中，安全为第一要素，时刻不忘安全问题，随时排除安全隐患，以确保游客绝对人身安全。

第二十六条　西峰林田园生态风光园区

1. 规划要点

包括$52km^2$奇峰叠翠的峰丛山地和$3km^2$的迷人的八卦锦绣田园，两者天然和谐组合在一起，吸引着流连忘返的游客。据说300多年前，著名游侠徐霞客当年穿过这层层叠叠的山峰时感叹：“天下山峰何其多，唯有此处峰成林”。地貌学上“峰林”因此而得名。在峰林大背景之中，有溶岩漏斗上的八卦田，还有坐落在绿绒般田野上的景色迷人的村寨，还有静静流淌的纳灰河，构成宁静秀丽的世外桃源式的田园风光。

此地距兴义市城区仅8km，隶属下五屯镇，近年为方便游客，已专门投资修通了道路（“峰林大道”）和停车场。

规划建议将“西峰林田园生态风光区”接待站（分中心）设在远离“宁静田园”景区的牛路口（乐立村路口附近）；规划安排一条电瓶车观光线到落水洞和一条穿越峰林的步行线到布雄。规划区内禁止安排任何房地产类项目和任何可能采石、毁林的土地开发项目。因修路而造成对植被的破坏，应设法用速生植物立即恢复植被。落水洞周边设安全保护区，严禁游客入内。防止纳灰河受到生活生产排污的污染，建设成为绿色生态河。

在落水洞北坡的小龙洞，原是一古落水洞，与地下暗河相通，洞内次生钙质沉积物发育，可以进一步勘测开发，作为落水洞的配套景点。

2. 接待中心

接待中心（分中心）包括标志物、接待站、停车场。

接待站主要服务内容是：提供到本园区来的游客的一切咨询，安排旅游活动、交通住宿等。站内有与顶效中心主机联网的自动咨询服务电脑。可以自动为游客提供整个地质公园和兴义的旅游信息。接待站房内有接待厅、服务台，总建筑面积约$200m^2$。接待站的房屋和大门一起结合设计。

标志物，用天然石材刻制：正面刻国家地质公园园徽和“中国兴义贵州龙地质公园——西峰林田园生态风光区”；背面刻园区建设经过。

绿荫停车场，供公众停车用，面积为2000m^2。

3. 田园风光生态游

(1) 电瓶车游线和步行线。开辟一条从接待中心经纳灰至落水洞的电瓶车游线，大体走原有大车道，将其加固、整平、展宽到5m，长约7km。另再沿田埂小道和村路整平一条1m宽步道也到落水洞，长约8km，供不乘车的游客步行，平和悠闲地体验田野、村寨的宁静、人与自然和谐相处的自然生态。

(2) 村寨保护。现有自然村寨给予保护，保护寨内外竹林、榕树和其他植物，整治环境卫生，严格控制扩大现有村寨，防止城镇化（不用瓷砖装饰外墙、不建水泥平顶房、不用红瓦等）。有条件的室内可改造为家庭客房，接待自愿体验田园农家生活的大城市游客。

(3) 落水洞保护。纳灰河流到石板寨附近，突然消失，潜入地下，变成伏流，在此形成落水洞。落水洞是一种岩溶地质遗迹。落水洞附近土层塌陷十分明显，被遗弃的古河道形迹保存完好，记载着园区地貌演化的沧桑历史，形成扑朔迷离的自然景色，具有重要的科普旅游及观光价值。规划建议，以落水洞塌陷区为中心，将周边各50～100m的区域划为安全保护区，严禁游客入内。选择一处能看到落水洞全貌的安全地带，作为观景台（带），台前设立解说牌，简明扼要地解说其成因及变迁的地质史等科普知识。

4. 峰林生态体验游

西峰林目前生态良好，峰林深处景象如何，对游客是个迷。当年徐霞客穿越峰林的感受，对现代年轻人是个诱惑。规划建议开辟峰林生态体验游，或打“走徐霞客穿越峰林的路”的牌子都可以。路线可沿山间小路，由导游陪同，从离接待中心不远的坝上寨出发，向西在峰林间穿行，途经毛草凼、长湾、营盘脚，到布雄飞龙洞，路途约6.5km。为方便游客、保证安全，此路在原道基础上，适当整修即可。在长湾、营盘脚设休息站，由当地村民服务经营。在布雄设班车至兴义市区。

第二十七条　东峰林湖光石林观光园区

1. 规划区现状

东峰林位于马岭河下游西岸，为岩溶锥峰基座相连且高低起伏的丛状峰林，是与其间密集发育的岩溶漏斗（天坑）、洼地组合而成的地貌类型。从安章附近的山顶向东眺望，则见锥峰起伏宕荡，浩如烟海；深入其间洼地的田园人家，胜似世外桃源。从则戎（平寨）横穿东峰林到万峰湖边红椿小村，已修通一条10km的四级公路。沿路层层叠叠的峰丛、深不可测的岩溶漏斗（天坑）、偶见的洼地田园人家，都极具游览价值。深山之中，公路旁有一处新近开发的号称“布依第一家”的景点，浓浓的布依民居民俗文化（竹楼、八大碗、八音坐唱等），登上寨顶观景台，可一览气势磅礴的东峰林。

在“布依第一家”以南，有一长条形洼地名叫大海子，地下暗河在此出露，形成弯弯曲曲的长约1km的明河。此洼地景色秀丽，在其西边公路旁还有一片岩溶景观，两者面积约4 km^2，可以考虑开发为具有浓郁民俗风情的布依度假村寨。

与东峰林毗邻的是万峰湖，红椿水上石林分布于万峰湖岸，形态特征多为岩溶残丘，丘上石峰、石柱林立，其造型复杂的形态倒映在明镜般的湖水中，构成“水上石林”之稀世佳景，是激发形象思维的良好场所。游客可从红椿上船，在湖面观光水上石林，同时开展一些水上娱乐活动。

2. 规划要点

规划安排：接待处设在则戎乡平寨村南，

主要设施是停车场和游客接待咨询处，游客在此换乘园内环保车，由导游带入区内游览，到红椿乘船游湖，观光水上石林。

规划建议：峰林深处，除已开发的“布依第一家”外，不要再开发建设新的人工景点。在东峰林内，选择几处交通方便（至少近公路步行不远能到达）、保存完好的布依民房，构成深山中的村寨田园人家，建设为民族村寨，作为参观点，接待游客食宿，体验人与自然和谐共存的田园生活。

红椿作为一个重要的游艇码头，建设以实用安全、回归自然的原则安排旅游设施。在不破坏原有林木植被前提下，选择背水坡地，可建设小型度假村。

3. 接待分中心设施安排

游客接待咨询处有接待厅、服务台，总建筑面积约 200m²。

在平寨村南，公路边设标志碑，作为园区大门。标志碑用天然石材刻制，正面刻国家地质公园园徽和“中国兴义贵州龙地质公园——东峰林湖光石林区”；背面刻园区建设经过。

平寨停车场，为生态绿荫停车场。其面积为 2500m²，其中 2000m² 为公众停车，500m² 的停园区内停放环保型车，两者分开设置。车场设 200m² 的休息管理室。

4. 红椿水上石林观光

（1）红椿游艇码头区。码头区要考虑安排候船室、餐饮服务、停车场等。规模考虑同时停靠 10 艘 50 座游船和 20 艘快艇。从长远考虑候船室规模同时容纳 200 人，建筑面积 300m²；餐饮 200 座，建筑面积 400m²；停车场为园区内环保车专用，面积 500m² 足够。整个码头区用地约 1hm²，码头区水面不少于 2hm²。

码头设计要考虑到水位的涨落、安全；建筑要与环境协调，一般为坡顶、灰瓦、白墙，最高 2 层。

（2）小型度假村。这是本地质公园惟一的一处新规划的度假村。考虑生态和景观，度假村安排在离水面岸线稍远的背水山坡植被稀疏地，用地 5hm² 左右，保留原有林木，补种速生和观赏植物，形成大面积绿色环境。建筑随地形高低错落，分散在绿色林木之中，构成“浮岛式”的度假村，建筑总面积 6000m²，由 20 幢 2 层小别墅组成，可接待 200 人休闲度假或会议。

建筑风格统一为红瓦、白墙，形成万绿丛中几点红的大环境。用石材铺砌的步行小道、台阶踏步通达各小楼门前。除室内娱乐设施外，规划建议选择一适合场地，安排一现代灯光网球场。

第二十八条　泥凼石林游览园区

1. 规划要点

本园区包括风坡弯戴家坝石林区和泥凼镇何应钦故居两处。规划依托泥凼镇中心区接待游客，将接待设施纳入该镇的规划之中，在镇内安排的主要接待设施是绿荫生态停车场、游客咨询分中心（200m²）。其他餐饮购物等依托泥凼镇安排。

在进入石林区公路边（戴家坝附近），设立一标志碑，一停车场（1000m²），除铺设通往石林景点步道外基本不安排其他设施。

2. 泥凼石林

标志碑用天然石材刻制，正面刻国家地质公园园徽和“中国兴义贵州龙地质公园——泥凼石林”；背面刻园区建设经过。

石林区正式对外开放前，应对石林区附近环境进行一次整治：退耕还自然，适当清除因造耕地而填的土层，露出被土埋石林的全貌。利用原有村道改建成游线步道，步道随地形自然铺就，或台阶，或坡道，在不破坏石林景观前提下，就地捡石铺砌，宽为 1.5 ~ 2.5m，总长约 1.5km。

3．名人故居

何应钦故居，对海外游客有很大的吸引力，应按原貌恢复。故居大门前所有建筑均应拆除，露出故居真容真貌。

4．泥凼镇规划调整

泥凼石林将以新的与云南路南石林完全不同的风貌，挺立于黔西南兴义。它的科学价值和旅游价值，将为泥凼未来带来新的发展机遇。泥凼镇应按照旅游城镇来规划建设；同时，何氏故居的恢复修建，将在海内外华人中引起反响，将促使泥凼进一步开放，也将会给泥凼带来机遇。两种因素都要求泥凼镇调整原有规划。以旅游带动小城镇的发展，以城镇建设促进旅游发展。

第二十九条　坡岗岩溶生态园区

1．规划要点

本园区包括郑屯镇民族村间歇泉和擦耳岩（峰岩）太阳泉及附近区域，面积约 $2km^2$。利用奇特的间歇泉、太阳泉和良好的岩溶洼地田园生态环境，建立岩溶生态游览区。

改善入区交通条件，三家寨到坡岗按三级公路标准修筑。选择路边适当地点建立坡岗岩溶生态区接待中心，包括：设立标志碑、绿荫生态停车场、游客咨询服务分中心。

修通接待中心至间歇泉、太阳泉、民族村的步行路。将民族村整治、改造为能接待游客的民俗度假村（农家旅舍）。

2．接待中心

标志碑用天然石材刻制，正面刻国家地质公园园徽和“中国兴义贵州龙地质公园”大字，下附小一号字：“坡岗岩溶生态游览区”；背面刻园区建设经过。

游客咨询服务分中心，内设有与顶效中心主机联网的自动咨询服务电脑。可以自动为游客提供整个地质公园和兴义的旅游信息。接待站房内有接待厅、服务台，可为游客安排到农家住宿、到景点观光活动等，总建筑面积约 $200m^2$。

绿荫生态停车场面积为 $1000m^2$，用块石铺砌，留缝长草，并栽种适生阔叶乔木，车辆停泊在绿荫下。

3．农家旅舍

规划建议利用现有民族村寨民居，逐步整治改造为农家旅舍，吸引少量愿意在此度假的游客，延长其在本区的停留时间。整治改造的重点是改变不良的卫生习惯，彻底整治村寨环境卫生，所有接待农户均应建立室内淋浴卫生间。农家旅舍由接待中心统一管理，包括：按各农家旅舍的软硬环境，制定星级标准，对接待户评级；制定不同星级收费标准；统一安排游客住宿用餐等。建议政府制定扶持政策（如为农户筹集资金等）鼓励农户整治自家宅院，成为接待户。

建议不用引资方式建立专门度假村，这样做不仅可能因大兴土木破坏生态环境，也不能使当地农民收益。

第七章　旅游线路规划

第三十条　园区内旅游线路

园区内旅游的主要项目内容包括：贵州龙科普游；岩溶地质地貌科普、观光；岩溶峡谷漂流；生态体验度假等。根据地质遗迹和地质景观分布状况，规划了6条地质旅游线路。

（1）兴义——马岭镇——漂流至天星画廊——漂流至赵家渡——漂流至红椿水上石林——红椿度假村住宿。

（2）兴义——顶效博物馆——绿荫贵州龙遗址科普馆、地层剖面——民俗风情一日游。

（3）兴义——顶效博物馆——经三家寨至坡岗间歇泉——擦耳太阳泉——民族村住宿。

（4）兴义——乌沙佳克科普馆——岔江漂流——云浮山度假一天，早晚观赏云海。

（5）兴义——东峰林布依第一家——南龙古寨（可住宿）——泥凼石林——何应钦故居，可在泥凼镇住宿。

（6）兴义——下五屯田园风光——落水洞——纳灰古桥——穿越西峰林——布雄飞龙洞。

第三十一条　大区域游线

根据跨省大区域旅游景区的分布状况，规划1条跨区域旅游线：

贵阳——黄果树瀑布、龙宫风景名胜区、关岭动物群地质遗迹——兴义贵州龙地质公园、马岭河漂流——云南石林国家地质公园——昆明世界园艺博览园。

第八章　地质遗迹保护规划

第三十二条　地质遗迹保护方式

地质遗迹分三级保护：特级保护区、一级保护区、二级保护区。划出不同保护等级，采取相应水平的保护措施，同时规划区外设外围保护区。

特级保护区：贵州龙化石出土的挖掘现场及含贵州龙化石的层位；马岭河峡谷中天星画廊。

一级保护区：马岭河峡谷（谷底至谷顶缘外50m范围）；泥凼石林、红椿湖岸石林；东、西峰林景致最佳处；坡岗间歇泉、太阳泉。

二级保护区：地质公园规划的全部其他范围用地。

外围保护区：前面已经划入的外围保护区（见第四章第十四条）。

第三十三条　地质遗迹分级保护措施

1. 特级保护区

（1）除专业科研人员外，游人不得进入，游客进入现场展示厅必须沿指定通道参观。

（2）除在特级保护区外设立保护围栏外，区内不得搞任何人工设施、建筑。

（3）按规划进行必要的建设作业时，要履行必要的审批手续，在监督部门的监督下进行，并维护特级保护对象的原貌。

（4）任何人不得采石、挖掘化石标本、严禁采矿。

2. 一级保护区

（1）不得建设机动车道；可以安置必需的步行游路、相关设施和标志物。

（2）严禁建设与景区无关的设施。

（3）保护区内以绿色生态建设为主，但不宜建设城市园林；可引种当地适宜生长的观赏植物；区内全部退耕还林，荒地绿化，除裸露岩石外，绿地覆盖率达90%以上；在石林区，绿化林木不得影响石林景观。

（4）严禁采石、采矿；全区禁止放牧。

3. 二级保护区

（1）可按规划建设园内道路，但建设完工后，立即恢复原有植被；

（2）可按规划建设必要的旅游设施，建设中注意保护生态环境；

（3）严禁采石、采矿，山地、林地禁止放牧；

（4）区内坡度大于25°的坡地逐步退耕还林。

4. 外围保护区

（1）禁止生产性采石、采矿。

（2）严禁建设一切有比较严重污染的企业，现有污染企业应采取措施限期治理，治理不能达标排放的，应停产、关闭或转产。

（3）一切宜林荒地均实施绿化，坡度大于25°的坡耕地全部退耕还林，以防止水土流失。

第九章　自然生态保护规划

第三十四条　自然生态保护规划要点

旅游景区生态保护规划，坚持旅游资

源的开发利用与保护并重，执行积极保护、科学管理和永续利用的保护方针；实行“谁开发谁保护、谁破坏谁恢复、谁利用谁补偿”的原则；建立生态效益补偿制度；加强资源开发活动的环境管理，重视对旅游资源和旅游区的保护，基本建立起与国家自然保护和自然资源管理法规相配套的地方性法规体系。

第三十五条　自然生态保护措施

1. 造林绿化

以增加森林资源、保育和改善生态环境为目标，以减少水土流失和治理岩溶石漠化为重点，加速绿化和植树造林工作，发挥森林在兴义市生态环境建设中的主体作用，恢复和改善生态环境，构建旅游大环境。对旅游区，要从点、线、面三个层次考虑绿化规划。景区景点的绿化要突出主题和个性，表现出景景不同、季季不同的景象；游道（含陆路和水路）的绿化注意与环境相协调，营造风景林带；面上重点要提高景观和生态环境效果。马岭河峡谷两岸分别宽约250m的范围内以及万峰湖岸边的山体要求退耕还林、封山育林，尽快恢复森林植被。

2. 水土保持

继续大力加快、加强林草建设，增加地面植被，坡度在25°以上而强度侵蚀的坡地逐步退耕还林、还草；以小流域为单元，山、水、田、林、路、草统一安排，工程措施、生物措施、保土耕作措施有机结合，对流域水土流失地区实行全面综合治理；大力建设各类水利水保工程、沟道治理工程，在河流和湖泊两岸营造水土保持林和水源涵养林。

3. 大力开展生态农业建设，开展农村能源与环境综合建设

推广平衡施肥、长效肥试验、新品种化肥试验等技术，改造低产田，提高土地生产力；推广普及节能灶，发展沼气和逐步推广农村电热、煤气，以促进对生态林的保护。加强农业开发项目的环境管理工作，对荒山开垦、农业区域开发、农业商品基地建设等，实行环境影响评价制度，控制和预防各类农业建设产生的负环境影响效应。加强农业环境监督管理，防治农业环境污染，推广秸杆还田技术，病虫害防治和生物防治技术，控制化肥、农药使用量。

第十章　环境保护规划

第三十六条　水体污染防治

1. 加速兴义城市污水治理

马岭河是本地质公园的核心园区，马岭河漂流是其主要的旅游项目，漂流又是人体与水直接接触的项目，而马岭河长期以来是区域内惟一的纳污水体。治理城市污水已经是刻不容缓。

应尽快建立健全城市污水收集系统，实行完全的雨污分流体制，沿河设立截污管，污水收集并引入污水处理厂。同时，尽快建设兴义北郊、南郊污水处理厂。原规划污水经二级处理后排放，标准偏低，作为排入旅游漂流的水体，应提高处理等级，达到游泳池用水标准，至少近期达到城市景观用水标准。原规划2005年建成的污水处理厂，应加快速度提前完成，否则要对游客负责，停止漂流活动。

2. 加速工业区污水治理

在加快城市污水治理的同时，立即实施对马岭河污染的工业废水治理。工业废水不能直接排入马岭河，先经初级处理后达到《污水排入城市下水道标准》的要求，然后排入城市污水管网，再经城市污水厂处理。应加快酸枣工业区污水厂、顶效污水处理厂的建设。

3. 建立健全水质监测体制，包括管理机构、制度。全天候监测排入马岭河的一切

水体水质，发现超标实行严格的经济处罚并追究责任的制度。

第三十七条　大气污染的防治

影响兴义市大气环境质量的主要指标是二氧化硫和总悬浮颗粒，是由燃煤造成的。应以合理的环境容量为科学依据，对全市企业的二氧化硫允许排放量进行分配和核定，执行排污总量达标的严格管理。同时推广低硫优质煤和实现清洁替代燃料，淘汰使用高硫劣质煤的沸腾锅炉，使兴义市的燃煤污染物排放量得到有效控制和逐年削减。最终使兴义市区的大气环境质量得到根本的改善，达到国家二级标准；园区大气环境质量达到国家一级标准。

第三十八条　固体废物的治理

兴义市工业固体废弃物包括冶炼废渣、粉煤灰、炉渣、小煤窑排渣以及食品制造业废物，排在首位的是食品加工残渣和粉煤灰。马岭镇和顶效开发区，向马岭河及其支流顶效河倾倒垃圾的现象比较严重。规划建议提高工业固体废弃物的综合利用率，废弃物未经处置不能直接排入江河，不许露天堆放；规划建议在综合利用工业废弃物的同时，立即启动处置城市生活垃圾的工程。

第三十九条　控制旅游容量

规划建议兴义贵州龙地质公园整个园区最高日游客总量控制在15000人次内，全年游客总量控制在350万人次内。其中马岭河峡谷漂流全开放最高日游客总量控制在2400人次内，平均游客总量控制在1200人次内，以确保安全和减弱对环境的破坏。

第四十条　控制建设性破坏

地质公园内一切建设项目必须在规划指导下有控制地进行。必要的建设工程，在施工中必须注意保护林木的生态环境，建设完工应立即恢复植被。特别是道路建设，更要把恢复植被作为最后一道工序来实施，否则不能竣工、验收、结算。

第十一章　旅游基础设施规划

第四十一条　对外交通场站规划

兴义作为未来的新兴旅游城市，要进一步提高对外交通场站的级别，顶效火车站应提高至二级客运站。顶效、桔山两长途客运站都定为一级长途客运站。规划建议：城市建设部门要重视对外交通场站的接待能力和建筑景观、广场风貌的规划设计和实施，要适应旅游城市的需要。

第四十二条　市中心区至地质公园各园区的交通规划要求

地质公园各园区分散在兴义市域内中西部各地，现有公路基本能通达各园区，整体较好。但从市区至则戎平寨、泥凼的道路，尚需提高标准，以保证其通行速度和游客舒适度。建议在适当时机开通市中心区至各园区接待分中心的公共交通线路。

第四十三条　园区内交通规划

园区内规划安排了各园区接待分中心至各景点的步行路或园区内环保型车辆通行路。各园区接待分中心附近均安排了公众停车场，均为绿荫生态型停车场。景区内原则上不通行非环保型社会车辆，社会车辆停放在各园区的公众停车场内。游客进入园区后步行或乘园区内环保型车辆（或观光车）到达各目的地。新建万能峰湖旅游码头一处。

第四十四条　其他基础设施安排

其他基础设施如供电、供水、排水、环卫、通信等均纳入城镇规划之中统一安排。经测算，新增的容量为：

（1）新增供水量3000t/d；

（2）新产生的生活污水量2400t/d；

（3）新增垃圾量36t/d；

（4）新增耗电量5660kW。

第十二章　旅游服务设施规划

第四十五条　游客咨询服务中心

游客咨询服务中心是现代旅游业不可缺少的服务设施。它的主要功能是：相当于园区的总服务台，游客到达园区后，可通过此机构了解各景点的旅游信息、为游客确定自己的具体旅游行程提供咨询服务，包括景点、住食、交通、娱乐、活动信息；并可提供所有景点门票销售、安排住宿交通等服务。中心内有现代化的自动咨询机（电脑服务台等）、服务台、票务中心、资料中心、团队接待室、交通服务中心等，一切与游客活动相关的事宜，都可提供咨询。根据本公园实际，规划安排一个总的游客咨询服务中心，各园区都安排分中心。即一个总中心，6个分中心，总建筑面积为1800m^2。此外，在机场设一游客接待咨询处。

第四十六条　住宿度假设施

本规划安排的公园住宿度假设施仅一处，在红椿背水山坡绿林深处，建筑总面积为6000m^2，由20幢2层小别墅组成，可接待200人休闲度假或会议。

第四十七条　科普展示

科普展示设施主要有一个中国兴义贵州龙地质博物馆和两处展示科普馆（绿荫贵州龙展示科普馆和乌沙贵州龙展示科普馆），三馆总建筑面积为4000m^2。

第四十八条　其他设施

《中国兴义贵州龙地质公园》标志碑，主标志碑设在顶效，为大型石碑。其他各园区均设相应的地质公园园区碑（副碑），共6方，均用天然石材刻制，正面刻国家地质公园园徽、本公园园徽和《兴义贵州龙国家地质公园》大字，下附小一号字：《×××园区》；背面刻园区建设经过。

万峰湖旅游码头。本地质公园旅游游艇码头设在红椿。码头区安排候船室、餐饮服务等设施，建筑总面积为700m^2。码头的停靠泊位：10艘50座的游船和20艘快艇。

第十三章　地质公园解说规划

第四十九条　解说规划要点

为满足科普和方便游客需要，编制本地质公园解说规划。其主要内容：在地质博物馆内设解说中心；在游客主要集散地设置导游图；各车行路、步行道口、转折处设置指示牌；各园区、景点前设置名称牌、说明牌。对所有图、牌的规格、形式、色彩统一安排，使其与环境协调和谐。文字简明、科学、易懂，字体规范。在本规划指导下，另行制作、编印地质公园科普、导游图书、资料、光盘及电子读物。设立旅游解说科负责解说规划的实施。

第十四章　土地与社会调控规划

第五十条　土地调控规划

地质公园是以自然地质遗迹和生态环境为主要景观的科学公园，建园后，园区本身土地基础仍处于原有自然状态。为了保护生态环境，在本规划区和外围保护区内，要求在生态脆弱区（如25°坡地）退耕还林，这与《兴义市土地利用总体规划》一致。该规划区内调整的退耕还林土地，本规划不另安排。本规划考虑建设接待设施的用地需要适当调整，七园区建设用地总数量为18hm^2，不足地质公园规划区范围的千分之一。

第五十一条　地质公园就业岗位预测

（1）地质公园正式开放后，将能吸纳护林、环卫、保安、交通、商业服务等人员3000人。还有200户以上从事家庭接待。

（2）地质公园需要各类管理人员，包括

经营管理、部门主管、专业技术人员等，总计约300人。导游解说员200人。

（3）地质公园正式开放后，旅游业将会有大的发展，每天将会增加4000～5000人在兴义市区内住宿消费，从而增加宾馆餐饮服务业2000～3000个就业岗位。

第五十二条　社会调控安排

（1）控制园区内人口，特别是东峰林、西峰林田园风光内的村寨，不要扩大，避免城市化。

（2）退耕还林后，大量原从事农牧业的村民，转为护林、环卫、保安、商业服务等地质公园相关的产业。

（3）对园区内的文化水平较高的青年（高中毕业）进行专业培训，使其转化为地质公园的管理者和导游、科普解说员。

第五十三条　地质公园实施对城镇建设的影响

地质公园的实施将大大促进兴义的旅游业发展，使兴义成为开放的旅游城市。这将对兴义的城市建设产生重大影响，兴义市区的各项设施不只是为市民服务，还要更多考虑为游客服务。这就要对原有城市规划作必要的调整。

地质公园规划的实施，将有更多农业人口转化为从事旅游服务的第三产业人口，人口将向旅游接待服务中心的城镇转移，将会推动兴义城镇化的进展速度，将可能推动顶效镇、乌沙（佳克）镇、泥凼镇等城镇的建设发展。

第五十四条　对城镇规划调整的建议

1．对顶效镇规划调整的建议

地质公园的总大门、游客咨询服务中心、中国兴义贵州龙地质博物馆、地质公园解说中心、地质公园管理中心等都设在顶效镇东南侧，加上绿荫贵州龙现场展示科普馆等，使顶效成为地质公园的“总部”、人流集散地。这也对顶效镇城镇建设提出了新的要求，必将推动顶效镇的建设。本规划建议：对顶效镇原有规划作相应的调整，从整个城镇面貌和性质都应适应旅游业发展而调整。要减少、限制工业项目，特别是严格限制有污染的项目进入顶效经济开发区；加强交通集散功能、商业服务功能；整顿镇容镇貌，加强绿化、提高卫生设施水平，使顶效镇成为旅游业发达的城市副中心。

2．对泥凼镇规划调整的建议

原泥凼镇规划，因何应钦故居在街中心，故旅游业是泥凼镇规划中的重要产业。本规划建议：围绕泥凼石林大力发展旅游业，将其培育成为泥凼镇的支柱产业；泥凼镇区的镇容镇貌也要按旅游城镇要求进行整顿，加强绿化美化、提高卫生设施水平、加强对新建筑的规划管理；提高泥凼至石林景区之间道路的等级和安全标准，对道路两侧视线内的环境实施绿化、美化。

3．红椿规划建议

红椿目前不是一个镇中心区，但由于其背靠东峰林、面对万峰湖、与水上石林毗邻、环境良好，地质公园的实施和旅游业的发展，将给红椿带来极好的发展机遇，有可能使其成为一个旅游小镇。规划建议将红椿旅游码头区、红椿度假区及地质公园水上游客的中转站综合起来，按旅游小镇重新编制控制性详细规划，以指导红椿的各项建设。防止盲目建设，对景观的破坏，给建设留下遗憾。

4．佳克规划建议

本规划因将贵州龙展示科普馆安排在佳克，故相应的标志牌、游客咨询服务中心、停车场、餐饮服务等设施均转移到佳克。佳克将围绕旅游业逐步发展成为一个小镇，本规划预测，因佳克距市区较远，住宿、娱乐业将会有所发展。所以当最终确定“乌沙贵州龙展示科普馆”安排在佳克后，应立即安排编制佳克小镇的控制性详细规划。

5. 其他规划安排

由于马岭河峡谷早在20世纪90年代就已经成为国家级风景名胜区，马岭镇正按已有规划实施建设，本规划只在景点入口稍作扩大调整，其他尊重原规划。

下五屯曾编制有开发建设规划，本规划建议：地质公园用地范围内，不再作开发性建设，以保持原有西峰林田园风光。

则戎乡的平寨村将是进入东峰林湖光石林区的大门，将对该村面貌的改变有一定的影响，应作适当安排。

郑屯镇的民族村作为坡岗岩溶生态区的农家旅舍接待点，应对该村的村容村貌卫生环境进行整治，统一安排村内道路、供水、排水、环卫设施。

第十五章　近期建设安排和效益评估

第五十五条　近期建设安排

(1) 调整顶效镇、泥凼镇、佳克、红椿等小城镇规划。

(2) 修通、完善各景区内的全部道路和步行道，以及停车场。

(3) 编制详细的解说规划，并按规划实施；申报国家地质公园成功后，设立《兴义贵州龙国家地质公园》标志碑和各园区的副碑。

(4) 建成位于顶效的中国兴义贵州龙地质公园游客咨询服务中心和各园区分中心。

(5) 建成《中国兴义贵州龙地质博物馆》和绿荫、佳克两个贵州龙现场展示科普馆。

(6) 实施坡度大于25° 的坡地退耕还林，区内一切荒地实施绿化，景点实施美化。

(7) 建成红椿游艇码头。

第五十六条　近期经济效益评估

包括建设费用和购置车船费用在内，近期（至2005年）需投资5500万元；各园区景点经营总毛利为2880万元，大体2年收回全部投资。

第五十七条　综合效益评估

地质公园的建设，将对兴义的社会、经济、环境产生良好的综合效益。

1. 社会效益

地质公园规划建设和申报国家地质公园的过程，同时也是向世人宣传和从更高层次认识兴义旅游资源价值的过程。通过这一过程可不断提高兴义旅游的知名度；同时“国家地质公园”的科普功能将提高兴义旅游资源的价值，并新增提高青少年素质的社会功能。

2. 经济效益

根据国内国际的统计表明，一份旅游业的直接收入，将会带动其他产业效益增加5倍。同时旅游业是劳动密集型产业，它可大量吸收农村、城市富余劳动力就业，有利于解决国家产业结构调整中的劳动力转移问题。

3. 环境效益

地质公园建立的主要目的之一是保护有科学价值的地质遗迹，保护其周边的生态环境。为此在地质公园建设过程中将实施保护遗迹、保护生态、保护环境的一系列措施；同时还提出了约1000km^{2}的外围保护区，提出了加快治理兴义城市污染的要求和措施。这些措施的实施，将使兴义的整体环境得到切实的保护，从而更加有利于兴义的生态环境的改善。

第十六章　地质公园保障体系规划

第五十八条　地质公园管理体制

1. 建立“中国兴义市贵州龙国家地质公园管理委员会”

管理委员会由主管市长牵头，由国土

资源局、旅游局、建设局（建委）、环保局、农林局、科技局等和公园范围所属镇乡主要负责人参加组成。下设办公室，为常设办事机构。该管委会的主要任务是组织编制、审定地质公园规划；制定公园发展政策、行政法规、管理制度；重大项目的招商引资、管理政府基础设施投资；旅游市场的统一开拓，统一促销；协调各园区、乡镇、部门之间出现的问题；负责指导、监督地质公园规划项目实施。

2. 各园区按市场原则建立企业经营管理

企业可采用股份制形式，乡镇以资源（或土地）入股，参与企业的经营管理。鼓励当地或外地企业或自然人以资金、技术、管理参股。各园区企业在保护地质遗迹、生态环境的前提下自主经营管理，同时接受市地质公园管理委员会管理监督。

3. 建立健全的地质公园管理制度

创新的管理体制，必须通过健全管理制度来保证。应建立的制度主要有：

（1）地质公园的遗迹和生态保护制度；

（2）市政府关于地质公园的管理规定；

（3）关于旅游景点企业经营体制的规定；

（4）地质公园内居民合法权益和应尽义务的规定；

（5）有关违规的制约制度。

第五十九条　人才保障

实施本项目主要需要下列人才：企业管理、旅游市场营销、景点景区等方面的管理人才；地质、林业、环保、工程建设等方面的专业人才；设施、设备维护管理人才；大量的导游人才和科普解说员。

以上各类不同层次的人才通过招聘、代培、送出培训、自行培训等方式得到保障。

第六十条　人才培训

经验证明，自行培训或市内培训是解决大量初、中级人才的主要途径，这种培养出来的人才，用得上、留得住。此外，大量的在地质公园各园区直接就业的人员也必须进行岗前培训。这类工人包括：护林、保安、环卫、司售、各类服务人员等。对于在园区内自营经商服务者，也要进行爱园、商业道德、守法等教育。

第十七章　对实施本规划的建议

第六十一条　对实施本规划的建议

为实施本规划，特提出如下建议：

（1）立即建立“中国兴义贵州龙地质公园管理委员会”和相应的办事机构“中国兴义贵州龙地质公园管理办公室”。开展申报和筹建工作。

（2）本规划经批准后，立即组织“管委会”和“办公室”的管理人员学习本规划。并发至市政府有关部门，作为审批本公园各项建设项目的执法依据。

（3）按照本规划的要求，立即组织对与地质公园有关的乡镇的原有规划，作相应的调整、补充，以使小城镇的建设能满足旅游业发展的要求。

（4）对兴义市城市总体规划也应作相应的调整，特别是规划的城市环境标准要提高，以满足把兴义建设成为全国优秀旅游城市和国家地质公园的要求，并为向世界地质公园目标迈进创造条件。

（5）立即治理城市污染，包括城市污水、工业废水废物、大气污染等。特别是彻底根治直接向马岭河排放的城市污水和工业废水、废物。

（6）立即对地质公园范围内的坡度大于25°的坡地退耕还林；建立并实施地质公园边界林工程。

第六十二条　附则

本规划文本和图件经兴义市人大和政府

批准后，具有法律效力。两者同时使用，文件与图件矛盾时，以文件为准。按同样程序修改。

本规划由兴义市政府或兴义市政府委托的组织机构实施并监督管理。

《中国兴义贵州龙国家地质公园规划》主要图件

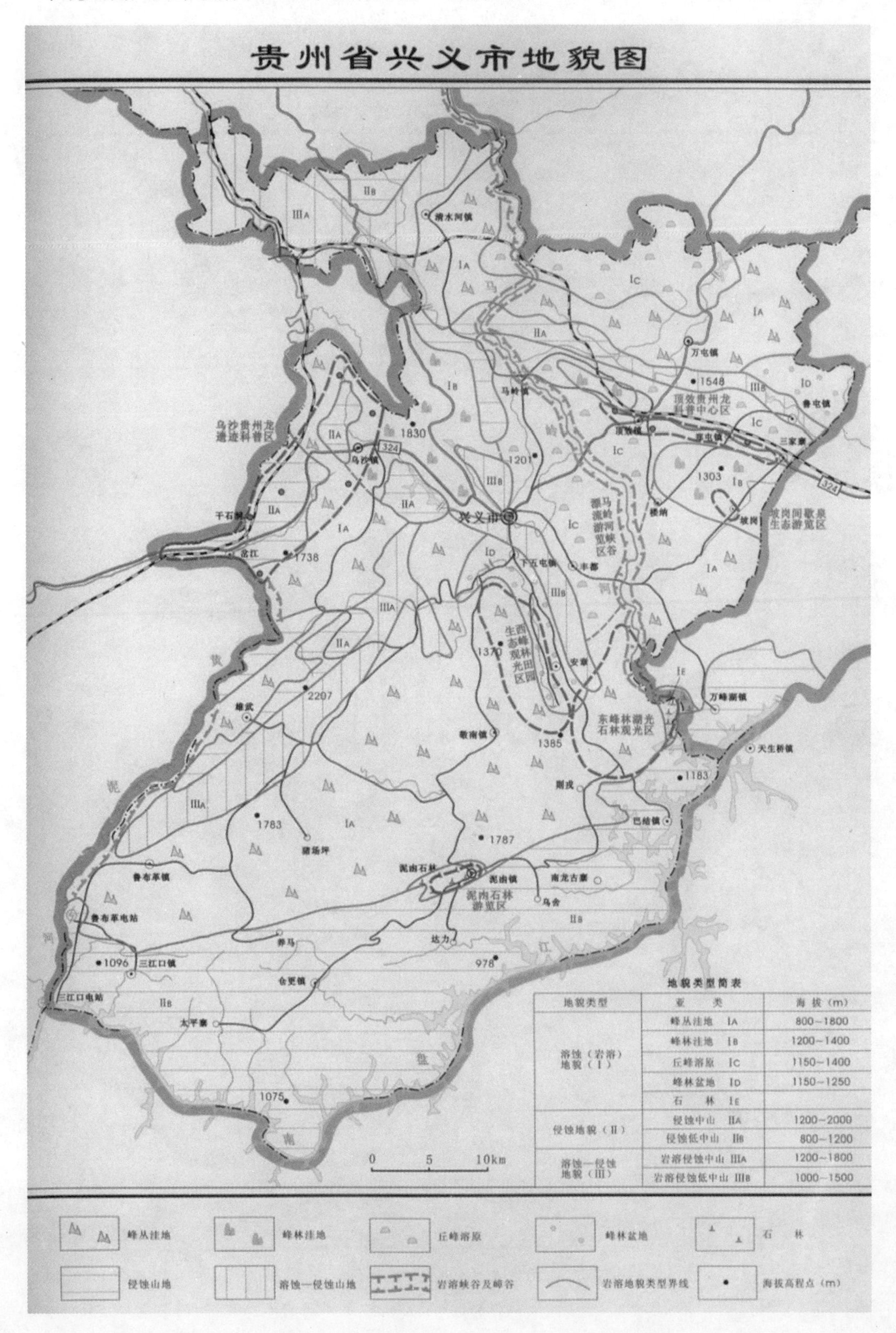

地貌类型简表

地貌类型	亚　类	海 拔（m）
溶蚀（岩溶）地貌（Ⅰ）	峰丛洼地　ⅠA	800~1800
	峰林洼地　ⅠB	1200~1400
	丘峰溶原　ⅠC	1150~1400
	峰林盆地　ⅠD	1150~1250
	石　林　ⅠE	
侵蚀地貌（Ⅱ）	侵蚀中山　ⅡA	1200~2000
	侵蚀低中山　ⅡB	800~1200
溶蚀—侵蚀地貌（Ⅲ）	岩溶侵蚀中山 ⅢA	1200~1800
	岩溶侵蚀低中山 ⅢB	1000~1500

贵州省兴义市地质图

E_{sn} 石脑群
T_3h 火把冲组
T_3b 把南组
T_3l 赖石科组
T_3f 法郎组（托郎组 竹杆坡组）
T_2y 杨柳井组 T_2l 龙头组 T_2b 边阳组
T_2g 关岭组 $T_{2}xm$ 许满组
T_1yn 永宁镇组 T_1a 安顺组
T_1f 飞仙关组 T_1y 夜郎组 T_1d 大冶组
$P_2l\text{-}d$ 龙潭组-大隆组
$P_2x\text{-}wl$ 宣威组-汪家寨组 P_2w 吴家坪组
P_1m 茅口组
$P_1x\text{-}m$ 栖志组-茅口组
$C_2hs\text{-}m$ 滑石板组-马坪组
● 胡氏贵州龙动物群化石产地
● 景观景点
0 5 10km

贵州省兴义市植被分布图

⊙ 城镇居民点
地质公园界线
国道
省道
县道
桔园

自然针叶林
1 云南松林
2 细叶云南松林
灌丛、灌草丛
3 野青茅、雀麦、鼠尾粟灌丛
4 类芦、棕叶芦、大管灌草丛
岩溶灌丛、灌草丛
5 火棘、悬钩子灌丛
6 仙人掌、量天尺、斜叶榕灌丛
旱地农田植被
7 以玉米、土豆为主的二年三熟
或一年一熟作物组合
8 以玉米、土豆为主的一年二熟作物组合
水田农田植被
9 以水稻为主的一年一熟作物组合
10 以水稻、小麦为主的一年二熟作物组合
11 以水稻为主的一年三熟作物组合

0　5　10km

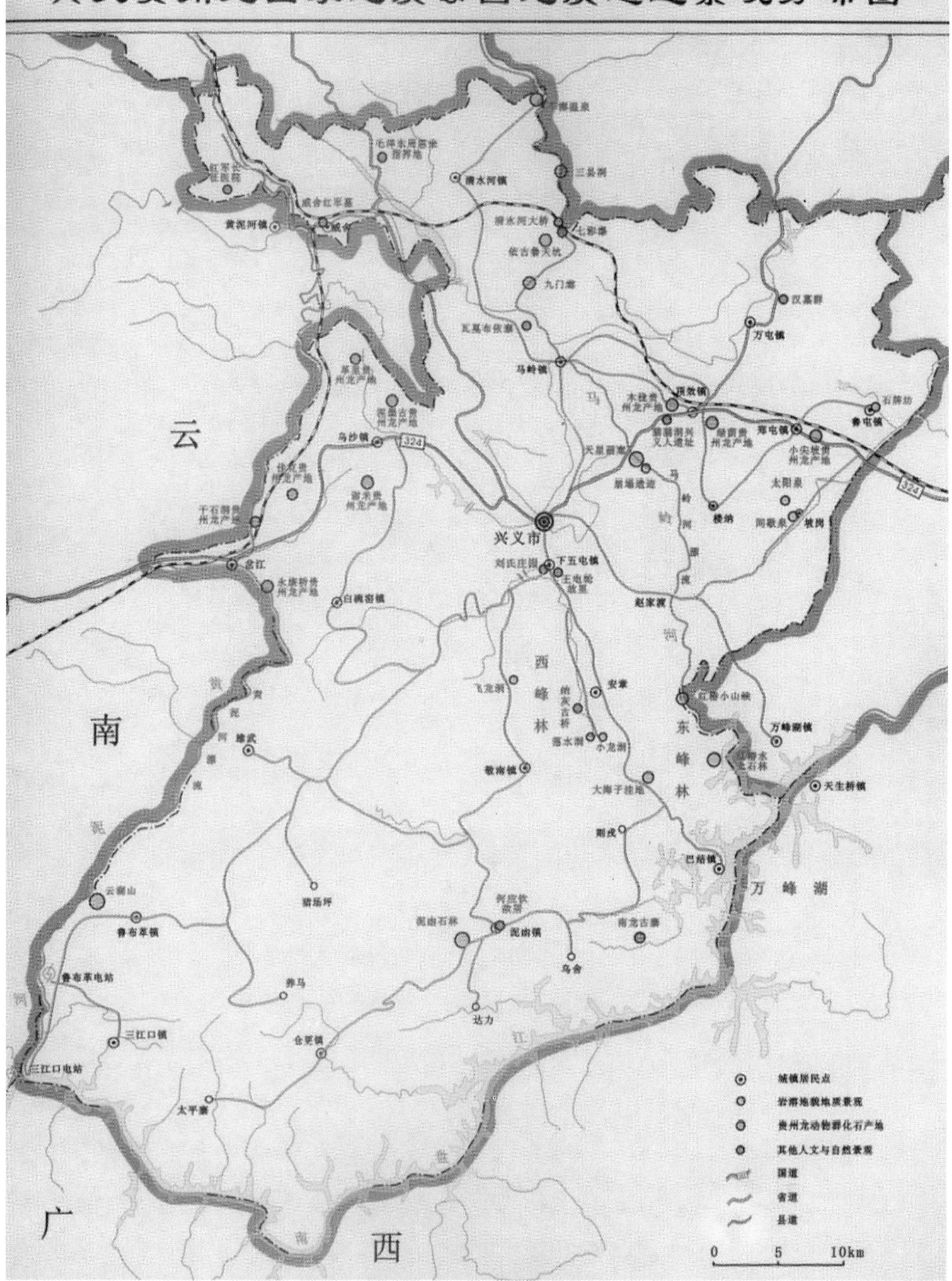
兴义贵州龙国家地质公园地质遗迹景观分布图
云
南
广
西
兴义市
下五屯镇
刘氏庄园
清水河镇
三县洞
清水河大桥
七彩瀑
依吉鲁天坑
九门瀑
瓦嘎布依寨
马岭镇
汉墓群
万屯镇
顶效镇
郑屯镇
鲁屯镇
石牌坊
太阳泉
楼纳
坡岗
乌沙镇
黄泥河镇
威舍红军墓
威舍
红军长征医院
毛泽东用兵指挥地
324
马岭河漂流
赵家渡
西峰林
东峰林
飞龙洞
安章
纳灰古桥
落水洞
小龙洞
敬南镇
大海子洼地
则戎
巴结镇
万峰湖
万峰湖镇
天生桥镇
雄武
黄泥河漂流
云湖山
鲁布革镇
猪场坪
泥凼石林
泥凼镇
何应钦故居
南龙古寨
乌舍
鲁布革电站
养马
达力
三江口镇
三江口电站
仓更镇
太平寨
白碗窑镇
岔江
城镇居民点
岩溶地貌地质景观
贵州龙动物群化石产地
其他人文与自然景观
国道
省道
县道
0
5
10km

兴义贵州龙国家地质公园地质遗迹与生态保护规划图

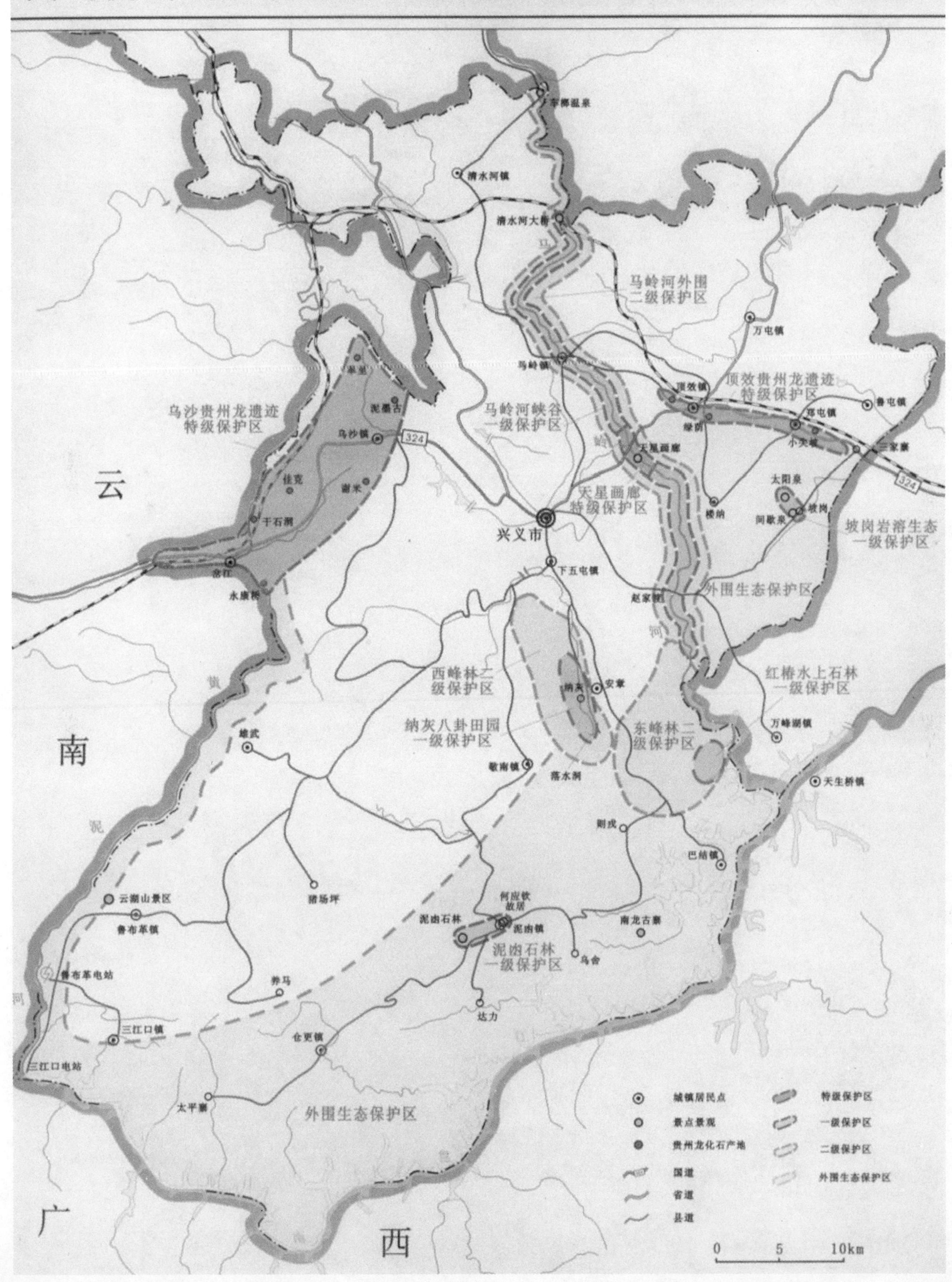

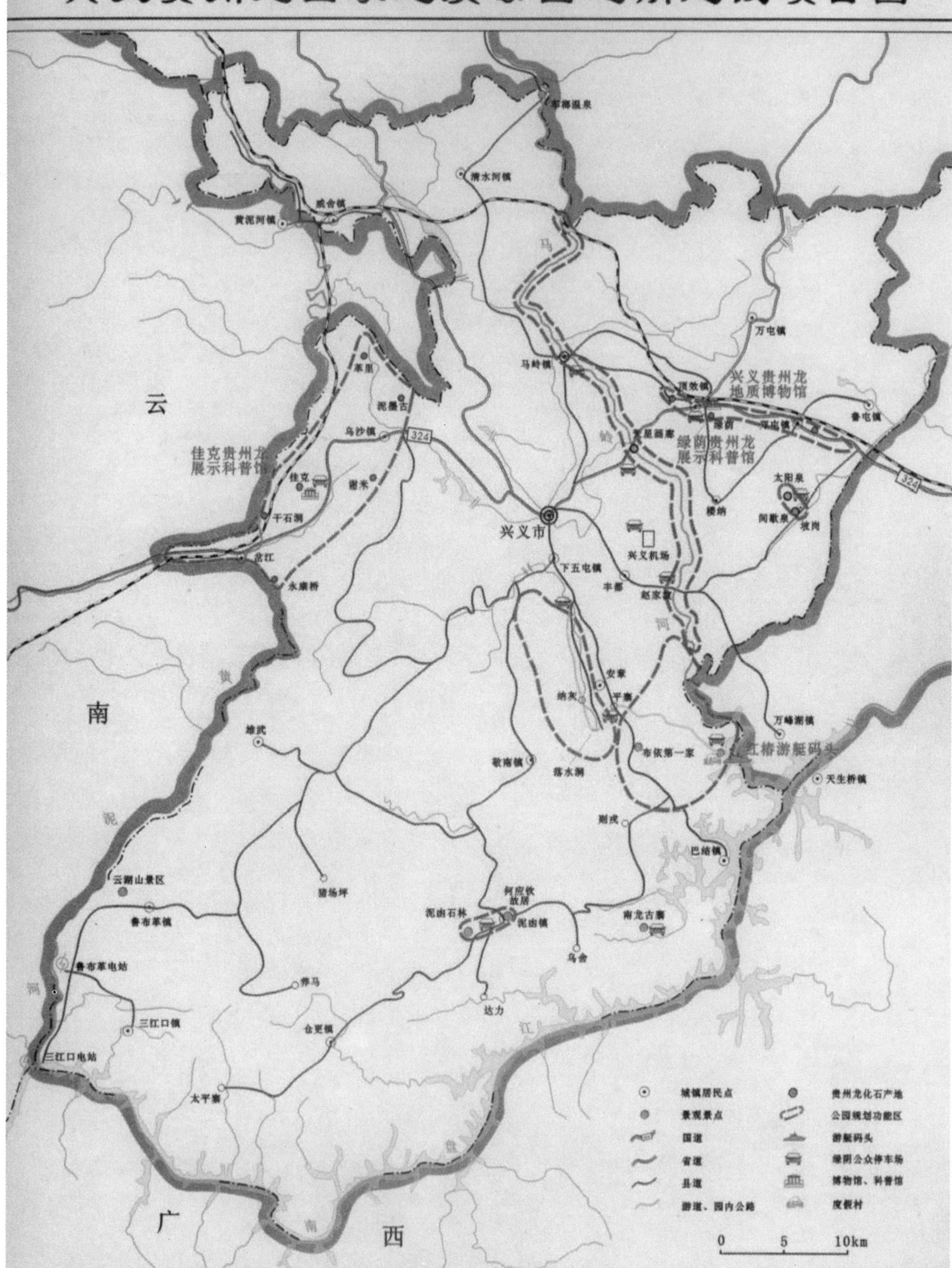
兴义贵州龙国家地质公园近期建设项目图
兴义贵州龙
地质博物馆
绿荫贵州龙
展示科普馆
佳克贵州龙
展示科普馆
兴义市
兴义机场
红椿游艇码头
云
南
广
西
324
城镇居民点
景观景点
国道
省道
县道
游道、园内公路
贵州龙化石产地
公园规划功能区
游艇码头
绿荫公众停车场
博物馆、科普馆
度假村
0 5 10km

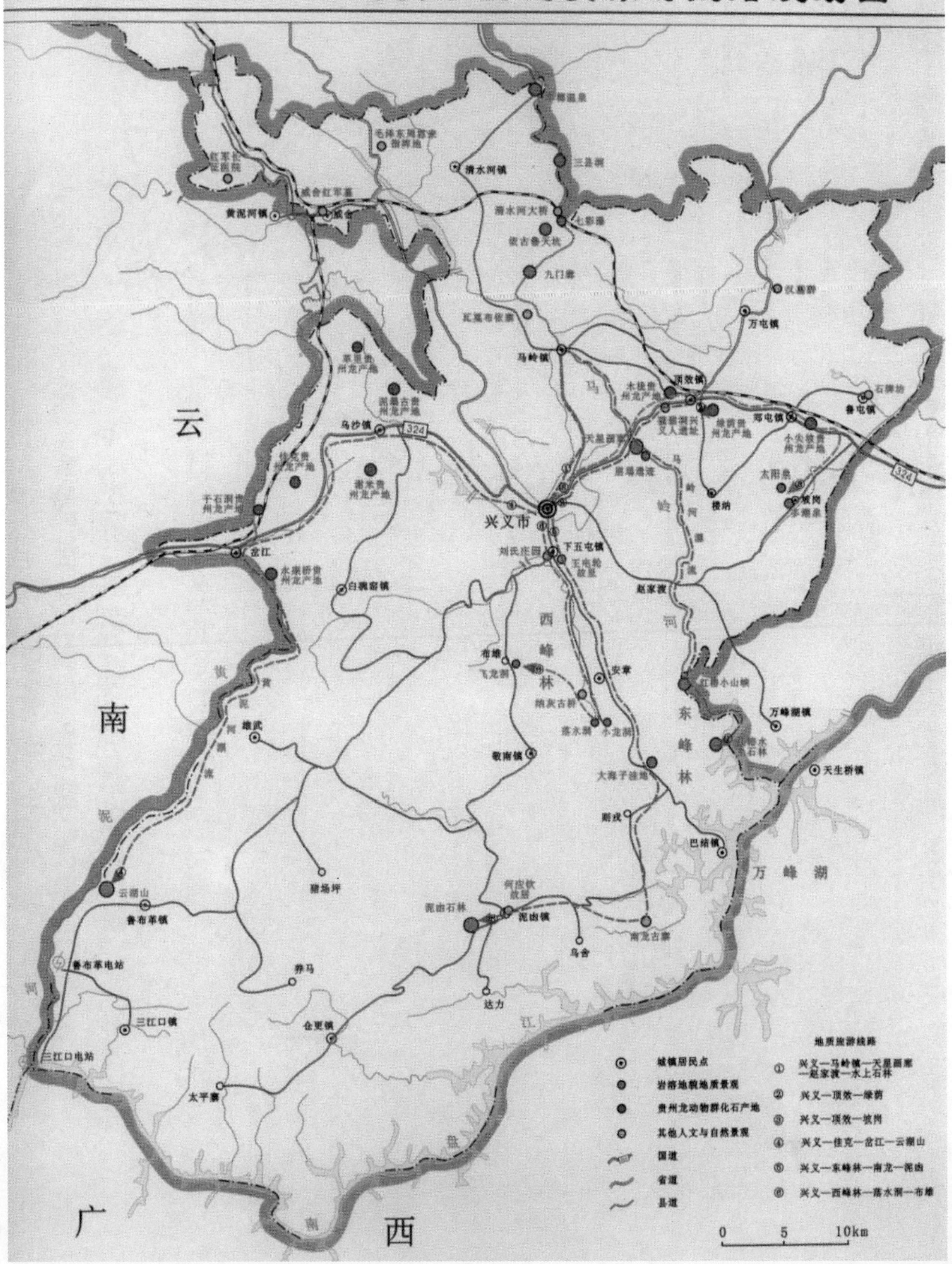
兴义贵州龙国家地质公园地质旅游线路规划图
云
南
广
西
兴义市
324
马岭镇
顶效镇
乌沙镇
郑屯镇
鲁屯镇
万屯镇
清水河镇
黄泥河镇
下五屯镇
赵家渡
万峰湖镇
天生桥镇
巴结镇
敬南镇
泥凼镇
鲁布革镇
三江口镇
仓更镇
白碗窑镇
雄武
猪场坪
乌舍
达力
养马
太平寨
安章
布雄
则戎
西
峰
林
东
峰
林
万　峰　湖
地质旅游线路
城镇居民点
岩溶地貌地质景观
贵州龙动物群化石产地
其他人文与自然景观
国道
省道
县道
① 兴义—马岭镇—天星画廊—赵家渡—水上石林
② 兴义—顶效—绿荫
③ 兴义—顶效—坡岗
④ 兴义—佳克—岔江—云湖山
⑤ 兴义—东峰林—南龙—泥凼
⑥ 兴义—西峰林—落水洞—布雄
0
5
10km

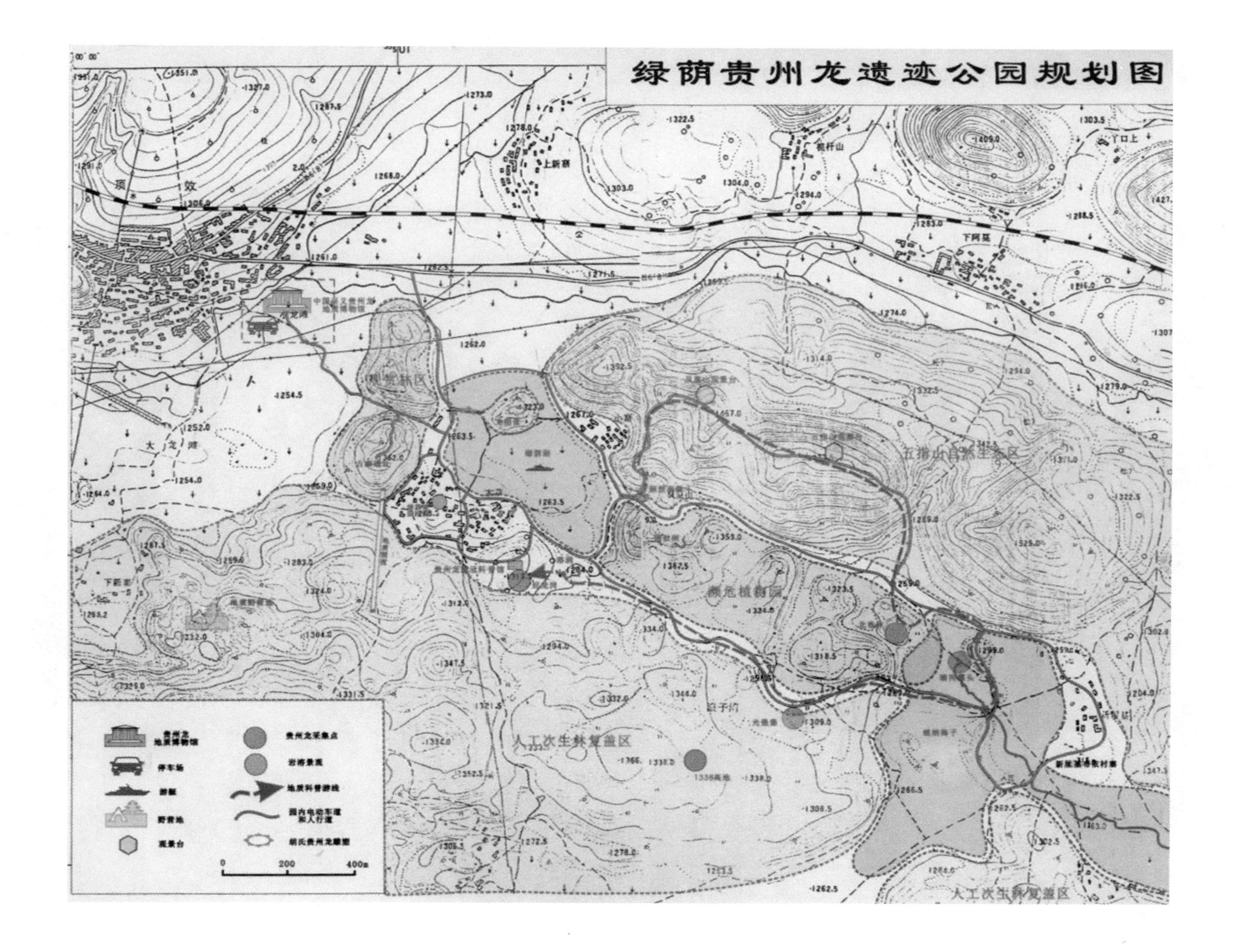

绿荫贵州龙遗迹公园规划图
五指山自然生态区
人工次生林复盖区
濒危植物园
上新寨
0
200
400m

实例二 《漳州滨海火山国家地质公园总体规划（说明书）》

本书引用此例的说明：

本规划是为我国第一批11处国家地质公园之一“福建漳州国家地质公园”而编制的，主要目的是为了指导公园的实施建设。为了准确地反映本公园的特点，当时将规划名称定审为《漳州滨海火山国家地质公园总体规划》。本规划是由中国地质学会旅游地学研究会组织编写的我国第一个最为完整的国家地质公园规划。规划专家组由陈安泽任组长，规划说明和文本主要由李同德执笔，规划图件和对旅游资源的评价由陈兆棉完成，资源调查报告由高天钧、冯宗帜等完成。最终成果包括：规划文本、规划说明书、规划图件和综合考察报告。

由于这是我国第一个正式完整编制的国家地质公园规划，在规划编制完成后，利用在漳州召开的全国第16届旅游地学年会（2001年）的时机，召开了规划评审会。评审会专家组由国土资源部原副部长夏国治任组长，由卢耀如院士、郑绵平院士和福建省政协副主席刘金美（地质专业高工）任副组长组成，主要成员有卢云亭教授、苏文才教授、陶奎元研究员和孙维汉高级工程师等。评审意见详见本书第二篇，评审专家组认为本规划“既有创意，又有可操作性，对我国进行国家地质公园总体规划将具有一定的指导和示范意义。”

为了从体例上不与第一实例重复，本实例只介绍完整的规划说明书，原规划文本略。

第一章 国内外地质公园概况

第一节 国外地质公园概况

在地球上存在着自然遗产和文化遗产，其中文化遗产是人类创造出来的，而自然遗产是大自然送给我们的。地质遗迹是地壳活动留下来的记录和痕迹，属于自然遗产的重要组成部分。至2000年，联合国教科文组织自然文化遗产名录共列入630处各类遗产地，其中文化遗产地472处，自然遗产地126处，还有25处为混合类型。在这些遗产地中，有91处是以地质遗迹为基础的。

地质遗迹的保护经历过一段曲折的路程，20世纪后期，在联合国教科文组织和国际地科联的推动下，一些地质遗迹被竖碑挂牌，要求公众维护。仅英国就列出了近2000处保护点，但各地实际效果不一。以美国为例，1991年就有破坏地质遗迹的案件3571宗，1996年上升到4356宗。

1991年6月13日在法国迪涅召开的“第一届国际地质遗产保护学术会议”上，来自30多个国家的100多位代表共同签发了《国际地球记录保护宣言》，提出地球的过去，其重要性决不亚于人类自身的历史，应该学会保护地球的记录，阅读人类出现以前写下的这部书。2000年，联合国教科文组织开始对“地质公园计划”进行可行性研究，计划每年在世界范围内建立若干个以地质遗迹即地球记录保护区为基础的世界地质公园(UNESCO Geopark)，并把保护地质遗迹同发展地方经济相结合。西班牙的旅游业是国民经济重要支柱，现已建立了20个地质公园的预选方案；欧盟国家制定了近几年建立50个地质公园的计划；亚洲则以中国和马来西亚对这一工作最为重视。

建立地质公园的目的是为了保护环境。英国自然保护委员会于1990年提出了地球遗产保护分类法，将地质遗迹分为出露性景点和完整性景点两大类。前者指人工开挖或因自然侵蚀而暴露出来的地质遗迹露头；后者指在地表或近地表地质作用下形成的地貌景观。对于出露性景点，如果开挖和侵蚀持续进行，可能会出现新的剖面或景观而不影响景点的价值，其保护原则是维持露头；而完整性景点一旦遭受破坏就无法再生，其保护原则是保护资源。另外，按用途又分研究与教育两类；按重要性又分国家和国际性、区域性、其他重要性和其他共4个级别。此外还提出了对于地质遗迹的主要威胁类型，它们几乎都是由人类活动所引起的：海岸保护工程、填土、剥蚀与不稳定边坡、工业与道路、对地质体的挖取与采集、造林等，对地质遗迹的保护都会造成威胁。

按以上分类法，漳州滨海火山国家地质公园应属于国家级的科研与科普教育并重的完整性景点，破坏后是不能再生的，所以其保护原则就是“保护资源”。

第二节　国内地质公园概况

中国地域辽阔，地质背景复杂，构造活动强烈，地形差异显著，气候分带明显，形成了丰富的地质遗产。1985年11月，原地质矿产部于长沙召开了“首届地质自然保护区区划和科学考察工作会议”，会议考察了武陵源风景区后，与会专家一致建议设立武陵源国家地质公园。1987年7月17日，地质矿产部在地发（1987年）311号文下发的《关于印发建立地质自然保护区规定（试行）的通知》中明确提出，国家地质公园是建立地质自然保护区的一种重要形式。1999年12月国土资源部在威海市召开了“全国地质地貌景观保护工作会议”，重新提出了建立国家地质公园的设想，此举受到联合国教科文组织的重视。2000年，国土资源部下发了《全国地质遗迹保护规划（2001—2010）》和《国家地质公园总体规划工作指南》；并决定建立“国家地质遗迹（地质公园）领导小组”和“国家地质遗迹（地质公园）评审委员会”；正式启动国家地质公园计划。经过各省国土资源厅的积极申报，国土资源部于2001年3月16日批准并公布了首批11个国家地质公园名单：云南石林岩溶石林国家地质公园、湖南张家界砂岩峰林国家地质公园、河南嵩山地层构造国家地质公园、江西庐山第四纪冰川遗迹国家地质公园、云南澄江古动物群国家地质公园、黑龙江五大连池火山地貌国家地质公园、四川自贡恐龙国家地质公园、福建漳州滨海火山国家地质公园、陕西翠华山山崩地质灾害国家地质公园、四川龙门山飞来峰国家地质公园、江西龙虎山丹霞地貌国家地质公园。中国计划在未来10年内建成310个国家地质公园，力争使5至8处纳入世界地质公园名录。

国家地质自然保护工作和地质公园计划得到全国各地的迅速响应和积极贯彻。如四川省于1988年建立以彭县为中心的龙门山地质公园综合考察的立项研究，并于1991年12月提交了综合考察研究报告。2001年2月，在广汉市召开了“四川省地质公园与地质遗迹保护开发研讨会”，与会的40多位专家对地质遗迹的保护、调查、评价和地质公园的申报、规划、开发以及四川省地质公园与地质遗迹多媒体信息系统的建设等方面，提出了许多建设性的意见。会议对推荐的 80 处地质遗迹进行了投票，筛选出 10 处拟近期开展工作。会后成立了“四川省地质公园与地质遗迹保护开发中心”，将系统地开展四川省地质公园与地质遗迹的调查、评价、规划及开发建设咨询，四川省地质公园与地质遗迹多媒体信息系统建设，协助地方政府对地质公园的申报工作。当前，全国各级国土资源部门都十分重视地质公园建立工作，制定了计划，并密切与各级地方政府相结合，共同推进地质公园建设。预期在今后，将会形成一个地质公园建设高潮。

第三节　漳州滨海火山国家地质公园概况

台湾海峡西岸从中生代以来，地壳一直处于活跃状态。中生代的燕山运动以酸性岩浆侵入为主，形成大面积的花岗岩体。新生代的喜马拉雅运动，表现为强烈的断裂活动和地壳的升降，沿北北东走向的平潭—东山断裂带有大量基性岩浆多次喷溢，形成串珠状的火山岩体。从龙海市镇海卫至漳浦县的皇帝城长约 30km，火山岩地质地貌景观奇特壮丽。主要有位于潮间带的喷溢型火山口、雄伟的柱状石林、奇妙的熔岩湖和火山喷气口群，还有火山锥和火山平台等。千万年来受风浪浸蚀冲刷，雕凿成各种形态的海蚀景观和多个美丽的海湾沙滩。

闽东南已开发一千多年，而沿海火山岩景观和沙滩却一直处于原始状态。进入 20 世纪 80 年代，中国的旅游业已启动，而这里仍按兵不发。直到 20 世纪 90 年代中期才逐渐认识到，这是多么宝贵的旅游资源，于是急起直追，在漳州市政府的领导下，漳州市地矿局、漳浦县政府、龙海市政府做了大量的调查规划等前期工作，加强保护，积极及时地向国家申报，2000 年初终于成为中国首批公布的11个 国家地质公园之一。本规划地质公园范围包括陆上面积为 30.7km^2，海上面积为 69.3km^2，总计 100km^2。

第二章　火山地质景观资源开发建设条件评价

第一节　火山地质景观资源评价

（一）火山地质评价

漳州滨海火山国家地质公园在大地构造位置上，处于欧亚板块西缘的板缘裂陷带上。此处的火山岩主要为中新世—上新世（26−7 百万年）时喷溢所形成，其岩性以亚碱系列石英拉班玄武岩为主，火山机构典型，有保存完整的火山口，火山喷气口群和玄武岩构成的巨型柱状节理以及典型标准的新生代地层剖面，是中国东部新生代地质构造发展演化历史的典型代表地区之一。对研究菲律宾海板块与欧亚大陆板块碰撞历史、构造机制有重要意义，是极为珍贵的国家级地质遗迹和火山国家地质公园。现将本火山地质公园与其他几个火山地质公园的主要地质特征进行对比。（表 5−2−1）。

（二）火山旅游景观资源评价

漳州滨海火山国家地质公园的开发建设具有三个极好的条件。一是具有极好的区位条件；二是具有极好的开发时机；三是具有极好的旅游资源。

旅游资源有：古火山地质地貌、海湾沙滩、花岗岩石蛋地貌、人文景观、防风林带、海产品等。牛头山古火山口及聚敛节理（西瓜皮构造）、林进屿海蚀熔岩湖、火山喷气口群、南碇岛巨型发状石柱林等都是罕见的特级景点，还有多处熔岩锥、枕状熔岩和熔岩海岸景观，构成了国家地质公园的主体。其间穿插着隆教湾、江口湾、后蔡湾 3 个甲级海湾沙滩及其他多个沙滩，并衬托着莲花山、镇海石、船帆石等花岗石蛋景观；点缀

几个火山地质公园地质特征对比表　　表 5–2–1

火山公园 / 特征与名称	黑龙江五大连池	台湾阳明山国家公园（大屯山火山群）	浙江雁荡山	漳州滨海火山地质公园
产出大地构造特征	板内裂谷带	岛孤带上	亚中生代大陆板边缘火山断陷带内	处于新生代陆缘裂陷带边部
喷发环境	陆相	陆相	陆相	陆相
火山岩及岩石年代	第四纪现代火山（其中火烧山、大黑山形成于1719—1724年）	第一期2.8—2.5Ma；第二期0.85—0.35Ma；0.35Ma后趋于停止，现有喷气孔	128–113Ma	以中新世为主（26—7Ma）的多期喷发
火山岩岩石及火山构造	碱玄岩；火山锥、熔岩台地、火山口	安山岩及碎屑物；由6个火山锥群组成	流纹质火山岩 白垩纪复活破火山口	拉斑玄武岩为主，有碱性橄榄玄武岩；盾形火山、熔岩台地、火山口
火山岩出露面积、高度	熔岩面积80km^2；高度10～166m	114.5km^2；最高1120m（七星山）	500km^2；最高1001m	400km^2；84m（烟墩山）
主要火山旅游资源	火山锥、渣状熔岩、喷气锥、喷气碟、熔岩隧道、熔岩河、熔岩瀑布、深岩渣	火山锥、破火山口、喷气孔、泉华、硫磺矿	破火山口、自碎多孔流纹岩、奇异岩脉	盾火山、火山口、喷气口群、柱状节理群、气孔柱群、海蚀熔岩台地地貌
与火山有关的旅游资源	火山堰塞湖、药泉湖、冷矿泉	温泉（最高近沸点）、峡谷瀑布、火山口湖、火山堰塞湖	天生桥、幽谷、奇峰、怪石、深潭、洞穴	海蚀熔岩平台、球形风化石、火山涡流构造、鱼鳞石、海蚀洞
裸露情况	较好	较好	裸露尚好	裸露良好
被授予称号	国家级风景名胜区	台湾的"国家公园"	国家级风景名胜区	国家地质公园

着镇海卫、鉴湖等人文景观以及海岸风景林带，还有美味海鲜。因此具备了极好的配套的旅游资源条件，而且处于未开发状态，更有利于规划、布局和建设。

旅游景观资源开发建设条件评价见表5–2–2。

火山岩熔景观，按规模大小（30分）、奇特美感度（40分）、科研价值（30分）三个基本条件来评价打分，划分为特级、重要和一般三个等级。

海湾沙滩景观，按规模大小（20分）、沙的粒度纯度颜色（30分）、周围环境质量（20

旅游景观资源评价表　　表 5–2–2

景观名称	位置面积	景观概述	利用价值	景观评价
牛头山古火山口（筒）	牛头山海岸潮间带，面积（60×90）m^2	由灰色玄武岩和橄榄玄武岩构成，柱状节理发育，柱径0.25～0.40m，横断面五、六、七边形，共约2万柱，整齐排列，一致向南西倾斜，俨似秦陵兵马俑。南侧的西瓜皮构造更为罕见。还有林进屿期火山剖面	观赏 科普 科研	国内仅见，造型奇特，为特级景观
南碇岛熔岩发状石柱林	全岛，距江口湾7km，面积0.1km^2	墨绿色的玄武岩柱状体直径15～30cm，遍布全岛，约140万根，远观似发丝，沿20～50m高的悬崖垂入海中，极为壮观。环岛为玄武岩柱体的斜断面，状若珊瑚，规模巨大	观赏 科普 科研	国内仅见，自然奇特，为特级景观
林进屿火山喷气口群—埋藏型熔岩湖	环岛，距离江口湾岸边1.5km，面积0.25km^2	埋藏型熔岩湖由一系列互相串联的环形构造组成，每环为一个喷气口，环心多成锥体，经海蚀造型，状若"鳄鱼阵"、"海狮石"、"蜂窝石"等。还有海蚀火山口、柱状玄武岩崖岸、林进屿期火山岩标准剖面等景观。岛顶高72.7m，可观海、观日出	观赏 科普 科研	国内仅见，造型奇特，为特级景观
烟楼山海蚀熔岩平台	烟楼山东南侧海岸，长800m，宽50～120m	台面平整，分布多个环形构造，火山喷气口群；玄武岩球形风化造型奇特，具趣味性和观赏性	观赏 科普 科研	重要景点
烟楼山熔岩锥群	鳌尾半岛中段东侧	3个锥体：烟楼山和烟墩山锥高50m，皇后乳锥高20m，森林覆盖。烟楼山和烟墩山顶部为明代抗倭烽火台遗址。烟楼山观景台可观赏海湾、防护林和日出景观	观赏 科普 科研	重要景点

续表

景观名称	位置面积	景观概述	利用价值	景观评价
鱼鳞石石柱林	佛昙西 4km	玄武岩石柱林，横切面状若鱼鳞，规模较大。周围花岗石蛋景观发育，其西 1500m 为台山水库，水面 0.8km^2，中央有岛。三者组合为一个景区	观赏娱乐科普科研	重要景点
旗尾山枕状熔岩和熔岩石滩	位于旗尾山半岛沿岸	玄武岩遇水，迅速冷却，形成枕状构造	观赏科普科研	重要景点
岗寮熔岩海岸—自然画廊	整尾半岛南端	熔岩海岸有一陡壁，长 200m，为玄武岩球状风化剥蚀面，组成自然的画廊；熔岩台地高 60m，林木繁茂；鹧鸪菜为珍稀特产，福建惟一产地；还有岗寮与山寮小渔村风情	观赏科普科研	特级景点
香山熔岩锥—熔岩海岸	前亭镇江口村东北	香山熔岩锥海拔 74.6m，锥高 45m，相思树林覆盖；南侧为熔岩台地，海拔 30m，宽 500m；山顶为观景台，可观赏海湾、防护林带和日出景观。东侧为熔岩海岸，有海蚀洞穴、火山喷气口、熔岩脉侵入花岗岩中	观赏科普科研	重要景点
前湖埋藏古森林遗迹	赤湖镇前湖村东南海岸	由长 10m、粗径 0.4m 的半炭化树干、树桩、大量枝条碎段与淤泥构成，伏于沙泥层之下，厚约 1.5m，是晚第四纪海陆变迁与气候演变研究的难得剖面	观赏科普科研	特级科普科研点
皇帝城熔岩台地黑石蛋	赤湖镇将军澳以西	黑色石蛋大小不等，为玄武岩风化残余体，分布于湿地松防护林带中，构成黑石蛋—森林景观	观赏科普	重要景点
屈原公屿	佛昙镇东 1.5km 处	海蚀花岗石蛋小岛，面积为（120×30）m^2，每年端午节龙舟竞渡祭祀屈原，附近有大型养殖场	观赏娱乐	一般景点
灯火垵镇海石	赤湖镇竹桁村南近岸小岛	海蚀晶洞花岗岩石蛋景观，环岛巨砾有奇特的海蚀环、海蚀孔洞。海拔 25m 的岛顶一块 10m×10m×8m 的砣形石压在一块直径仅 2m 的石蛋之上	观赏	一般景点
船帆石	赤湖镇前湖村东南海岸	为潮间带花岗石蛋礁屿，石高 6.5m，宽 6.3m，厚约 3m，立于另一巨型石蛋之上，状若船帆	观赏	一般景点
莲花山	赤湖镇后江村	海拔 151.2m，花岗石蛋—相思树林、桉树林景观。峰顶巨石迭嶂，状若莲花。是观赏海峡日出和海湾沙滩的观赏地	观赏	重要景点
龙教湾沙滩	位于海头圩与马头山之间	海蚀崖之间的新月形沙滩，长 4000m，宽约 120m，中细粒沙。滩宽坡缓	观光娱乐度假	甲级沙滩
白塘湾沙滩	位于马头山与天马山之间	海蚀崖之间的新月形沙滩，长 3000m，宽约 100m，中细粒砂。在牛头山至天马山段为火山熔岩及熔岩卵石，坡度较缓	观光娱乐度假	甲级沙滩
湖前湾沙滩	位于天马山与香山之间	海蚀崖之间的新月形沙滩，长 2500m，宽约 100m，中细粒沙	观光娱乐度假	乙级沙滩
江口湾沙滩	烟楼山东侧	海蚀崖之间的新月形沙滩，长 3000m，宽约 110m，白色中细粒砂，滩宽坡缓	观光娱乐度假	乙级沙滩
后蔡湾沙滩	位于烟楼山与岗寮之间	海蚀崖之间的新月形沙滩，长 5000m，宽约 130m，白色纯净中细粒砂，滩宽坡缓，最适宜开展度假和水上娱乐健身活动	观光娱乐度假	甲级沙滩
前湖沙滩	位于灯火垵与船帆石之间	海蚀崖之间的新月形沙滩，长 2500m，宽约 150m，白色细粒沙，滩宽坡缓较坚实	观光娱乐度假	乙级沙滩
前湖湾沙滩	位于船帆石与脚桶角之间	长 8000m，宽 150 ~ 200m，白色细粒沙，滩宽坡缓坚实，适宜沙滩汽车和摩托运动	观光娱乐	乙级沙滩
镇海卫	位于隆教乡镇海村东部	城堡建于明初，以鹅卵石堆砌筑成，海拔 120.7m，地处东海与南海之交接部位，旧有五景：卫城观海、七星落地、飞蛾洞、断头罗汉、东岳景观。现存南城墙及南门，几棵古榕树，还有一条斜坡形的古街	观光娱乐度假	重要风景文化景点
鉴湖景区	位于佛昙镇以南扎内村	为海岸风沙堰塞湖，水面 0.1km^2，水深 10m；湖岸为巨石堆叠的花岗石蛋景观，有十六景；湖东岸为扎内沙滩；300m 的沙堤上有 6 棵古樟树和 6 棵古榕树，树龄 600 年；还有鸿江书院和人和楼遗址	观光娱乐度假	重要风景文化景点
赵家堡	位于漳浦县湖西盆地	仿宋朝汴京城建筑的城堡，建于明万历二十八年，占地 79085m^2，由花岗岩条石砌筑，历经 400 多年，保存较完整。城外山石草木，景色秀丽，共有十景。城堡与自然风光组合为一个完美的高层次的旅游景区	观光娱乐度假	特级风景文化景点

分）、海水质量（30分）来评价打分，划分为甲、乙、丙三个等级。

人文自然景观，按规模大小（10分）、区位交通（10分）、保存完整度（20分）、艺术美感度（30分）、历史文化底蕴（20分）、周围环境质量（10分）来评价打分，划分为特级、重要和一般三个等级。

90分以上为特级，80～89分为重要，70～79分为一般。

结论：属于特级火山地质遗迹资源的有牛头山古火山口、南碇岛熔岩发状石柱林、林进屿火山喷气口群—埋藏型熔岩湖、岗寮熔岩海岸—自然画廊；属特级旅游资源的有三个海湾沙滩：隆教湾沙滩、后蔡湾沙滩、白塘湾沙滩；在本地质公园主景区附近具有科普历史意义特级价值的还有前湖埋藏古森林遗迹、赵家堡文化遗址。

第二节　区位和环境现状

（一）区位

本地质公园位于东经117°58′～118°6′，北纬24°07′～24°15′。位于福建省南部漳浦县和龙海市海滨地带，东临台湾海峡，海上距厦门19海里，陆路距漳州市60km。水陆交通方便。

（二）地貌

公园地貌主要是沿海玄武岩低丘和海滨沙滩，林进屿和南碇岛为浅丘火山岛。丘顶高程不高，为40–80m，有利旅游观光。景区植被多为人工林，种群单一，主要是木麻黄、相思树等，沿海防风林基本形成体系。农田大部分为盐渍土、沙质土改造而来，生态脆弱，建议退耕还林为好。

（三）气候

本景区属南亚热带海洋性季风气候，年平均气温为20℃，最高28℃，最低3℃，全年无霜日。年降雨1000～1300mm；全年日照2000小时以上；雾日稀少；常年主导风向：春夏多东南风，秋冬多东北风；除台风外，风力为3～5级。气候温和，适宜旅游观光度假。

大气环境质量是很好的，基本为国家大气质量一级标准。

（四）水文潮汐

本区内无较大河流，无大的污染源排入；前亭镇在江口湾内引、排海水大规模养殖对虾。滨海沙滩后受海水顶托影响，有浅层地下淡水，主要为大气降雨补给。

本区沿海区潮汐为正规半日潮，平均潮差4m，（极限潮差1.0～6.4m）；极限潮位−0.1～7.8m。

（五）自然灾害

本地区主要的自然灾害是台风暴。主要出现在7～9月；年均出现5次。台风通常带来暴雨，有时适逢大潮，形成狂潮，巨浪高潮给海堤、农田、养殖场带来灾害。福建东南沿海是地震活动带，本地区属强震波及区，地震烈度为7度。

第三章　总体规划功能布局

第一节　规划依据和范围

（一）规划依据

（1）国家地质公园总体规划工作指南（试行）。

（2）国土资源部《国土资发（2001）65号文》，公布了我国首批11个国家地质公园，其中有福建省漳州滨海火山国家地质公园。

（3）《关于制定国民经济和社会发展第十个五年计划的建议》（中共漳州市委）。

（4）《旅游发展规划管理办法》（国家旅游局）。

（二）规划范围

漳州滨海火山地质公园地跨龙海、漳浦两县。其主要的景区位于隆教畲族乡、前亭镇的滨海火山地质地貌区，以及位于佛昙镇、赤湖镇内两个独立景点：鱼鳞石石柱林和前湖湾古森林化石遗迹。公园的具体范围见规划图，大致以沿海三级路为界的东部滨海和近海海面及林进屿、南碇岛。西界线经过的主要村（居民点）有：北起镇海，经隆教、白塘、田中央、过港、大寨山（分水线）、桥仔头、庄厝盐田；东界线在海中，大致距离海岸2000m。陆域总面积为30.7km^2，海域总面积约69.3km^2（含岸边潮间带），总面积为100km^2。

考虑多种因素，本地质公园还包括两个远离主景区的地质景点：一是火山熔岩鱼鳞石石柱林，二是前湖湾潮间带森林化石点。两处距牛头山火山口直线距离均为18km，在规划旅游线路时应作为地质公园的地质景点，其用地面积暂没计算在主景区中。此外还有皇帝城玄武岩石蛋层，可作为资源有计划地开发利用。

（三）公园性质

漳州滨海火山地质公园是国家级地质公园；是以新生代火山地貌为主，融自然、人文为一体的国家公园。主要的火山地貌景观有：位于潮间带的火山口、火山喷气口群、海蚀埋藏型熔岩湖、巨型玄武岩柱状节理和发状石柱林、熔岩海岸和熔岩台地、熔岩锥、熔岩球形风化火山岩剖面。其他的主要景观有滨海沙滩、镇海古城堡、防风林带等。

第二节　总体规划布局的基本原则

总体规划必须遵守如下基本原则：

（一）严格保护原则

规划必须能确保漳州滨海火山地质地貌遗迹不受破坏；特别是核心部分的景观地貌必须规划有效的保护措施，确保完整。

（二）可持续发展原则

规划要有利于保护和改善生态环境，妥善处理开发利用与保护之间的关系；游客游览与当地居民生产生活等诸多方面之间的关系；处理好当前利益与长远发展的关系，要给持续发展留有余地。

（三）全局原则

公园规划要全局出发，统一安排；充分合理利用地域空间，因地制宜地满足地质公园多种功能需要。

（四）合理原则

在充分分析各功能特点及其相互关系的基础上，以火山地质景观游览区为核心，合理组织各功能系统，使之构成一个有机整体。

（五）综合利用协调发展原则

要充分利用规划区内的其他旅游资源，特别是滨海沙滩等，有效规划，综合利用，协调发展，从而能更有利于火山地质遗迹的保护和利用。

（六）有利于促进当地旅游业和经济发展原则

总的原则是：严格保护，统一管理，合理开发，永续利用。

第三节　漳州滨海火山地质公园功能区划

（一）概述

漳州滨海火山地质公园的主要的集中景区是隆教畲族乡、前亭镇、佛昙镇、赤湖镇的滨海火山地质地貌区。鱼鳞石场的玄武岩石柱林景群规划为一个独立的火山地质地貌景群区。4个乡镇的火山地貌在滨海连成一片呈带状分布，本规划按同一地质公园统一规划。规划的地质公园所在地，地处海滨，有多处半月形沙滩；还有明朝遗留下的古城堡镇海卫等人文景观；农业渔业养殖十分发达，这些为人们游览地质公园、丰富旅游活动提供了良好条件。综合起来考虑，漳州滨海火山地质公园可划分为如下几个功能区：火山地质地貌核心区、地质游览区、生态保护区、史迹游览保护区、滨海沙滩旅游休闲游览区、野营区、接待服务区、农渔观光区、居民点等。若按类别划分可归纳为四大类功能区：地质地貌景观区（含地质核心景点、地质游览景点、野营区），生态保护区，综合旅游区（含史迹游览、海滨沙滩、农渔业观光），接待服务管理（含接待服务、居民点）。

1995年，隆教乡曾经委托有关单位编制《隆教海滨旅游城总体规划》。是一个不错的小城镇规划，但就“旅游”而言，由于规划是将原有的自然环境打破，重新按照“城市”的模式安排空间、布局功能和设置路网，故失去了城市居民外出旅游享受大自然的根本目的。本次滨海火山地质公园规划，首先是保护滨海火山地质地貌，保护原有的自然生态环境；其次是满足旅游者的需要。为此，本规划避免用传统的城市规划模式，尽量保留原有自然环境。由于海域、陆域的分割，本地质公园的地质地貌资源空间分布是不联贯的，为保护这些资源，在功能分区布局中，同类功能区可以不相连。现将各功能区的分布、范围、简况说明如下。

（二）火山地质地貌核心区

火山地质地貌核心区是具有火山地质遗迹基本特征、有重要科学研究价值、景观独特、又很脆弱易受破坏，除专门研究人员外的其他游人不得进入，不得进行任何建设，需特别保护的地块。此地块游客只能观看，不能接触。经现场考察专家研究划定如下地块为火山地质地貌核心区（详见本章后图件）。

1. 牛头山火山口遗址

其范围包括：牛头山东侧海滩潮间带火山口遗址及附近岸边火山岩聚敛节理西瓜皮构造等，总面积约10hm^2。

2. 南碇岛火山石柱林景观

其范围为南碇岛全岛及潮间带，总面积约30hm^2，山顶海拔为54m，离最近大陆岸边鳌尾（井尾）岗寮5.5km，离香山码头8.5km。全岛由火山熔岩石柱林构成，岛周岸均为陡峭石柱林岩壁，景观十分壮观。为无人居住小岛，岛上有一航标灯塔。

3. 鳌尾（岗寮）火山岩壁画

鳌尾岗寮村海岸，经海潮、海风侵蚀，形成陡峭的岩壁，其火山岩壁发生球形风化，构成气势磅礴的自然雕刻的岩壁画，意境深渊、给人联想，国内少见。岩壁高4～6m，长达200m左右，岩壁加上风化岩壁上下各100m范围保护带构成本景区，总占地约15hm^2。

4. 前湖海底森林遗址

位于赤湖镇前湖湾潮间带中，低潮时可见森林化石。

5. 鱼鳞石玄武岩石柱林

位于佛昙镇的岸头鱼鳞石场，地块远离海岸，火山地质遗迹包括：火山溶岩鱼鳞石和石柱林两处。两地块总面积约10hm^2。

（三）地质游览区

漳州滨海火山地质公园规划范围内，有五处滨海火山熔岩石滩，均处于潮间带，具有科学和观赏价值的火山地质地貌地区，人们可直接入滩仔细观赏奇妙而且又壮观的火山熔岩、海蚀景象，想象几千万年前火山喷发时，熔岩流淌、冷却固化成形、又经大海长期浸蚀的整个自然变化过程，从中受到科普教育、陶冶情操、得到精神享受。为方便游客，可设置解说牌、参观步行小道或高出海潮面的栈道等旅游设施。

1. 旗尾山火山熔岩石滩

位于镇海旗尾山前附近熔岩石滩及潮间带。面积约为1km^2。

2. 牛头山火山熔岩石滩

位于牛头山火山口周围熔岩石滩及潮间带，此区可与参观火山口一起，作为一个旅游景区规划安排。面积约为0.15km^2。

3. 林进屿

位于香山正南、离岸边约1.5km的小岛，包括石滩在内总面积约为0.25km^2，山顶海拔为72.6m。是一个火山地质地貌景观独特又丰富的相对独立的游览区。有潮间带火山熔岩石滩（有熔岩流、湖等各种形态）、小岛上其他景观有火山岩石柱林、海岛型林相植被等。

4. 烟墩山岬角火山风化岩石滩

包括前亭镇海滨中烟墩山玄武岩岬角及石滩，具风化遗迹图案似龟背、又像古钱币，当地有人称其为龟背石、金钱石，很有观赏价值。石滩、岬角地块总面积约0.2km^2。

5. 整尾潮间带岩石滩

位于岗寮天然岩壁画前石滩，岩画、石滩组合为一个游览区。滩、壁地块总面积0.15km^2。

6. 火山玄武岩熔岩锥

包括香山、牛头山、双乳峰（烟楼山、烟墩山）。属火山玄武岩构成的具有顶部平台的锥形景观的地貌。

（四）生态保护区

沿海岸带国家明确规定，有200m保护林带，现状沙滩后的保护带大部分为木麻黄，宽窄为50～200m，其他岸线，保护带较差。本规划规定：考虑到国家地质公园的特殊性，海岸线保护带，扩大为200～300m；沿国家地质公园陆域边界线为宽为100～200m的绿色防护林边界保护带，若边界为道路，道路两侧防护林带各宽不小于100m 。有关详细生态保护规划见第八章生态保护规划。

（五）史迹游览区

镇海卫城堡。始建于明洪武二十年（公元1387年），卫城坐落于海拔近100m的高岗，坐东面海，周长873丈（合2900m），用卵石、条石垒砌，现有城门4个。城墙雄风犹在，登城东眺，台湾海峡中舟帆点缀；东海与南海交界之处水天一色；西望隆教湾，又名“定台湾”，据传是郑成功攻台湾时的发兵据点之一。镇海卫城堡，是海城，又是山城，山海俊秀；城内历史风云还留下较为完好的祠、庙、亭、碑可供观瞻，任人评说。镇海卫城堡，为地质公园增添一处古人文景点。

（六）滨海沙滩休闲游览区

整个地质公园用地范围内，有多处沙滩，为参观火山地质地貌的游客增添新的旅游空间和休闲、疗养、度假等旅游方式；增加了游客在地质公园内的停留时间，同时也有利于增加收入，为火山地质地貌的保护提供长期的资金支持。滨海沙滩最重要的旅游活动是游泳、嬉水，到滨海沙滩旅游活动超过一日的游客，只要可能几乎大部分都要下海游泳或嬉水。本地质公园有多处共近10km长的沙滩，是除火山地质地貌外最重要的旅游资源，是建立休疗养、度假的理想场所。

1. 隆教湾休闲游览区

位于隆教湾中部沙滩防护林带后腹地，可利用地面积85hm^2。沙滩长约2500m，宽50～100m。沙滩沙质细软，潮间带沙面平缓，水质清洁，适宜游泳、开展沙滩活动。

2. 白塘湾休闲游览区

包括白塘湾、湖前湾两个沙滩防护林后腹地。可利用地总面积83hm^2。白塘湾沙滩长约1300m，宽100～120m，沙质细软、潮间带沙面平缓，适宜游泳、沙滩活动；湖前湾沙滩长约1100m，宽70～120m，沙粒中粗，潮间带沙面稍陡。适宜开展沙滩游乐活动，游艇、快艇等水上运动；不宜游泳。

3. 后蔡湾休闲游览区

位于烟墩山岬角石滩和岗寮天然岩壁画石滩之间的后蔡湾沙滩防护林带后腹地，规划利用面积约50hm^2。沙滩长约2000m，宽

100～150m，沙细实稍硬，滩坡平缓，潮间带底面稍陡。适宜开展沙滩游乐活动、水上运动（快艇等）等。

4. 前湖湾观光游乐区

位于赤湖镇前湖村东海湾，规划区范围滩长约2000m，宽50～100m，沙细实稍硬，含微量泥，潮间带底稍陡。局部潮间带地块有森林木化石。宜开展沙滩观光游乐活动。

其他有江口湾沙滩，因人为破坏、污染，本规划暂未考虑安排。

（七）观光野营区

1. 香山观光野营区

香山介于龙海与漳浦（也是隆教与前亭）两市县在滨海的交界处。香山最高点海拔74m，实为低丘半岛，顶部平缓，植被以种植剑麻低灌木为主。登香山半岛，向南可俯视林进屿、远眺南碇岛；向东台湾海峡波涛尽收眼底，海轮时有通过。整个野营观光区1.43km^2，其中约30hm^{2}可划为野营帐篷区。

2. 牛头山观光野营区

牛头山（含南侧天马山半岛）海拔58～48m，山上地势平缓，植被受自然灾害影响（台风）不是很好，以木麻黄为主，少量灌木、杂草，现开始人工种植相思树和其他观赏树种。牛头山是俯瞰整个火山地质核心景区火山口的最好场地，也是观海、观东海日出的较好场地。在加强绿化后是很好的观光野营区。用地总面积约0.6km^2，其中帐篷区15hm^2。

3. 烟墩山整尾观光野营区

（1）烟墩山隔海分别与香山、林进屿遥遥相对，构成相当壮观的海上立体景观。烟墩山是由两座高程几乎相等的山峰构成，最新测得高程分别是83.8m和83.9m，山坡不算很陡，植被较好，尚有一些动人的故事流传民间，不失为登高观光的好去处，山坡也是较好的野营地，规划野营观光地面积为2.12km^2，其中帐篷区50hm^2。

（2）后蔡湾半岛，地形平缓，端部整尾为低丘，高程40～50m，三面有水伸入海中，东侧是火山熔岩石滩和岗寮天然岩画，是很好的观光地和观光中转地。但需特别加强绿化美化，增大绿地覆盖率，营造观光野营环境。

（八）接待服务区

作为附属功能，在下一章景点景区规划中介绍。

（1）牛头山游客接待中心（含地质公园龙海管理中心）；

（2）崎沙游客接待中心；

（3）烟墩山游客接待中心（含地质公园漳浦管理中心）；

（4）前湖接待区。

（九）农渔观光区

1. 规划原则

（1）将传统的种植业、养殖业，逐步调整到适宜旅游观光的农渔业；

（2）地质景点景区、休闲游览区、居住区、防护林区和一、二级保护区以外的用地、水域，凡适宜的，都可划为农渔业观光区；

（3）垂钓、采摘等旅游活动包括在农渔业观光中安排；

（4）农渔业观光区区划，尽可能考虑与行政区划相结合。

2. 农渔观光区具体区划有以下9个园区，规划简况见第四章和第十三章。

（1）隆教农业观光区；

（2）白塘农业观光园；

（3）镇海农业观光园；

（4）江口湾渔业观光园；

（5）前亭农业观光区；

（6）后蔡农渔业观光园；

（7）整尾农渔业观光园；

（8）前湖农业观光区；

（9）鱼鳞石林果采摘园。

（十）居民点

随着国家地质公园的逐步实施，现有居民，将逐步转为从事公园的绿化环境建设、资源保护、农渔业观光、旅游服务等，分散的居民点也将逐步集中到如下几个居民小区，具体规划见第十三章居民社会调控规划。

（1）镇海居民小区；

（2）红星居民小区；

（3）新厝居民小区；

（4）白塘居民小区；

（5）田中央居民小区；

（6）桥仔头居民小区；

（7）整尾居民点、后蔡居民点；

（8）前湖居民区。

第四节　地质公园功能区划用地简表

由表5-2-3可知，海域面积为69.3km^2（含岸边潮间带），陆、海域面积总计为100km^2。

漳州滨海火山地质公园功能区划用地简表　　表5-2-3

功能区名称	总面积（hm^2）	功能分区名称	面积（km^2）	备　注
火山地质地貌核心区	30（1.0%）	牛头山火山口遗址	10	
		南碇岛火山石柱林景观	10（30）	
		整尾岗寮火山岩壁画	10	
		前湖海底森林遗址		主景区外
		鱼鳞石火山岩石柱林		主景区外
地质游览区	212（6.9%）	旗尾山及火山熔岩石滩	137	
		牛头山火山岩石滩	15	含火山口
		林进屿火山熔岩景观	25	
		烟墩山岬角火山风化岩滩	20	
		整尾潮间带岩石滩	15	含岩壁画
史迹游览区	43（1.4%）	镇海卫城堡	43	
滨海海湾休闲区	218（7.1%）	隆教湾休闲游览区	85	
		白塘湾休闲游览区	28	
		后蔡湾休闲游览区	50	
		湖前湾休闲游览区	55	
野营观光区	415（13.5%）	牛头山观光野营区	60	
		香山观光野营区	143	
		烟墩山观光野营区	212	
接待服务区	98（3.2%）	牛头山游客接待中心	16	
		崎沙游客接待中心	50	
		烟墩山游客接待中心	32	
		前湖接待区		主景区外
农渔业观光区	1586（51.7%）	隆教农业观光区	232	
		江口湾渔业观光园	168	
		前亭农业观光区	656	
		镇海农业观光园	96	
		白塘农业观光园	96	
		后蔡农渔观光园	133	含后蔡居民点
		整尾农渔业观光园	205	含进尾居民点
		前湖农业观光园		主景区外

续表

功能区名称	总面积（hm^2）	功能分区名称	面积（km^2）	备　注
居住区（居民点）	212 (6.9%)	镇海居民小区	28	
		红星居民小区	34	
		新厝居民小区	43	
		白塘居民小区	22	
		桥头仔居民小区	45	
		田中央居民小区	40	
		前湖居民区		主景区外
沿海防护林	256 (8.3%)	隆教湾防护林	70	
		白塘湾防护林	46	
		湖前湾防护林	30	
		江口湾防护林	45	
		后蔡湾防护林	65	
合计	3070(100%)			

第四章　旅游景点与景区规划

第一节　景点景区规划原则

（一）景点景区规划应遵守的原则

（1）突出火山地质地貌主题。景点必须以火山地质遗迹自然景观为主，突出科技情趣、自然野味。

（2）充分利用规划范围内的已有人文历史遗产（如镇海卫），有利于游客增加旅游兴趣，丰富科学历史文化知识。

(3) 不在地质景区内设置大型人造景点，确有必要的小型人造景点，应以不破坏自然景观并与总体相协调为前提条件。

(4) 景点景区布局有利于安排游客活动、旅游线路以及景点景区管理，不同功能邻近景区可以统一布局规划。

（5）适当考虑不同行政区划的景点布局平衡。

（6）有利于促进当地农渔业向观光产业发展。

（二）景点景区规划布局

根据上述原则，将本地质公园范围内用地综合为 9 个景区：香山牛头山景区、林进屿南碇岛及海上观光区、烟墩山—鳌尾景区、镇海卫城堡景区、隆教湾休闲游览区、隆教农业观光区、前亭农业渔业观光区、鱼鳞石玄武岩石柱林景区、前湖湾景区。

其中香山牛头山景区是本地质公园的中心区，火山口地貌在本区内；观光游览海上两个火山岛从本区出发最近；还有沙滩、山丘林木、腹地等旅游资源比较集中。烟墩山鳌尾景区是本地质公园的次中心，有两处火山熔岩石滩和火山熔岩风化后形成的天然壁画，被称为“皇后乳”的烟墩山烟楼山玄武岩熔岩锥，山势优美，山前有后蔡湾沙滩等旅游资源相对集中。

香山牛头山景区，烟墩山鳌尾景区，加上两个火山岛，在海上构成三足鼎立的布局。成为名副其实的滨海火山地质公园。

此外在东侧安排一个人文景点镇海城堡、一个休闲度假胜地隆教湾沙滩休闲游览区，作为地质公园的辅助景区。

在这些景区周边是隆教乡、前亭镇所属的几个村的农田、养殖场、山坡林地，是地质公园的自然保护地，规划建议逐步转化为农渔业观光园。其中分散的村落逐步集中到几个较大居民区（点），详见第十三章居民社会调控规划。

考虑多种因素，本地质公园还包括两个远离主景区的地质景点：一是火山熔岩鱼鳞石和石柱林，另一是前湖湾潮间带森林化石。两处距牛头山火山口直线距离均为18km（两处用地面积暂没计算在主景区中），在规划旅游线路时应作为地质公园的地质景点。

以下各节对9个区的规划要点和主要景点、旅游设施分别作出安排。

第二节　香山牛头山景区规划

（一）规划要点

本景区是漳州滨海火山地质公园的中心景区。定位为火山地质综合观光景区，除包括火山口、熔岩石滩等地质遗迹外，还包括牛头山野营观光区、香山野营观光区、白塘湾（含湖前湾）沙滩休闲区，总面积约5.6km^2。主要景点是：海底（潮间带）火山口、石滩熔岩、“西瓜皮构造”、火山地质博物馆、牛头山野营区、香山野营区、崎沙游客接待中心、游览码头、白塘农业观光园等。

（二）主要景观及旅游设施

考虑本景区虽属一个地质景观区，由于分属两个行政区，为便于管理，规划还是按两个观光区、一个休闲区布局安排旅游设施。

1. 香山野营观光区

香山是海拔74m的小丘，南部伸入海中形成半岛，是距林进屿最近的岸边区，岸边为岩石，适宜建筑码头。山上宜野营观光，北部腹地适宜休闲。规划的主要旅游设施为：

（1）火山地质公园标志物。可用招标方式征集方案，但必须满足与环境协调、粗犷、非人造材料三大原则。规划建议可用不同形态的天然火山岩组成的大型石雕。标志物设在近旅游码头的坡顶上。周边广场安排为火山石足部按摩场。

（2）火山地质博物馆。分室外、室内两个展区。在香山设室内展区，用声光电高新技术展示火山孕育、形成、喷发、熔岩流淌、凝固成岩石的过程，展示其科学奥秘；用图片展示中国和世界各地火山地质地貌奇异景观。博物馆内还有科学报告厅、学术研讨室等。室外展区设在牛头山。

（3）游览码头。香山是整个滨海火山地质公园进入林进屿、观光南碇岛地质景观最理想的出发点。规划建议在不破坏地质地貌的前提下，安排为观光游艇停泊、轮渡为主的旅游码头。规模按停泊线不小于500m，日上下游客最大通过量为5000人，安排相应的陆地、水域设施，详细规划设计另行安排。

（4）野营观光区。香山半岛山顶地势平缓、视野开阔，适合安排野营观光。总面积143hm^2，规划建议进一步营造绿色景观环境，种植适宜的乔木林（不宜搞城市园林），树种包括速生树、观赏树和长寿树，为建立野营帐篷区创造环境条件（帐篷区面积约30hm^2）。野营观光区内设宽0.8～1.5m的步道，用天然石材铺砌。

（5）崎沙综合接待区。在香山北腹地与田中央村之间用地，约50hm^2，规划为野营、出海、上岛观光服务的基地。由省级公路210漳云线从东部经田中央进入香山、烟墩山野营观光的必经之口。综合接待区，作为地质公园漳浦管区的集散地。主要安排项目有：中等水平的住宿设施（如青年旅馆、汽车旅馆等）、停车场、旅游咨询、餐饮、娱乐、商业服务等。

2. 牛头山观光区

观光路线是，从牛头山东入石滩，观海中火山口和石滩奇景、欣赏微观地质现象“西瓜皮构造”、上天马山入野营区。其主要景点、旅游设施为：

（1）牛头山游客接待中心。位于牛头山

与白塘村之间，其主要设施是门区、停车场、咨询服务、购物餐饮、小型游乐设施、盥洗卫生间、急救等。地质公园龙海管理中心在本区内。接待区总面积 $15hm^2$。

（2）火山地质公园标志物。要与香山地质公园标志构思上有联系，又有区别：主题都是火山地质公园；不同点是香山标志大而粗犷，而牛头山的相对小而精致。地点设在牛头山顶开阔地块。可招标征集方案。

（3）火山地质博物馆室外展场。室外部分主要展示各地丰富奇异的火山岩标本。展场内参观步道铺设为火山石足底按摩路。

（4）石滩上的观赏栈道。由于石滩上游客步行非常困难，加上稍有涨潮，便无法通过，规划建议就地取石铺步行栈道，从牛头山入滩，穿石滩到"西瓜皮构造"前，步行栈道长约800m，宽0.8～1.2m，稍高出平均高潮位即可，以保证大部分时间游客均能通过。此外，"西瓜皮构造"周边均应设保护护栏和其他防止破坏的措施。

（5）山上（天马山——牛头山）平缓，为野营观光区。总面积 $60hm^2$。防护林后，营造适宜的观赏林（原有长寿林木尽可能保留），林中设卵石、块石铺砌（不用水泥）的观光步行小道（宽小于1m）；开辟为野营观光区。在人工林（包括将要种植的多品种林）中适当安排野营帐篷区（帐篷区面积约 $15hm^2$）和辅助设施；马头山顶设观海亭（观日出亭）一座。

3．白塘湾沙滩休闲区

（1）沙滩游泳场。白塘湾是良好的天然沙滩浴场。据测算最大可容纳1200人同时游泳、嬉水（$100m^2$/人）。为此需要配套的主要设施有：沙滩后侧设更衣淋浴房、厕所、急救室、泳具等租赁服务处，总建筑面积 $300m^2$；沿水边每100m处设救生瞭望亭一处。

（2）休闲别墅区。白塘湾有良好的腹地，规划安排为绿色休闲别墅区，其规划控制指标：建筑密度10%，绿地率80%，建筑层高2层，会所不超过3层。建筑风格：白墙、蓝玻璃、红瓦，立面简洁、明快。室内设施卫生、舒适、方便。

（3）湖前湾沙滩活动区。湖前湾潮间带沙底较陡，出于安全考虑，大部分水边海域不宜游泳。但宜于开展沙滩活动，主要活动有：日光浴、漫步、沙钓、拾贝、听涛、观景、沙雕、游戏、球类活动等。开展这类沙滩活动，除设公共厕所外，一般不需要专门设施，但需专人经常清洁沙滩。

（4）湖前湾高尚别墅区。为低密度绿色浮岛式别墅区，别墅建筑分散在绿林丛中，建筑密度仅为5%，绿色环境是别墅的主题。

4．白塘农业观光园和居民小区

见第十三章。

第三节　林进屿南碇岛及海上观光区规划

（一）林进屿景区规划

1．规划要点

规划定位为以火山地质地貌为主的相对独立的小岛型游览区。岛边设游艇码头，及相应辅助设施，除必要少量景观小品、步行小路、解说指示牌外，不得建设任何永久设施建筑。为增加岛屿的文化内涵，规划建议岛顶修建火山地质公园塔，为本公园的第三个标志。考虑生态保护，每天登岛观光人数控制最多为1000人。

2．主要景观有三类：两种不同特色火山地质遗迹景观和绿色山林。

（1）熔岩石滩景观。潮间带及熔岩石滩占全岛面积的70%，其火山熔岩石滩是林进屿最主要的景观资源，低潮时，人们可直接登岛入滩仔细观赏奇妙而且又壮观的景象：几千万年前火山从喷发到熔岩流淌，形成熔岩流、熔岩湖、气柱，冷却固化成形态各异、似鸟似兽的岩石，从而使游客受到科普教育、陶冶情操、得到精神享受。有条件时用粗木条架设步行观光栈道，道宽 1.0m 左右。各微观景点处需设置解说牌。

（2）火山岩柱状节理石柱林景观。位于岛东部山崖，远看似柱状石林，登上柱头看似蜂窝、鱼鳞。柱下是海浪击石，浪花飞洒，十分壮观。不另修游览小路，设置指示牌、解说牌，指示线路直接蹬石观赏，但必要处需增设安全护栏、开凿石阶石梯。

（3）绿色山林。约 $7hm^2$，山林绿色覆盖率 80% 以上，主要林相为灌木、相思林、杂草。进一步完善林间小道，增设休息平台、石椅、石凳。规划建议逐步增加（更新）适宜生长的观赏树木，为保持生态，每年更新面积不超过总覆盖率的 10%。

3. 主要旅游设施

（1）旅游码头。为上岛观光游客轮渡停泊的旅游码头。规模按停泊线不小于 250m，日上下游客最大通过量为 2000 人，安排相应的设施，详细规划设计另行安排。

（2）小型商业服务点。一处设在旅游码头区，与码头设计统一安排；另一处设在山顶附近，主要经营饮料、小食品、纪念品、导游资料等。

（3）漳州滨海火山国家地质公园建园纪念塔。塔高 21m（象征 21 世纪第一年开始建立），用火山岩砌筑，共 7 层，下 3 层可供游客登高，用于观海和俯视火山地质公园全貌，同时也丰富林进屿的景观，成为该岛的标志。塔壁适当位置刻有记载本地质公园建立、建设的全过程碑文。该塔建于全岛最高处。

（二）南碇岛景区

1. 规划要点

南碇岛为本地质公园的核心地质地貌区，又由于地处离陆岸较远的大海中，火山岩石柱群岸壁陡峭，登岛难度极大，只能借船观光。规划建议弄清南碇岛周边海域暗礁并清除暗礁，开辟环岛观光游线。包括环岛航线和小岛在内总面积约 $3km^2$。

2. 主要旅游设施

设立环岛航标，及必要的救护设施，以保证绕岛观光游船（游艇）和游客安全。

（三）海上观光娱乐区规划

1. 规划要点

根据海岸地貌（沙滩或石滩）、潮间带底坡、近岸海底地形地貌及水域陆域现状，将本地质公园范围内的近岸海面划分为如下几个观光游乐区。考虑到旅游活动的安全，一般情况下各海区内活动互不干扰，特别是游泳区内不得开展其他水上运动；海上观光区，除观光游艇外，其他水上运动、活动的船、艇均不得入内；水上运动区必须在指定范围内开展，不得突破。海上各区的范围有明显界线标志；游泳区浅水、深水交界设界线标志，游泳区外侧设拦网、浮台（供泳客休息兼作救生员瞭望台）等。水上运动区均应选择合适的近岸区，设立船、艇停泊港湾（天然或人工的）。码头和停泊设施见本章其他相关各节。

2. 海上观光游乐分区

（1）隆教湾游泳区，沙滩岸线外至 200 ~ 500m。

（2）白塘湾游泳区，沙滩岸线外至 150 ~ 300m。

（3）湖前湾水上运动区，岸线外 2500m 内。

（4）后蔡湾水上活动区，岸线外 2500m 内。

（5）江口湾、林进屿、南碇岛海上观光区，香山码头至林进屿、南碇岛一线 9km，总宽约 2000m 内。

（6）前湖湾游泳区。

第四节　烟墩山—整尾景区规划

（一）规划要点

是本地质公园次中心景区，定位为火

山地质观光休闲区。包括整尾岗寮火山岩壁画、石滩观光区；烟楼山岬角火山风化岩龟背石（金钱石）石滩观光区；后蔡湾休闲游览区；烟墩山野营区、岗寮野营区、烟墩山游客接待中心等。此外规划还安排整尾农渔业观光园。

（二）火山岩石滩景区及旅游设施

1. 整尾岗寮火山石壁岩画、石滩

主要旅游设施是在潮间带的石滩中铺设步行栈道，栈道宽 1.2 ～ 1.5m，略高出平均高潮位，以方便游客在非特大潮时均可观赏石壁岩画。栈道结构可就地取石垒筑或架空竹木栈道，根据条件确定。在岗寮村附近安排为参观的门区：是进入岗寮天然岩画、火山熔岩石滩参观的必经之地，进入石滩的票房、管理、停车、服务等辅助设施，均安排在此地。规划特别建议要立即整顿环境，绿化美化。以上规划占地总面积 15hm^2。

2. 烟楼山岬角火山熔岩石滩

为火山熔岩球形风化，形似龟背、古钱币。由导游引导，游客可直接进入观光。

（三）野营观光区

烟墩山野营观光区。包括烟楼山、烟墩山、尖山、后亭山等，总面积为 212hm^2，是本地质公园规划的三处山丘半岛型野营观光区（牛头山、香山、烟墩山）之一。规划建议山上山坡除加强绿化、增加适宜观赏林木、设林间步道外，不安排任何人工建筑物。两山（烟楼山、烟墩山）之间坡地有火山岩出露，可适当清理出来，形成露天火山地质科普基地；烟墩山西坡开辟为帐篷野营区（面积约 50hm^2）。

（四）烟墩山接待中心

位于烟墩山北、后陈村南、江口村西坡地，规划建议安排项目：游客接待中心、绿色别墅宾馆、生态绿荫停车场、餐饮、康乐服务、购物等。地质公园漳浦管理中心设在本用地范围内。规划要求不建大体量建筑，控制建筑密度不大于 10%，绿地率大于 80%。尽量保护和营造良好的绿色生态环境。

（五）后蔡湾观光休闲游览区

1. 沙滩活动区

后蔡湾潮间带沙底较陡，出于安全考虑，大部分水边海域不宜游泳。由于沙质细而密实，宜于开展沙滩活动，主要活动有：拖曳伞、越野车、滑翔翼；海上可开展竞速类运动，如快艇、滑水等。为开展这些活动，规划建议在烟墩山岬角前南侧设立快艇码头和停泊区。详细规划设计另行安排。

2. 休闲游览区

位于烟墩山、岗寮之间的后蔡湾防护林后腹地，面积 50hm^2 的林带，地面高程 8 ～ 15m。规划建议安排为林间度假小屋，建筑密度不超过 5%。

（六）后蔡、整尾农渔业观光园

1. 渔业现况

整尾、后蔡渔业均很发达，包括远海捕捞和近海（湾）养殖，其中养殖以对虾、青蟹为主，还有网笼（箱）养殖石斑鱼、真鲷幼体等。

2. 规划建议

在整尾利用网箱养殖开辟垂钓区，结合当地实际，建立小型水簇馆、科普馆、渔村鱼餐馆等，以丰富观光度假活动。

第五节　镇海卫城堡景区规划

（一）规划要点

1. 规划定位

作为地质公园的一个辅助人文观光景区。

2. 总体安排

对城墙、城门进行整修，在城墙上整修出步行观光小道，为游客观城、观海提供方便；对城内有观瞻意义的祠庙亭碑进行整理（不搞复制），迁出居民，对外开放；将古城堡与火山地质遗迹旗尾山熔岩石滩作为一个景区，按一条旅游线路对外开放观光；选择合适古民房、军营房改造为接待游客住房。

（二）镇海卫城堡保护规划

（1）镇海城堡全面积约 43hm^2，定为二级保护区。

（2）对古城堡及古建筑，在不新建、不复制的原则下，对危险城体、古建筑适当加固，以确保安全。

（3）在古城堡内，不搞现代建筑，新建筑限高 3 层，一律不贴外墙瓷砖。

（4）不在古城堡内，再安排民宅，原有民居，逐步改为接待客房。

（5）保护现存所有古树，所有荒地、边角地、庭院均尽可能种长寿树种。

（6）对旧街道适当整治，恢复原条石、石块路。

（三）旗尾山及其火山熔岩石滩

总面积 137hm^2，其山和滩均是火山熔岩地貌，是相对独立的地质景区。规划安排：

（1）修通从城堡至旗尾山、火山岩石滩的步行观光路，步道就地取材，就势而铺，不用或少用水泥。根据第九章解说规划，设置标志牌、指示牌、说明牌。

（2）旗尾山又称镇海角，镇海角与台湾省浊水溪的连线为东海与南海的分界线，规划建议在山顶建设“界线塔”（或“界线亭”），作为东海与南海的分界标志。可吸引游客登塔远眺观望大海。

（3）火山熔岩石滩、旗尾山及沿海 200 ~ 300m 一带为一级保护区，旗尾山和沿海保护带均为绿色林地，林地覆盖率不小于 90%。

（四）镇海居民小区调整规划

（1）在城堡西侧，安排新居民小区，安置从城堡内迁出的居民。

（2）按本规划，关头村向镇海集中的居民，亦安排在城堡西侧新居民小区。

（3）镇海居民小区规划最终规模为 28hm^2，安置 5000 人，近期为 3000 人。

第六节　隆教湾休闲游览区规划

（一）规划要点

隆教湾沙滩平缓、沙净细软；其前水面平静宽广，是理想的天然海滨浴场。滩后腹地是沿海防护林带和宽阔平坦可利用的土地，适宜建设度假村或休疗养基地。规划确认为地质公园的最大的滨海休闲游览区和大众沙滩浴场。

（二）隆教湾滨海沙滩浴场

据测算最大可容纳 2000 人同时游泳嬉水（100m^2／人）。为此需要配套的主要设施有：沙滩后侧设更衣淋浴房，厕所、急救室、泳具等租赁服务处，总建筑面积约 500m^2；沿水边每 100 ~ 200m 设救生瞭望亭一个。

（三）隆教湾休闲游览区

规划总面积 85hm^2，安排为绿色别墅区，其规划控制指标：建筑密度 10%，绿地率 80%，建筑层高 2 层，会所不超过 3 层。建筑风格：白墙、蓝玻璃、红瓦，立面简洁、明快。室内设施卫生、舒适、方便。

第七节　隆教湾农业观光区及居民点

（一）规划要点

地质公园用地均在现状公路以南，隆教乡界内，镇海、白塘已有安排，规划建议设立红星居民小区和新厝居民小区，其余分散的自然村集中到该两居民小区内。规划将隆教湾休闲游览区以外用地安排为隆教湾农业观光区。

（二）具体安排

详见第十三章，居民社会调控规划。

第八节　前亭农业渔业观光区及居民点

（一）规划要点

地质公园前亭镇地界内居民点过于分散，影响景观，规划建议设立两个居民小区，田中央、桥仔头，其他居民点向该两个居民小区集中。根据地段分布，建立两个渔业观光区和两个农业观光园：江口湾渔业观光园、后蔡农渔业观光园（后蔡居民点暂保留）、前亭农业观光区。

（二）农渔业观光区

1. 前亭镇的渔业养殖十分发达，主要养殖品种有：对虾、青蟹、牡蛎等。主要分布在江口湾（内），本规划建议逐步建成为江口湾渔业观光园，渔民在养殖作业的同时，提供参观、垂钓、鱼宴等旅游服务。

2. 在地质公园设立后，前亭镇范围从事农业的村调整集中为田中央和桥仔头两大居民小区。原有主要农产品有水稻、花生、芦笋、剑麻、甘薯等。在地质公园建立后，劳动力将逐步转移到旅游服务、营造绿色环境中来，农业逐步向果园、苗圃、观光型农业转变。

（三）其他安排

详见第十三章。

第九节　鱼鳞石石柱林景区规划

（一）规划要点

将该景区主景区西 18km 处，规划为独立景区。可作为地质公园的一个独立参观点。包括 5 个景点：鱼鳞石景点、火山岩石柱林、林果采摘园（木瓜园等）、花岗岩石蛋景观、台山湖。景区范围待定，估计面积约 7.5km^2。规划建议设立一小型接待处，包括票房、购物餐饮、管理服务等。

（二）详细景点规划（另行安排）

第十节　前湖湾景区规划

（一）规划要点

该景区位于主景区南侧 18km 海滨，规划为独立景区。作为地质公园的一个独立参观点。主要旅游资源是：皇帝城玄武岩遗迹、海底森林遗迹、沿海沙滩。对海底森林遗迹按特级保护；皇城玄武岩遗迹按基本保护区保护。沿海沙滩：北部安排沙滩游泳场、南部安排沙滩运动项目。由于赤湖镇在全县产业布局中安排为集中污染工业区，加强对污染的防治和监控十分重要，以防对海水、沙滩的污染，保证旅游业持续发展。

（二）详细景点规划

本景区是地质公园的独立景区，属赤湖镇管辖，可作为赤湖镇众多旅游景点的一部分，纳入赤湖镇旅游业总体规划中统一考虑。

第十一节　漳州滨海火山地质公园规划用地汇总表

由表 5-2-4 可知，海域总面积为 69.30km^2，海、陆域面积总计为 100km^2。

漳州滨海火山地质公园规划用地汇总表　　　　**表 5-2-4**

规划用地名称	面积（hm^2）	比例（%）	备注
香山牛头山景区	561	18.3	
林进屿南碇岛及海上观光区	55	1.8	
烟墩山—鳖尾景区	777	25.3	
镇海卫城堡景区	304	9.9	
隆教湾疗养区	155	5.0	
隆教农业观光区	309	10.1	
前亭农业渔业观光区	909	29.6	
小计	3070	100	
前湖湾观光游乐区	约 950		未计入
鱼鳞石火山石柱林景区	约 750		未计入

第五章 环境容量与游客分析

第一节 确定合理环境容量应遵循的原则

所谓环境容量是指旅游的承载能力。合理环境容量必须符合如下原则：

(1) 旅游活动中，在保护旅游资源质量不下降和生态环境不退化的条件下，取得最佳经济效益的要求。

(2) 合理环境容量还应满足游客的舒适、安全、卫生、方便等需要。

第二节 环境容量测算

(一) 基本指标

本规划参照国内外环境容量的各类不同指标，结合漳州滨海火山地质公园实际，提出如下几个具体指标，作为本规划的基本计算指标。

(1) 山场林地、防护林地：250～500m²/人；山林野营：500～1000 m²/人。

(2) 火山熔岩石滩地：250～500 m²/人；火山熔岩风化（球形风化）石地：500～1000 m²/人。

(3) 海滨沙滩浴场（以可供游客活动的沙滩面积计）：50～100 m²/人；沙滩活动区：200～500 m²/人。

(4) 林间小道、石滩栈道（宽≤1.5m）以延长米计：5～10m/人。

(5) 水上运动（按每艘船或快艇占海上水面的面积计）：5000～10000m²/艘。

(6) 接待区、旅游住宿地：建筑密度小于10%～15%；绿地率大于70%～80%；接待过夜的游客数量按总建筑面积50～100m²/人估计。

(7) 居民点，建筑密度小于25%～35%；绿地率大于60%～70%；按人口占地面积70～100 m²/人计算。

(二) 主要景区景点环境容量测算（表5-2-5、表5-2-6）

火山地质公园主要景区景点环境容量（最大旅游承载力）表　　表5-2-5

景区景点名称		空间面积（hm²）	基本指标（m²/人）	瞬时容量（人）	全天总量（人）
香山观光区	香山观光区	113	1000	1130	1130
	香山野营帐篷区	30	1000	300	住300
	游览码头	渡船2艘	200人/艘	400	2000
牛头山观光区	牛头山观光区	45	1000	450	450
	石滩栈道观赏	800m	5m/人	160	800
	牛头山帐篷区	15	1000	150	住150
	白塘湾浴场	12	100	1200	1200
	湖前湾沙滩	10	200	500	1000
海岛观光	林进屿景区	25	500	500	1000
	南碇岛海上观光	游艇2艘	100人/艘	100	600
烟墩山整尾景区	烟墩山观光区	162	1000	1620	1620
	烟墩山帐篷区	50	1000	500	住500
	岗寮观岩画栈道	300m	5m/人	60	300
	后蔡湾沙滩活动	15	250	600	600
隆教	隆教湾沙滩	20	100	2000	2000
镇海	城堡游览区	43			住200
	旗尾山石滩	137	1000	1370	1370

火山地质公园主要景区景点环境容量（控制建筑面积）表　　表 5-2-6

景区景点名称		空间面积（hm^2）	控制容积率（%）	允许最大建筑面积（m^2）	床位数（个）
香山观光区	崎沙接待中心	50	10%	50000	1000
牛头山观光区	白塘湾别墅区	28	建筑 10%	28000	280
	前湖湾别墅区	55	建筑 5%	28000	280
烟墩山整尾景区	烟墩山接待中心	32	建筑 10%	32000	320
	后蔡湾休闲区	50	建筑 2%	10000	250
隆教	隆教休闲游览区	85	建筑 5%	42500	425
住宿建筑总面积控制				190500	2380

（三）小结

（1）接待观光、游泳、沙滩活动，总人数最高日为 12400 人，全年按 200 天计算最高能接待 248 万；其中龙海、漳浦大体各占一半。

（2）按床位数计算，接待过夜游客 3700 人，其中帐篷为 950 人，全年帐篷按 100 天计，其他按 300 天计，总计可接待过夜游客 92 万人。其中隆教占 40%。

第三节　旅游客源分析

（一）旅游客源现状

由于漳州国家地质公园尚未正式开放，国内尚没有类似的地质公园游客统计资料，准确预测客源有一定难度。只能从现状分析，低调预估未来市场。

（1）隆教湾旅游区建立以来，游客不断，主要是厦门和漳州、本市游客，最高日游客量曾超过 2000 人次。

（2）有资料统计，漳浦县近年的游客已超过 300 万人次；在一个旅游黄金周内到漳州来的厦门游客曾达到 50 多万人次。

（二）旅游客源前景预估

1. 一级市场

漳州和厦门。

（1）首先吸引的可能是漳州市范围的居民、学生、职工。按国内专家测算，在人均年收入达到 4500 ~ 7000 元时，国内旅游开始进入迸发期。2000 年统计，漳州全市城镇居民可支配收入已经达到 7059 元，农民人均 3530 元。说明城镇居民已经进入旅游迸发期。漳州总人口约 450 万，市区人口 50 万，全市城镇人口约 73 万，在校中学生 50 多万。若按漳州市区人口的 30%、全市中学人数的 30% 一年来一次地质公园估算，为 36 万人次。这一客源大部分来参观游览，一般不会过夜。在与本地质公园相邻的南太武经济开发区的近万职工、即将新建的厦门大学新校区的 3 万师生，都是重要客源。

（2）厦门有城镇居民 59 万人，居民人均可支配收入 9458 元，有强烈外出旅游欲望。陆路车程为 1h，水路需 1.5h 可达地质公园。地质公园对其有较强吸引力。按全年平均至少有 25% 居民来地质公园一次，估计为 15 万人次，其中有 50% 过夜，约 7.5 万人次。

2. 二级市场

包括汕头、泉州、福州及福建省。

（1）汕头市区有 83 万人，居民人均可支配收入 8583 元，泉州有城镇居民 82 万人，居民人均可支配收入 7500 元，有强烈外出旅游欲望。陆路车程约 2 小时。地质公园对其有一定的吸引力。按年平均有 15% 居民来地质公园一次，估算为 25 万人次。其中过夜有 40%，约 10 万人次。

（2）福建省及省内其他城镇居民。福建城镇人口去除厦门、泉州、漳州，总计约 380 万人，居民可支配人均收入 6859 元 。有强烈旅游欲望，距地质公园路车程半天至一天，适合周末度假。按年平均有 7.5%(5% ~ 10%)

居民来地质公园一次，估算为28万人次，其中过夜占50%，为14万人次。

3. 三级市场

国内机会市场，主要是广东、上海、台湾等，暂按10万人考虑，5万人在此过夜。

4. 小结

经上估计游客总计为120万人次，过夜游客为36万人次。高峰日，按平均日的3倍计为10420人，过夜游客为2700人。

第六章　旅游线路规划

根据公园所处的区位，漳州地区所特有的旅游资源相配套及公园本身所具有的旅游功能，制定以下三种类型的旅游线路。

一、跨区域沿海旅游线

（1）北方各地→厦门→集美→鼓浪屿→火山地质公园；

（2）广东各地→汕头→东山（塔屿→海上动物园→东门屿）→菜屿列岛→（窃蛋龙风动石）→火山地质公园。

以上南北两条沿海旅游线的终点，均落脚在火山地质公园，度假一至二天或多日，然后经厦门乘飞机或火车回原地。

二、漳州地区特色旅游线

1. 漳州古文化游

火山地质公园→镇海卫古城堡→赵家堡→二宜楼→土楼群。

2. 漳州宗教文化游

火山地质公园→慈济宫→三平寺→灵通岩→海月岩。

3. 漳州生态游

火山地质公园→龙海九湖镇（农业大观园、百花村、水仙花基地、凤凰山荔枝海）→天柱山国家森林公园→乐土亚热带雨林。

以上3条旅游线路都是在火山地质公园度假中出游，每条旅游线都可灵活调整。

三、火山地质公园度假游

（1）牛头山古火山口→林进屿熔岩湖→南碇岛发状石柱林科普游；

（2）鱼鳞石石柱林→烟墩山熔锥群→岗寮自然画廊→海底森林遗迹、镇海石、船帆石科普游；

（3）白塘湾、隆教湾沙滩游泳嬉水→牛头山火山口→镇海城堡；

（4）后蔡湾、江口湾水上运动；

（5）前湖湾沙滩汽车、摩托车、骑马运动；

（6）江口港、佛昙港、近海垂钓。

第七章　地质遗迹景观保护规划

第一节　保护规划原则

火山地质遗迹景观保护规划遵守下列原则：

1. 分级保护原则

为确保火山地质遗迹景观得到有效保护，而又能提供人们停留游赏，需要规划一定的空间，作为地质公园的范围；在规划范围内，保护的方式和程度，不可能是同一标准，分级保护原则是最可行的形式。

2. 重点保护原则

火山地质遗迹是本地质公园主题，规划必须安排重点保护。

3. 生态保护为先原则

本火山地质遗迹地处海滨，生态环境十分脆弱，很容易受到自然灾害和人为破坏，只有滨海自然生态得到保护，火山地质遗迹才能得到有效保护条件。

4. 持续发展原则

要使火山地质遗迹得到长期有效保护，必须有当地经济支撑，要通过适当安排旅游项目，发展当地经济，促进持续发展。

5. 统筹兼顾原则

第二节 地质遗迹景观保护区的分级

（一）地质遗迹按三级分区进行保护

地质遗迹特级保护区（Ⅰ级保护区）、地质遗迹基本保护区（Ⅱ级保护区）、地质遗迹外围保护区（Ⅲ级保护区）。

此外在公园区外陆地，还设有外围控制区。其具体分级区划和保护内容由下列各条规定。

（二）特级保护区

1. 特级保护范围

（1）牛头山前海底火山口遗址、山前岩壁（含“西瓜皮构造”）、山前石滩；

（2）南碇岛、林进屿；

（3）烟墩山岬角及石滩、整尾（岗寮）岩壁及前石滩；

（4）旗尾山石滩；

（5）鱼鳞石及石柱林。

2. 保护规定

（1）游人不得进入，要进入石滩必须通过栈道；

（2）除在外设立保护围栏外，区内不得搞任何人工设施、建筑；

（3）不得采石；

（4）不得采集、捡拾火山岩石标本。

（三）基本保护区

1. 保护范围

范围包括地质游览区石滩后近海熔岩锥丘陵、平台：

（1）林进屿；

（2）香山；

（3）牛头山、天马山、马头山；

（4）烟墩山、烟楼山，山寮、岗寮、鼻头山（望高山）、外屿、三礁；

（5）旗尾山。

2. 保护规定

（1）基本保护区内除因特别需要，不得建设机动车道；可以安置必需的步行游赏路、相关设施和标志物。

（2）严禁建设与景区无关的设施，可安排临时野营帐篷。

（3）保护区内以绿色生态建设为主，不宜建设城市园林；可引种当地适宜生长的观赏植物；除裸露岩石外，绿地覆盖率达90%以上。

（四）外围保护区

1. 范围

包括除特级保护、基本保护外的本规划全部30.7km^{2}陆地和附近69.3 km^{2}海域。

2. 保护规定

按本规划进行生态保护建设，有序控制与本公园有关的各项建设与设施，并应与风景环境相协调；海域保护区内，不得进行可能造成水体污染的养殖、捕捞活动（作业）；禁止有可能污染水体的船只行驶、作业。

第三节 其他景观保护分级

（一）分级

考虑与地质遗迹保护分级相统一，其他景观也采用三级分类：特级保护区、基本保护区、外围保护区。

（二）其他景观保护分区

1. 特级保护区

与地质遗迹相比，本公园其他景观不设特级区。

2. 基本保护区

（1）范围：①全部海湾沙滩：隆教湾、白塘湾、湖前湾、江口湾、后蔡湾、前湖湾；②沿海全部防风林；③镇海古城堡。

（2）保护规定：①基本保护区内除因特别需要，不得建设机动车道，禁止砍伐树木和放牧等；②可以安置必需的步行游赏路和相关设施（如规划许可的临时更衣、淋浴室）；③严禁建设与景区无关的设施；④保护区内以绿色生态建设为主，不宜建设城市园林，可引种当地适宜生长的观赏植物，除裸露岩石、已有古建外，绿地覆盖率达90%以上。

3. 外围保护区

（1）范围：包括除上述范围外本公园全部用地。

（2）保护规定：按本规划进行生态保护建设，有序控制与本公园有关的各项建设与设施，并应与风景环境相协调；区内原有农业生产不得使用农药（生物农药除外），控制使用化肥。海域保护区内，不得进行可能造成水体污染的养殖、捕捞活动（作业）；禁止有可能污染水体的船只行驶、作业。

第四节　公园区外围控制区

（一）外围控制区范围

大致为公园边界以外至分水线（视线范围内），约 $68km^2$。

（二）控制措施

公园边界视线内的山坡禁止开山采石，已采石场补种林木恢复绿地，因修路或其他建设开挖山坡，必须防止岩体滑坡塌方，恢复绿坡。公园界外 10km 内限止建设污染大气、水体的工业项目。

第八章　绿色生态规划

第一节　绿色环境现状

地质公园规划区内，森林覆盖率为 40% 左右，绿化率为 90% 左右。主要分布于沿海沙滩后防护林带和山丘，主要树种是木麻黄，其次有湿地松、台湾相思、隆缘、柠檬桉等；内陆山丘为经济林，主要树种是龙眼、荔枝、桃等。沿海防护林总体尚可，有些地块受到自然灾害和人为破坏，有些地带不满足国家规定的保护林宽度至少为 200m 的要求。

第二节　规划原则

（一）生态原则

绿化首先满足生态保护要求：原有植被尽可能保留；需更新或更换品种时，应逐步进行，每年更新数量不超过相应数量的 15%；新增绿地以种树、种乔木为主；不建城市园林。

（二）分级原则

按不同绿化覆盖率分级。一级不小于 90%、二级不小于 80%、三级不小于 70%、四级不小于 60%。

（三）景观要求原则

集中的观光区可多种观赏树种。

（四）适宜原则

选择植物品种时，一定要选种适宜当地土质气候条件的品种，保证成活。

（五）经济原则

在不是主要景观区，可引种适合当地的经济林，以增加农民收益。

第三节　绿色生态规划方案

（1）加宽海岸防护林带宽度。带宽 200 ~ 300m。

（2）建立地质公园绿色边界线林带。带宽 100 ~ 200m。

（3）保护现有林地。

（4）规划区内全部荒山荒坡荒滩荒地，均实施绿化。

（5）贫瘠耕地退耕还林。适宜地块改造为观光果园。

（6）下列观光区建立局部观赏林区。香山、牛头山、烟墩山、林进屿山、休闲游览区。

（7）根据不同目的，分别建设速生林、观赏林、经济林、长寿林或混和林。

（8）绿化覆盖率按保护区不同区划分级安排。

第四节　绿色覆盖率分级

（一）一级区

其绿化覆盖率≥ 90%，范围包括：

1. 海岸生态保护区

包括所有海湾沙滩、沙滩后国家划定的沿海岸 200m 防护林带，并考虑到地质公园的特殊性，此保护林建议有条件的地带增加100m，这样海岸保护带宽划定为200～300m。

2. 地质游览区石滩后近海丘陵保护区

包括：①牛头山、天马山、马头山；②香山；③烟墩山；④山寮、岗寮、鼻头山（望高山）；⑤旗尾山。

（二）二级区

其绿化覆盖率≥80%，范围包括：

1. 三个海湾休闲游览区

即隆教湾休闲游览区、白塘湾休闲游览区、后蔡湾休闲游览区。

2. 防护林后其他地区

3. 地质公园边界保护林带

4. 所有宜林荒山坡

（三）三级区

其绿化覆盖率≥70%，范围包括：

1. 所有农业观光区

2. 所有游客接待、服务、娱乐区

（四）四级区

其绿化覆盖率≥60%，范围包括：

1. 所有居民区、居民点

2. 镇海古城堡

第九章　解说规划

第一节　解说规划概况

（一）解说规划目的

1. 科普需要

普及地质科学知识是地质公园的主要功能之一。为了使游客能较深入地理解所见到的地质现象，最好的方式就是在进入公园后先参观火山地质博物馆和游客咨询中心，以获得本公园的火山地质地貌概况。然后在游览中听导游解说或阅读景点前解说牌。为此就需要建立火山地质博物馆和游客咨询中心；对分散在全景区的地质遗迹、景点编写解说词，安排解说牌、编制解说规划。

2. 方便游客

各景点分布在各景区的各处，为方便游客，需在园内各关键点设置指示牌、主要集散点设导游图以及景点名称牌，统一编制解说规划十分必要。

3. 便于管理。

（二）解说规划内容

根据解说规划的目的，其规划内容包括，在游客主要集散地设置导游图；在各车行路、步行道口，转折处设置指示牌；在各景区或景点前设置名称牌、说明牌。对所有图、牌的规格、形式、色彩统一进行安排。其解说词需在详细规划阶段另行编写，此外还需要制作、编印地质公园科普、导游图书、资料、幻灯片及电子读物，这类工作需专门安排，不包括在本规划中。

第二节　解说规划布局

（一）解说机构

专门设立公园旅游解说科，负责整个地质公园解说词的编写审定、导游图的编制、地质公园宣传广告词的审查及整个公园解说工作的业务指导，特别是对火山地质博物馆的指导。解说科还承担公园的火山地质科普工作。解说科除有相应数量的经过培训的解说员外，还应有一定数量的地质专业人员和其他专业、管理人员。

（二）导游图

在所有人流集散地均设置导游图。其中牛头山游客接待中心口、崎沙游客接待中心口、烟墩山游客接待中心口、隆教湾休闲游览区入口、镇海卫古城堡入口均设所在景区导游图；牛头山和香山两处“漳州滨海火山国家地质公园”标志旁以及龙海、漳浦两处地质公园管理中心门前均设置“漳州滨海火山国家地质公园”导游全图，及公园火山地质地貌综合简介碑牌。

（三）景点名称牌、说明牌、标志

在所有景点明显处设置名称牌；所有景点前设置说明牌；在火山地质遗迹有科学价值的点（地质构造、地貌形态、火山现象、典型剖面等）设置科普解释说明牌；博物馆、展览室中的所有展品均设说明牌或说明卡；两管理中心及景区入口处均设置国家地质公园标志。

（四）指示牌

道路交叉口、转折点均按有关道路号志标准设置号志牌和指示牌。在步行路各交叉口均设置到各有关景点景区的指路牌、指示牌。所有车行、步行路均设置路名牌。

进入本地质公园100km范围内的主要道路口均设置指向本公园的指示牌、号志、里程碑。

（五）科普导游图、书、资料、幻灯片及电子读物等

由解说科另行组织专人进行编写、出版、发放或经销，并不断更新，以满足各文化层次的中外游客的需要。

第三节　解说牌制作

（一）解说牌基本要求

（1）解说牌必须有统一的形象设计。统一规格、统一材质、统一色调。

（2）解说牌要与环境协调和谐，材质尽可能用自然石材、原木或其他环保材料。

（3）解说文字简明、科学、易懂，字体规范。

（二）解说牌品种规格

（1）解说牌品种

有6种：公园总体简介碑牌、导游图、景点说明牌（或展品说明卡）、名称牌（景点景区名称或道路名称）、指示牌（指示景点或服务设施）、导游图、交通类指示提示牌。

（2）规格

各品种解说牌规格尺度要与人体尺度相吻合、满足视觉舒适清晰，切忌过大、太小。公园总体简介及导游图按公园入口环境情况确定（另行单项设计）。说明牌尺度为0.5～1.0m，中心高度为1.1～1.5m；名称牌尺度为0.3～0.8m；指示牌尺度为0.20～0.60m，中心高度为1.5～2.0m。（尺度指最小边长，其他边长按黄金分割比例考虑）。

（3）色彩

满足与环境协调、清晰舒适要求。本景区位于海滨，建议采用蓝牌白字为宜。若用原木制作，可刻阴字涂红粉，用木本色刷透明防护漆。若用石材，可刻阴字，保石材本色。

第十章　旅游设施规划

第一节　旅游设施现状分析

（一）对外交通现状

（1）作为旅游区的一个重要旅游设施是对外联系的道路交通。穿过本地质公园的惟一公路是与国道324线、319线、厦漳高速相连的漳云环海线，路况很好，向东可达近在咫尺的南太武经贸协作区的后石工业区和招银经济开发区，招银区已开通“漳厦车客渡码头”，渡船20min即可抵达厦门。

（2）隆教景区旗尾山下的200吨级旅游码头已建成，到厦门的航距仅19海里。

（二）隆教湾海滨休闲游览区

本区已开始启动，一些道路已修至沙滩边缘，景区绿化已经展开，国内某企业在白塘湾腹地建设有数千平方米的接待设施（未投入使用）。1995年曾做过《隆教海滨旅游城总体规划》，好在尚未按该规划进行大规模建设。以大自然为主要旅游资源的区域，建设旅游区，必须尽量保护原有自然生态，应避免城市化。以城市道路网络为中心的“旅游城”格局，破坏了大自然的总体环境，失

去了滨海火山地质公园的价值。对原规划应该调整为以生态建设和地质遗迹保护为主、旅游设施为辅的海滨旅游区。

（三）前亭镇内目前基本没有旅游设施，一切从零开始

第二节　旅游接待设施规划

（一）住宿设施

1．规划原则

（1）充分利用有利的大自然条件，为游客创造清新舒适的度假环境，不追求城市大宾馆豪华气派。

（2）住宿设施布局大分散、小集中，因地制宜安排。

（3）住宿设施标准不求统一，规划根据不同游客要求，安排不同标准客房。

（4）要适应游客数量时间上的不均匀性，住宿设施要有弹性。

（5）要关注现有农舍、渔舍改造成能接待观光的设施。

2．规划要点

根据上述原则，安排四类住宿设施：别墅式休闲度假中心、青年旅馆、野营帐篷及观光农、渔舍。简述如下：

（1）别墅式休闲度假中心。分别安排在隆教湾别墅区、白塘湾别墅区、烟墩山绿色宾馆、后蔡湾绿色小屋。

（2）青年旅馆。有崎沙青年旅馆、镇海卫青年旅馆。

（3）野营帐篷区。有牛头山野营帐篷区、香山野营帐篷区、烟墩山野营帐篷区。

（4）观光农舍、渔舍。以现有及并村后的农、渔居民房舍，保持其地方特色的外观，室内设施要达到接待城市旅客的要求。

（二）餐饮、购物、服务设施

1．餐饮、纪念品、日用品店

在集中住宿地都有相应的餐饮店，客流集散地设饮料、食品店，纪念品、日用品店，主要景区景点有饮料销售点，不详述。

2．票房、咨询、服务。

（1）设票房的地质遗迹参观点主要有：牛头山火山口及石滩“西瓜皮”、林进屿、整尾岗寮石壁岩画和石滩、烟楼山火山风化岩石滩、鱼鳞石和石柱林共5处；参观南碇岛与海上观光游艇一并购票；镇海旗尾山石滩暂免费。

（2）设沙滩浴场、沙滩和水上运动票房，有：隆教湾沙滩浴场、白塘湾沙滩浴场、湖前湾沙滩活动、后蔡湾水上运动、前湖湾沙滩活动共5处。

（三）规划对旅游设施建筑的要求

（1）建筑体量：不宜过大；高度一般控制在2层；防止高密度、城市化倾向。

（2）建筑形式：以闽南民居和欧式别墅两种风格为主；注意同一景区采用一种风格。

（3）建筑设计：要保证结构安全、使用环保型装修材料、适当提高卫生设施标准。

（4）建筑要融于自然，与周边环境和谐协调，古树大树必须保留。

第三节　地质旅游项目策划

（一）火山地质科普娱乐项目策划

火山地质博物馆，是地质公园不可缺少的项目。用以展示火山喷发现象、火山地质地貌形成的科学过程，为人们认识地球、认识自然提供场所。博物馆可分室外、室内两个展区。

室内展区，置于香山北侧。用声光电高新技术展示火山孕育、形成、喷发、熔岩流淌、凝固成岩石的过程，展示其科学奥秘；用图片展示中国和世界各地火山地质地貌奇异景观。一家研究单位策划了如下展示内容。

火山神奇性、火山与火山家族；

世界活火山喷发与火山景观；

火山岩与火山岩石世界；

福建省火山与火山岩；

火山奇观的趣味解析；

火山由来，板块运移与火山，火山与地震；

漳州火山身世与科学故事；

火山与宝藏，重点突出福建紫金山铜金矿与台湾金瓜石金矿；

火山与人类生存（灾害与生态环境）；

火山是研究地球的天然窗口，漳州火山的科学与美学的价值。

室外部分置于牛头山，主要展示各地丰富奇异的火山岩标本。

博物馆分东西两区：东区设在牛头山游客接待中心，以室外展示为主；西区设在香山，以室内展示为主。

（二）地学保健健身项目策划

火山石足部按摩路（场）。摩足路径便是依据中西医原理研制而成。它是人们在凹凸不平的路径上行走，刺激足底穴位，以达到调节全身经络，提高人体内分泌及免疫功能的作用，同时，足底按摩亦能增加足底血液循环，改善脚的组织营养状况，增强人体的新陈代谢，保健效果显著，深受广大游客和体育爱好者的青睐。

规划建议在香山和牛头山各设一处：香山标志物周边广场安排为火山石足底按摩场；牛头山博物馆室外展场参观步道可砌筑为火山石足底按摩道。火山石选择：风化后形成的卵状玄武岩，其粒径为 30 ~ 70mm。

第四节　游览设施系统规划

（一）导游标志规划

游客进入景区后，需要了解景点分布，安排观光线路；更需要了解景点、景物的自然或历史内涵，所以适当地点应安排景点分布图、景点引导指示牌、景点景物说明牌。这就是导游标志规划。详见解说规划。

（二）游览步道栈道规划

为满足游客亲近大自然、近距离观看微观火山地质地貌，规划在一级保护区内安排了观光步道、栈道。这样做既保护地质遗迹和自然生态，又使游客达到体验自然、增长知识、健康身心的目的。

（1）牛头山火山口——“西瓜皮构造”观光栈道。

（2）井岩岗寮火山石壁岩画观光栈道。

（3）林进屿观光栈道、步道。

（4）其他观光步道。牛头山、香山、烟墩山、镇海等景区基本保护区内可设观光步行路。观光路可用石材、沙石、素土、原木砌筑架设，禁用水泥路面。

（三）旅游码头规划

为发挥本地质公园滨海的特点，为游客提供深入海面观光，蹬上林进屿游览，本规划安排 3 个旅游码头、2 个水上运动停泊专用码头（停泊区）。

（1）镇海旅游码头，现已建成。

（2）湖前湾水上运动码头。

（3）香山旅游码头。

（4）后蔡湾水上运动码头。

（5）林进屿旅游码头。

第十一章　基础工程规划

第一节　道路系统规划

（一）对外交通系统规划

（1）空中最近的是厦门高崎机场，从机场经厦漳高速路转漳云沿海线，直达本地质公园只需 1h 车程。

（2）水运已建成直通厦门港的镇海旅游码头，航距仅 19 海里，规划建议在适当时候开通直达厦门的航线；招商局中银漳州经济开发区已开通“漳厦车客渡码头”，渡船 20min 即可抵达厦门，码头至本公园经沿海路不足 20km，路况很好，可开通水陆联运，十分方便。

（3）公路，漳州至厦门、至省内其他各城市的高速公路均已开通，从漳州至本地质公园的漳云线约60km，路况很好，十分畅通。从省内各城市至本地质公园车程均在半天以内。建议尽快将港尾至前亭的路面硬化，缩短漳州至前亭镇各景点的车程距离。

（4）向南，提高漳云线田中央至旧镇段公路等级，使本地质公园能畅通至汕头，车程缩短到2h。

（二）区内交通系统规划

1. 规划指导思想

（1）充分利用漳云线作为联结镇海旅游码头至各景区景点的主要交通线，减少过境客流对地质公园的干扰；漳云线为地质公园界线，两侧各50～100m的绿树。

（2）不采取城市道路网的布局模式（棋盘式、环状放射式等），结合公园地形实际，采用干线直接与支路相连、尽量保护自然原貌。尽可能建成林荫道。

（3）所有集中停车场均建成绿荫生态型停车场，即不建大片水泥板块式停车场，改为有孔砌块、缝中见绿（长草）式路面，并以乔木遮荫，停车在林荫之中。保护区内步行小路均就地取材，禁用水泥路面。

2. 规划方案要点

（1）1号干线（公园路），从镇海向西，经红星小区南侧、穿新厝小区、过白塘小区南侧、到香山。道路红线宽30m，路中10m为绿色林带，两侧为各7m车道、3m步行便道（含树池）。

（2）2号干线（江口湾环路），从江口湾堤、到烟墩山脚、向北到桥仔头、向东沿山脚至田中央、转向南路过崎沙游客接待中心、到香山观光区，可能时修桥接至江口堤。道路红线宽16m，车行道10m，步行道（含树池）各3m。为减少对保护林的破坏，江口堤等路段减为7m车道，林中设步行小道。

（3）主要的支路有：海头路（从镇海公路出口与1号干线相交向南到旅游码头）、隆教滩路、火山口路、香山路（香山至田中央）、烟墩山路、后蔡湾路等。道路红线宽9～12m，车行道5～7m，余为路肩或步道。困难地段可改为路基7m，路面5m。

（4）静态交通。在崎沙游客接待中心、牛头山游客接待中心、烟墩山游客接待中心均设有公众生态停车场，面积为5000～10000m²。此外，在靠近主要景点合适地块设有小型公众停车场，以方便游客就近下客，面积为2000m²左右，位于牛头山东侧、崎沙路口、后蔡湾腹地上等。一些支路端头设有更小的停车点。

（5）步行路。在一级保护区内、野营区内、禁止机动车行驶地块内均设置有步行小路。路宽，根据需要0.8～1.5m，就地取材，不作水泥面。

（6）客运码头（见第十节）

第二节　给水排水规划

（一）供水系统规划

1. 用户需水量的预测

（1）供水人口预测：预测2010年居民（含由农业人口转为服务人口）32000人、黄金旅游日住宿2700～3700人，非过夜游客10420～15600人。

（2）高峰日需水量预测（表5-2-7）。

高峰日需水量预测总表　　**表5-2-7**

类　别	定额（L/d）	用户人数	最大日用水量（m³）	备　注
固定居民	250	32000	8000	
住宿游客	500	3700	1850	
观光游客	50	15600	780	
总计			10630	

(3) 用水量预测结论：最大日用水总量为10630m^3，全年需水量200万m^3，设备供水能力按12000m^3/d规划安排。

2. 水源分析和规划

原《隆教海滨旅游城规划》选择前线水库引水处理后统一输送到各用水点是合理的；远期由龙海市统一规划的水厂送水。

3. 供水管网规划

供水管沿规划道路干线、支路送至各用户。

(二) 排水系统规划

1. 排水系统选择

为保护海滨环境，采取雨、污分流排水体制。

2. 排洪防潮方式选择

地质公园近海雨水有条件直接入海。防风暴潮应给予重视，建筑地面应高于50年一遇的潮位以上。

第三节 防灾抗灾规划

(一) 风暴潮灾害分析

地质公园属于南亚热带海洋性气候。一年划分为旱、雨两季，4～9月为雨季，也是台风季节。台风每年平均有4～6次，最大风力为12级，最大风速为17m/s。台风带来强风暴雨和洪水泛滥。

海潮多年来月平均高潮位为1.79m，低潮位为-0.8m，最大平均潮差为2.59m。极限潮位-0.1～7.8m，沿海高程3～4m，地面易受到海潮威胁。

(二) 地质灾害分析

新第三纪末以来，由于喜马拉雅运动的波及，致使福建沿海一带的地壳发生以抬升为主的升降运动。在地壳频繁升降过程中，产生一系列北东向、北西向、东西向断裂带，其中有两条北东向活动断裂对地质公园影响最大。长乐—南澳深断裂带（F1）位于地质公园以西；镇海—深土断裂（F6）直接穿越地质公园。第四纪以来该组断裂带强烈活动，穿越沿海红土台地和滨海阶地带，控制了海岸基本形态。漳浦县沿海的整尾半岛、六鳌半岛、古雷半岛以及东山岛，受其控制而形成一系列断陷小盆地。F1还控制着地震及温泉的分布。自公元886年至1975年，全福建省地震共有965次，70%发生在F1断裂带上。最大的一次是1604年泉州海外的8级地震（烈度达10度以上）；1445年漳州发生6级地震（烈度8度）。因此，漳州一带地震烈度被划为7度，震源深度为15～30km，属于浅源地震次不稳定地区。在地震作用下，有些地方可能会产生沙土液化，危及建筑物的安全。

地壳的升降运动和气候变暖直接影响着海平面的变化。近百年来海平面上升10～23cm。21世纪的海平面推测可能上升20～140cm，甚至有人估计将升高1～4m。东山的沃角原在海边搭的旧戏台，现已被海水淹没；原有的墓碑也被海沙埋了半截。

(三) 规划项目防止风暴潮和地质灾害措施

(1) 建立台风预报机制，防止突发性灾害事件对游人的伤害；

(2) 在海滨多处设立潮汐预报信息公告牌；

(3) 建立海上救护机构，确保游人安全；

(4) 建筑用地都要建在风暴潮位以上，即海拔5m以上，沿海建筑物内地面标高提到海拔7m以上；

(5) 各项工程建设应采取防震抗震措施，要经得起烈度7度的地震。

(四) 火山地质景点防止海蚀风化措施

滨海火山地貌形成以来，经一百多万年海水和海浪的冲刷浸蚀，其变化是缓慢的。所以，在开发建设中，对各景点的保护措施是保持其自然状态，地质遗迹Ⅰ级、Ⅱ级保护的景点要架设专门木板栈道，供游人使用观赏，防范游人的直接脚踏和破坏。

球状风化的火山岩景点，自然破坏的速度较快，如牛头山“西瓜皮构造”旁侧的“天生桥”，2000年还存在，2001年坍塌了；岗寮自然画廊的山体已很薄，当务之急是在自然画廊的山坡上广植乔木和灌木，保持水土，减缓风化剥落的速度，禁止游人进入。

第四节　供电能源、通信规划

（一）能源结构规划

地质公园规划区内提倡用电、燃气；居民禁烧木材，少用煤，多用气；企业、事业、机关禁用煤。

（二）供电系统规划

1. 用电量的预测（表5-2-8）

市政公建用电，按以上直接计算量的100%计算，为21260kW。规划总用电量为41520kW。

2. 供电网规划

在前亭、隆教两个分区各设110kV/10kV变电站一座，供电出线电压等级为10kV，电力线路用地沟暗敷，送至各中压配电网站（开闭所）380kV送至用户。

（三）通讯系统规划

1. 通讯容量预测

固定电话用户按居民数和固定客房床位数总和的60%计算。居民数32000人，客房床位2555张，总计电话数为20000门。

2. 通讯线路规划

（1）前亭、隆教各设一个电信分局，容量各10000门，向各景区辐射配线，配线系统采用电缆交接箱一次交接的电缆配线网，话缆线沿道路人行道下预埋PVC管道敷设。

（2）为满足用户对未来信息的需求，建立宽带网是必要的，建议纳入福建省宽带网统一规划内。

第十二章　环境保护规划

一、环境状况

从现有资料分析可得出结论：地质公园规划区范围内大气质量是好的，基本上达到国家大气质量一级标准；地质公园滨海海面，受农田化肥、农药的面污染，养殖场排泄污染，但污染甚微，海水水质除无机氮稍高于一类海水水质标准外，其他均小于海水一类标准。

二、环境保护规划原则

1. 可持续发展原则

良好的自然环境是本地质公园赖以存在的基本条件，不能因开发过度造成大气、石滩、沙滩、山丘、林木、海水甚至地质遗迹的污染、破坏，从而失去地质公园能继续接待观光的价值。开发旅游的同时，应采取保护措施，使地质公园能长期存在下去，为子孙后代造福。

2. 科学原则

沿海地区人口密度较大（达到1000人/km^2），滨海生态环境十分脆弱，要科学地处理好对生态环境增加的负担，控制在生态平衡的允许范围内。控制居民数量、控制游客数量、控制建筑密度，不得超过规划规定的数值。

三、近海面污染的防治

（1）控制附近农田化肥、农药用量，由

用电量预测表　　**表5-2-8**

类　别	用户人数	定额（W）	用量（kW）
固定居民	32000	500	16000
住宿游客	3700	1000	3700
观光游客	15600	100	1560
总计			21260

市政府主持制定逐年降低化肥、农药数量，改用生物肥生物药，以减少面污染对海水水质的影响。

（2）控制养殖场投饵量，科学养殖，做到投饵量与吸收量相平衡。

（3）加强对近海海面的监管，防止运输船只排泄废弃物或泄油。

四、污水的收集与处置

污水量按给水量的 85% 计算。整个地质污水分为两个系统：隆教部分收集到镇海东处理达标后排海；前亭部分收集到桥仔头处理达标后用作农田灌溉，必要时再深度处理后排入江口内湾（水质好于虾池排水），随海潮出海。

五、垃圾的收集与处置

作为一个对外开放的地质公园，垃圾必须及时收集，合理处置。在人流集散地、观光游艇上、步行游览线每 100m 均应设垃圾筒。各景区分别收集并分拣，将有机物集中到两处（隆教和桥头仔）处置：推肥还田；无机物卫生填埋。

六、大气环境保护措施

（1）漳州市政府应严格控制周边 100km 内，不批准建设污染大气的企业。

（2）本公园区内各类企业，不用煤作燃料，改用燃气或电；居民禁烧木材，尽可能使用燃气。

七、其他保护措施

（1）禁止在地质遗迹处采石（含卵石）、采砂、采土、采矿；

（2）禁止在规划沙滩浴场、沙滩旅游地采沙、取土；

（3）禁止在地质公园视线范围内的山体采石、采矿，已经采石的应立即停止，并在采石区绿化，恢复植被。

第十三章　居民社会调控规划

第一节　居民社会现状

（一）社会行政管理现状

本地质公园地跨龙海、漳浦两个市县的隆教畲族乡、前亭镇、佛昙镇、赤湖镇 4 个乡镇的部分村，其中主要火山地质景点景区分布在畲族乡和前亭镇的沿海村所有的土地、滩涂、岛屿。

（二）居民点分布现状

在地质公园范围内，分布的村（行政村、自然村）、居民点见下表（表 5-2-9）。

地质公园内居民点现状　　　　**表 5-2-9**

乡　镇	村（居）民委会	自 然 村
隆教乡	白塘	白塘、墩仔圩、南透、湖前、上岗
	新厝	新厝、顶地、新圩、洋坪、东门
	红星	油车前、下尾、前山、大山、田南、陈洋、下社
	关头	关头、海头圩
	镇海	镇海
前亭镇	崎沙	崎沙
	田中央	田中央、盐田尾、顶后坑
	过港	过港、何角头、后段
	桥仔头	桥仔头、上王、江厝、田仔、楼仔、谢厝、曾柄、后陈
	江口	江口、西井
	后蔡	后蔡、内厝、上郑
佛昙镇	井尾	整尾、山寮、岗寮
	岸头鱼鳞石场	鱼鳞石场
赤湖镇	湖前	湖前、肖厝、安角

（三）现状人口规模、特征，劳动力就业特征

地质公园范围内居民总人口近 30000 人，其中隆教畲族乡 13700 人（畲族 6600 人），前亭镇 14200 人。

劳动力主要从事种植业、海外捕捞、近海养殖。前亭镇、佛昙镇近海居民的养殖业十分发达，主要养殖对虾、青蟹、牡蛎等。

第二节　居民点调整规划

（一）居民社会调控规划的基本原则

(1) 严格控制人口规模，建立适合风景特点的社会运转机制。

(2) 克服地质公园内居民点过于分散的状况，建立合理的有规模的居民点系统。

(3) 通过改善道路和其他公共设施，方便居民的生产和生活。

(4) 引导淘汰型产业的劳力合理转向。

（二）居民点调整规划方案

根据上述原则，将隆教乡的 5 个行政村 20 多个自然村，合并为 4 个较大居住小区：镇海、红星、新厝、白塘；将前亭镇的 6 个行政村 20 个自然村，合并为田中央、桥头仔两大居住小区；后蔡、整尾村、赤湖的前湖村保留并扩大吸纳附近分散的自然村居民。撤销的行政村有关头、崎沙、过港、江口，在地质公园实施过程中逐步并入附近的居民点。居住小区，应按居住集镇要求安排相应设施。有关村的撤销合并安排如下：

1. 红星

设在原油车前村，并入的村有：大社、陈洋、田南、下社、下尾、前社等。总人口 3700 人。

2. 新厝

新厝村已经与墩里、后厝、后沙连在一齐，将其规划好，再并入顶地、新圩、东门、洋坪等分散的自然村。总人口 4000 人。

3. 白塘

公路南侧白塘所属的几个自然村如墩仔圩、南透、湖前、上岗等均并入，形成较大的居民点。总人口 2900 人。

4. 镇海

原址，并入的村有关头、海头圩等。总人口 3100 人。

5. 田中央

向北向西扩大，并入的村有崎沙、过港、何角头、后段、顶后坑、盐田尾等。总人口 5660 人。

6. 桥仔头

向东向南扩大，并入的村有江口、西井、后陈、曾柄、上王、江厝、田仔、楼仔、谢厝等。总人口 6200 人。

7. 后蔡

位于背海港内，对地质公园景观影响不大，原有村落基本保留，整顿村容村貌，限制扩展。总人口 2340 人。

8. 整尾

整顿村貌并将山寮、岗寮并入。

9. 前湖

将肖厝、安角并入。

第三节　经济发展引导规划

（一）地质公园规划区内村镇经济发展现状

(1) 目前地质公园区内村镇的产业结构主要是渔业和农业。渔业中，由于近海渔业资源的衰竭，养殖业近年来发展很快，隆教的浅海网箱、海带，前亭的对虾、青蟹养殖成了重要的经济来源。

(2) 地质公园规划区内居民人均年收入超过了 3500 元，基本达到小康水平。但总体经济水平与厦门、汕头相比差距较大。

（二）国家地质公园的建立对当地经济发展战略影响的分析

(1) 国家地质公园的建立将为当地旅游业的发展提供新的机遇。多年以前本区也被漳州市列为旅游发展的重点地区，在 20 世

纪90年代中期，隆教乡就曾经编制了《隆教海滨旅游城总体规划》，并成立机构，大力推动旅游业的发展，也取得一些进展，但与自身的优良的资源条件和区位优势相比远远不够，旅游业在国民经济中的比重，微不足道。漳州滨海火山国家地质公园的命名和启动建设，将极大地提高漳州作为旅游目的地的知名度，吸引本市和周边厦门、汕头甚至更远的游客或投资者，从而推动漳州和当地县市乡镇村的旅游业的发展。

（2）旅游业的发展，将带来人流、物流、信息流、资金流，从而激活当地尚不发达的第三产业。据国内外统计估算，1元的旅游直接收入，将带给相关产业5元收益。

（3）旅游业的发展，将进一步促进与周边发达地区（厦门、汕头）交流，促进其对外进一步开放，这将有利于提高当地居民整体素质；旅游业和第三产业的发展，为当地国民经济提供了一个新的增长点，使经济结构更趋合理。

（4）就业结构的变化，旅游业及其相关产业能容纳大量劳动力，从第一产业（农渔业）转向第三产业。具体数量另行测算见表5-2-10。

各景区景点安排劳动力预（估）测 **表5-2-10**

景区景点名称		空间面积（hm^2）	游客容量（人）	预测职工数（人）
香山观光区	香山观光区	113	1130	113
	香山野营帐篷区	30	住300	80
	崎沙游客接待中心	50	住1000	300
	博物馆（内）	1		80
	游览码头	渡船2艘	400	50
牛头山观光区	牛头山观光区	45	450	45
	博物馆（外）	1		20
	石滩栈道观赏	长800m	160	16
	牛头山帐篷区	15	住150	40
	白塘湾浴场	12	1200	120
	白塘湾别墅区	28	住280	100
	湖前湾沙滩	10	500	50
	前湖湾别墅区	55	住280	100
海岛观光	林进屿景区	25	500	100
	南碇岛海上观光	游艇2艘	200	40
烟墩山整尾景区	烟墩山观光区	162	1620	162
	烟墩山帐篷区	50	住500	120
	烟墩山游客接待中心	32	住320	120
	岗寮观岩画栈道	300m	60	12
	后蔡湾沙滩活动	15	600	60
	后蔡湾休闲区	50	住250	75
隆教	隆教湾沙滩	20	2000	150
	隆教休闲游览区	85	住425	150
镇海	城堡游览区	43	住200	70
	旗尾山石滩	137	1370	137
其他项目	绿化	690		690
	公共环卫	约1000处		500
	建筑			500
	其他公用市政			500
合计				4580

注：以上吸纳劳动力总计4600人。其中外来干部、技术人员、技工约600人，其余4000人尽量吸纳当地中青年劳动力，经培训合格后上岗。另外，其他经商服务还能吸纳大约1000人。农渔业观光园区的就业人员未计入。

（三）农渔业观光园区安排

1．总体安排

整个地质公园主景区拥有 30km² 土地，除去规划安排景区、居住用地外，还有约一半土地，将逐步转化为观光农业区（园）。改变单纯种植粮油作物的结构，引进新技术，引种新品种瓜果、蔬菜、花卉等，为地质公园培育苗木、花草。公园游客可参观游览景区，亦可自行采摘，甚至参与实践劳动；生产的鲜菜果除提供公园消费的同时，还可提供附近市场；现有的渔业养殖，增加垂钓、观赏、品尝等游客参与的活动。

2．分区（园）安排

(1) 前亭农业观光区。全部土地 656hm²，为公园内最大农业观光区，必要时可划分为东西两个园（方便调整后的田中央、桥仔头两个居住小区的村民生产活动）。建议其中安排 20hm² 左右地建立苗木花草培育基地。

(2) 隆教农业观光区。全部土地 232hm²，安排调整后的红星、新厝小区的村民经营生产。建议安排 10 公顷左右地用于建立苗圃。

(3) 白塘农业观光园、镇海农业观光园，各有土地 96hm²，各自就近安排经营。

(4) 江口湾渔业观光园。有塘地 168hm²，由原从事渔业养殖的村民或机构经营。

(5) 后蔡农渔观光园 (133hm²)、整尾农渔观光园 (205hm²)。由各自居民点村民经营。

（四）产业空间布局的调整及控制

（1）地质公园规划区内，将有相当数量用地转化为不同级别的保护地，沿地质公园边界，将形成宽 100 ～ 200m 的绿色林带；沿海岸防护林将加宽至 200 ～ 300m；所有宜林荒山荒坡均规划为林地；坡度大于 10%（6°）的坡地，应退耕还林。

（2）近海岸沙滩湾规划为游泳区或水上运动区，为保证水质和游客安全，此水域及附近水域应退出滩涂养殖、近海养殖。

（3）旅游景区内将要征用少量土地，用于建设景点、接待区；修建道路、码头等旅游设施。

（4）规划区内的居民点将作调整，适当集中，分散的或破坏景观的原村落将恢复为林地。集中居民点增加的用地要与搬迁恢复为林地的数量大体平衡。

第四节　土地利用协调规划

（一）土地利用规划应遵循下列基本原则：

(1) 突出风景区土地利用的重点与特点，扩大风景用地；

（2）保护风景游赏地、林地、水源地和优良耕地；

（3）因地制宜地合理调整土地利用，发展符合风景区特征的土地利用方式与结构。

（二）土地资源利用现状的分析评估

现有土地资源基本上用于农业种植、渔业养殖、沿海防护林带，尚有少量荒山荒坡荒滩未加利用。隆教有极少量地用于旅游开发。应该说土地基本处于一次利用或半原始状态，有利于地质公园的建设。但现有居民人口密度较高，达到近 1000 人 /km²，环境容量控制和劳动力出路压力是应该注意解决的重要问题。

（三）土地利用调整规划

1．土地利用规划布局调整要点

分散居民点适当集中，地质遗迹得到有效保护，旅游景区相对集中于沿海三山（牛头山、香山、烟墩山），沿海防护林适当加宽，提高农田经济效益（向观光高效农业过渡）。这 5 条贯穿于整个规划中，其具体安排详见《用地布局图》。

2．土地利用规划平衡表（表 5-2-11）。

漳州滨海火山地质公园土地利用规划平衡表 **表 5-2-11**

规划用地名称	面积（hm^2）	比例（%）	备 注
地质公园中心区（香山牛头山区）	561	18.3	A
香山观光区	113		A11
香山野营帐篷区	30		A12
崎沙游客接待中心	50		A13
牛头山游客接待中心	16		A1
牛头山观光区	45		A2
牛头山野营帐篷区	15		A3
牛头山火山口石滩区	15		A4
白塘湾别墅区	28		A5
白塘保护林带	46		A6
湖前湾观光娱乐区	55		A7
湖前保护林带	30		A8
白塘农业观光园	96		A9
白塘居民区	22		A10
地质公园海岛观光区	55	1.8	B
林进屿景区	25		B1
南碇岛	30（10）		B2 含潮间带
地质公园次中心（烟墩山整尾区）	777	25.3	C
烟墩山观光区	162		C1
烟墩山帐篷区	50		C2
烟墩山游客接待中心	32		C3
江口湾保护林带	45		C4
烟楼山岬角熔岩石滩	20		C5
岗寮岩壁石滩观光区	15		C6
后蔡湾休闲区	50		C7
后蔡湾保护林带	65		C8
后蔡农业观光园	133		C9 含居民点
整尾农渔业观光园	205		C10 含居民点
隆教湾休闲游览区	155	5.0	D
隆教湾休闲游览区	85		D1
隆教湾保护林带	70		D2
镇海卫城堡景区	304	9.9	E
镇海卫城堡游览区	43		E1
旗尾山及石滩游览区	137		E2
镇海新居民区	28		E3
镇海农业观光园	96		E4
隆教农业观光区	309	10.1	F
新厝居民区	43		F1
红星居民区	34		F2
隆教家业观光区	232		F3
前亭农业渔业观光区	909	29.6	G
田中央居民点	40		G1
桥仔头居民点	45		G2
江口湾渔业观光园	168		G3
前亭农业观光区	656		G4
合计	3070		

注：本地质公园连成片的用地总面积为 3070hm^2。其中隆教乡为 1136hm^2；前亭镇为 1934hm^2（含整尾 220hm^2）。另有海域面积 6930hm^2。

第十四章　分期发展规划

第一节　地质公园总体规划分期

漳州火山地质公园总体规划按下列分期：

（1）第一期或近期规划：2001—2005年；

（2）第二期或中期规划：2006—2010年；

（3）第三期或远景规划：2011—2020年。

第二节　近期建设规划

（一）近期建设目标

（1）集中力量基本建成香山牛头山野营观光区。

（2）初步完善白塘湾游泳设施、后蔡湾水上运动设施。

（3）完成最迫切的基础设施建设，为开放游览提供条件。

（4）完成主要绿化工程：沿海防护林带、地质公园边界林及其他林带的建设。

（二）近期建设主要项目

（1）火山地质博物馆。

（2）火山地质公园标志物。分设在香山和牛头山，另在林进屿山顶建漳州滨海火山地质公园建园纪念塔（林进屿）。

（3）修建香山码头、林进屿码头。

（4）修通公园路西段和主要支路（火山口路、香山路、后蔡湾路），岗寮步行栈道、火山口人行栈道。

（5）牛头山和崎沙游客接待中心的停车场、咨询服务、餐饮商业、卫生设施等。

（6）中等水平的住宿设施，香山（崎沙）青年旅馆。

（7）水电基础设施。

（8）近期绿化工程。

第三节　近期规划建设项目效益评估

（一）近期建设项目投资框算（表5–2–12）

（二）近期项目收益分析

按低调估计，近期按30万人／年、过夜按10万人／年计。

1．门票

观光20元、地质博物馆20元、轮渡登林进屿观光60元、海上观光南碇岛火山岛100元，全票160元。若50%游客全票、50%游客购100元计算，年门票收入3900万元。成本40%。

2．住宿餐饮等

按150元／人计算：全年1500万元。成本50%。

近期建设投资估算表　　　　表5–2–12

项目名称	规　模	单　价	总价（万元）	备　注
火山地质博物馆（内）	2500m^2	2500元／m^2	625	香山
地质公园标志物			50	香山
香山码头			150	
林进屿			160	码头和纪念塔
崎沙游客接待中心	50hm^2	50万元／hm^2	2500	场地服务设施
青年旅馆	1000床	2.5万元／床	2500	崎沙接待区内
火山地质博物馆（外）			200	牛头山
地质公园标志物			25	牛头山
牛头山游客接待中心	16hm^2	50万元／hm^2	800	场地服务设施
公园路西段	6km	150万元／km	900	先修幅路7m宽
支路	12km	80万元／km	960	
步行路	16km	10万元／km	160	含栈道
水电基础设施			1000	估
绿化	690hm^2	5万元／hm^2	3450	含防护林边界林
合计			13480	

3. 其他娱乐

购物暂不计入。

4. 毛利润

毛利润为 3090 万元。

（三）结论

经保守的估算全部投资可望在 4 年半内收回。本项目经济效益甚佳。

第十五章　保障体系规划

第一节　管理体制

（一）漳州滨海火山国家地质公园管理体制建立原则

1. 政府主导统一管理原则

鉴于本公园属于创建性质，而且在园区内包含龙海市和漳浦县 2 个行政单位所管辖的 4 个乡镇，有居民近 3 万人，在产业上以农业和渔业为主。要把这个以农渔业为主的滨海地带，建成一处在生态环境上符合一般公园要求，科学上符合地质公园要求，管理上相互协调一致的国家地质公园，必须采取政府主导、统一管理的机制。实行政府式的管理模式，既管公园建设、经营工作，又管园区内所有居民的民政管理体制工作，运用政府的权威，依法把地质公园规划好、建设好、管理好、经营好。

2. 市场经济原则

地质公园除了保护地质遗迹和自然环境功能外，还要为广大游客提供观光游览条件及完善的服务设施，要按经济规律，有偿服务去经营这些设施，并逐步把园区内农渔业生产型经济，转变为农渔观光型经济，使地质公园为促进地方经济发展服务。因此，在管理体制上必须注意市场经济原则，在经营项目上要以市场为导向，把政府职能和市场功能有机地结合起来，处理好政府和企事业之间的关系，使管理体制能起到促进市场经济发展的作用。

3. 高效原则

高效率是所有管理体制的关键，机构设置必须与公园建设工作、建成后的管理及经营相一致。各机构必须精简、职能界定清楚、分工明确，但机构不宜划分过细，可采取归口管理方式。

4. 突出地质科学原则

地质公园是国家公园的一种类型，其最大特征是，观光对象主要是地质遗迹景观，向游客传播地球科学知识，促使游客自觉保护地质遗迹。因此，在建立地质公园管理体制时，只有强调地质科学在管理工作中的地位，才能真正把公园管理好、建设好。

（二）管理体制

国家地质公园应实行省政府直接领导，或委托当地政府领导的体制，国土资源部、省国土资源厅实行业务指导。鉴于漳州滨海火山国家地质公园情况特殊，建议由漳州市人民政府设立专门机构进行管理。

1. 设立漳州滨海火山国家地质公园管理委员会，直属市政府领导

管委会主任由主管副书记或副市长兼任，组成人员包括市办公室、国土资源局、计委、建委、旅游局、财政局、公安局、科委、环保局、交通局、水产局、林业局、海监局、漳浦县政府、龙海市政府的领导同志。管委会设立办公室处理日常事务。办公室单独设立或由国土资源局代管。该管委会的主要任务是组织编制、审定地质公园规划；制定公园发展政策、行政法规、管理制度；重大项目的招商引资、管理政府基础设施投资；提请任免龙海、漳浦两个管区的主要干部；协调两个管区出现的问题以及公园建设、经营中涉及市政府各委办局管辖的问题；负责指导、监督地质公园规划项目实施。

2．设立地质公园漳浦县景区管理中心（由漳浦县主管副书记或副县长兼主任）和龙海景区管理中心（由龙海市主管副书记或副市长兼主任）

中心分别另设常务副主任具体负责领导日常工作。管理中心下设：民政办公室、业务办公室和公园开发经营总公司，分别由管理中心副主任兼主任（总经理）。民政办公室负责原镇、乡政府的工作，原乡、镇政府机构撤销建制。业务办公室下设若干业务管理机构，负责公园建设及建成后的管理工作，参照国际上国家公园或国内风景名胜区管理机构设置，可设立：行政科、规划建设科、保育科（绿化、环保、环卫）、旅游解说科（导游、科普等）、财务科、保安队（科）等。开发经营总公司按企业制度独立经营、自负盈亏。主管业务副主任应具有一定地质专业知识，其他业务管理人员必须由地质专业或相应专业干部任职。

3．地质公园民政办公室职责

民政办公室是地质公园中实行政府管理的机构，它完全取代原公园区内镇、乡政府的职能，直接管理园区内居民的有关事务。在公园建立过程中主要负责园区内居民点（村）合并、产业结构调整（变单纯农渔业生产为农渔观光产业）、居民就业安置（绿化护林、环境卫生、保安、服务业等）、居民素质教育及其他民政事务。其编制在接受原机构后作适当调整，其人员享受相应政府公务员待遇，视公园效益另给奖励补贴。

4．公园业务办公室职责

负责实施公园总体规划及公园建成后的日常管理。其各主要科室职责概述如下：

(1) 行政科。负责文秘、行政、人事、后勤保障及其他科室不管的事务。

(2) 规划建设科。负责公园规划实施管理、项目规划设计、科研课题管理、工程建设管理（施工发包、工程监理、工程预决算审查等）、基础设施（道路、给水排水、供电等）维护管理、自然灾害防治等。

(3) 保育科。负责地质遗迹、自然生态环境保护；绿色防护林带（区）营造保护；环境卫生管理。

(4) 旅游解说科。负责组织编制和实施公园解说规划，编制解说词；地质科普工作；编制环境教育规划；经营管理火山博物馆；管理、培训解说员和导游员。

(5) 财务科。负责编制经费预算、决算；

福建漳州滨海火山国家地质公园管理体系一览表　　表 5-2-13

<table>
<tr><td colspan="3">国土资源部国家地质公园领导小组
V</td><td colspan="3">福建省人民政府
↓</td></tr>
<tr><td colspan="3">福建省国土资源厅国家地质公园领导小组
V</td><td colspan="3">漳州市人民政府
↓</td></tr>
<tr><td colspan="6">福建省漳州滨海火山国家地质公园管理委员会
↓　↓</td></tr>
<tr><td colspan="3">国家地质公园漳浦管理中心
↓　↓　↓ V</td><td colspan="3">国家地质公园龙海管理中心
↓　↓　↓ V</td></tr>
<tr><td>民政办公室
↓</td><td>公园业务办公室
↓</td><td>经营公司
↓</td><td>民政办公室
↓</td><td>公园业务办公室
↓</td><td>经营公司
↓</td></tr>
<tr><td>有关科室</td><td>有关科室</td><td>有关企业</td><td>有关科室</td><td>有关科室</td><td>有关企业</td></tr>
<tr><td colspan="6">公园管理办公室
↓</td></tr>
<tr><td>↓</td><td>↓</td><td>↓</td><td>↓</td><td>↓</td><td>↓</td></tr>
<tr><td>行政科</td><td>规划建设科</td><td>保育科</td><td>旅游解说科</td><td>财务科</td><td>保安队</td></tr>
</table>

符号说明：↓——领导关系　　V——指导关系

机关财务管理；工程项目费用管理；审核监督所属单位(部门和企事业)财务；投资监管。

(6) 保安队。负责园区游客安全；园区治安、消防、护林；抢险、救护；防止地质遗迹被人为毁坏。

5. 开发经营总公司

接受公园管委会或景区管理中心委托，经营地质公园。公园的土地及景观资源为国家所有，以折股方式，委托公司经营，其收益首先用于地质遗迹保护和环境建设，使地质公园能可持续发展。公司在本总体规划范围内，完全按企业方式运作，独立核算，自负盈亏。可自行招商引资，开展有关项目的建设和经营活动。

第二节　人员培训

(一) 指导思想

地质公园是一个新生事物，要建设好、管理好、经营好一个合格的地质公园，必须有一大批既懂地质科学，又懂公园建设、管理和经营的人才。有了合格的人才，才能把漳州优质的滨海火山景观资源转变为经济优势，转变为文化、社会和环境效益。把人才培训列为公园开发的优先工作，是建设地质公园的重要指导思想。

(二) 人员培训的类型

地质公园所需人才大体可分三类：

1. 管理人才

包括规划、建设、环保、科普教育、财会、保安等方面的专业管理人才。结合本公园的特殊情况，还需要一定量的民政管理人才。

2. 经营与服务人才

宾馆、餐饮、休闲娱乐、旅游商品、导游等方面的经营与服务人才。

3. 专门技工人才

包括建筑、园艺、维修、植保、农渔观光、保洁以及其他技艺人才。

根据第十三章的测算，地质公园各景区可提供4600个就业岗位，其中专业及管理人才为600人。以上不包括民政管理人员和农渔业观光专业管理人才，估计这两类人员约200人，可提供的农渔业观光就业岗位数量很大，应在规划实施中另行测算。

(三) 培训目标

各类人员所承担的任务有较大差异，因此，对各类人员在培训目标上的要求也有所不同。

1. 管理人员

管理人员应以大学本科为主，一定比例研究生。同时所有管理人员均应具备地质科学基础知识，特别是火山地质学的基础知识。

2. 经营与服务人员

经营与服务人员应以大专为主，一定比例本科或工商管理硕士；直接服务人员应为相应的职高毕业生。他们也要懂得火山地质基础知识。

3. 专门技工

专门技工应具备技工学校或职高学历。达不到的应进行专门培训。

4. 所有就业工人均应具备初中以上学历，上岗前均应达到基本就业素质要求。

(四) 培训途径和方法

近期可采用短期培训和送到省内有关风景名胜区带职培训的方式。长远计划，在漳州市建立国家地质公园职业高中或技校，系统培养中等地质公园人才，还要选送学员到正规高校进修。必要时从高校毕业生中直接录用。所有管理人员、导游员所需的地学知识，可采取短期培训班的方式解决。教材根据本公园的特点，组织有关地质专家来编写。授课方式采用课堂讲授与野外实地讲授相结合，学以致用。

此外，通过市县电视、广播、报刊等媒体，有计划地对本地区的公众进行火山地质公园科普教育，以及建设漳州滨海火山国家地质公园对漳州经济、社会和环境发展的重要意义的宣传。把漳州滨海火山国家地质公园列入本地的中小学校乡土教育内容中。通过这些工作，提高地区公众对办好国家地质公园的理解和支持。

在 10 ～ 15 年的时间内，经过园内外的各方面的努力奋斗，把漳州滨海火山国家地质公园建设成为国内一流、世界著名的火山国家地质公园，并力争成为世界地质公园。

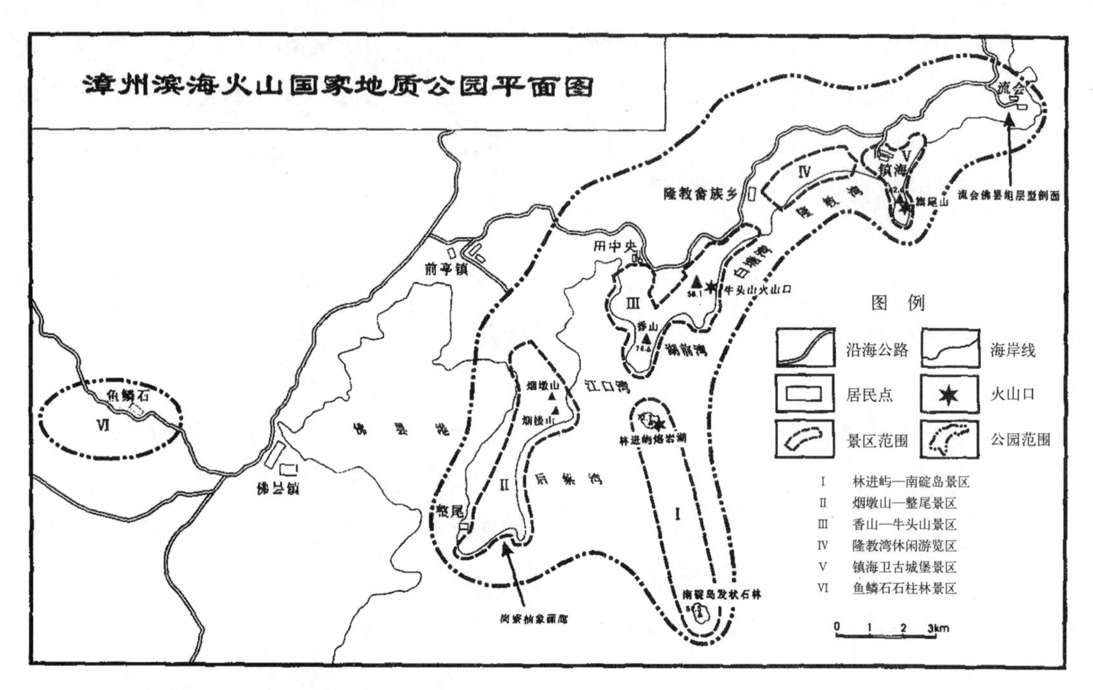

《漳州滨海火山国家地质公园总体规划》平面图

实例三　《房山世界地质公园总体规划》摘要

本书引用此例说明：

本规划是由北京市房山、河北省涞水县和涞源县政府共同委托北京神州新纪录规划设计研究院编制的规划项目。该项目由北京市地质研究所组织协调并编制地质公园的综合考察报告，后期协助申报世界地质公园工作，并取得成功，于2006年9月被联合国教科文组织相关机构列入“世界地质公园网络”入(Global Geoparks Network)，成为世界地质公园网络的成员。参加本规划工作的有卢云亭、李同德、王建军、陈兆棉、李学东、方智俊等，提供地质工作支持的还有杨鸿连、韦京莲、聂泽同、梁定益、宋志敏、赵崇贺等。

下面摘要介绍《房山世界地质公园总体规划（文本)》。

第一章　规划总则

第一条　规划范围

北京房山世界地质公园（拟建）位于北京市西南45km。规划范围主要包括两个行政区部分，即北京房山区的部分乡镇与河北省保定市涞水县、涞源县的部分乡镇。地理位置：东经114°36′48″—116°08′16″；北纬39°09′57″—39°43′08″。海拔高程：26～2162m。地质公园主体区域东西长74.406km，南北宽 35.112km，总面积为953.95km^2。其中，房山区占地490km^2、涞源县占地60km^2、涞水县占地403.95km^2。

第二条　规划期限（略）

第三条　规划依据（略）

第二章　地质公园的性质和发展目标

第四条　地质公园的性质

拟建的北京房山世界地质公园，是坐落在中国的首都郊区，以典型的中国北方岩溶地质作用和造山运动的遗迹为背景，世界上最重要的古人类文化遗址和地质学科研教学基地，与其他历史文化遗迹、自然生态环境组合而成的大型综合地质公园。

第五条　地质公园主题特色

著名的周口店北京人遗址；沿拒马河从源头经野三坡至十渡的千姿百态的干旱、半干旱地区岩溶地质地貌和岩溶洞穴；堪称“国之重宝”的云居寺石经；生态良好并有“北京屋脊”之称的白草畔；这里有“地质科学家摇篮”的美誉。

第六条　发展目标

依托资源优势、地缘优势、市场优势、环境优势和政策优势，明确范围、依法保护、协调发展、走向世界。

第三章　地质遗迹及其价值评价

第七条　地层

地层从老到新依次出露有：太古宙、中

元古界长城系、中元古界蓟县系、新元古界青白口系、下古生界寒武系、下古生界奥陶系、上古生界石炭系－二叠系、中生界三叠系、中生界侏罗系、中生界白垩系。

第八条　岩浆岩

本区中生代的火山岩和侵入岩的元素地球化学特征表明：南大岭组火山岩浆来源于上地幔，形成于挤压环境以后陆内伸展的环境；髫髻山组火山岩浆来源于幔壳混合区；张家口组火山岩浆来源于下地壳源区；白石山花岗岩体为燕山期高钾钙碱性花岗岩基；房山岩体侵入岩花岗岩浆来源于地壳源区，具热动力构造作用，均属陆内造山带岩浆活动性质。

第九条　地质构造

园区发育有褶叠层构造、剥离断层、推覆构造、近东西向的面理褶皱等地质构造。南大寨断层带是著名的八宝山—南大寨断裂带的西南端，北岭上叠向斜由侏罗纪煤系构成，是京西几个主要含煤盆地之一。

第十条　地质遗迹景观

1．第四纪岩溶洞穴堆积遗迹

猿人洞、太平山北洞、东岭子洞、圣米石塘、隐仙洞等。周口店龙骨山的猿人洞占有极其重要的科研地位。

2．岩石遗迹

底砾岩、斑马石、鲕状灰岩、豹斑灰岩、硅质条带白云岩、风暴岩、花岗岩蘑菇石等。

3．地质构造遗迹

昌平组豹皮灰岩内大型鞘褶皱，馒头组与毛庄组中的顺层掩卧褶皱、劈理置换及变形退斑应变构造，李各庄村东大石河北岸陡壁景儿峪组大型平卧褶皱，班各庄公路交叉点处大型平卧褶皱，磁家务半壁山—火药库南大寨逆掩断层露头，霞云岭锯齿山口至四合村霞云岭推覆构造的前峰带和断坪，黄山店村公路沿线出露由雾迷山组至下马岭组构成的推覆褶皱构造，栓马庄村桥西南公路旁出露下马岭组中的豆荚状褶皱及流劈理、褶劈理、拉伸线理、褶纹线理，孤山口雾迷山组含藻纹带白云岩中的鞘褶皱、大型多级组合平卧褶皱及内部小型构造，上中院公路旁由雾迷山组构成的大型平卧褶皱及香肠构造，上方山云水洞顶部由黄山店推覆构造产生的飞来峰，南观火车站调车场铁路边出露太古代变质杂岩（糜棱岩化）与上覆的下马岭组的剥离断层接触关系及与房山岩体的侵入接触关系，东岭子公路旁出露太古代变晶糜棱岩与上覆寒武系的接触关系及与房山岩体的侵入接触关系，车厂西龙门口东沟房山岩体西缘热动力构造，响山背斜，岐祥居断层，七渡褶皱构造，孤山寨一线天，王老铺逆断层面和牵引褶皱，以及在张性裂隙作用、流水的冲刷溶蚀、地表差异风化等共同作用下形成的神牛岭、翠屏山、阎王爷鼻子等奇特象形山石。

4．沉积遗迹

叠层石较集中出露于普渡山庄、孤山寨、东湖港、六合山庄峡谷中。石中石（石蛋白云岩）主要分布在孤山寨、仙峰谷、万景仙沟、南方大峡谷、普渡山庄、东湖港、西湖港。波痕遗迹主要发育于雾迷山组白云岩中。

5．水文地质遗迹

拒马河、大石河沿用老年河的河道，形成了蜿蜒曲折、两岸峭壁对峙、深切峡谷的幼年河谷。常见的河流地质遗迹有阶地、离堆山、废弃牛轭湖等。瀑布有天梯瀑、东湖港三迭瀑布等20余处。人工湖泊为截拒马河、大石河及山涧溪流形成，有泉水湾、红叶湖、西太平水库、牛口峪水库、大窖水库等。涞源构造泉群位于拒马河源头，岩溶水汇集到涞源盆地腹底，遇花岗岩阻挡，在两组断层交汇处溢出，在6km^2范围内形成7个泉群，总出水量3.4m^3/s。观赏性强，有珍珠泉、翻沙泉、手刨泉、趵突泉等。

6. 地貌遗迹

白草畔单面山、圣米石塘七级岩墙山、凉马台，均由岩性及流水作用形成。龙门断壁由深断裂形成。碳酸盐岩地区发育有钙华体。拒马河两侧山岭发育岩溶峰丛地貌，著名的有笔架山、童子山、蝙蝠山、龙山、麒麟山、太秀山等。岩溶孤峰地貌著名的有石柱山、虎山、小孤山等。拒马河两岸的岩墙、塔林带，如十渡的童子峰、老人峰、阳元石，圣莲山的莲子峰等孤峰。在拒马河两侧支流发育峡谷群，有：孤山寨、仙峰谷、东湖港、西湖港、万景仙沟、南方大峡谷、普渡山庄、西太平、东太平、六合庄、王老铺等。东关上落水洞，是华北地区目前发现的最深的落水洞。此外，东湖港发育有小天坑。上方山形成了许多古岩溶山峰，著名的有天柱峰、啸月峰、回龙峰、锦绣峰、青龙峰、骆驼峰、狮子峰等。白石山大理岩构造峰林是由于花岗岩拱起高于庄组和雾迷山组白云岩盖层，并变质为白云质大理岩，沿着两组垂直节理，长期风化、坍塌，形成大理岩峰林，这是一种新的峰林类型。

7. 地下溶洞

赋存在中元古界蓟县系铁岭组燧石条带灰质白云岩中的主要洞穴有仙栖洞、龙仙宫、三清洞、蝙蝠洞、云水洞、王老铺西洞等。赋存在古生界寒武系灰岩中的洞穴有隐仙洞、老道洞、鱼谷洞等。赋存在古生界奥陶系灰岩中的洞穴有猿人洞、山顶洞、新洞、田园洞、石花洞、银狐洞、圣米石塘、九莲洞、孔水洞、圣水洞、鱼洞、龙骨石塘等。与全国的主要旅游洞穴对比，北京石花洞是目前中国保存完好的世界罕见的多层岩溶洞穴。银狐洞内发育的边槽石坝、云盆石花之规模为国内洞穴之首，“倒挂银狐”、“水晶玉竹”、“地下暗河”、“含羞玉兔”是银狐洞四绝。鱼谷洞发育于寒武系泥质条带灰岩中，充水洞、半充水洞和旱洞连为一体，旱洞次生化学沉积物较发育。

8. 地质灾害遗迹

常见的地质灾害遗迹主要有崩塌体、倒石堆、危岩、泥石流堆积。

9. 矿产矿山遗迹景观

石窝汉白玉大理石最名贵。瓦板岩、花岗岩石材均为较好的石板材。奥陶系高纯度石灰岩分布在大石河和周口店地区，煤层蕴藏在石炭系和侏罗系地层中，煤矿已有数百年开采史，逐步停止采矿后部分可开展旅游。

第十一条　地质遗迹景观评价

公园地处北东向燕山构造带与北北东向太行山构造带衔接区域内，是全球构造——中、新生代陆内（板内）造山带的典型地区之一。特殊的大地构造位置，造就了本公园独具特色、丰富多彩、类型齐全的地质遗迹，具有极高的科学价值和旅游价值。

1. 典型性

园区内以十渡园区和野三坡园区为代表的峰丛地貌和嶂谷地貌以及以石花洞为代表的溶洞群，是中国北方岩溶地貌的典型代表。

2. 稀有性

公园内周口店古人类遗址、房山溶洞群等地质遗迹，世界罕见，国内稀有。周口店古人类遗址中，出土的化石、遗物，遗存数量之多，实为罕见。在同一地点发现三个时期古人类化石，世界无双。石花洞具有洞穴层数最多（7 层）；洞内次生化学沉积物类型最为齐全，石盾数量最多（200 余个）；月奶石为全国首次发现，发育最完整；全新世石笋中发育最好的微层理，也是世界上稀有的精品之一；石花洞是惟一存活有膜足硬肢马陆穴居动物的溶洞；银狐洞中飞溅水形成的“倒挂银狐”为世界奇观。云水洞、仙栖洞等地下溶洞的围岩，是中元古界铁岭组（距今10～14亿年）白云岩，是溶洞围岩时代最为古老的地层。

3. 自然性和原始性

公园主要地质遗迹都保持了原始风貌，是自然生成的大自然的杰作。

4. 系统性和完整性

园区属燕辽沉降带地层体系，地层出露齐全，包括太古界阜平群（距今28亿年前）、中元古界、古生界、中生界和新生界，是地层发育最完整的地质公园之一。经历阜平运动，统一变质基底形成及沉积盖层形成之后，地壳复活，形成陆内造山带；又经历了印支运动、燕山运动、四川运动、华北运动，喜马拉雅运动和新构造运动，在园区留下了一系列不同时期的地质地貌遗迹，体现了园区地质历史发展的系统性和完整性。园区内岩石类型齐全，有岩浆岩（侵入岩、火山岩）、沉积岩（碎屑岩、碳酸盐岩、泥岩）、变质岩（区域变质岩、接触变质岩），体现了园区岩石类型的完整性和地质作用的多样性。

5. 优美性

十渡山水如诗如画，上方山景色绮丽，云居寺与石经山山奇、树古、塔秀、洞幽、泉清、林翠，白草畔高山草甸自然生态良好，石花洞、银狐洞、仙栖洞次生化学沉积物多而全，具有极高的观赏性。

6. 具有极高的科学研究价值

周口店北京人遗址的发现，在古人类科学研究史上具有划时代意义。周口店洞穴群是科学考察与研究价值最高的地区之一。本区地质构造极其复杂，是研究我国地质构造与陆内造山带最典型地区之一。石花洞首次发现全新世石笋中发育的微层理，记录了自然环境的变化，为全球气候变化研究提供了高分辨地质载体。石花洞中铀系测年数据为在我国首次建立岩溶地质剖面奠定了基础。石花洞中硬肢马陆属的发现，使我国的马陆种属增至4种。

7. 地质学家的“摇篮”及教学基地

这里地质遗迹类型齐全，是一座天然地质博物馆，被誉为“中国地质学家的摇篮”。诞生了中国第一代地质学家，从周口店走出了近20位院士、众多的地质专家、学者。这里是历史最悠久的科普教育和教学基地，每年都有国内外学生来此参观、实习。

8. 社会经济价值

园区内除地质遗迹景观之外，还有一批重要的人文景观，如云居寺、平西抗日烈士纪念馆，是重要的爱国主义教育基地。通过地质公园的开发建设以达到对重要的地质遗迹保护的目的，并从中创造经济财富，同时拉动相关产业的发展。

第四章 生态环境和旅游资源评价

第十二条 生态环境评价

本地属华北特有种的多度中心（太行北段中心），是华北特有种最丰富的地段之一，本地还是著名模式植物产地。复杂的地形营造了多种生态环境，为生物多样性创造了条件。植被类型多样营造了景观多样性。由此可见，本公园规划区在北京乃至华北，都是生物多样性最为丰富的地区之一。

第十三条 旅游资源评价

在全球半干旱气候条件下，因构造、剥蚀、岩溶作用所形成的大型峡谷、嶂谷群；在全球半干旱气候条件下，因构造、剥蚀、溶蚀作用所形成的大型峰丛、峰林、柱状山、墙状山；在全球半干旱气候条件下，因地下水冲蚀、溶蚀作用形成的中大型洞穴群；发育大量典型的小型构造，河流浸蚀、冲蚀、海相沉积、崩塌等精品景观；与自然融合一起的，具有世界品位的东方文化精品景观；

世界出土最多、最全面、最具有代表性的周口店“北京人”遗址。

第五章　地质公园总体规划布局

第十四条　规划总体布局

世界地质公园标志与管理服务中心（一个主中心，两个副中心），世界地质公园八大功能园区。

1. 世界地质公园标志与管理服务中心

本公园设立一个集中的世界地质公园标志与管理服务主中心，其功能除安排世界地质公园标志碑外，还具有地质博物展示、科普服务、游客信息咨询服务等功能，选择在良乡卫星城地带，总占地约5hm²。另外设立野三坡、白石山两个世界地质公园标志与管理服务副中心。

2. 世界地质公园八大功能园区

（1）十渡岩溶峡谷综合旅游园区（简称“十渡园区”），总面积为313.68km²。

（2）云居寺—上方山宗教文化游览园区（简称“云居寺—上方山园区”），总面积约为31.37km²。

（3）周口店北京人遗址科普功能园区（简称“周口店北京人遗址园区”），总面积为25.52km²。

（4）石花洞溶洞群观光园区（简称“石花洞园区”），总面积为36.50km²。

（5）圣莲山观光体验园区（简称“圣莲山园区”），总面积为28.10km²。

（6）百花山—白草畔生态旅游园区（简称“白草畔园区”），总面积约为113.95（其中房山54.83km²）。

（7）野三坡综合旅游园区（简称“野三坡园区”），总面积约为344.83km²。

（8）白石山拒马源（拒马河源头）峰林瀑布旅游区（简称“白石山园区”），总面积为60 km²。

各个功能园区由景区、景点组成。

第十五条　公园园区堪界划界

公园边界一般沿自然地形（山脊、山沟、岸边、崖边、路边等）或行政（乡、镇、村等）区划界走向。公园边界划定后，需要进一步完成设置界碑界桩工程，包括在典型边界点设立界碑，在必要处设立界桩等。界桩间距不得大于100m，界碑间距不得大于1000m。规划建议不在边界设网、墙等有碍观瞻等的工程。规划提倡在有条件的园区边界设立边界林带，林带宽根据实际确定，一般为20 ~ 50m。边界林一般为当地适宜的高大乔木。

第六章　地质公园保护规划

第十六条　地质遗迹保护分级

本地质公园地质遗迹划分四级保护：特级保护区（点）、一级保护区、二级保护区、三级保护区。

1. 特级保护区（点）

石经山藏经洞、云居寺藏经地窖、莲子峰木乃伊，石花洞的银旗、银狐洞内银狐等珍贵次生化学沉积物，猿人洞、新洞、山顶洞、田园洞、太平山北洞的古人类化石、遗迹，散布在园区各处的重要地质遗迹。

2. 一级保护区

云居寺、石经山、上方山（中心区）、龙骨山、圣米石塘、百花山及白草畔高山草甸、关地蘑菇石群、野三坡百里峡峡谷、涞源白石山和十瀑峡谷的中心景区；石花洞、清风洞、银狐洞、鸡毛洞、孔水洞、三清洞、龙仙宫、仙栖洞的洞区。

3. 二级保护区

拒马源头区，拒马河峡谷（十渡和野三坡谷底至谷顶缘外200m范围）；上方山、万景仙沟、孤山寨、南方大峡谷、仙峰谷、莲缘峡谷、王老铺峡谷、东湖港、西湖港，白草畔草甸外景区。

4. 三级保护区

除以上范围的地质公园的其他地区，以及从涞源拒马河源头至野三坡拒马河谷两侧约宽1000m范围的地域。

第十七条　地质遗迹分级保护措施

1. 特级保护区（点）

（1）除专业科研人员外，游人不得进入，游客进入现场展示厅必须沿指定通道参观。

（2）除特级保护区的保护围栏外，区内不得搞任何人工设施、建筑。

（3）按规划进行必要的建设作业时，要履行必要的审批手续，在监督部门的监督下进行，并维护特级保护对象的原貌。

（4）任何人不得采石、挖掘化石标本、严禁采矿。

2. 一级保护区

（1）不得建设机动车道，可以安置必需的步行游路、相关设施和标志物。

（2）严禁建设与景区无关的设施。

（3）保护区内以绿色生态建设为主，但不宜建设城市园林；可引种当地适宜生长的观赏植物；区内全部退耕还林，荒地绿化，除裸露岩石外，绿地覆盖率达90%以上。

（4）严禁采石、采矿、放牧。

3. 二级保护区

（1）可按规划建设园内道路，但建设完工后，立即恢复原有植被。

（2）可按规划建设必要的旅游设施，建设中注意保护生态环境。

（3）严禁采石、采矿；山地、林地禁止放牧。

（4）区内25°及以上坡地全部退耕还林。

4. 三级保护区

（1）禁止生产性采石，采矿。

（2）严禁建设一切有污染的企业，现有污染企业应采取措施限期治理，治理不能达标的，应停产、关闭或转产。

（3）一切宜林荒地均实施绿化，25°及以上坡耕地逐步退耕还林，以防止水土流失。

第十八条　自然生态保护规划

1. 十渡园区

应充分利用水体和临水道路进行滨河绿地、岸线景观设计，以植物造景为主，辅以适当的游憩设施，注重色彩层次，季相变化，林冠线起伏，构成有韵律的带状绿地，展现四季景色。

2. 云居寺—上方山园区

对珍稀濒危动植物、古树名木等重点保护，充分保护好森林植被，营造完善的生境系统，风景区树木配置要多样化，多营造针、阔叶混交林；加强护林防火工作；在重点景点根据立地条件，可适当种植一些与佛教相关的树木，如银杏、楸树、七叶树、柘树、朴树、山杏等。

3. 周口店园区

进行大面积森林式和园林式绿化，根治周边环境，整治遗址东侧的周口店河；规划将河道两侧恢复成自然式湿地景观；根据立地条件，部分景区采用恢复第三纪、第四纪部分植物群的景观设计，营造仿真的生态效果。官地岩体景区要营造合欢成片景观，建设与燕山石化间的绿色屏障。

4. 石花洞园区

进一步绿化美化，景区内营造自然式风景林，景区外可恢复天然林或经济林。银狐洞建议搬迁拆除洞口至停车场间的售货走廊，营造绿色走廊。

5. 圣莲山园区

圣莲山有不少古树名木，特别是古松、古柏，与陡峭的山岳、古建构成特色景观，要加强保护，落实措施。

6. 白草畔园区

调整自然保护区功能区划、加强科学管理。

7. 野三坡园区

禁止放牧，严禁滥砍滥伐；搞好植被保护工程；做好拒马河水体保护工程；实施绿化工程，采取多种方式搞好人工造林和封山育林，重点抓好拒马河沿岸绿化及防止山体沙化。

8. 涞源白石山园区

设立生态景观的多样性提示牌。源头的公园、娱乐项目应符合生态旅游区的建设要求。源头地区已形成独特的湿地景观，应予以保护。拒马源头湖中的水绵、轮藻等应定期作适当清理。应种植一些风景树及沼生花灌木。“涞易合流”是涞源古十二美景之一，部分恢复古时“水碾处处，芦荻丛丛，阡陌交错”的原貌。应充分保护、利用好穿城而过的清澈溪水，清理污染源，做到雨污分离，拆迁周边一定范围的建筑，采用自然式绿化，使之成为涞源一条独特、亮丽的的风景线。

第十九条　环境保护规划

1. 环境保护工程

旅游景区大气环境质量达标，废渣和生活垃圾无害化处理，噪声在旅游景区内达标，污水处理达标。

2. 生态林业、园林绿化与农业产业结构调整

封山育林，培育水土保持林及水源涵养林，实施景观林建设——山区景观再造工程，搞好经济果林建设，调整放牧与饲养方式。

3. 综合减灾生态安全建设

加强护林防火工作，建设防火瞭望塔、消防通道及指挥中心、消防站；综合防治泥石流、山体滑坡等地质灾害，建设紧急避险、疏散场地和设施。

第二十条　环境容量控制

1. 接待游客数量的控制

（1）住宿人数的控制。十渡园区住宿游客应控制在18000人内。百花山—白草畔园区住宿总人数控制在880人内为宜。野三坡园区住宿总人数控制在10000人。涞源白石山园区住宿总人数控制在2500人。

整个园区控制在30000张床位左右。其他园区内，原则上不得建设住宿设施。严格控制常住人口的增长，园区常住居民，允许迁出，禁止迁入。

（2）观光游客的控制。房山园区控制在35000人，野三坡园区控制在16000人，涞源白石山园区控制在4000人，全园区合计控制在55000人。以上游客观光计算，包括了住宿在园区内的游客数。

2. 园区建筑控制

园区内建筑要与自然协调，以不破坏生态、不破坏景观为原则。园区内只允许建设本规划安排的与旅游服务设施有关的建筑，建筑高度除功能要求外，均不得超过3层；现有超过4层的、与自然景观不协调的均应降低，使建筑总高度（最高点）严格控制在15m内；景区建筑禁止城市化倾向（如采用玻璃幕墙、过度外装饰、奇异外造型、大体量等）；集中服务区的建筑也要控制建筑密度，拒马河滨水空间为公共所有，禁止将拒马河临水边空间占为私有；政府应制定政策，使已占有的临水建筑逐步拆除；严禁在白草畔高山草甸区安排任何建筑和道路；采取一切措施防止游客进入草甸内、践踏草地，已建设的应逐步拆除退出；规划保留的原有自然村内民居，经当地政府批准后，允许就地翻建，但不得超过3层。

十渡、野三坡两大园区内，包括民居、行政管理、旅游设施建筑总量控制在10000m^2/km^2内，白草畔园区控制在

$5000m^2/km^2$ 内，高山草甸内禁止任何建设，白石山园区控制新增建筑。

在全园区的用地范围内，包括原有居民点在内，规划控制的建筑总量为100万m^2。这一数值能满足今后每天接待3.5万住宿游客和2万观光游客的需求。但不得再增加居住人口。

第七章　世界地质公园标志与管理服务中心及园区规划

第二十一条　世界地质公园标志与管理服务中心

世界地质公园标志与管理服务主中心选择在良乡卫星城，用于安排建设世界地质公园标志碑、地质博物馆、科普导游培训中心、游客咨询服务中心、公园管理中心等，形成一个集散中心。占地约$5hm^2$，总建筑面积约$10000m^2$。

1. 世界地质公园标志碑

世界地质公园标志是本公园总的标志，具有象征意义。一旦申报成功，将在此举办揭碑仪式。应专门征集设计方案，一般选用大型石材雕制，造型大方自然，刻有“北京房山世界地质公园”名称以及世界地质公园园徽、本公园园徽，背面刻有简要建园经过。

2. 世界地质公园博物馆

建筑总面积为$5000m^2$，内分标本馆、展示厅、演示厅、报告厅、资料室等。地质公园解说中心、管理中心可与地质博物馆合建。

3. 世界地质公园综合楼

综合楼总建筑面积约$5000m^2$，包括三部分：

(1) 游客信息咨询服务中心，总建筑面积约为$1500m^2$；

(2) 科普导游培训中心，需要建筑总面积约为$1500m^2$；

(3) 世界地质公园协调管理中心，本中心建筑面积约为$2000m^2$。

第二十二条　周口店园区

总面积为$25.52km^2$，一级保护区面积为$7.15km^2$，二级保护区面积为$6.43km^2$，三级保护区面积为$11.94km^2$。

保护古人类遗址、加强其研究工作，扩大、充实、完善北京人遗址博物馆，在发掘文物展示上力求科学内容更全面、更完整、更系统；建设好周口店古人类文化游客接待中心；建立中国和世界古人类文化研究和会议中心，在周口店镇增设和完善会议旅游设备；综合运用现代化技术手段，在龙骨山创建“北京人遗址科普公园”，着力打造周口店国际人祖文化旅游品牌，重现50万年前、10万～20万年前、两万年前古人类发展不同阶段的“野性世界”、“文明世界”。开发我国著名、北京惟一的基督教景教寺庙遗址十字寺遗址文化旅游项目。庄公院可作为本游览区后备开发项目。在官坻村北部建设蘑石公园，按世界地质公园要求进行全方位保护，禁止开取石料；绿化造林，恢复大片合欢树景观；有计划地引水入园、营造水景。上述项目与周口店北京人遗址组合为一条旅游线进行开发。

第二十三条　十渡园区

总面积为$313.68km^2$，一级保护区面积为$5.65km^2$，二级保护区面积为$88.11km^2$，三级保护区面积为$219.92km^2$。

重新设计建设十渡园区的大门；建立各渡标志景观物；本区内有众多地质遗迹精品景观应重点列入科学开发规划，如南方大峡谷、三清双层地下大峡谷、“石中树”和“平顶山”、龙仙宫化学堆积景观、叠层石、蘑菇石及笔架山峰丛、峰林地貌等，提高旅游的科学性和知识性；对各休闲渡假村实行星级标准化管理；水上和河滨娱乐项目，如游乐场、跑马场、漂流、沙滩活动等要强化管理。

园区的景观环境应进行重点整治。严格控制建筑容量，禁止在核心区再建新建筑物；清理和整治商业设施，拆除一些不协调和与山水不匹配的建筑，努力打造十渡和谐社会空间；研究修建第二条过境公路；建议远期研究十渡镇与张坊镇合并问题，十渡镇政府迁出将减少对景区的破坏和空间压力；对景区排污问题进行全面研究，对任何建设项目必须进行环境质量评价，严格控制有污染的企业，启动统一的污水、污物处理设施。禁止各种牧业活动，采取切实有效的圈养或限养措施，强化绿化建设。

第二十四条　石花洞园区

总面积为36.50km^2，一级保护区面积为9.06km^2，二级保护区面积为9.82km^2，三级保护区面积为17.62km^2。

进一步开展地质环境综合调查科研活动，为园区合理开发、有效利用、科学保护资源提供理论指导。要彻底整顿石花洞口商摊秩序，遏制园区城市化发展倾向；部分迁出中心区居民，彻底解决环境卫生不整洁的状况；进入景区的通道、周边的村庄进行整体设计和美化，配套和提高接待设施的水平，打造我国一流的地质公园；银狐洞要深化科学开发管理水平，提高各种配套服务设施质量。清风洞、鸡毛洞、孔水洞要加强保护，科学制定开发规划。

规划建议房山区尽快地解决园区污染问题。随着108国道的修建，在园区沿主干道和沿河两侧可视范围内要大力整治环境，取缔采矿、采石、烧石灰等污染型严重的企业；加强景区及到达各景点的沿途荒山、荒坡、荒地的绿化，注重植树造林的效果，整顿各景点社会、经济环境秩序，强化景点行政管理水平。关注煤矿塌陷区对当地居民和景观的危害，加强科学检测，不断提高应付自然灾害的能力。

第二十五条　圣莲山园区

总面积为28.10km^2，一级保护区面积为6.43km^2，二级保护区面积为6.78km^2，三级保护区面积为14.89km^2。

圣莲山全山建筑空间十分狭小，今后不再增设任何人工建筑；加强山上文物和古建筑遗址的保护，加强古树古木和山泉的保护；全面增设自然和历史文化景点的科学解说设施，提高社会和科学文化内涵；注意检修建筑、道路、栏杆等设施，防止出现安全事故，杜绝山林人工火情发生。本区须强化绿化的力度，提高视绿与生态环境水平。门区可设计再造流泉飞瀑景象。应采取措施弥补建设上的不和谐景物。将门前后停车场逐步改造为生态型停车场所。拆除三磁水上建筑和王母雕塑以及佛椅山下佛像，恢复峡谷原来自然面貌；拆除白龙湖上小白龙等人工雕塑；增设公路沿线固态流变构造、香肠构造、斑马石、翠屏山、隐仙洞、裂隙洞等科学解说牌。开发位于圣莲山祭拜台一侧的九龙谷景点。使之与圣莲山其他景点形成互动、互补、互联开发格局。加快修建108复线，提高圣莲山园区可达性。

第二十六条　云居寺—上方山园区

总面积为31.37km^2，一级保护区面积为9.94km^2，二级保护区面积为11.80km^2，三级保护区面积为9.63km^2。

1. 上方山

分期分批地修复上方山原有72茅庵。设立标志性指路牌。修建通向陷坑（天坑）及天柱峰势至庵的步道，强化安全设施建设。坚持“山上游、山下住”的原则，在两条登山路之间的谷地，建设一个规模为200人左右，风格古朴的休闲度假游客接待中心。研究启动打井引水山上造景、山下赏景的工程。

做好自然和人工生态系统的保护，加大宣传力度，提升上方山国家森林公园的总体形象和科普教育水平。

2. 云居寺

修建规模为200人的“云居寺别墅型度假村”。完成杖引泉水进寺工程和寺前河道美化工程，整修南泉河滩地，再现云居寺历史上水绕寺转、泉水进锅的奇异景观，体现南倚金仙山，北靠南泉湖的风水意境。修复东塔院。恢复云居寺南塔。修建石经山顶观景亭和七层宝塔。在唐代西山头可恢复一座七层宝塔，它将成为小西天的标志景观。提高浴佛节的活动质量，使之成为宣传云居寺“王牌”、“品牌”的重要阵地。重点宣传云居寺的“三绝”、“世界之最”、“佛舍利”等重要王牌内容，使“国之重宝”、“北京的敦煌”等形象更加深入人心。

第二十七条　白草畔园区

总面积为113.95km^2，其中，房山区总面积为54.83km^2，涞水野三坡总面积为59.12km^2。一级保护区面积为15.20km^2，二级保护区面积为34.84km^2，三级保护区面积为63.91km^2。

首先要保护好生态环境，切实保护好山顶亚高山草甸景观，禁止牛、羊、马上山踏踩，防止破坏植被、草甸行为；旅游形象定位：“花山草畔，伊甸情怀”；道路改建为石砌路面或其他生态型路面，禁止再用水泥铺路；严禁在百花山建设永久性、大体量建筑；在白草畔山顶继续修建荆笆步行道，禁止社会车辆开向山顶；废除白草畔山顶停车场，改建在百米以下的山顶鞍部；修建观景台，增设火山岩喷发等解说牌；提高摩崖书法质量；在白草畔1430m台地上兴建一座2～3hm^{2}的望星湖，拆除周围房址，营造优美的森林景观精品；建设白草畔博物馆。

第二十八条　野三坡园区

总面积为344.83km^2，一级保护区面积为31.22km^2，二级保护区面积为85.02km^2，三级保护区面积为228.59km^2。

进一步增加、完善科普解说设施、导游标识系统；完善游客安全设施系统；进一步保护生态环境，控制高峰时游客容量。景区大门外商业街已经建成，应尽快用优惠政策开街营业，划出部分房屋（约200m^2），用作地质科普展示，并出售科普资料（含影像、图片、书籍等）和奇石艺品等。拒马河金三角地段不要搞破坏性开发，应保留作为高档度假村的建设用地。鱼谷洞景区要编制控制性详细规划，深入挖掘其地质遗迹和景观的科学内涵；洞外应重点规划环境保护和旅游项目的空间合理布局；迁拆附近一些不协调的建筑物；对两大岩溶泉要进行合理利用，对开洞渣土流石进行就地清除和生物覆盖。

第二十九条　白石山园区

总面积为60km^2，一级保护区面积为5.92km^2，二级保护区面积为10.83km^2，三级保护区面积为43.25km^2。

白石山景区应充实、丰富地质博物馆展陈内容；在顶峰设立海拔“纪念碑”、观景台，挂牌介绍珍稀植物和重要野生花卉；强化安全设施。十瀑峡景区要拆除景区的不协调的建筑物，将西山顶上的“福星石”更名为“太行第一柱”并在下部修一条步道，修建观光台；在沟谷源头处择址建设造景蓄水池，建设生态型停车场。拒马河景点继续整治老城环境，保护天然泉水资源，在泉水源头划分核心保护区和二级保护区，坚决制止排污行为；控制泉头周边建筑，使泉水、树木、建筑、街区形成和谐的整体风光。加强泉区绿化工程，保护好源头地区成片生长的豆瓣菜（西洋菜）、水芹、水毛茛等所形成的独特的湿地景观。“涞易合流”是涞源古十二景之一，在西广场恢复古时"水碾处处，芦荻丛丛，阡陌交错"的原貌。在涞水上游广大地区封山育林，启动"保泉绿城"工程。

第八章　旅游线路规划

第三十条　世界地质公园科考精品干线旅游（略）

第三十一条　观光、朝觐、休闲、度假专题旅游线路规划（略）

第三十二条　地质摇篮——科考、科普专项旅游线路规划（略）

各种典型地质现象，如固态流变构造、推覆构造、剥离断层、岩浆热动力构造等，露头清晰，临近公路，有利于组织地质科普、科考活动。

第三十三条　打造北京西南黄金旅游线（略）

第九章　旅游基础设施规划

第三十四条　道路交通规划（略）

1. 本公园园区道路规划

2. 景区内道路规划

3. 建立完善的游客公共交通体系

4. 完善到各园区的游客火车客运系统

第三十五条　旅游服务设施规划

1. 公园信息咨询服务设施布局

组建全园区信息服务网络，全园区信息咨询总服务台（中心）设在良乡标志区内，各景区设分台（分中心），各景点设终端服务点。

2. 餐饮服务设施布局安排

大部分园区、景区的门前区都可设餐饮服务点，以规范的快餐为主，农家餐店要适当集中于村庄附近；高档次的餐饮可安排在宾馆度假村内。对旅游线路两侧的小餐馆进行必要的整治。

3. 度假、住宿设施布局安排

按照"山上游，山下住"、"景内游，景外住"的原则，严格禁止在地质遗迹保护区、生态保护区和景区景点内建设度假、住宿设施。

4. 园内交通、停车场布局安排

加强自驾车进入园区的服务和管理。建议除大型宾馆、景点设立专有停车场外，应设立有一定规模的公众停车场，由专人管理和服务，并合理收费。

第三十六条　其他基础设施规划（略）

除供水、污水、环卫设施外，其他如供电、通信网络、电视、供暖等均纳入当地基础设施建设中去安排，增加相应的容量和线路。

第十章　地质公园解说规划

第三十七条　地质公园解说规划

在地质公园管理办公室（或管理中心）设立公园旅游解说科，负责整个地质公园解说指导工作。在游客主要集散地设置导游图；在各车行路、步行道口，叉道口转折处设置指示牌；在各景区或景点前设置名称牌、解说牌。对所有图、牌的规格、形式、色彩统一进行安排。此外还需要制作、编印出版地质公园科普、导游图书、资料、幻灯片及电子读物等。

各品种解说牌制作规格尺度要与人体尺度相吻合，有统一的形象设计，统一规格、统一材质、统一色调。解说牌要与环境协调和谐，材质尽可能用自然石材、原木或其他环保材料。解说文字简明、科学、易懂，字体规范。一般要用中英文两种文字。

第三十八条　解说导游设施安排

1. 地质公园标志碑牌的规划

规划安排三块北京房山世界地质公园标

志碑：主碑设在良乡公园标志区；第二块碑设在野三坡镇中心区；第三块碑设在涞源县城区。标志碑均采用大型天然石材雕制，碑的正面刻统一的“北京房山世界地质公园”碑名和世界地质公园标记（园徽），背面刻北京房山世界地质公园简要建园过程和主要大事。

2. 地质公园园区标志牌的设置

八大园区可向“北京房山世界地质公园”管委会申请授牌。各园区显著位置设立“北京房山世界地质公园——××× 园区”标志牌。所有景区标志牌均统一制作，竖向排列，规格、材质、色彩一致。

3. 地质公园景区标志的设置

景区基本建成可以安全接待游客后，向“北京房山世界地质公园”管委会申请授景区牌。属于人工景点、娱乐场所、餐饮宾馆、商店、度假村、农业观光园等均不允许授牌。可设置“北京房山世界地质公园 ·××× 景区”名称牌，景区牌一律统一制作，规格比园区牌小，材质为金属。

4. 地质公园导游图的安排

在地质公园标志区、涞源火车站、三坡火车站、北京南站、天桥长途客运站前设立大型“北京房山世界地质公园”导游牌。在各园区、景区游客咨询中心前设立中型导游牌和本园区、景区的导游牌。

5. 地质公园科普说明牌的设置

科普说明牌是地质公园的重要设施，所有地质遗迹景点前设置科学解说牌；必要的古树、名木、珍稀植物均应有牌说明。本规划第三章所列地质遗迹景点均应设置科普说明牌。

6. 地质公园道路导向指示牌

进入本地质公园主要道路口均设置指向地质公园各景区的导向牌、号志、里程碑。在道路各交叉口均设置到各有关园区、景区的导向牌、指示牌；所有车行、步行路均设置路名牌，及到各景点指示牌、引导牌。

第三十九条　地质博物馆规划

1. 地质博物馆的展布内容

主要展布内容：序言、划时代的发现、丰富的地质遗迹、良好的生态环境、丰厚的人文积淀、地质工作的摇篮。

2. 地质博物馆建筑规划

（1）规划对地质博物馆的基本要求。就功能而言，要满足本区丰富地质科学内涵的布展陈列要求，要满足观众接受科普演示教育要求，有视觉音响效果均好的演示厅，要有完整的参观线路和足够的空间。

建筑外观要简洁、大气、刚柔融合，要反映出房山的山水和房山世界地质遗迹特色要求；要能与周边环境、建筑协调。

在上述规划条件要求下，在全国，甚至全球征集建筑设计方案。

（2）建筑规模。大展厅一个、中展厅 4 个，1 个影视演示厅，其他还有研究、管理等用房，总建筑面积约为 5000m^2。占地不小于 1hm^2。

第十一章　土地与社会调控规划

第四十条　土地利用调控规划

规划分为地质遗迹保护和游赏用地、旅游设施用地、居民社会用地、交通工程用地、林地、园地、草地、耕地、水域和滞留用地 10 类。在主要控制的旅游设施用地、居民社会用地、交通工程用地 3 类建设用地中，旅游设施用地不得超过总园区面积的 1%，居民社会用地不得超过总园区面积的 1.5%，交通工程用地不得超过总园区面积的 0.5%。

（1）保护和扩大园区内的地质遗迹保护和景观游赏用地；

（2）适当调整旅游服务设施用地，要求

与景观环境相协调；

(3) 在不增加原居民数量前提下，统一规划当地居民社会用地；

(4) 充分保证园区内的交通工程建设用地；

(5) 林地、园地、草地、耕地、水域和滞留用地等生态景观用地保持不变。

第四十一条　现有建筑与景观整治规划（略）

第四十二条　社会调控规划（略）

(1) 中心村集中发展旅游服务；

(2) 规划建立科普园培训中心；

(3) 南车营村改造搬离石花洞；

(4) 十渡、张坊两镇调整规划；

(5) 劳动力合理转向旅游业。

第十二章　效益分析

第四十三条　近期工程投资估算（略）

第四十四条　经济效益评估（略）

第四十五条　环境效益

建设世界地质公园，就必须整治环境，在保护地质遗迹的同时，也要保护自然景观。所有这些必将有利于房山西部的生态建设，更有利于实施北京西部生态屏障规划目标。世界地质公园建设对北京、房山、涞水、涞源的生态环境保护有很大的促进作用。

第四十六条　社会效益

北京房山世界地质公园申报并基本建成对外开放，为2008年北京奥运会增加一处展示北京风采的科学、人文和自然景观。这也为房山、涞水、涞源提高在全国和世界的知名度、树立新形象提供了物质基础。世界地质公园挂牌，有利于当地旅游业的发展，为当地产业结构调整提供了机遇。为广大游客、青少年提供了学习地球科学知识、提高科学文化素质、提供生动的天然大课堂。

第十三章　地质公园保障体系

第四十七条　管理体制

1）建立中国北京房山世界地质公园管理委员会。

2）各景区可按市场原则建立企业，兼顾保护资源和经营管理双重任务。

3）建立健全地质公园管理制度，应建立的制度有：

(1) 中国北京房山世界地质公园的遗迹和生态保护制度；

(2) 关于中国北京房山世界地质公园管理委员会运行体制的规定；

(3) 关于中国北京房山世界地质公园的管理规定；

(4) 关于旅游景点企业经营体制的规定；

(5) 中国北京房山世界地质公园内居民合法权益和应尽义务的规定；

(6) 有关违规的制约制度；

(7) 其他相关制度。

第四十八条　人才保障与培训（略）

第四十九条　资金筹措（略）

第十四章　规划分期建设安排

第五十条　分期建设安排（略）

《北京房山世界地质公园规划》主要图件

北京房山世界地质公园 ----地质遗迹保护图
比例尺 1：50000
百花山—白草畔园区
圣莲山园区
石花洞园区
野三坡园区
十渡园区
上方山—云居寺园区
周口店北京人遗址园区
房山区
白石山园区
图 例
省 界
边 界
湖泊水系
园区边界
铁 路
高速公路
国 道
区内道路
特级保护区（点）
一级保护区
二级保护区
三级保护区
4
神州新纪录规划设计研究院

北京房山世界地质公园 ----旅游线路图
比例尺 1：50000
圣莲山观光体验园区
百花山—白草畔生态旅游园区
石花洞溶洞群观光园区
野三坡综合旅游园区
北京西南黄金旅游线
十渡岩溶峡谷综合旅游园区
周口店北京人遗址科普园区
上方山
至涞源白石山园区
入口
涞源白石山拒马源峰林瀑布旅游区
◆观光、朝觐、休闲、渡假专题旅游线路规划（多日游）
北京——石花洞溶洞群岩溶科普探险游
北京——百花山—白草畔高山自然生态休闲体验游
北京——上方山—云居寺自然风光宗教文化游
北京——周口店北京人遗址观光科普游
北京——圣莲山观光体验游
北京——拒马河十渡青山野渡峡谷风光休闲渡假游
北京——拒马河野三坡峡谷风光休闲渡假游
北京——涞源白石山拒马源峰林瀑布旅游区
◆世界地质公园科考精品干线旅游
北京——良乡世界地质公园标志与管理服务中心
良乡——石花洞园区、周口店园区（一日游）
良乡——云居寺—上方山园区（一日游）
良乡——十渡园区（一日游）
十渡园区——野三坡园区（一日游）
十渡园区——白草畔园区——圣莲山园区（一日游）
十渡园区——白石山园区（一日游）
图 例
省 界
边 界
湖泊水系
园区边界
铁 路
高速公路
国 道
游客接待城镇
历史人文旅游线
生态体验旅游线
科普考察旅游线
休闲度假旅游线
6
神州新纪录规划设计研究院

北京房山世界地质公园 ----项目建设图
在2005-2008年需建成如下项目：
1. 完成北京房山世界地质公园标志与管理服务中心（一主二副）的建设，包括地质公园标志碑、地质博物馆、科普导游培训中心、游客咨询服务中心、整个公园的管理中心等，总建筑面积10000㎡。
2. 完成地质公园勘界、立界碑工程，部分边界林种植养育工程，完成所有园区、景区挂牌工程，科普解说牌工程，大中型导游图、游客导向指示牌、道路标志等工程，形成完善的导向和解说系统。
3. 纳入世界地质公园的景区、景点与世界级公园不相符，与景观环境不协调建筑、营业店铺、其它设施，规划建议应拆除或搬迁。
比例尺 1：50000
九龙谷旅游区
圣莲山园区
白草畔园区
鱼谷洞景区
白草畔博物馆
石花洞园区
鸡毛洞
标志与服务管理中心
房山区
野三坡园区
双清洞景区
官地盾石公园
北京人遗址科普公园
龙仙宫景区
十渡园区
七层宝塔观景亭
石中树
上方山云居寺园区
周口店北京人遗址园区
云居寺东塔
云居寺南塔
笔架山
南方大峡谷影视外景拍摄展示馆
云居寺别墅型度假村
至涞源白石山园区
入口
拒马源景区
白石山园区
◆世界地质公园博物馆
建筑总面积为5000㎡，内分标本馆、展示厅、演示厅、报告厅、资料室等。地质公园解说中心、管理中心可与地质博物馆合建。
◆世界地质公园综合楼
综合楼包括三部分：总建筑面积约5000㎡，其中：
1. 游客信息咨询服务中心，总建筑面积约1500㎡。
2. 科普导游培训中心，需要建筑总面积约1500㎡。
3. 世界地质公园协调管理中心，本中心建筑面积约2000㎡。
图例
省界
边界
湖泊水系
园区边界
铁路
高速公路
国道
功能园区
旅游建设项目
标志与服务管理中心
旅游接待城镇
游客公交换乘系统
3
神州新纪景规划设计研究院

实例四　《河南新安峡谷群地质公园建设规划》摘要

本书引用此例的说明：

原规划是2002年河南省洛阳市新安县旅游局委托北京师范大学资源与环境系编制的旅游景区详细规划，其范围为该县西北部至黄河小浪底水库西侧（当地又称万山湖），总面积约为145km²，包括黛眉峡、龙潭峡、双龙峡及其之间和相邻的山场、水面。当时规划任务包括两部分：一是总体策划定名为《新安万山湖峡谷群地质公园规划大纲》；二是选择其中主要景区景点的编制能指导实施建设的详细规划，当时定名为《新安万山湖峡谷群地质公园控制性详细规划》。作为实例，本书只摘要引用其中的核心部分，并作适当整理，定名为《河南新安峡谷群地质公园建设规划》。本规划以卢云亭教授为组长，参加的主要成员有李同德、陈兆棉、李学东、李树芳等。

实际上在新安旅游局委托规划时，是为挖掘北部山区资源及指导如何建设旅游区而委托我们规划的。我们现场考察后，卢云亭、陈兆棉等提出该资源完全可以申报国家地质公园，并向新安县政府提出了建议。现在该建议已经实现，该资源不仅成为国家地质公园，而且与济源市王屋山一起共同以中国王屋山－黛眉山地质公园的名义向联合国教科文组织申报加入“世界地质公园网络”（Global Geoparks Network），并获得成功。

2005年，新安县按照《新安万山湖峡谷群地质公园控制性详细规划》，首先对其中龙潭峡景区进行建设，并于当年开放。2006年就接待游客达14万人次。笔者于2007年4月参加了《洛阳市黛眉山世界地质公园旅游发展战略研讨会》，再次重游龙潭峡，发现从景点安排、科普设施，到旅游步道、栈道的建设基本都按该详细规划实施，建设单位和观光游客都较满意，甚感欣慰。现以《河南新安峡谷群地质公园建设规划》中已经成功实施的龙潭峡景区为主，其他相关部分内容为辅，摘录于后。

第一章　规划概貌

第一节　峡谷群分布及现状概貌

（一）峡谷群分布

1．规划范围

新安峡谷群地质公园位于河南省洛阳市新安县西北部、黄河小浪底水库西侧，距洛阳市80km。规划范围包括黛眉峡、龙潭峡、双龙峡及其之间和相邻山体（曹村乡和石井乡西部及峪里乡全部区域），总面积145km²。其中作为旅游景区的仅为黛眉峡、龙潭峡、双龙峡（含联珠峡）中峡谷最窄、岩壁陡峭、潭瀑发育最为集中的峡段，总长14.3km，这些峡段是最具有旅游价值的游览景区，总体规划布局将此划为一级、二级景区，也是本次编制建设规划的范围。其他范围划入地质公园的保护区，是游览景区的生态大背景区。

2. 峡谷群景区的分布

3条峡谷由北到南分布，其规划旅游景区也随之分布：

黛眉峡景区，从峪里大桥至县界长约6.5 km，其中本次规划主景区从沟口至珍珠潭，长约3.0 km。

龙潭峡景区，西从上游发源地（新安县与渑池县交界的处罗圈崖村北），东至风洞沟口，沟全长约11km，其中中部为核心景区和接待区，总长4.1 km。

双龙峡景区，包括双龙峡和联珠峡，是畛河上游的两源头峡谷，其规划景区从和合塬，经双龙峡、联珠峡到城崖地，总长约7.2km。

（二）峡谷群现状

3条峡谷旅游开发现状相差较大：

双龙峡作为省级风景名胜区“黄帝密都青要山”的重要部分已经对外开放，并已经有初步的接待能力；其峡谷内已经筑坝形成了3个人工水面，有小船迎接游客；城崖地现有家庭旅社、小型餐饮店、小商店接待游客，已经有一个详细规划指导着开发建设。

龙潭峡作为新安县旅游开发的重点，正受到政府高度重视，最近由政府投资的公路已经通到龙潭峡核心景区门口五龙潭，已经有简易栈道穿过峡谷到达核心景区终点“刀碑石”；到过龙潭峡的游客（来自洛阳、三门峡、郑州等城市）对其感觉良好，认为很值得来。

黛眉峡作为黛眉山景区和万山湖边一个重要景点（线），处于小浪底淹没区边缘，尚未进行旅游开发，但由于历史上采矿等人为原因，弃石渣堆积谷底，对自然景观有较大破坏，需采取必要工程措施才能对外开放游览。

规划应针对不同现状区别对待，进行合理安排。

第二节　峡谷群旅游设施规划总体布局

（一）旅游设施规划总体布局原则

1. 可达性原则

本地质公园是以三条峡谷为主要景观的自然科学公园，规划以解决游客安全到达峡谷游赏自然景观为主要宗旨来布局各类旅游设施，重点是安排各级道路交通设施。包括对外公路、景区内车道、停车场，以及到达三条峡谷内的步行小道、栈道等。

2. 自然为本原则

3条峡谷是自然地质运动留下的地质遗迹，加上千姿百态的自然生态环境（大气、水、生物等）构成了本公园的主要旅游资源。三条峡谷已经天然合理布局在新安县西北群山中，人类不可能改变它们。规划应体现以自然为本，人（包括游客和经营管理者）作为自然界的一部分参与其中，构成良性生态循环，从而能使十分脆弱的自然环境得以保护。

3. 旅游设施大分散小集中原则

（二）旅游设施规划总体布局

由于资源天然分布在三条峡谷中，旅游设施当然也要随之分散布局；各峡谷景区接待设施在有条件时尽可能集中布置，但不要城市化。

在三条峡谷的核心景区中，只安排步行栈道、解说牌；其他接待住宿设施安排在城崖地、龙潭峡景前区；黛眉峡不安排住宿设施，要住宿的游客安排在附近的新峪里乡中心区。

第二章　龙潭峡景区建设规划

第一节　龙潭峡谷规划布局

（一）龙潭峡谷功能布局

龙潭沟上游发源于新安县与渑池县交界处的罗圈崖村北，东至风洞沟口，沟全长约11km，按其功能可分为4段：源头罗圈崖至刀碑石为源头保护段、刀碑石至五龙潭瀑布为核心景区段、五龙潭至千年古檀树为景前区（接待区段）、古檀树向东至风洞沟口为下段即过渡区段，属保护区范围。

（二）核心景区段

最具旅游景观价值的是中段核心景区：从刀碑石至五龙潭瀑布，全长约2.0km，峡谷宽10～60m。该段峰、岩、壁、滩、瀑、潭、林、苇、草，交叉组合，千奇百怪，景点景物非常集中，一步一景。是本公园的精华，是游客的目标景区，要最大限度地创造条件，安全方便地引导游客到达其中。但除设安全步道、栈道和景点解说牌外，不再设立任何其他设施，以保护其自然状态、自然美。其景点按自然分布大体分为几段：

1. 龙潭水峪

从五龙潭瀑布至青龙关，约500m长，陡壁、怪石、潭瀑错落、水石融合、变化无穷，有非常高的游览价值，胜似河南著名景区修武县“温盆峪”。目前游人尚不能到达。规划安排铺设栈道到窄谷内。

2. 潭瀑集中区

位于青龙关—神门关之间。其潭瀑分布十分密集，按顺序分布为：青龙潭、石滩、小潭、高石滩、黑龙潭、卧龙潭、阴阳潭、连珠三潭、毓秀潭、芦苇潭、百龙潭，百龙潭与神门关紧紧相连。潭与潭之间多有瀑相连。潭瀑集中区段长约600m。

3. 乱石滩—高壁走廊

乱石滩为相对宽而平的滩地，乱石滩后突然收缩为高壁走廊。一张一弛之景引人入胜。高壁走廊高达百米，长约500m。规划安排此地设一生态公厕。

4. 奇异景观段

包括佛光罗汉潭、“水倒流”、石上檀、天书石、指纹石以及“仙女出浴”、双峰塔等。

佛光罗汉潭。潭旁边的石壁上有酷似龙门石窟中排列的千人佛像，太阳下午4点从西边照在水中，水的波纹闪动，反光照在石壁上，好似上千佛像在闪动，是龙潭峡一迷。

“水倒流”。佛光罗汉潭之上是石滩，游客经过此，感觉水是自下向上流（即由东往西流）的奇怪现象。科学的解释是，由于周围的参照物岩石层理是微微倾斜的，造成了人的视觉的偏差。

石上檀。一棵青檀树生长在谷中孤石之上，其极强的生命力，令游客感叹。

指纹石。一巨大的孤石立于峡谷中央，巨石迎面是杂乱而又有规律的波纹，远看酷似指纹状，故名。

天书石。谷中央光滑的巨石面上留着被风化的石纹痕迹，酷似一行行手书汉字。天文石旁边有一片柘树，挂满红色甜果，可食。规划建议培育成柘树园。

仙女出浴。指沟中一石壁纹理似从沐浴池中走出。

双峰塔。峡谷一侧岩顶相邻两石似两塔。

5. 一线瀑—刀碑石

右侧高壁中央，“V”形窄谷中喷出一细流，高达50m，似一条细线挂下。左侧谷顶，矗立天然片状石碑，似尖刀插向蓝天，十分壮观，号称天下第一刀。碑高超过70m，其中露出的刀片高30m，是龙潭峡的标志性景点。

（三）景前区布局

景前区紧邻核心景区，其功能是作为过渡和接待服务，为游客进入核心景区前做准备或从核心景区游赏出来后，在此休息调整。由于狭窄地形限制，并防止大量外部车辆靠近核心景区，景前区各功能设施不得不分布在从五龙潭至千年古檀树附近总长2.1km的区段上，其宽度为50～150m。规划根据其功能划分三个亚区：门区、度假区、服务区。

（1）门区：大门、售票房、游客信息咨

询中心、长途客运站。

（2）度假区：龙潭度假宾馆、度假湖、附属设施。

（3）服务区：扩大的五龙湖、服务中心、五龙茶馆、园内环保型车（或电瓶车）停车场等。

（四）源头保护段

从罗圈崖至刀碑石为龙潭峡上段，长约3.4km，位于龙潭峡的上游源头，生态脆弱、乱石堆积，设置步行道相对困难，自然景点相对分散，规划建议作为源头保护，退耕还林、禁牧，不宜开发。上段因生态特别脆弱列入一级保护区范围。

（五）过渡区段

从风洞沟口（前沟村）至千年古檀为龙潭峡下段，长约3.5km。此段地形平坦、开阔，以石滩为主，上游来水大部分转入地下渗流，除沟两侧有少量分散自然景点外，无特别开发价值。它是从县城经石井进入龙潭峡核心景区的必经之地，现已修通进入龙潭峡景区的公路，规划建议对过渡地段进行生态保护，红岩寺大门以上均退耕还林、禁牧。对两侧地质遗点，如白云质灰岩洞（传说蚩尤洞）、风洞、“仙人石”、“坦克石”等景点，均应按一级保护标准加以保护，可起到游客进入核心景区的引导功能作用。该区段其他地域列入三级保护区范围。

第二节　核心景区游览设施规划

（一）游览设施现状

从五龙潭东西两侧有石砌步行台阶（每侧大约有180级台阶）向上通到上东西两亭（龙亭、凤亭，西亭又称“接官亭”），并进入龙潭峡主景区。东侧沿山腰水平小道（原引水渠位置）绕过龙潭水峪直接通过青龙关进入龙潭峡集中潭瀑景区；潭瀑区石壁上安装有钢质踏步式栈道，钢板踏步间有0.25～0.5m的空隙，存在安全隐患（曾发生过游客落水事故），也影响游客观赏景物的质量；有些过潭步道直接从潭边岩石上通过，既陡又滑距水面太近，很不安全；过滩段步道不平整、不完整，且遇涨水时不能通过等。西侧沿山腰上爬也绕过了龙潭水峪到公主洞，再经前村：或下坡进入龙潭谷底观一线瀑、或继续前进到一线瀑塬上，西侧为乡间小道，部分路段要修台阶、铺石平整。

整个核心景区没有公厕、垃圾筒；也缺少解说牌、景点名称牌、安全警示牌等设施。

（二）游览设施规划

1. 龙潭水峪栈道的安排

龙潭水峪具有极高的游览价值，到目前为止尚未对外开放，本规划建议应尽快建设进入谷中的栈道，作为正式开放龙潭峡景区的典礼项目。栈道位置略高于潭瀑水面最高水位，选择从五龙瀑岩壁西侧游船码头（参见下一节）起步，在码头与瀑口上约5m高岩壁上安置钢构台阶，并与窄谷内栈道相接。谷内栈道用钢构沿岩壁而设，铺设时应选择在坚固安全岩壁上，必要时可用钢架跨沟（瀑、潭）。在景点极佳的适当位置栈道加宽成为观景平台，平台宽度为道宽的2倍左右。台阶、栈道、平台台面，有条件时面层用木板、方木或原木固定于钢构架上，面宽0.8～1.0m。钢架外侧是安全扶手。钢构件除刷防锈漆外，外涂与岩石类似色彩的漆（如暗红、深灰、土黄等），五龙瀑岩壁前的钢架建议用暗红色或黑色。栈道的加设是龙潭水峪开发的关键项目，施工前应认真具体踏勘、选线并进行专门的工程设计。

2. 潭瀑集中区栈道的重整

从青龙关—神门关之间的潭瀑集中区已有踏步式栈道，但既不安全又不利于游客观赏游览，必须重新整修。整修要求与龙潭水峪相同：用钢构架设在坚固安全岩壁上，必要时可用钢架跨瀑或潭；景点极佳的适当位置栈道加宽成为观景平台；栈道、平台台面必须是连续的不漏空面层，面宽0.8～1.0m，有条件时面层用木板、方木或原木固定于钢构架上，钢架外侧设安全扶手。其他过潭栈道均按此要求设计施工。

3. 涉滩步道的整修

涉滩步道包括：基岩石滩、乱石滩、沙石滩。所有涉滩步道，基本要求：①步道宽度1.2～2.0m，路面高出常年水位0.5m，但保证旅游季节游客均能安全涉滩通过，即最高水位时，路面不被水淹即可；②涉滩步道可就地取石砌筑，但不得开山取石、不得使用水泥；③允许利用（非保护遗迹）基岩凿平或成台阶道；危险路段要设安全扶手，扶手立柱必须插入安全可靠的基岩中。

4. 回程步道的整修

回程步道利用峡谷顶北坡原有乡村道。其线路是从一线瀑东侧柘树园起上爬经前村、公主洞，即进入宽2～3m原有乡村道（已部分作了铺修），游客在到达“接官亭”稍息后，再经已修筑的五龙湖西侧台阶下坡乘船返回。此回程线路，基本已形成，部分路段应重新整修，达到整个回程路安全轻松，具体要求：路宽达到1.5～2.5m；全程均用石材铺砌或基岩开凿；不得用水泥路面，除特殊安全因素外均不得使用水泥、混凝土。

5. 环卫设施的安排

水流清澈、生态环境良好是吸引游客的的基本因素，未来可能造成对这一因素破坏的是人群自身。为防止或减少游客对环境的污染，规划在核心景区内安排：① 2处生态型公厕，分设在“乱石滩”景点和回程路的适当地点，男女分设，每处蹲位女5男10，要求达到星级标准，不向峡谷内直接排放公厕污水，粪便收集后直接送到峡谷外处置；②沿游线平均每100m安排垃圾筒一个，垃圾筒用轻便材料制作，适当美化造型，禁止用水泥制作，防止建设性污染。沿游线适当位置设立注意环境卫生警示牌，卫生保洁员全日及时清洁环境。

6. 解说牌设置

解说牌包括：地质遗迹解说牌、景点名称牌、指示牌、安全卫生警示牌等。所有解说牌均应设在明显位置，规格、色彩统一。地质遗迹解说牌，一般用石材刻制，每字规格为45cm×60cm。有些直接刻于附近岩石上，说明要简明科学通俗，一般不超过200字。景点名称牌可直接刻于附近岩石上，或用石材刻制，要求醒目，每字规格为35cm×25cm，用标准仿宋体（名人提写例外）。其他指示牌、安全卫生警示牌等均置于岩壁上，特殊情况立双杆设置，为蓝底白字、中英对照，规格为35cm×60cm，设置高度以地面或台面以上2m左右为宜。

第三节　景前区建设规划

（一）景前区功能

龙潭峡景前区功能在规划大纲和前述规划布局中已经作了说明。由于某些条件的特殊性，在详细安排其设施之前，对景前区的功能有必要作补充分析如下：

1. 公众停车场

游客从客源地乘各类车辆（旅行社专车、公共长途车、团体大客车、私人小汽车、公务车等）均在此下车开始游览活动，在游览结束后在此上车。为此景前区必须设立公众停车场，包括长途客运站。为防止各类车辆对景区环境的污染（尾气、噪声、排污等），停车场应尽可能远离核心景区而靠近大门。

2. 接待功能

游客下车后，首先要了解景区的各类信息、办理入园手续（如购票等），因此在门区设立游客信息咨询中心、票房是必要的。

3. 服务功能

园内交通服务。由于特殊的地形环境，

停车场不能靠近核心景区（约有2km路程），园内安排电瓶车服务是必要的，因此景前区内不得不安排电瓶车道和相应的停车场。另外，本规划根据地形的景观特点，扩大五龙湖水面，在进入核心景区前，使五龙湖具有水上游览兼交通双重功能。

餐饮购物服务。在下电瓶车后，入园前游客可能要购饮料、小食品等；游览结束出园可能稍息、等友、餐饮、购纪念品等，这样五龙庙附近地段成为这一功能的当然空间。

度假住宿功能。调查分析表明，在每天数千游客中，总有少数游客在此住宿过夜、度周末或其他活动（包括会友、交易谈判、小型会议等）。安排120床位的度假宾馆，以满足少数人的度假住宿功能是适宜的。根据龙潭峡开放后的市场情况，这一功能可能会增大，规划要留有发展余地。

（二）景前区功能区划

规划根据对景前区功能分析，将景前区划分为三个亚区：门区、度假区、服务区。各亚区分别安排的主要建设项目有：

1. 门区

大门、售票房、游客信息咨询中心、长途客运站和公众停车场。

2. 度假区

龙潭度假宾馆、度假湖、宾馆附属服务设施（餐饮、娱乐、健身）。

3. 服务区

扩大的五龙湖、服务中心、五龙茶馆、园内环保型车（或电瓶车）停车场等。

4. 其他用地

景前区内其他用地包括：现有村庄、绿色山坡、泄洪道。其中将有2处村庄安排为预留发展用地，骆村安排为家庭式旅馆，其余零散居民点搬迁后改为绿地。

各亚区的具体项目策划及其安排见后。

（三）龙潭峡门区规划

1. 门区范围

门区包括大门外长途客运站、公众停车场，大门内安排园内电瓶车停车场、游客信息咨询中心，总计用地面积为0.7hm^2。

2. 游客信息咨询中心

设在在大门内侧，负责解答游客提出到景区旅游的一切问题，并给予适当安排服务，与票房等构成门区一组规模很小的建筑，总面积控制在400m^{2}内，占地0.1hm^2。

3. 长途客运站

安排在门区外东侧砂石滩上，总面积为0.37hm^2，按4级长度客运站规划设置，站房建筑面积为600m^2，停车场面积为0.3hm^2，不用水泥面，用石材铺砌。

4. 公众停车场

设在大门外西侧，面积为0.1hm^2，主要安排停放私人小汽车为主。不用水泥面，用石材铺砌。

5. 园内停车场

设在大门内，面积为0.13hm^2，主要安排接待游客的环保型电瓶车停车场。不用水泥面，用石材铺砌。

（四）龙潭峡服务区规划

1. 园内环保停车场

为景区运送游客的专用环保型车（或电瓶车）停车场。位于五龙庙东，占地0.3hm^2，足以提供10辆大型或20辆中型环保型停车专用，以及少量特殊车位。不用水泥面，用石材铺砌。

2. 地质公园标志碑

位于园内环保停车场东北150m处山脊端头（小自然村西），为方形石碑，高不小于10m，书写“新安峡谷群（国家）地质公园”并注“龙潭峡园区”。是进入景区的标志，对游客起心理导向作用。此山脊上小自然村应搬迁，并退耕还林绿化，绿化除标志碑附近为低灌木、草外（为不挡视线，突出标志碑），均引进观赏乔木（季相），以粗犷壮观为特色，不建城市园林。

3. 服务一条街

为保证商贩有序经营，本规划在园内停车场后安排长约120m的服务一条街，占地约0.25hm^2。规划要求：街前留有不小于8m的空间，建筑进深约10m，建筑面积约为1200m^2。统一设计建成后出租，允许经营快餐、饮料、小食品、纪念品、摄影等。

4. 五龙茶馆

五龙茶馆，设在五龙庙所在台地上，占地0.15hm^2，为档次较高小憩处，可品茶、酒吧、选购纪念品。可接团小憩、地质科普讲座、景区景点介绍等。规模为50座，建筑面积为500m^2。规划建议用进口木屋，庭院地面用石材铺砌。

5. 五龙湖游览区

龙潭峡核心景区前五龙潭是一人工湖，近年筑坝而成，水面面积为0.7hm^2，水面高程为418.8m。由于水面不大，水上活动也难以安排；湖面东、西两侧有石砌步行台阶向上通到上东、西两亭，但由于台阶设置太陡，连续攀登一次大约有180级台阶，游客刚进入景区就感觉较累；加上上去后要步行近1.0km乏味的小路，绕过了最美景观之一的“龙潭水峪”，直接进入后面的景点。为克服这些缺陷，规划安排在五龙庙附近沟中，建一高程为419m的坝（与原五龙湖高程大体相同），折除原坝，使五龙潭扩大一倍，水面面积达到1.3hm^2，水上游线长度达到360m。游客通过水上观光后，到达五龙瀑布西侧壁前码头，经五龙瀑旁壁前设置的步道转入瀑上栈道（或东侧打洞），直接进入“龙潭水峪”内感受奇景。龙潭水峪入口栈道道宽不超过1.2m，要求坚固安全，能承受人群集中登梯的荷重。登梯台阶栈道的外观色彩与自然岩壁一致，以不突出这些人工结构物为宜。

五龙湖两侧的高台阶石步道，作为游客观光龙潭峡后回程的下行步道，较为合适。

（五）龙潭度假区规划

1. 度假宾馆

位于龙潭峡景前区的骆村湖（度假湖）的南岸台地上。为200床位的别墅式度假宾馆，总占地2hm^2，总建筑面积为8000m^2。包括95套标准客房、10套高档客房、1个多功能厅（会议和歌舞或演出）。为提高宾馆的使用率，安排了适当数量的中、小会议室。规划建议采用进口的木屋，庭院地面用石材铺砌，以达到与环境的和谐；减少建设中水泥砖瓦的用量，甚至不用，保护自然环境。

2. 度假湖

在骆村东侧、规划的龙潭度假宾馆附近，设置一人工湖，其坝址位置在新修公路南、“国第小学”西约100米处。坝高约6m（不含地面下部分），坝顶高程为400m，湖面面积为1.98hm^2。湖面高程已经高出现有公路面0～4.5m，因此该段公路要向北移0～14m，路面高程高于水面0.5m，并向东顺坡加高，与原路面相接，顺坡延伸长度约为250m。该湖对于营造度假区自然环境十分重要。

3. 宾馆附属设施

作为远离城市的度假宾馆，需要配套的餐饮、健身设施和职工宿舍。同时该设施也对外开放，特别是餐饮，也应对观光游客开放。规划安排总计200席位的餐厅（建筑面积600m^2）和一个网球场；此外，还要安排职工宿舍（规模100人，建筑面积1000m^2）、水电设备等。总占地0.96hm^2。

4. 内部停车场

供入住度假宾馆的旅客的私用车停放，面积为0.15hm^2，场地高程为400.5m，地面用石材铺砌。

5. 预留度假村用地

度假湖的北岸，为10多户的小村子，并有一座小学。包括村北旱地在内，总面积为$3hm^2$。规划将其作为度假村的预留用地，在度假宾馆经常客满、有必要扩大时，可搬迁该村，建设客房。

（六）景前区交通规划

1. 游客交通分析

由于环境保护的要求和狭窄地形的限制，交通客流的集散地和社会停车场长途客运站不得不安排在古檀树门区外。门区距龙潭峡主景点“龙潭水峪”的路程为2.18km。一般游客不愿意步行2km，再攀登180级台阶，然后步行0.5km绕过“龙潭水峪”，才能参观到1500m长的潭瀑峡谷。这一行程，显然是不合理的。规划提出的方案是：利用目前已经修好的道路，由景区经营管理单位购置专用电瓶车或专门的清洁燃料车辆接送游客，将其送到主景点龙潭水峪。

其他方案如游客长距离步行或由社会车辆直接送到五龙潭停车场，经比较均不可取。

2. 电瓶车代步

目前国内的观光电瓶车，中型车为15座，高峰时游客量可能达到600人/h，发车间隔为每1.5min/辆，往返一次路程为3000m，按平均车速15km/h计算需12辆车。若用清洁燃料车，中型车为30座，发车间隔为每3min/辆，6辆车即可。考虑实际情况建议按各5辆配置。

不考虑其他车辆，10辆车需停车场面积600 m^2。

（七）绿色环境保育规划

1. 千年古檀保护区

古青檀树是本地质公园留存的最古老植物。位于门区附近断崖之下，临绝壁而生，其干粗需数人合抱，树叶茂密，遮天盖地，树根裸露于岩石上，盘根错节，树干上有许多纵向的隆起与薄片状脱落的树皮，其姿态如苍龙回首。树的基干围已达到2m以上，高度已远超过20m，高约30m，这样大的古青檀在国内实属罕见。应尽快分别报国家、省、市林业系统备案，并确定保护等级，挂牌，筹集专项经费，以便更有效地保护，要及时清除死叉、预防病虫害。现已设围栏保护，建议将保护范围扩大，把东侧的古泉划入，命名为“古檀泉”。保护围拦内可种植宜生、耐荫的绿草低灌木，一般不让游客进入。

2. 度假区

度假宾馆南侧预留宽30～50m的背景观赏树带。引进开发适宜本地生长的四季色相不同的树种，如秋季红叶树种，主要有：黄栌、盐肤木、黄连木、青肤杨、野柿、五角枫、卫矛等，以丰富色彩、层次，改善四季观赏效果。

度假区其他区引进适宜本地生长的花灌木，如：①春季开花的腊梅、迎红杜鹃、杜鹃、照山白、稠李、太平花、小花溲疏、榆叶梅、紫藤、白鹃梅、连翘、牡丹、芍药。②夏季开花的合欢、山合欢、栾树、楸树、石榴、棣棠、紫薇、海仙花、锦带花、大叶蔷薇、鸡数条荚迷、荚迷、桦叶荚迷、东陵八仙花、多种绣线菊、红花绣线菊、风箱果等。③秋季开花的木本香薷、美丽胡枝子、海州常山、臭牡丹等；秋季观黄色果的杏李、野柿、柘树、沙棘、孩儿拳头、南蛇藤，观红色果的荚迷、桦叶荚迷、北京花楸、金银木、大叶蔷薇、山楂、多花荀子、山荆子、黄连木，观白色果的百花山花楸、红瑞木等，蓝色果的海州常山、臭牡丹，褐色果的褐梨、杜梨等。以上这些根据供货实际选择种植。

3. 标志碑区

除影响标志碑视线改种花灌木外，尽量

保留现有大树，如：槐树、皂角、杜仲、柿树等；背景增加常绿树种如：华山松、白皮松、云杉、青扦、冷杉、油松等。

4．其他区

水库周边、沟谷旁可种植挺拔的水杉、池杉和柔美的金丝柳等来点缀沿岸景观。度

新安峡谷群地质公园龙潭峡中的各种设施1

假区东北侧坡地种植野果树如柘树、酸枣、山杏、李子、野柿子、山楂、褐梨、木通等。公路旁的裸露岩壁可考虑用爬山虎、凌霄花、络石、常春藤、爬卫矛等攀缘植物覆盖。爬山虎叶秋天变红；凌霄花夏季开红花；络石、常春藤、爬卫矛常绿。

新安峡谷群地质公园龙潭峡中的各种设施 2

（八）景前区用地平衡表（表 5-4-1）

龙潭峡景前区用地平衡表（附建筑面积）　　**表 5-4-1**

用地名称		用地面积（hm^2）	比例（%）	建筑面积（m^2）
一、门　区		0.7	2.2	
1	游客信息咨询中心	0.1		400
2	长途站和园内车场	0.5		600
3	公众停车场	0.1		
二、度假区		7.8	23.1	
1	度假宾馆	1.8		8000
2	度假湖	2.0	6.0	
3	附属设施	0.9		1600
4	客房预留地	3.1		（10000）
三、服务区		2.0	6	
1	园内停车场	0.3		
2	服务区用地	0.4		1700
3	五龙湖	1.3	3.9	
四、其他用地		23.0		
	环境绿地	16.8	50.1	
	泄洪道	3.6	10.8	
	预留发展用地	0.9	2.7	（3000）
	保留村庄（骆村）	0.7	2.2	（估 3000）
	道路交通用地	1.0	3	
		33.5	100	12300（28300）

第三章　双龙峡景区建设规划

第一节　双龙峡景区规划布局

（一）双龙峡景区功能布局现状

双龙峡景区是省级风景名胜区“黄帝密都青要山”的一部分，处于青要山风景区东部，包括双龙峡、联珠峡游览线和城崖地、和合塬服务点（区）。青要山已经有规划，并已经正式对外开放、接待游人。城崖地是青要山风景区的游客集散地和接待中心，当然也是双龙峡景区的接待集散地；和合塬是步入双龙峡、联珠峡游览的最佳起点；游完两峡谷后又回到城崖地，构成一条回路。

双龙峡景区作为青要山风景区的一部分，已经按原有规划实施，格局基本已经定型，也基本合理，本规划不作大的调整，只作局部调整、补充，以增加科学文化内涵，使其更完善。

（二）规划布局调整

1. 进一步明确功能

将整个双龙峡景区中双龙峡、联珠峡的峡谷划为核心景区（为一级景区），其功能为观光游览区（线）；城崖地、和合塬等具有服务功能的景区调整为二级景区，其功能：城崖地为接待服务区、和合塬为交通中转站；原有景区内其他及附近区域调整为保护区，保护其生态环境不被破坏。

2. 核心景区布局

整个双龙峡景区的游览线可分为以下三段。

1）和合塬——千层岩。以地质景点和生态体验为主科普游段。其主要景点有：和合塬、仙足擎天、报春坡、仙人居、波纹石道、观龙台、柳泉、千层岩、罗汉；进入千层岩沟，岩壁陡峭，各种形象，惟妙惟肖。

2）双龙峡（白龙潭——月亮湾）。进入双龙峡主沟，以潭瀑奇岩为主的观光段。其主要景点有：白龙潭、九龙壁、双龙庙、双龙斜塔、恐龙饮水潭、梅花潭、罗汉二潭、瓮潭、古猿迎宾、天台、望祖崖、擎天一柱、飞天瀑、地潭、断桥潭、群蛙溪、蟹塘、黑龙潭、冬湖。出湖进入月亮湾。

3）联珠峡（月亮湾——珍湖）。与自然文化传说相结合的游览段。其主要景点有：月亮湾、通天壁、古浪石、秋湖、武罗三潭（包括净身、洗心、益智三潭）、夏湖、吊桥、蜂窝岩、象鼻潭、乱石惊涛、春湖。

出春湖后就到达接待服务区——城崖地。

3．接待服务功能的调整

原规划和合塬安排有和合宫，作为“青要山风景名胜区最受敬仰的人文景观和最受崇拜的旅游地”。原规划和合塬用地范围主要有和合宫、黄帝密宫两组建筑，加上商业、管理用房，总建筑面积达2800m^2，占地0.54hm^2。其功能主要为展示传说故事，目前仍未实施。据调查分析，在远离住宿地的山头上修建一个仅供参观的新人文景点，可能存在几个问题：能吸引哪些人群“敬仰”？对生态环境产生什么影响？有什么经济效益？在得不出理想的结论前，本规划建议：和合宫移址到城崖地，并具有文化展示和娱乐双重功能；和合塬的区位作为进入双龙峡和连通青要山与龙潭峡的交通中转站比较合理。

原规划城崖地为中心服务区，本规划建议将其调整为集游客集散、接待服务、文化科普展示于一体的综合服务区。

第二节　双龙峡、联珠峡游览设施规划

（一）两峡游览设施现状

和合塬—双龙峡—联珠峡—城崖地，总计里程为7.2km。

其中从和合塬下山至千层岩，为长约0.9km的石砌坡路，铺砌的台阶、坡道均较整齐，道宽1.5m左右。值得提出的是，就地取用的石材中，有各种各样的奇特的波纹石，酷似波纹石展示走廊。

双龙峡、联珠峡中的现有步道，不完善，不平整，不少栈道、步道安全性差，应统一进行整修。

联珠峡中现有3座坝（其中3号坝仍在加高），形成3个湖，最后一个武罗湖是连接联珠峡与地崖地的水上通道。

（二）两峡游览设施规划构思

作为以山水自然为主要旅游资源的景区，其规划的主导思想就是安排好送游客安全到达各景点的交通设施；其次是解说牌、环卫等附属设施的安排。

和合塬—双龙峡—联珠峡—城崖地的交通方式只有步行或水路。规划安排在一般地段修石砌路（石板、块石、碎石）；在过潭、瀑、陡壁处安排架空栈道；在谷底无特色景点，或主要景观是岩壁、山坡，并有条件时，可筑坝蓄水成湖，走水路。

（三）两峡游览设施规划

1．地质遗迹展示走廊

从和合塬至千层崖的长约0.9km的石砌坡路就地取用的石材中，有各种各样的奇特的波纹石。其波纹大小不一、形态不一，有的相互交错，有的相互重叠；波纹有的呈平行直波，有的呈指纹状；有的波纹中还杂有膨胀节理，其节理特征形状各异、呈不同色彩等等。可称得上是天然波纹石博物馆。这些宝贵的地质遗迹，反映了当时浅海地区丰富复杂的气象、水文、地文环境。石道两侧山坡丰富的乔、灌、草植物，生气昂然，春夏秋冬四季色相不同，是绝好的景观资源。此外在狭窄的千层崖沟中，直壁陡岩，风化

成各色性状，有的像千页书，有的呈塑像群，有的似建筑柱廊，变化万千。从和合塬至千层崖构成科学与艺术的长廊。规划建议利用沿路的波纹石、地质遗迹和丰富的植物景观资源，组建地质科普展示走廊。

主要游览设施是解说牌，其解说内容包括：不同波纹石名称及科学解说、千层崖的形成解说及沟中各景点的名称、各类树木花草的名称及性状特征解说等。解说牌的规格色彩：地质类按统一规格；植物类用木制蓝底白字板，每字规格为20cm×30cm，中外文对照。沿途设置了这些固定的规格统一的解说牌，将枯燥的步行路变成生动的传播知识的科普长廊。当游客路过，可引起游客兴趣，以增长知识、陶冶情操。

2. 石砌路

在滩地、潭边、坡地等条件许可时，一般修筑石砌步道，宽1.5～2.0m，具体做法见前章龙潭峡规划。

3. 架设栈道

在游客通过潭、瀑水面处，架设钢架木面栈道，面宽0.8～1.0m，具体做法与龙潭峡相同，见前章龙潭峡规划。原有钢架分离踏板式栈道，不安全，需改造。

4. 四处水上通道

在长7.2km的游线中，有几段峡谷底平淡而无潭瀑景观。为此规划组策划在四处（包括原建）平淡谷底建人工湖，分别命名为春湖、夏湖、秋湖、冬湖，四湖总游程约为2.0km。

第三节　城崖地规划调整

（一）城崖地中心区主题调整

城崖地中心区原规划是将其作为青要山的服务区安排，无疑是合理的。作为地质公园，本规划建议在保留原有功能外，增加科学和文化内涵。即：

增加一个地质博物馆；立一标志碑——《新安万山湖峡谷群（国家）地质公园》。

将原规划孤立安排在和合塬山上的“和合宫”移至本地，并改为展示和娱乐双重功能。

根据“三皇和合”的古老传说，将城崖地中心区与原规划的几座宾馆相结合，更名为炎帝寨、黄帝寨、蚩尤寨。寨中除客房外，各设一个纪念祠，以展示各自的发展历史、建筑风格，其家具布置都各有特色。

（二）地质博物馆

地质博物馆是地质公园的标志之一，其功能是科普教育和科学研究基地。地质博物馆的设立，可提高旅游景区品位和档次，使游客在欣赏自然风光的同时，又能增长科学知识、陶冶情操，从而有利于社会素质的提高，更是吸引青少年游客的重要项目。博物馆址在城崖地。

本规划安排地质博物馆定名为“新安地质博物馆”。其功能，除展示本公园的地质构造、岩性特征外，重点展示本公园范围内的各种形态的波纹石，展示方式有岩石标本、图片、多媒体演示、构造模型等。展示尽可能生动活泼，说明要科学、通俗易懂、有层次。规划组在多次考察过程中，发现园区的波纹石品种很多，可能在全国少有。小者波距1.5cm、波高0.3cm，大者波距50cm、波高7.0cm；为研究当时的包括古气候在内的环境变迁提供了少有的实物资料。如果可能应建成全国甚至世界最完整的波纹石展馆。新安地质博物馆为2层建筑，总建筑面积估计为800m^2。

除室内展馆外，现场是最好的露天展馆。典型地质遗迹处（典型地质剖面、有价值的岩石露头等），均应设置规范统一的科学说明牌。在游客通过的步行路上，用了一些有科学价值的石材，只要在其旁设置解说牌，科学说明其形成的条件特征，游客路过时，就可引起游客的兴趣，克服步行中的单调乏味；还能增长知识，陶冶情操。

地质公园标志碑设在原规划入口区停车场西侧。在附近寻找一块巨型天然石英砂岩（大体的尺寸为0.8m×2m×3m），横立于石基上（基座高约0.8m），在其上阴刻“新安万山湖峡谷群（国家）地质公园”和揭幕日期。具体根据选取的石材另行设计。

（三）和合宫

炎、黄、蚩尤三大部族在结束相互争霸后，相互融合，构成中华民族，为创造中华文明打下基础。“三皇和合”对中华大地的繁荣功德无量。利用这一传说，建设三皇和合宫，能弘扬爱国主义、吸引游客，是一箭双雕的旅游项目。

考虑方便游客、保护环境、便于经营管理，规划将三皇和合宫安排在城崖地内。其建筑构想为：利用当地出土（武罗三潭附近）的陶质“园包形”房屋模型作为建筑外形；室内用一圈墙分隔为两大空间，外圈为展室，用来展示炎、黄、蚩尤三大部族从争霸走向和合的历史发展故事（以图片雕塑为主）；中央大厅为多功能娱乐厅，可用于演出“三皇和合”歌舞戏剧和其他表演，也可用于游客参与各种自娱自乐活动（包括卡拉OK、交谊舞、迪斯科等）。

这一项目可达到3个目的：①提高了景区的历史文化品位、增加了自然景区中游客夜生活的空间；②弘扬了爱国主义精神和中华民族和为贵的思想；③达到了吸引游客、取得效益的最终目的。

陶质“园包形”房屋模型现存于城崖地“青要山博物苑”中。承担本项目的建筑设计者应认真研究其历史年代、建筑内涵、外形特征，进行再创作。但建筑外形装饰不得现代化，秦砖汉瓦也少用（注意是炎黄时代），用天然材料最理想。这也是本规划对建筑设计提出的基本要求。

和合宫，建筑面积为804m^2，直径为32m，中墙直径为22m，中央大厅面积为450m^2。最多可满足200人观看或100人自娱活动。

（四）三帝寨

为营造、加重“三皇和合”的历史文化氛围，规划组又策划为三帝各建一寨，每个寨都有一个祠，展示各自历史，其余主要为客房。但3个寨的客房建筑和室内布置风格各不相同：黄帝寨建筑庄重；炎帝寨建筑自然柔和（神农氏）；蚩尤寨建筑粗犷（具体形式另行设计）。使游客在入住的同时又能感受远古文化。

3个寨仍选址在城崖地，根据当时炎、黄、蚩尤三部经常活动的区域的不同方位，黄帝寨在城崖地北台地上；炎帝寨在南原规划青峰宾馆位置；蚩尤寨在城崖地西下地村附近。其规模不宜过大，并分不同档次，以满足不同层次旅客的要求。安排如下：

黄帝寨为三星级宾馆，100床位，占地2.8hm^2，建筑面积为5000m^2；

炎帝寨为一星级宾馆，100床位，占地2.8hm^2，建筑面积为4000m^2；

蚩尤寨为青年旅馆，200床位，占地1.0hm^2，建筑面积为4000m^2。

考虑到已有的“黄帝密都”的传说，黄帝寨也可命名为“黄帝密宫”。

第四章　黛眉峡游览区建设规划

第一节　黛眉峡游览区规划布局

（一）黛眉峡现状

黛眉峡是峪里河的一部分，处于其中段。峪里河发源于渑池县，流入黄河，总长约20km，其中上游8.5km在渑池县境内的高山峻岭之中，下游5km均在黄河小浪底水库淹没区内。本规划考察了处于中段的

6.5km，其中水磨平至车峪凹约3.5km，谷宽、乱石滩，景观平淡，生态脆弱，不宜开发旅游，建议作为保护区退耕禁牧，为下段旅游开发创造良好的生态环境。具有旅游开发价值的是处于峡口的长3.0km的区段，但其中不少区段，由于历史上采矿、抛石铺路，已将峡谷底的潭瀑填埋，景观遭受严重破坏。现存的主要景观有葫芦谷长500m的串潭、有神秘传说的玉石潭等；还有怪石、陡壁、奇峰和具有科学价值的地质遗迹。规划组反复研究认为经过适当措施还是很有旅游开发价值的。

（二）黛眉峡游览区规划定位

黛眉峡谷与本地质公园的双龙峡和龙潭峡相距较远，可作为地质公园的一个相对独立景区安排，是以地质遗迹构成的“峡谷山水”为主的自然景区。同时，黛眉峡谷又是黛眉山旅游风景区的一个重要组成部分，它可补充黛眉山缺少自然水景的缺憾。两者结合起来，可成为名副其实的“山水人文科普”综合风景名胜区。这是黛眉峡谷开发利用的价值所在。

（三）黛眉峡景区功能布局

规划将最具旅游开发价值的是中段峡口长3.0km的景区，划分为3个功能区：景前区、峡湖游览区、峡潭观光区。有关接待住宿、娱乐、服务设施均设在距景前区2.5km的峪里新镇区内，本规划不作其他安排，有道路可直达。

1. 景前区

峡湖坝（神马门坝）至峪里河大桥之间的河滩，处在小浪底水库最高设计水位275m内的控制区，无法利用。规划在南、北山脚275m高程附近，各安排一条通向景区的道路，分别与大桥两侧桥头路连通。路宽5m，两路在坝址下150m处架低桥跨河相接，在低桥与坝址之间规划宽2～3m的石砌人行步道。这样，本景区北可通黛眉山景区，东与峪里新乡址相通。新乡址已有规划，是黛眉山风景旅游区的接待中心，也是本景区的接待中心。坝址前只安排售票亭（房）、值班房，其他管理服务人员住房安排在大桥东南暗仓村内。峡谷景区内除生态公厕外，不安排任何建筑。在大桥西南处设停车场。

2. 峡湖旅游区

在进入峡谷第一个窄口处，即神马门，两侧陡壁向谷中央收缩，规划安排在此筑石坝，形成人工湖（暂称“神马湖”），水面延伸至上游“鸣笛”处附近（峡谷急拐弯处），构成长约800m水面。此段峡区因历史上采矿抛石修路，随意堆弃大量块石，将其谷底潭瀑完全破坏，经多年冲刷，路已不存在，只留下高低不平的乱石，步行困难。同时此段谷区大部分处于小浪底水库设计最高水位275m以内，难以安排其他旅游设施。筑坝建人工湖可达到两个目的：湖面上两侧峡谷风光仍在；可以船行代步进入下一景区。不足之处是，有些下部地质遗迹如“交错层理”、“蜂窝岩壁”被水淹没。但水上仍有类似的遗迹供观赏研究。

3. 峡潭观光区

从峡湖下船后就进入了峡潭观光区，主要景点依次有：巨船潭、听涛溪、玉石潭、断层泉、长潭、葫芦谷珍珠潭等，游线总长1500m。

其中长潭，长约500m，据村民介绍，原天然潭、瀑流水很美，当年采矿时已被石渣、石块充填，有条件恢复，规划建议清渣露底，再显原有美姿。

考虑增加游客的不同体验，在越过珍珠潭走出葫芦谷后，返回时游线从一侧植被很好的山凹坡，翻坡而过即到断层泉。此坡高差约120m，山坡为次生林，物种多样，生境良好，景观也美。例如，有较大的青檀的盘根横生于绝壁半腰石缝之中，构成横空出世的景观。为方便游客步行体验观光，规划建议随坡就势铺石阶小道，供游客上下坡步行，道宽1.0m左右即可。

第二节　黛眉峡游览设施规划

（一）对外交通设施的安排

峪里新乡址—黛眉峡谷，原规划有3级公路，从峪里新乡址至峡谷大桥，长约2.5km。本规划安排为：再从大桥南北两头沿275m等高线至景区峡谷口各布置一车行通路（见前述）；在峡谷口附近设小型生态停车场，用以停放从峪里或黛眉山来此接送游客的车辆。停车场安排在大桥西南（暗仓村西）淹没区的废弃耕地上（高程为265～270m），面积为3000m^2，只铺砂石，不铺面层。

（二）景区内交通

1. 水路

进入黛眉峡景区的第一个景点就是神马湖，湖长800m左右。规划建议采用绿色环保观光船接送游客，估计2艘50座的船对开能满足。水路两头需设置安全码头。神马湖坝要保证能蓄水、水面至沟谷转弯“鸣笛”处；坝上在北侧留泄洪溢流口；坝前有台阶踏步，方便游客登上坝顶码头乘船。

2. 步行石道、栈道

峡谷中的步行交通需通过铺砌石道和加设栈道来实施。

石道，就地取沟谷中石材铺砌，宽1.5～2.5m，其路面高程与洪水面相平或略高。考虑生态保护，翻山坡路、台阶路宽可缩小至1.2m左右，就地形山势而铺，少填不挖。所有步道，禁止使用水泥砌筑。从神马湖坝至停车场的规划石道，要高出小浪底蓄水的最高水位250m，若可能再高出此水位，需另行架设钢构木面栈道通过。

穿越潭瀑水面的栈道，用钢构木面架设于坚固的岩石上，设有安全扶手，栈道面宽1.2m，其道面高于洪水位1.0m。

（三）解说牌规划

1. 景区标志牌

在峡谷入口附近的显著位置，选择平整光滑的岩壁上，阴刻地质公园名“新安万山湖峡谷群（国家）地质公园”和“黛眉峡园区”，代替标志牌，其尺寸根据现场视觉适宜而确定。

2. 导游平面图

整个黛眉峡景区设一处中型导游平面图，位置在峡口外停车场西侧路口，板面尺寸为2m×3m，在其上详细绘出峡谷内各景点的位置、名称和步行游线。

3. 地质遗迹解说牌

本峡谷内有结核风化的蜂窝岩壁、交错的节理岩壁、典型地质剖面、断层构造遗迹、断层上升泉等众多地质遗迹，规划安排在这些遗迹石壁上嵌上石制科学解说牌，或选择适宜的光滑壁面刻制解说词。解说牌应按统一规格制作。

4. 景点名称牌

所有潭、瀑、关（门）以及其他景点前均需设立景点名称牌。有些景点还有美丽的传说（如玉石潭、石马门等），或景名有特别来历均需立牌说明，以增加游客兴趣。

（四）其他设施

1. 环卫设施

在停车场附近设公厕一处，蹲位女5男10；在长潭开阔地附近设不排污生态公厕一处，蹲位女3男6。

在停车场、大门、景点牌附近、游船上及沿游线每100m处，均设垃圾筒。垃圾筒用钢、塑料等轻质材料制作，美观、协调、实用，不得用水泥制作仿树桩形垃圾筒，以免污染环境。

2. 管理设施

大门设在神马门坝前约100m的沟口处，不设专门建筑，只设售票亭。峡谷内不设任何管理用房或服务用房。景区员工宿舍安排在峪里大桥头南暗仓村中，其他小商贩用房均不得设在谷中，可安排在停车场附近。

第五章　龙潭峡与双龙峡连通规划方案

一、问题的提出

青要山是已经开放的古老文化与山水合一的旅游观光区，是河南省级风景名胜区；龙潭峡是以山水峡谷为特色的待开发的新景区。为方便游客观光，多年来各级管理部门，一直在寻求青要山与龙潭峡勾通、联成一片从而形成环线的可能。很显然两景区沟通，可大大提高地质公园的整体竞争力，促进新兴旅游业的整体发展。

二、可能的途径

规划经过多次实际考察并分析已有的勘测资料，发现和合塬（伙壕园）处于青要山风景区的重要接合点，通过它可将青要山景区中双龙峡、联珠峡、城崖地串成环线；同时发现和合塬与龙潭峡有多种方案可连接起来，双龙峡与龙潭峡为一山之隔，两者也有连通方案。规划列出几个方案，分析比较于后。

三、连通方案

（一）方案一——汽车道路方案

从和合塬绕山道峰，经罗圈涯，翻过山垭口，经大田地、棚楼凹，至棚楼凹村北（全线大致走原有小道），长约7.9km，游客下车，步行约0.7km（落差200m）即到达龙潭峡刀碑石景点，自上而下游览龙潭峡中各景点。

（二）方案二——电瓶车道方案

车道起点在双龙庙东、峡顶之“后阴”自然村附近，经坡蚕园、大田地、棚楼凹，终点在龙潭峡刀碑石南沟顶（棚楼凹村北0.35km处），车道全长约4.5km，路宽5m。该车道基本沿原有村间小道，路坡相对平缓，工程对环境破坏相对较少。此车道将双龙峡和龙潭峡连接起来。从双龙庙向上爬0.7km至后阴（高差200m），在后阴乘电瓶车，东行4.5km，下车后，步行下坡约0.7km（落差约200 m）即到达龙潭峡刀碑石景点。反行之亦可。

（三）方案三——索道＋电瓶车道方案

从和合塬向东，跨过双龙峡，到“后阴”自然村（索道长约1.5km），再经方案二中电瓶车道，到龙潭峡，面对龙潭峡的刀碑石景点，步行进入峡谷中游览。此方案省去游客“一下一上”（从和合塬下到双龙庙、再爬到后阴，共约2.3 km山路）的体力上的疲劳，也可从空中腑视双龙峡的壮观，增加游客的兴趣。

（四）方案四——打洞方案

双龙峡与龙潭峡只一山之隔，理论上打洞可行。最近的山洞距离为1.1km，即从双龙峡之白龙潭沟上高程约750m处，向北偏东方向穿山梁到水泉洼村下高程约740m处。洞口出处距龙潭峡上游谷中央（高程650m）长约0.7km，再沿龙潭峡下行约2.1km，即到刀碑石景点。

四、方案比较

为便于比较，将以上四种方案列表对比，见表5−4−2和表5−4−3。

结论：最佳期方案是第三方案“索道＋电瓶车道”，可分期实施：先修4.5km的电瓶车道，即先按第二方案实施，然后再修索道；经济许可时可全面实施。

其他章节略

青要山与龙潭峡连通方案比较表 **表 5–4–2**

	方案一	方案二	方案三	方案四
	汽车道路	电瓶车道	索道＋电瓶车道	打洞
工程量	道路长 7.9km，宽 5m，步行路长 0.7km	车道长 4.5 km，宽 5m，步行路宽 2m，长 0.7km	索道1.5km，车道4.5km，宽 5m，步行路长 0.7km	隧道长 1.1km，宽 3m，高 3.5m，步道总长 3.5 km
投资总额				
对环境的影响	对沿路环境有破坏，恢复需时间	对沿路环境有影响，恢复方便	对沿路环境有影响，恢复方便	弃渣影响环境
游客方便程度	方便	较方便	方便	步行路太长
对观景的影响	可看到沿路的地质遗迹点	可观路边景观	有利从空中观双龙峡景观	洞中看不到自然景观
施工难易程度	施工尚可	施工不难	施工尚可，索道架设需技术	最困难
经营效益	一般	有直接效益	直接效益较高	无直接效益
综合评价	对方便游客、对景均尚可，对环境影响大	可行，较好	对观景、方便游客、经营效益均好，可行。	实施困难，对游客也不太方便

青要山与龙潭峡连通方案综合评分表 **表 5–4–3**

		方案一		方案二		方案三		方案四	
		汽车道路		电瓶车道		索道＋电瓶车道		打洞	
	加权数	打分	分值	打分	分值	打分	分值	打分	分值
施工期	0.05	60	3	100	5	80	4	50	2.5
投资总额	0.25	70	17.5	90	22.5	70	17.5	50	12.5
对环境的影响	0.15	50	7.5	70	10.5	60	9	80	12
游客方便程度	0.15	100	15	70	10.5	90	13.5	50	7.5
对观景的影响	0.10	90	9	90	9	100	10	50	5
施工难易程度	0.05	90	4.5	100	5	80	4	60	3
经营直接效益	0.15	80	12	90	13.5	100	15	20	3
总　分			68.5		76		73		45.5

附　录

附录1　世界地质公园名录

世界地质公园网络成员

截止到2006年9月，世界地质公园网络共有48个成员。它们是：

爱尔兰（1）

爱尔兰科佩海岸地质公园（Copper Coast Geopark，Republic of Ireland）

奥地利（2）

奥地利艾森武尔瑾地质公园（Nature Park Eisenwurzen，Austria）

奥地利坎普谷地质公园（Kamptal Geopark，Austria）

巴西（1）

巴西阿拉里皮地质公园（Araripe Geopark，Brazil）

德国（6）

德国埃菲尔山脉地质公园（Vulkaneifel Geopark，Germany）

德国贝尔吉施—奥登瓦尔德山地质公园（Geopark Bergstrasse，Odenwald，Germany）

德国布朗斯韦尔地质公园（Geopark Harz Braunschweiger Land Ostfalen，Germany）

德国麦克兰堡冰川地貌地质公园（Mecklenburg Ice age Park，Germany）

德国斯瓦卡阿尔比地质公园（Geopark Swabian Albs，Germany）

德国特拉维塔地质公园（Nature park Terra Vita，Germany）

法国（2）

法国吕贝龙地质公园（Park Naturel Régional du Luberon，France）

法国普罗旺斯高地地质公园（Reserve Géologique de Haute Provence，France）

捷克共和国（1）

捷克共和国波西米亚天堂地质公园（Bohemian Paradise Geopark，Czech Republic）

罗马尼亚（1）

罗马尼亚哈采格恐龙地质公园（Hateg Country Dinosaur Geopark，Rumania）

挪威（1）

挪威赫阿地质公园（Gea-Norvegica Geopark，Norway）

葡萄牙（1）

葡萄牙纳图特乔地质公园（Naturtejo Geopark，Portugal）

西班牙（4）

西班牙卡沃—德加塔地质公园（Cabo de Gata Natural Park，Spain）

西班牙马埃斯特地质公园（Maestrazgo Cultural Park，Spain）

西班牙苏伯提卡斯地质公园（Subeticas Geopark，Spain）

西班牙索夫拉韦地质公园（Sobrarbe Geopark，Spain）

希腊（2）

希腊莱斯沃斯石化森林地质公园（Petrified Forest of Lesvos，Greece）

希腊普西罗芮特地质公园（Psiloritis Natural Park，Greece）

意大利（2）

意大利贝瓜帕尔科地质公园（Parco del Beigua，Italy）

意大利马东尼地质公园（Madonie Natural Park，Italy）

伊朗（1）

伊朗格什姆岛地质公园（Qeshm Geopark，Iran）

英国（5）

英国阿伯雷与莫尔文山地质公园（Abberley and Malvern Hills Geopark，UK）

英国北奔宁山地质公园（North Pennines AONB Geopark，UK）

英国大理石拱形洞地质公园（Marble Arch Caves & Cuilcagh Mountain Park，Northern Ireland，UK）

英国苏格兰西北高地地质公园（North West Highlands，Scotland，UK）

英国威尔士大森林地质公园（Forest Fawr Geopark，Wales，UK）

中国（18）

安徽黄山地质公园（Huangshan Geopark，P.R.China）

北京房山地质公园（Fangshan Geopark，P.R.China）

福建泰宁地质公园（Taining Geopark，P.R.China）

广东丹霞山地质公园（Danxiashan Geopark，P.R.China）

河南伏牛山地质公园（Funiushan Geopark，P.R.China）

河南嵩山地质公园（Songshan Geopark，P.R.China）

河南王屋山—黛眉山地质公园（Wangwushan–Daimeishan Geopark，P.R.China）

河南云台山地质公园（Yuntaishan Geopark，P.R.China）

黑龙江镜泊湖地质公园（Jingpohu Geopark，P.R.China）

黑龙江五大连池地质公园（Wudalianchi Geopark，P.R.China）

湖北张家界砂岩峰林地质公园（Zhangjiajie Sandstone Peak Forest Geopark，P.R.China）

江西庐山地质公园（Mount Lushan Geopark，P.R.China）

雷琼地质公园（Leiqiong Geopark，P.R.China）

内蒙古克什克腾地质公园（Hexigten Geopark，P.R.China）

山东泰山地质公园（Mount Taishan Geopark，P.R.China）

四川宜宾兴文地质公园（Xingwen Geopark，P.R.China）

云南石林地质公园（Stone Forest Geopark，P.R.China）

浙江雁荡山地质公园（Yandangshan Geopark，P.R.China）

注：本名单摘自《世界地质公园网络》（www.wordgeopaerk.org）

附录2　中国国家地质公园名录

首批中国国家地质公园一览表　　附表 2–1

序号	国家地质公园名称	主要地质特征 地质遗迹保护对象	主要人文景观
1	云南石林国家地质公园	碳酸盐岩溶峰丛地貌，溶洞	哈尼族民族风情，歌舞
2	云南澄江国家地质公园	寒武纪早期(5.3亿年前)生物大爆发，数十个生物种群同时出现	湖旅游区
3	湖南张家界国家地质公园	砂岩峰林地貌，柱、峰、塔锥上植物奇秀，附近有溶洞和脊椎动物化石产地	土家族民族风情
4	河南嵩山国家地质公园	完整的华北地台地层剖面，三个前寒武纪的角度不整合	七千年华夏文化，文物，寺庙集中，少林寺，嵩阳书院
5	江西庐山国家地质公园	断块山体，江南古老地层剖面，第四纪冰川遗迹	白鹿洞书院，世界不同风格建筑，中国近代史重大历史事件发生地
6	江西龙虎山国家地质公园	丹霞地貌景观	古代道教活动中心之一，悬棺群和古崖葬遗址
7	黑龙江五大连池国家地质公园	火山岩地貌景观，温泉	中国最近的火山喷发（1719 – 1721年）
8	四川自贡恐龙国家地质公园	恐龙发掘地多种恐龙化石密集埋藏	世界最早的超千米盐井
9	四川龙门山国家地质公园	四川盆地西缘巨大推复构造，飞来峰	寺庙
10	陕西翠华山国家地质公园	地震引起的山体崩塌堆积	古代名人碑刻
11	福建漳州国家地质公园	滨海火山岩，玄武柱状节理群火山喷气口，海蚀地貌	沙滩，海滨休闲区，古炮台寺庙

第二批中国国家地质公园一览表　　附表 2–2

序号	国家地质公园名称	主要地质特征 地质遗迹保护对象	主要人文景观
1	安徽黄山国家地质公园	花岗岩峰丛地貌	历代名人踪迹
2	安徽齐云山国家地质公园	丹霞地貌，崖谷寨柱峰洞	方蜡寨
3	安徽淮南八公山国家地质公园	7 ~ 8亿年的淮南生物群: 晚前寒武—寒武纪地层，岩溶	肥水之战古战场，古寿州城，刘安墓
4	安徽浮山国家地质公园	火山岩风化作用形成特有洞崖	古寺庙
5	甘肃敦煌雅丹国家地质公园	雅丹地貌，黑色戈壁滩	千佛洞石窟，月牙泉
6	甘肃刘家峡恐龙国家地质公园	恐龙化石和足印	刘家峡电站及水库
7	内蒙克什克藤国家地质公园	在花岗岩峰林地貌，沙漠与大兴安岭林区接壤地，草原，达里湖，云衫林	金边堡，岩画，蒙族风情
8	云南腾冲国家地质公园	近代火山地貌，温泉，生物多样性	古边城，少数民族风情
9	广东丹霞山国家地质公园	丹霞地貌命名地	
10	四川海螺沟国家地质公园	现代低海拔冰川	藏族风情
11	四川大渡河峡谷国家地质公园	雄奇险峻的大渡河峡谷及支流形成的障古，大瓦山及第四纪冰川遗址	藏族风情
12	四川安县国家地质公园	成片硅质海绵形成生物礁	庙宇

续表

序号	国家地质公园名称	主要地质特征 地质遗迹保护对象	主要人文景观
13	福建大金湖国家地质公园	湖上丹霞地貌	
14	河南焦作云台山国家地质公园	丹崖赤壁，悬崖瀑布，水利工程，岩溶	竹林七贤居地，寺，塔，古树
15	河南内乡宝天幔国家地质公园	变质岩结构，构造	生物多样性
16	黑龙江嘉荫恐龙国家地质公园	恐龙发掘地	中国最北部的自然景观
17	北京石花洞国家地质公园	石灰岩岩溶洞穴，各类石笋，石钟乳，房山北京人遗址	北京西郊大量人文遗址
18	北京延庆硅化木国家地质公园	原地埋藏的硅化木化石	延庆具有大量人文遗迹如古崖居
19	浙江常山国家地质公园	奥陶系达瑞威尔阶层型界线（GSSP），礁灰岩岩溶	太湖风景名胜
20	浙江临海国家地质公园	白垩纪火山岩及风化成的洞穴	东海海滨地球风情
21	河北涞源白石山国家地质公园	白云岩，大理岩形成的石柱，峰林地貌，泉，拒马河源头	古寺，古塔，长城，关隘
22	河北秦皇岛柳江国家地质公园	华北北部完整的地层剖面，海滨沙滩，花岗岩峰丘，洞穴	长城，度假区
23	河北阜平天生桥国家地质公园	阜平群（28 － 25 亿年）地层产地	二战和国内革命战争遗址
24	黄河壶口瀑布国家地质公园	壶口瀑布	
25	山东枣庄熊耳山国家地质公园	灰岩岩溶地貌，洞穴，峡	古文化遗址，古战场
26	山东山旺国家地质公园	第三纪湖相沉积，脊椎昆虫鱼等多种化石	
27	陕西洛川黄土国家地质公园	中国黄土标准剖面，黄土地貌	洛川会议，黄土风情文化
28	西藏易贡国家地质公园	现代冰川，巨型滑坡，堰塞湖	藏族风情，青藏高原南部风情
29	湖南郴州飞天山国家地质公园	丹霞地貌，崖，天生桥，洞，峡	寺庙，碑刻，悬棺
30	湖南莨山国家地质公园	丹霞地貌	古代名人和战争遗址
31	广西资源国家地质公园	丹霞地貌	瑶族风情
32	天津蓟县国家地质公园	中国北方中晚元古界标准剖面	长城黄崖关，古塔，庙宇
33	广东湛江湖光岩国家地质公园	火山地貌，马尔湖	古代人文，名人碑刻

第三批中国国家地质公园一览表 附表 2–3

序号	国家地质公园 名　称	主要地质特征 地质遗迹保护对象	主要人文景观
1	河南王屋山国家地质公园	地质构造和地层遗迹	小浪底水利工程
2	四川九寨沟国家地质公园	“层湖叠瀑”景观	扎如寺，达吉寺
3	浙江雁荡山国家地质公园	火山地质遗迹	寺庙
4	四川黄龙国家地质公园	以露天钙华景观为主的高寒岩溶地貌，冰川	宗教寺庙，藏族风情，革命遗址
5	辽宁朝阳古生物化石国家地质公园	古生物化石，凤凰山地质构造	槐树洞，热水汤，古人类遗址
6	广西百色乐业大石围天坑群国家地质公园	岩溶地貌，天坑群，溶洞，地下暗河	少数民族风情
7	河南西峡伏牛山国家地质公园	恐龙蛋集中产地	
8	贵州关岭化石群国家地质公园	关岭古生物群，小凹地质走廊	布依族、苗族风情
9	广西北海涠洲岛火山国家地质公园	火山，海岸，古地震遗迹，古海洋风暴遗迹	天主教堂，圣母堂，三婆庙

续表

序号	国家地质公园 名 称	主要地质特征 地质遗迹保护对象	主要人文景观
10	河南嵖岈山国家地质公园	花岗岩地貌	历史名人（施耐庵等）
11	浙江新昌硅化木国家地质公园	硅化木	
12	云南禄丰恐龙国家地质公园	古生物遗迹	古人类文化遗址，少数民族风情
13	新疆布尔津喀纳斯湖国家地质公园	冰川遗迹，流水地貌	蒙古族人图瓦文化，图鲁克岩画
14	福建晋江深沪湾国家地质公园	海底森林，海蚀地貌	
15	云南玉龙黎明—老君山国家地质公园	高山丹霞地貌，冰川遗迹	民俗文化
16	安徽祁门牯牛降国家地质公园	花岗岩峰丛，怪石，岩洞及水文地质遗迹	千年古村，根据地遗址
17	甘肃景泰黄河石林国家地质公园	黄河石林，融合峰林、雅丹和丹霞等地貌特征	明长城，五佛寺
18	北京十渡国家地质公园	峡谷、河流地貌	
19	贵州兴义国家地质公园	贵州龙动物群化石，岩溶地貌	古人类文化遗址，布依族、苗族风情
20	四川兴文石海国家地质公园	岩溶地貌，古生物化石	苗族风情
21	重庆武隆岩溶国家地质公园	岩溶地貌，天生桥群，洞穴，天坑，地缝，峡谷	古崖新栈，吊脚楼，清代古墓
22	内蒙古阿尔山国家地质公园	火山，温泉，地质地貌	战争遗址，蒙族风情
23	福建福鼎太姥山国家地质公园	火山、海蚀地貌	客家文化
24	青海尖扎坎布拉国家地质公园	丹霞地貌	宗教，藏族风情
25	河北赞皇嶂石岩国家地质公园	构造地貌	
26	河北涞水野三坡国家地质公园	构造－冲蚀嶂谷地貌	明、清长城摩崖石刻
27	甘肃平凉崆峒山国家地质公园	丹霞地貌，斑马山	道教发源地，佛教胜地
28	新疆奇台硅化木—恐龙国家地质公园	硅化木，恐龙化石，雅丹地貌	古遗址，古地貌
29	长江三峡（湖北、重庆）国家地质公园	河流、岩溶、地层	长江文明
30	海南海口石山火山群国家地质公园	火山、岩溶隧道	火山文化，田园风光
31	江苏苏州太湖西山国家地质公园	花岗岩、湖泊地貌	江南刺绣
32	宁夏西吉火石寨国家地质公园	丹霞地貌，地史遗迹，水文景观	石窟
33	吉林靖宇火山矿泉群国家地质公园	火山，温泉	近代人文景观
34	福建宁化天鹅洞群	岩溶洞穴	
35	山东东营黄河三角洲国家地质公园	河流三角洲地貌	胜利油田
36	贵州织金洞国家地质公园	岩溶地貌，织金洞，峡谷	苗族风情
37	广东佛山西樵山国家地质公园	粗面质火山遗迹，明代采石遗迹，古文化遗址	佛家文化遗址
38	贵州绥阳双河洞国家地质公园	喀斯特洞穴，	公馆桥，金钟山寺
39	黑龙江伊春花岗岩石林国家地质公园	花岗岩地貌	
40	重庆黔江小南海国家地质公园	地震灾害遗迹，岩溶地貌	革命历史遗址
41	广东阳春凌宵岩国家地质公园	岩溶地貌，地层及构造遗迹，古人类洞穴遗址	摩崖石刻，碑帖，民族风情

第四批中国国家地质公园一览表 **附表 2-4**

序号	国家地质公园名　称	主要地质特征地质遗迹保护对象	主要人文景观
1	山东泰山国家地质公园	早前寒武纪地质、寒武纪地层	
2	云南大理苍山国家地质公园	第四纪冰川遗迹、高山陡峻构造侵蚀地貌和峡谷地貌景观	大理古城、喜洲白族民居建筑群、崇圣寺三塔、太和城遗址、白族文化
3	河南郑州黄河国家地质公园	地质剖面、地质地貌、地质工程景观	
4	安徽天柱山国家地质公园	花岗岩峰丛地貌和超高压变质带地质遗迹、古新世化石产地	薛家岗文化遗址，古皖国，古南岳，山谷流泉摩崖石刻，佛教禅宗承前启后的重要发祥地
5	黑龙江镜泊湖国家地质公园	12 处火山口、地下森林、熔岩流动微地貌、熔岩隧道、堰塞湖、吊水楼瀑布、峡谷、花岗岩山体景观	古渤海国上京龙泉府遗址、清代兴隆寺、朝鲜民俗村
6	福建德化石牛山国家地质公园		
7	安徽大别山（六安）国家地质公园	地质地貌	
8	广东深圳大鹏半岛国家地质公园	古火山遗迹、海岸地貌	
9	四川射洪硅化木国家地质公园	原生硅化木森林	寺庙
10	四川四姑娘山国家地质公园	极高山山岳地貌、第四纪冰川地貌	
11	福建屏南白水洋国家地质公园		
12	广东封开国家地质公园	地质地貌	
13	湖南凤凰国家地质公园	峡谷、峰林、台地、溶洞、瀑布、构造形迹等台地峡谷型岩溶地貌	中国南方长城、凤凰古城、黄丝桥古城、天星山古战场遗址
14	河南关山国家地质公园	断崖、峰丛、峰林、三级台地为典型代表的构造地貌	
15	河北临城国家地质公园	岩溶洞穴及地质地貌	
16	山东沂蒙山国家地质公园	地质地貌、地质剖面、宝玉石典型产地、恐龙足迹化石、地质灾害遗迹	
17	江西三清山国家地质公园	花岗岩峰林地貌	道教人文景观
18	福建永安国家地质公园	岩溶地貌、丹霞地貌 、典型地层剖面	文化遗址、古建筑、纪念地
19	湖北神农架国家地质公园	地质地貌	
20	青海久治年宝玉则国家地质公园	现代冰川、冰川地质遗迹地貌	藏传佛教之文化、藏族民俗之风情
21	广西凤山岩溶国家地质公园	高峰丛—深洼地（谷地）岩溶地貌、大洞穴系统、地下水文地貌	蓝衣壮族、蓝靛瑶族、高山汉族
22	河南洛宁神灵寨国家地质公园	地质地貌	
23	河北武安国家地质公园	峡谷峰林、丹崖地貌景观，玄武岩溢流遗迹、溶洞景观	武安磁山文化，晋冀鲁豫中央局、边区人民政府、军区司令部旧址
24	新疆富蕴可可托海国家地质公园	花岗伟晶岩型稀有金属矿床采矿遗址、地震地貌和花岗岩地貌	
25	河南洛阳黛眉山国家地质公园	地质工程、地质地貌、水体景观	
26	陕西延川黄河蛇曲国家地质公园	地质地貌	
27	青海格尔木昆仑山国家地质公园	泥火山型冰丘、地震遗迹、石冰川	碑林、青藏线、格尔木水库
28	四川华蓥山国家地质公园	侏罗山式褶皱构造；岩溶地貌与生态共存；亚热带中山岩溶地貌；川东平行岭谷深大基底断裂	红色文化（双枪老太婆战斗地、华蓥山游击队战斗遗址、红岩文化、新华日报造纸厂遗址）佛教文化（高登寺、宝鼎）南宋文化（安丙墓群、南宋文化村）、民俗文化（华蓥山幺妹节、华蓥山梨花节）

续表

序号	国家地质公园 名 称	主要地质特征 地质遗迹保护对象	主要人文景观
29	山东长山列岛国家地质公园	海蚀海积地貌（海蚀柱、海蚀洞、海蚀崖、海蚀栈道、砾脊、连岛坝、砾石湾、黄土）	古人类文化遗址、古墓群
30	贵州六盘水乌蒙山国家地质公园	高原喀斯特、古生物与古人类遗迹	
31	青海互助嘉定国家地质公园	岩溶、冰川、丹霞、峡谷地质遗迹	扎龙寺、甘禅寺、天堂寺、土族风情
32	河南信阳金岗台国家地质公园	板块碰撞、超高压变质、岩浆侵入、火山喷发等地质地貌景观	商城历史、文物古迹
33	湖南古丈红石林国家地质公园	红色碳酸盐岩石林、岩溶地貌、峡谷地貌、水体地貌、泉流瀑布及地层剖面、古生物化石等综合地质遗迹景观	土家族民族风情
34	四川江油国家地质公园	岩溶化砾岩丹霞地貌、泥盆纪地层标准地质剖面、地表岩溶地貌	李白故里、道教文化、佛教文化、古寺庙建筑和火药制造
35	山西五台山国家地质公园	新生代构造活动地貌、冰缘地貌、古夷平面	唐朝以来的7个朝代寺庙68座（台外21座、台内47座）
36	江苏六合国家地质公园	地质地貌：盾火山群、石柱林群、雨花石层群、典型地质剖面和特殊岩石矿物产地	
37	内蒙古阿拉善沙漠国家地质公园	沙漠和湖泊	蒙族风情
38	广西鹿寨香桥岩溶国家地质公园	喀斯特地貌	
39	江西武功山国家地质公园	花岗核杂岩构造与峰崖地貌	
40	大连滨海国家地质公园		
41	湖南酒埠江国家地质公园	岩溶峰丛谷地地貌和溶洞、地下河系统	革命历史遗址
42	黑龙江兴凯湖国家地质公园	水体、湖岗、构造剥蚀、构造堆积、侵蚀、湿地等各类地质遗迹景观	新开流古文化遗址、边境重镇—当壁镇
43	贵州平塘国家地质公园	高原岩溶地貌	古美桥、掌布布依村寨、乐康风雨桥
44	西藏札达土林国家地质公园	黄土林	藏族风情，青藏高原
45	辽宁本溪国家地质公园	岩溶洞穴系统、地层剖面、地质构造	庙后山古人类遗址、五女山世界文化遗产、抗联西征遗址
46	重庆云阳龙缸国家地质公园	岩溶天坑	
47	湖北武汉木兰山国家地质公园	变质岩构造	
48	山西壶关峡谷国家地质公园	峡谷地貌、水体景观	
49	山西宁武冰洞国家地质公园	冰川遗迹和冰洞	
50	广东恩平地热国家地质公园	地热	
51	湖北郧县恐龙蛋化石群国家地质公园	恐龙蛋化石群	
52	大连冰峪沟国家地质公园	地质、构造剖面、三叶虫化石、海蚀地貌	
53	上海崇明岛国家地质公园	淤泥质潮滩地貌	

中国的国家及世界地质公园分布示意图

图例

第一批国家地质公园
第二批国家地质公园
第三批国家地质公园
第四批国家地质公园
世界地质公园

附录2　中国的国家及世界地质公园分布示意图

附录3　世界地质公园网络工作指南（2002年5月）

有关世界地质公园文件 序　言

1970年，世界地球日在美国诞生；中国从1990年首次开展世界地球日纪念活动。

1972年，《世界自然文化遗产保护公约》在法国巴黎联合国教科文组织总部通过，与此同时建立起世界自然文化遗产保护委员会，并创办了刊物，设置了专项基金，至2001年底共有690个自然文化遗产地列入了保护名单。其中以地质遗迹为主要内容的仅20处。

1989年，国际地质科学联合会（IUGS）成立“地质遗产（Geosite）工作组”，开始了地质遗产登录工作。实际上，中国1987年已开始地质遗迹保护的法律建设，20世纪90年代中期以来逐步开展各种层次的地质遗迹登录工作，现已有380余处命名为国家和省市级地质遗迹保护区。

1992年，全球各国首脑在巴西里约热内卢参加世界环境和发展大会时，通过 “跨入21世纪的环境科学和发展议程”，进一步强调可持续发展的问题。同年，来自30多个国家的150余位地质学家在法国南部Denign召开了地质遗迹保护讨论会，发表了《地质遗产权利宣言》。

1996年，联合国教科文组织地学部正式提出：建立世界地质公园以有效保护地质遗迹；旋即，在北京出席30届国际地质大会的欧洲地质学家建议创立“欧洲地质公园网络”，经5年的运作已建立了包括10个成员的欧洲地质公园网络。

1999年11月，国土资源部在威海召开会议，通过了10年地质遗迹保护规划，同时决定建立国家地质公园。并于次年成立了“国家地质公园领导小组”和“国家地质公园专家评审委员会”，2001年和2002年两批共正式批准建立了44个国家地质公园。

2001年6月联合国教科文组织执行局决定（161 Ex/Decisions 3.3.1），联合国教科文组织支持其成员国提出的“创建具独特地质特征区域或自然公园”，决议推进具特别意义的地质遗迹全国全球网络建设。

2002年1月，联合国教科文组织地学部也再次表示将要组织建设世界地质公园网络的工作。

2002年5月公布了世界地质公园工作指南，这一指南较之以前的可行性研究报告所建议的工作指南初稿有不少改进。

为了推动我国各级地质遗迹／地质公园的调查、研究、评价、规划、设计和建设，并逐步与世界地质公园接轨，进入全球性网络，特编印此件，供有关部门和人士参考。

翻译：刘林群　邓丹云　校稿：赵逊　王巍

世界地质公园网络工作指南
(2002年5月)

背景情况

按照2001年6月联合国教科文组织执行局的决定(161 Ex/Decisions 3.3.1),应有关国际组织的请求,联合国教科文组织支持其成员国提出的“创建具独特地质特征区域或自然公园(也称地质公园)”的特别动议。为此目的,本工作指南为有意申请加入由联合国教科文组织支持的地质公园网络的国家地质公园提供指导性原则。

寻求联合国教科文组织支持的动议,应结合在区域社会经济发展战略中如何保存地球上具有意义的地质遗产、保护环境,这也是众所周知的可持续发展概念*;还应通过加强公众对地球价值的了解和尊重、加深我们对地壳的了解、增强我们明智地利用地壳的能力,以便进一步促进人类与地球之间的平衡关系。

为了促进地质遗产的保护和可持续发展,成员国的动议须为实现《二十一世纪议程》所定目标作出自己的贡献。这项议程在1992年里约热内卢召开的“联合国环境与发展大会”(UNCED)上已获通过,其名称为《跨入二十一世纪的环境科学与发展议程》。而且,这些动议还为1972年通过的《世界文化与自然遗产保护公约》增添了新的内容,因为它突出了社会经济发展与自然环境保护彼此之间可能产生的影响。

除了与联合国教科文组织的“世界遗产中心”以及“人与生物圈”(MAB)下属的“世界生物圈保护区网络”携手并进外,联合国教科文组织的地质公园活动还要与其他具有互补性的国家及国际项目以及活跃在地质遗产保护领域的非政府组织进行密切合作,如国际地质科学联合会所属的“地质遗址工作组”、“ProGEO”、“欧洲地质公园网络”。

在申请联合国教科文组织的支持之前,申请人应明确要尊重在评审过程中作为依据的本工作指南的条款。独立行使权力的国际地质公园专家组在评估申请联合国教科文组织支持的国家地质公园的报告时,将依照本工作指南。此外,还要求申请人与所在国的权威地学机构联系,征求他们有关地学方面的建议。

工作指南(2002年4月)

第一条 定义标准

1.由联合国教科文组织支持的地质公园是一个有明确的边界线并且有足够大的使其可为当地经济发展服务的表面面积的地区。它是由一系列具有特殊科学意义、稀有性和美学价值的,能够代表某一地区的地质历史、地质事件和地质作用的地质遗址(不论其规模大小)或者拼合成一体的多个地质遗址所组成。它也许不只具有地质意义,还可能具有考古、生态学、历史或文化价值。

2.这些遗址彼此有联系并受到正式的公园式管理的保护;地质公园由为区域性社会经济的可持续发展采用自身政策的指定机构来实施管理。在考虑环境的情况下,地质公园应通过开辟新的税收来源,刺激具有创新能力的地方企业、小型商业、家庭手工业的兴建,并创造新的就业机会(如地质旅游业、地质产品)。它应为当地居民提供补充收入,并且吸引私人资金。

3.由联合国教科文组织支持的地质公园将支持在文化和环境上可持续的社会经济发

* 根据“世界环境与发展委员会”在《我们共同的未来》(1987)一书中所下的定义,“可持续发展”系指“既能满足我们这一代人需要又不损害子孙后代满足他们需要的发展”。

展。它对其所在地区有着直接影响，因为它可以改善当地人们的生活条件和农村环境，加强当地居民对其居住区的认同感，促进文化的复兴。

4. 由联合国教科文组织支持的地质公园将探索和验证地质遗产的各种保护方法（例如具代表性的岩石、矿产资源、矿物、化石和地形的保护）。在国家法规或规章的框架内，由联合国教科文组织支持的地质公园须为保护重要的、能提供地球科学各学科信息的地质景观作出贡献。这些学科包括：综合固体地质学、经济地质和矿业、工程地质学、地貌学、冰川地质学、水文学、矿物学、古生物学、岩相学、沉积学、土壤科学、地层学、构造地质学和火山学。地质公园的管理部门须征求各自权威地学机构的意见，采取充分措施，保证有效地保护遗址或园区，必要时还要提供资金进行现场维修。

5. 由联合国教科文组织支持的地质公园可用来作为教学的工具，进行与地学各学科、更广泛的环境问题和可持续发展有关的环境教育、培训和研究。它须制订大众化环境教育计划和科学研究计划，计划中要确定好目标群体（中小学、大学、广大公众等等）、活动内容以及后勤支持。

6. 由联合国教科文组织支持的地质公园始终处于其所在国独立司法权的管辖之下。其所在国须负责决定如何依照其本国法律或法规管理特定遗址或公园区域。

7. 被指定负责特定地质公园管理的机构须提供详尽的管理规划，该规划至少要包括下列内容：

(1) 地质公园本身的全球对比分析；

(2) 地质公园属地的特征分析；

(3) 当地经济发展潜力的分析。

8. 对于由联合国教科文组织支持的地质公园的属地，须作好各项组织安排，这种组织安排涉及到行政管理机构、地方各阶层、私人利益集团、地质公园设计与管理的科研和教育机构、属地区域经济发展计划和开发活动。与这些团体的合作，可以促进协商，鼓励在该属地利益相关的不同集团之间建立合伙关系；将调动起地方政府和当地居民的积极性。

9. 负责管理地质公园的机构，应对被指定为由联合国教科文组织支持的地质公园的属地进行适当的宣传和推介，应使联合国教科文组织定期了解地质公园的最新进展和发展情况。

10. 如果地质公园属地与世界遗产名录已列入的地区、或者已作为“人与生物圈”的生物圈保护区进行过登记的某个地区相同或重叠，那么在提交申请报告之前，须先获得有关机构对此项活动的许可。

第二条　提名程序

1. 由联合国教科文组织支持的地质公园的申请报告可在全年任何时候提交。

2. 由联合国教科文组织支持的地质公园的申请报告须按照所附申报表（见附件），由参加联合国系统某一机构的国家的政府组织进行准备，也可以由非政府组织进行准备。

3. 在提交申请报告之前，申请人必须征得政府主管部门和其他的国家主管部门的同意，确认地质公园的建立与国家利益和法规不会发生冲突。

4. 在地学合格性方面，须寻求各自国家权威地学机构的同意。

5. 在准备申请报告时，申请人可以向联合国教科文组织地学处、有关国际咨询机构和其他专家寻求帮助。

6. 申请报告应先寄给有关成员国内的联合国教科文组织国家委员会，再由该委员会转交联合国教科文组织地学处。如果所在国未设立国家委员会，则申请报告可直接寄给联合国教科文组织地学处。

7. 联合国教科文组织地学处将审查申请报告的内容和支持性材料；若文件不全，还将要求申请人提供补充材料。

8. 申请报告由国际地质公园专家组评审，评审后它将向联合国教科文组织总干事进行推荐，决定是否成为由联合国教科文组织支持的地质公园。

9. 联合国教科文组织总干事在与国际地质对比计划科学执行局协商后，提名国际地质公园专家组成员的人选。

10. 对申请的地质公园进行现场评估另请的专家所需的国际旅费、食宿费和当地交通费，通常应由地质公园所在国承担，或者由与申请有关的其他团体或机构承担。

11. 联合国教科文组织须将其总干事的决定通知申请人和有关国家的联合国教科文组织国家委员会。

第三条　联合国教科文组织的支持

1. 联合国教科文组织的支持将在联合国教科文组织总干事决定对申请报告作出积极评价后给予该地质公园。

2. 与地质公园有关的纪念徽章牌匾、标志杆，以及其他信息载体均应打上地质公园的标志和联合国教科文组织的标识。

3. 地质公园的管理机构应负责保证，联合国教科文组织的标识不得被未经联合国教科文组织明确认可和批准的任何集团使用，也不得用于未经这个机构明确认可和批准的任何目的。在商业上使用必须获得联合国教科文组织的特别授权。

4. 授予联合国教科文组织的支持只表明承认该地质公园的优秀性，这绝不意味着联合国教科文组织承担任何法律或财政上的责任。主管部门有责任避免在广大公众、特别是园区官员中产生这方面的误解，免除联合国教科文组织承担在这方面可能引起的任何赔偿责任。

第四条　报告与定期复查

1. 对于每个地质公园的状况将进行复查。复查的依据是相关的指定管理机构编写的、并通过联合国教科文组织国家委员会转交给联合国教科文组织的报告。

2. 如果根据该报告，该地质公园的状况或管理被认为令人满意，或者被认为自命名以来或上一次复查以来已有所改善，那么将对此给予正式确认。

3. 如果该地质公园被认为在命名或上次复查后没有遵守第一条所定原则，相关的管理机构将被要求采取适当措施，保证履行第一条的规定。假如该地质公园未能在一段合理的时间内履行好所述条款的原则，它将被取消由联合国教科文组织支持的地质公园的资格。

4. 联合国教科文组织须将定期复查的结果通报给指定的管理机构以及所在国家的联合国教科文组织国家委员会。

5. 假如一个主权国家或当局有意取消由联合国教科文组织支持的资格，它应当通过其联合国教科文组织国家委员会通知联合国教科文组织，并陈述其退出的理由。

世界地质公园的提名推荐准则

联合国教科文组织提出八条提名推荐准则：

1. 须包含多个地质遗迹或合并成一体的多个地质遗迹实体，它们必须具有特殊科学意义、稀有性和优美性，能代表一个地区及该区的地质历史、事件或演化过程；

2. 必须为所在地区的社会经济可持续发展服务。例如在考虑环境的情况下，开辟新的收入来源，刺激地方企业、小商业、乡村别墅业的兴建，创造新的就业机会，为当地居民增加补充收入，吸引私人资金；

3. 在国家法律或法规框架内，为保护主要的地质景观作出贡献。公园管理机构须采取充分措施，保证有效地保护园内的地质遗迹，必要时提供资金进行现场维修；

4. 须制定大众化的环境教育计划和科学研究计划，确定好教育目标、活动内容及后勤支持；

5. 须提供下述内容的详细管理规划：

（1）地质公园本身的全球对比分析；

（2）地质公园属的地特征分析；

（3）当地经济发展潜力的分析。

6. 做好园区内各类机构、团体的协调安排，它涉及行政管理机构、地方各阶层、私人利益集团、公园设计、科研和教育机构、地区经济发展计划和开发活动。促进协商，鼓励不同集团间建立合作伙伴关系，鼓励与全球网络中的其他地质公园建立密切联系；

7. 当提名某区作为世界地质公园时，须进行适当的宣传并加以推动，还须定期向联合国报告最新进展与发展情况；

8. 如申报地与世界遗产或人与生物圈相同或相重叠，应在提交推荐书前，获得有关机构的许可。

附录4　世界地质公园网络申请者评估表(草案)

Global Geoparks Network Applicant's Evaluation (DRAFT)
世界地质公园网络申请者评估表（草案）

Applicants Identity 申请者概况		
1. Name of Applicant 申请者名称		
Region：地区		
Country：国家		
Telephone：电话		
Fax：传真		
Email：电子邮箱		
2. Address of Applicant 申请者地址		
3. Size of Territory (km^2) 面积 (km^2)		
4. Contact Person 联系人		
Geoscientist 地质学家		
Specialist on Regional Development 区域发展专家		
5. Endorsement of National Commission of UNESCO (see also attached letter of endorsement) 联合国国家全委会签署		
Name 姓名	Position 职务	Date 日期
Name 姓名	Position 职务	Date 日期
Document A：Evaluation Document 文件 A：评估文件	Self-Assessment 自评	Evaluator' s Estimate 专家评估
Total out of a possible 100 % 合计		
		Name：

Application Overview 申请总表				
	Category 类别	Weighting 权重（%）	Self-assessment 自评	Evaluators Estimate 专家评估
1	Geology and landscape 地质与景观			
1.1	Territory 属地	5		
1.2	Geoconservation 地质遗迹保护	20		
1.3	Natural and Cultural Heritage 自然和文化遗产	10		
2	Management Structures 管理结构	25		
3	Interpretation and Environmental Education 解释系统和环境教育	15		
4	Geotourism 地质旅游	10		
5	Sustainable Regional Economic Development 区域经济可持续发展	10		
6	Access 交通条件	5		
Total 合计		100		

Notes For Applicants 申请者注意事项

• Documentary evidence should be provided for all positive statements made in this application document.
本申请文件所有材料必须真实
• No new applicant is likely to score 100 %. However, a score of 50 % within each category is required.
新申请者得分不得达到100分，但每个类别的评分应在50%以上
• Applications should be submitted to the following address:
申请材料提交给：

Geoparks Secretariat
Division of Ecological and Earth Sciences
Global Earth Observation Section
UNESCO
1, rue Miollis
75732 Paris Cedex 15
France
Phone: 00 33 1 45 68 41 18
Fax: 00 33 1 45 68 58 22
E-mail: m.patzak@unesco.org

1Geology and Landscape 地质与景观			Marks available 允许分值	Self Assessment 自评
1.1 TERRITORY 属地				
1.1.1 Applicant Setting 申请公园背景				
Number of Geological sites “geosites” in territory 属地内地质遗址的数量				
	20 sites or more 20个以上		80	
	40 sites or more 40个以上		140	
Number of sites with public Interpretation (trails, interpretation panels or leaflets) 具有公共解释系统的地质遗址数量（线路、解释牌、宣传册）				
		5～10	40	

续表

		10 ~ 20	80	
		20 or more 20个以上	120	
Sites of Scientific Importance 具重要科学意义的地质遗址数量10个以上		>25%	40	
Sites used for Education 具科普意义的地质遗址数量10个以上		>25%	40	
Sites used for Geotourism 用于地质旅游的地质遗址数量10个以上		>25%	40	
Non-Geological Sites 非地学遗址数量			20	
		Maximum Total 合计	400	
1.1.2 Relationship to existing Geoparks.(select one from the following options) 与现存地质公园的关系（从中选择一项）				
There is no comparison with any other existing Geopark 无可比的地质公园			300	
There is another Geopark with comparable geology, infrastructure 有一个可对比的地质公园			260	
There is another Geopark with comparable geology, infrastructure in the same Country 在本国内有一个可对比的地质公园			210	
There is another Geopark with comparable geology, infrastructure in the same Region 在同一地区内有一个可对比的地质公园			150	
There is another Geopark existing in the same geological unit, if yes: 如果有可对比的地质公园		Is its distance>200km 距离超过200km	100	
		Is its distance<200km 距离小于200km	60	
		Maximum Total 合计	300	
Territory Subtotal 属地小计		Maximum points 最大分值	Self Assessment 自评	
		700		
1.2 GEOLOGICAL CONSERVATION 地质遗迹保护			Marks Available 允许分值	Self Assessment 自评
1.2.1 Geodiversity 地质遗迹的多样性				
How many geological periods are represented in your area? 5 points each, maximum 50 points 在本公园内有多少个地质时代？每个5分，最大值为50分			50	
How many clearly defined rock types are represented in your area? 10 points each, maximum 50 points 在本公园内有多少个确定的岩石类型？每个10分，最大值为50分			50	
How many distinct geological or geomorphological features are present within your area? 10 points each, maximum 100 points 在本公园内有多少地质地貌类型？每个10分，最大值为100分			100	
		Maximum Total 合计	200	
1.2.2 What type of Geosites can be found in your area (total SELF AWARDED cannot exceed 400) 所在公园是何种地质遗迹类型（自评分数不得超过400）				
At least one geosite of international significance 至少一处地质遗迹具有国际意义			160	
At least three geosites providing different kinds of geological or geomorphological features 至少三处代表不同地质地貌特征的地质遗址			120	
At least five geosites of national significance 至少五处地质遗迹具国内意义			120	

续表

At least 20 geosites of educational interest and used by schools and universities 至少20处地质遗迹用于科普教育和大中学校的教学实习		150	
Do you have a geosites database 是否拥有地质遗址数据库		90	
Do you have a geosites map 是否有地质遗址分布图		60	
	Maximum Total 合计	400	
1.2.3 Strategy to protect against damage of geological sites and features (one answer only) 地质遗址和地质特征保护措施（回答其中之一）			
The entire territory has legal protection 整个区域都受法律保护		300	
Scientifically relevant part of an area is preserved as a protected area by law 与科学意义相关的区域作为保护区受法律保护		120	
Prohibition of destroying and removing parts of the geological heritage 严禁破坏和清除地质遗产		150	
At least 50 % of Applicants area is preserved as a protected area or by contract 至少50%的区域作为保护区受到保护		90	
	Maximum Total 合计	300	
1.2.4 How are the geosites protected against misuse and damage 如何防止滥用和破坏地质遗迹			
General announcement of regulations 管理条例的一般性通告		40	
Announcement of regulations at individual sites 单个地点管理条例通告		40	
Observation posts, guarding and patrolling by wardens 标语、专人看护和巡逻		120	
Provision for enforcement of regulations (no digging and collection) 管理条例强制规定（不准挖掘和采集标本）		40	
Offering collecting under supervision at selected sites 提供在特定区域有监控的采集标本		20	
	Maximum Total 合计	200	
1.2.5 What measures are carried out to protect geosites and infrastructure against damage and natural degradation 防止地质遗迹和基础设施人为和自然破坏的措施			
Regular maintenance and cleaning 定期维护和清理		60	
Conservation measures 保护措施		70	
Protective measures (preparation, sealing to avoid natural degradation 保护性措施（预案、避免自然破坏采取封闭措施）		70	
	Maximum Total 合计	200	
Geoconservation Subtotal 保护小计	Maximum points 最大分值	Self Assessment 自评	
	1300		
1.3 Natural and Cultural Heritage 自然和文化遗产		Marks Available 允许分值	Self Assessment 自评
1.3.1 Natural Rank (total SELF AWARDED cannot exceed 300) 自然遗产级别（自评分不得超过300分）			
World Heritage Site or Man and Biosphere Reserve Area in part of the Geopark territory 地质公园范围内部分地区为世界自然遗产或人与生物圈保护区		300	
Other International Designation in part of the Geopark territory 地质公园范围内部分地区为国际认定的其他保护区域		240	

续表

National designation in part of the Geopark territory 地质公园范围内部分地区为国家认定的保护区域	180	
Regional designation in part of the Geopark territory 地质公园范围内部分地区为地区认定的保护区域	120	
Local designation in part of the Geopark territory 地质公园范围内部分地区为当地认定的保护区域	60	
Maximum Total 合计	300	
1.3.2 Cultural Rank (total SELF AWARDED cannot exceed 300) 文化遗产级别（自评分不得超过300分）		
World Heritage Site or Man and Biosphere Reserve Area in part of the Geopark territory 地质公园范围内部分地区为世界文化遗产或人与生物圈保护区	300	
Other International Designation in part of the Geopark territory 地质公园范围内部分地区为国际认定的保护区域	240	
National designation in part of the Geopark territory 地质公园范围内部分地区为国家认定的保护区域	180	
Regional designation in part of the Geopark territory 地质公园范围内部分地区为地区认定的保护区域	120	
Local designation in part of the Geopark territory 地质公园范围内部分地区为当地认定的保护区域	60	
Maximum Total 合计	300	
1.3.3 Promotion of Natural and Cultural Heritage 弘扬自然和文化遗产		
Regular maintenance 定期维护	40	
Interpretation and education 解释和普及	80	
Communication 交流	80	
Conservation 保护	80	
Promotion to the general public 对公众的宣传	120	
Maximum Total 合计	400	
Natural and Cultural Heritage Subtotal 自然和文化遗产小计	Maximum points 最高分	Self Assessment 自评
	1000	
Total Points Awarded For section Ⅰ: Geology and Landscape 地质与景观部分总分	Maximum points 最高分	Self Assessment 自评
	3000	
2 MANAGEMENT STRUCTURE 管理结构	Marks Available 允许分值	Self Assessment 自评
2.1 How is the Applicants management structure organised? 申请公园管理结构的组织方式		
A clearly defined border and area of responsibility 所负责的范围具有明确的界线和面积	40	
An effective organisation to enhance protection, sustainable development 具有一个有效的管理机构负责保护和可持续发展	40	
An independently administered budget 具有独立的经费预算	20	
Maximum Total 合计	100	
2.2 Does a management or Master Plan exist? (Total SELF AWARDED CANNOT EXCEED 140) 是否有管理规划？（自评分值不得超过140分）		

续表

Management or Master Plan exists (not older than 10 years) 有		40	
Management or Master Plan is in preparation (to be completed within two years) 准备之中（将在两年内完成）		20	
2.3 Master Plan Components 管理规划要点			
If a plan exists, what components does it include? (You should refer to five different components in accompanying documentation) 如有规划，包括哪些内容？（申报材料应包括5项不同的内容）		20	
If no plan exists, which components have been separately worked out? (You can refer to five different components in accompanying documentation) 如没有规划，哪些内容是分别处理的？（提交的申报材料应包括5项不同的内容）		10	
Strength and weakness analysis of Management/administration 管理强弱项分析		20	
An audit of the geological and other resources 地质和其他资源的核查		20	
Strength and weaknesses analysis referring to the following 强弱项分析提交如下内容			
	Geology 地质	5	
	Landscape protection 景观保护	5	
	Tourism "geotourism" 地质旅游	5	
	Agriculture and forestry 农业和林业	5	
Analysis of local/regional development potentials 地方／区域发展潜力分析		10	
Definition of development goals for important fields of interest (geology, geotourism etc) 重要领域发展目标（地质、地质旅游等）		10	
Models for sustainable development 可持续发展模式		10	
	Maximum Total 合计	140	
2.4 Does a 3/5 year action plan exist? 是否有3/5年的行动计划?			
3/5 year action plan exists and is being implemented 有3/5年行动计划并正在完善		40	
3/5 plan is in preparation (to be completed within two years) 准备之中（将在两年内完成）		20	
	Maximum Total 合计	60	
2.5 Does your Application have a Marketing Strategy (the SELF AWARDED total cannot exceed 100) 申请中是否含有市场开发计划（自评分值不得超过100分）			
Strategy exists (not older than 10 years) 有（10年以内的）		50	
Strategy in preparation (will be finished within 2 years) 准备之中（将在两年内完成）		20	
2.5.1 If a strategy exists, which elements have been included? 如果有开发计划，包括哪些内容?			
Market research 市场研究		10	
Creation of products 开发产品		10	
Organisation of product distribution 产品分销机构		10	

续表

Tourism marketing strategy 旅游市场对策		10	
Communication strategy 交流对策		10	
2.5.2 If no strategy exists, which elements have been separately worked out? 如无开发计划，哪些内容已分别进行了？			
Market research 市场研究		5	
Creation of products 产品开发		5	
Organisation of product distribution 产品分销机构		5	
Tourism marketing strategy 旅游市场对策		5	
Communication Strategy 交流对策		5	
	Maximum Total 合计	100	
2.6 Applicant should protect its geological heritage and create sustainable Geotourism. What has been done to fulfil this duty? (the SELF AWARDED total cannot exceed 100) 申请公园应该保护其地质遗迹和开展可持续地质旅游。为此，已完成了哪些工作？（自评分不得超过 100 分）			
Definition of areas which will be the focus of tourism development 已划定开展地质旅游的区域		25	
Definition of areas where no tourism is allowed(with focus on protection and research) 已划定不允许游览的区域（供保护和研究）		20	
Measures taken to regulate and reduce traffic (restricted access, central parking lots, traffic guiding system, signposting etc.) 采取调控和降低交通流量的措施（限行、中心停车场、交通引导系统、交通标识等）		15	
Environmental friendly hiking path syste 环境友好的徒步旅游道路系统		10	
Clearly defined cycle or other trails such as bridleways (horse/pony/mules etc) 明确的自行车道和其他道路，如马道（马／小型马／骡等）		10	
2.7 Are there any initiatives or working groups existing, who discuss Promotion of Natural and Cultural Heritage 是否有专门团体来探讨自然和文化遗产的弘扬			
Regular "Working Group" meetings on specific topics 定期专题研讨会		20	
Individual cooperation and contracts between Applicant, tourism and other interest groups 申请公园与旅游及其他相关机构的合作		10	
Other regular activities, not described by the answers above (short description) 其他定期活动，以上内容不再重复（简要描述）		10	
	Maximum Total 合计	100	
2.8 Has your Applicant area received any awards or other formal recognition for its activities in the fields of geodiversity, conservation or sustainable geo-tourism during the last five years? (The total amount of SELF AWARDED cannot exceed 100) 申请公园在过去的 5 年内是否在地质遗迹多样性、保护和可持续地学旅游领域方面获得过任何荣誉或其他正式认可（自评分值不得超过 100 分）			
International awards (name and date of award) 国际荣誉（荣誉的名称和日期）		80	
National awards (name and date of award) 国家荣誉（荣誉的名称和日期）		40	
European charter for sustainable tourism		50	
European diploma of European council		50	

续表

Other (e.g. from industry) (name and date of award) 其他	50	
Maximum Total 合计	100	
2.9 Are competent geological and scientific experts available to promote further research work and action on a reliable scientific basis? (The total amount of SELF AWARDED cannot exceed 140) 是否有著名地质专家从科学的角度开展进一步的科学研究（自评分值不得超过140分）		
At least one advisory expert who is a practicing geoscientist 至少有1位世界地质公园评审专家担任执行地质学家	10	
Or 或		
At least one person with a degree in geosciences or other related discipline in the permanent staff 在正式工作人员中，至少有1位拥有地质学或其他相关学科的学位	20	
At least five people with a degree in geosciences or other related discipline on the staff of the Applicant 在申请人员中，至少有5位拥有地质学或其他相关学科的学位	10	
Do additional experts exist in the permanent staff (e.g. engineers, biologists) 在正式工作人员中有其他相关学科的专家（如工程师、生物学家）	10	
Regular and formal joint activity with at least one scientific institution (University, Geological Survey) 至少与一个科学团体（大学、地质调查机构）有定期和正式的合作活动	15	
Regular consulting is maintained by 定期协商主持人是		
Persons with scientific background in earth sciences 具有地学背景的专家	15	
Persons with experiences in earth sciences 具有地质工作经验的人士	10	
Amateurs 业余人员	5	
Network of experts exists 具有专家网络	10	
How many different scientific disciplines are in the expert network ? 专家网络中覆盖的学科数量		
<5	5	
>5	10	
Does a marketing expert exist? If not who does the work? 是否有市场专家？如无，谁负责此项工作？	5	
Does a press office exist? If not who does the work? 是否有媒体办公室？如无，谁负责此项工作？	5	
Does a product manager exist? If not who does the work? 是否有产品经理？如无，谁负责此项工作？	5	
Are other staffs available to run field trips/guided walks? 工作人员中是否有人可以跑野外／或带路工作？	5	
Do you have administrative staff ? 是否有行政管理人员？	5	
Do you have museum staff 是否有博物馆工作人员？	5	
Maximum Total 合计	140	
2.10 Does your Applicant area have the following Infrastructure 所申请的地质公园是否具备下列设施		
Museum within the area of Applicant managed by yourself or a partner in your organization 申请公园管理或由合作机构管理的博物馆	80	
Information Centre within the area of Application 申请公园的信息（游客）中心	60	

续表

‘Info-kiosks’ or other ‘local information points’ within the area of Application which carry information about the Applicant and its aims / work 在公园内有信息亭或其他当地的信息站，提供有关公园的信息	40	
Info-panels within the area 在公园内具信息牌	20	
Geological Trails within the area of Applicant, which the Applicant has developed or been involved in developing 申请公园中已具备或将要设计地质考察路线	40	
Maximum Total 合计	240	
Total Points Awarded For Section II: Management Structure 管理结构小计	Maximum points 最大分值 940	Self Assessment 自评
3 Information and Environmental Education 信息和环境教育	Marks available 允许分值	Self Assessment 自评
3.1 Research, information and education scientific activity within the territory 在属地范围内研究、信息和科学普及活动		
At least one scientific/academic institution working in the Applicant's area. 至少1个科研/学术团体在申请公园中进行科学研究	40	
At least one student final report (mapping etc.) in the Applicant's area per year 每年至少有一个大学生在申请公园内完成毕业设计（填图等）	20	
At least one of PhD thesis on Applicant's area within the past three years 在过去3年内至少有1人在申请公园内完成博士论文	40	
At least five scientific or tourism focused academic papers from the work within the Applicant's area during last 5 years 在过去5年内至少有5篇以申请公园的科学或旅游为主要内容的学术论文发表	40	
Maximum Total 合计	140	
3.2 Do you operate programs of environmental education in your Applicant area? 在申请公园内是否开展环境教育活动？		
Does your permanent staff include specialists in environmental education, who undertake such work as their main role within your team？ 在正式职工中，是否有环境教育专家，而他的主要工作就是承担此项任务？	50	
Do you operate at least one formal education programme (please outline the nature of the programme(s) 是否开展过至少一次环境教育活动（简述活动的特征）	30	
The area's geology and the Applicant status itself is part of an education program developed by others (museums etc.) 野外地质学和申请公园本身是环境教育的一部分（如博物馆等）	20	
Personal and individual program offered to children from families visiting the Applicant's area 对随家庭来公园游览的儿童，具有单独的、有针对性的项目	20	
Do you operate special programs for primary/elementary school classes? 是否开展针对小学生的专门项目？	20	
Do you operate special program for secondary/high school classes? 是否开展针对初高中生的专门项目？	20	
Do you operate special program for university students? 是否开展针对大学生的专门项目？	20	
iversity camps/education centres in the Applicant's area 在申请公园内是否有大学实习/教学中心	20	
Maximum Total 合计	200	
3.3 What kind of educational materials exist? (The total amount of SELF AWARDED cannot exceed 120) 具有何种科学普及材料（自评分值不得超过120分）		

续表

Have you developed new educational material for school classes? 是否有新制作的针对中小学的科普教学材料?		20	
Films, video, slideshow etc. 电影、录像、幻灯等		20	
Interactive elements/ internet 互动方式/互联网		20	
Different special exhibitions changing on a regular basis 专题展览		20	
Special education equipment (puzzles, special constructions, etc) 专门的教学装备（智力游戏、专用设施等）		20	
Did you produce other material for children below 8 years? 是否具有专为8岁以下的儿童准备的材料?		20	
	Maximum Total 合计	120	
3.4 What kind of published information is available in your Applicant area? 申请公园有何种出版物?			
Protection of geological heritage 地质遗迹保护		15	
Geological history of the area 本区的地质历史		15	
Environmentally friendly behaviour in the area 本区环境友好行为		15	
Other aspects of natural history which can be found within the area 在公园内可以见到的其他自然历史内容		15	
Other historical elements 其他历史遗迹		10	
	Maximum Total 合计	70	
3.5 What kind of professional marketing of the area takes place? 公园内出售有何种专业性的材料?			
Printed material (e.g. leaflets, magazines) 印刷品（如：小册子、杂志）		25	
CD or video material 光盘或影像材料		15	
Other promotional material or merchandise 其他辅助材料或商品		15	
	Maximum Total 合计	70	
3.6 In how many languages is the marketing material produced? (The total amount of SELF AWARDED cannot exceed 80) 出售的材料有几种文字？（自评分值不得超过80分）			
English 英语		10	
French 法语		10	
German 德语		10	
Italian 意大利语		10	
Spanish 西班牙语		10	
Dutch 荷兰语		10	
Multi-languages in one publication 同一出版物有多种语言		10	
Add 10 points for each other language e.g. Gaelic, Urdu, Welsh, Chinese. 其他语言（如汉语等），每一种语言加10分			
	Maximum Total 合计	80	
3.7 Offers for school groups. For example, organized visits etc. (The total amount of SELF AWARDED cannot exceed 90) 为学校提供何种服务，如组织参观等（自评分值不得超过90分）			
Guided tours by Applicant's staff or through a member organisation 由申请公园的工作人员进行导游		30	

续表

Standard programs, regularly offered for all park visitors 标准项目，提供给所有游客	10	
Limited group size (max. 30 persons per guide) 游客人数控制（每个导游最多带 30 人）	10	
Are alternatives available if tour impossible due to bad weather conditions? 如果遇到恶劣天气无法游览，是否有其他替代项目？	10	
Do programs exist for different ages? 项目是否针对不同年龄？	20	
Do special, scientific programs exist? 是否有专门的科学考察项目？	20	
Is teacher training offered in matters relating to the Applicant? 与申请公园相关的内容，是否提供教师培训？	20	
Maximum Total 合计	90	
3.8 Education – Guides 教学—导游		
At least one advisory expert who is a practicing geoscientist 至少有 1 位世界地质公园评审专家担任执行地质学家	10	
Do you have at least one expert providing guided visit that your organization has a role in developing? 是否具有至少一位专家担任导游？	20	
Personal guides 个人导游	10	
Freelance guides whose training and / or program is supported by your organization 由贵单位支持个体导游的培训	10	
Training courses 培训科目	20	
Maximum Total 合计	60	
3.9 What kind of information do you provide to educational groups, which encourage them to visit your area? 有何种信息提供给教学机构，以鼓励他们来公园参观？		
Letters to schools and universities 给中小学和大学写信	20	
Applicant-brochure 宣传小册子	20	
Press announcements (Newspapers, Radio, TV) 媒体广告（报纸、广播、电视）	20	
Applicant newspaper or newsletter 地质公园的报纸和通信	20	
Maximum Total 合计	80	
3.10 Do you use the internet for school programmes? What kind of service do you provide? 对学校的项目是否上网？可提供何种服务？		
Own website with general information about environmental education within the area 自己的公园的网页上提供本公园环境教育的信息	40	
Those responsible for the education programme may be reached by E-Mail 负责环境项目的人员可通过电子邮箱联系到	5	
Regular electronic newsletter 定期的电子通信	15	
Up to date calendar of activities 即时日程安排	15	
Maximum Total 合计	90	
Total Points Awarded For section Education 环境教育得分	Maximum points 最大分值	Self Assessment 自评
	1000	

续表

4 Geotourism 地学旅游		Marks available 允许分值	Self Assessment 自评
4.1 Do information centres and exhibitions concerning the area exist? (The total amount of SELF AWARDED cannot exceed 100) 申请公园是否有信息中心和展览？（自评分值不得超过 100 分）			
At least one information centre, managed by yourself or one of the partner members of your organization, which plays a central role (Centre' s name, number of centres etc) 至少有一个信息中心，由公园自己或合作伙伴管理（中心名称、中心数量）		30	
No centre existing yet, but the Applicant is part of an exhibition in another facility (museums etc.) 暂无信息中心，但在另一个地方（博物馆等）有信息展示内容		10	
Existing 'info points' or similar facilities throughout the area managed by yourself or one of the partner members of your organization 整个公园有信息站或类似设施，由公园自己或合作伙伴管理		20	
Info centre meeting- and starting point for excursions 信息中心位丁游览集散地		10	
Info centre accessible for wheelchair users and catering for those with other disabilities 轮椅使用者可到达信息中心，并可为残疾人士提供餐饮		10	
Personal and individual information offered to visitors about possible activities in the area 对游客提供公园内可能的活动信息		10	
Tourism information offered in the centre 在信息中心提供旅游信息		10	
Centre accessible by public transport 公共交通可到达信息中心		10	
Centre open to the public at least 6 days a week, all year round weather permitting 如天气许可，信息中心应全年对公众开放，每周至少 6 天		10	
	Maximum Total 合计	100	
4.2 How is information and interpretation about the area presented in info centres, information points etc? 在信息中心、信息站所提供信息和介绍的方式是			
Static display material 静态显示材料		10	
Films, video, slideshow etc. 电影、录像、幻灯等		10	
Interactive elements 互动式		10	
Different special exhibitions changing on a regular basis 定期更换的专门展览		40	
	Maximum Total 合计	200	
4.3 Are visitors informed about public transport in the area and encouraged to use it before they come? 游客在抵达本公园之前，是否可以了解到公园的公共交通情况并鼓励游客利用公共交通？			
Promotional material about the area (leaflets, brochures, internet) contains information about public transport 宣传材料（传单、小册子、互联网）包含公共交通的信息		20	
Websites of the Applicant and/or local tourism organizations are linked to web-based timetables and transport information held by others. 公园或当地的旅游机构网站上发布公共交通的信息		20	
Special offers for tourists using public transport, bicycle or other forms of sustainable transport 特别为游客提供的公共交通工具，如自行车或其他环保的交通工具		20	
	Maximum Total 合计	60	

续表

4.4 What kind of guided tours have been developed by your management body or your partners? 公园管理机构和合作伙伴具备何种导游方式?			
Groups with special interests in geology and geomorphology 专门针对地质和地貌的特殊团队		10	
Tours take place regularly during the season 旅游季节常规导游		10	
Tours for a broad audience 面向大众的游览项目		20	
Tours for special groups (e.g. disabled people, cyclists etc) 针对特殊人群的游览（如：残疾人士、骑自行车者等）		10	
Guided tours by qualified staff 由具资质的人员进行导游		10	
Limited group size (max. 30 persons per guide) 旅游团队人数控制（每次不超过 30 人）		10	
Alternatives available if tour impossible due to bad weather conditions 如果遇到恶劣天气无法游览，有其他项目替代		10	
Flexible registration system (day to day basis) for participants or no registration necessary 灵活的登记系统，或无需登记		10	
	Maximum Total 合计	90	
4.5 What else do you use to inform visitors about your area 贵公园还有其他要告知游客?			
Easy to read interpretation panels in entrance areas or at tourism hot spots 在公园入口处和著名景点处有通俗的解释牌		50	
There is at least one promoted trail dealing with geological subjects, developed by your team, alongside any developed by partners 由公园开发的至少一条地质旅游线路		40	
Information panels and installations along trails are regularly checked and cleaned 沿途信息解释牌和设施定期进行检查和保洁		10	
	Maximum Total 合计	100	
4.6 How are information-activities of different organisations co-ordinated 信息发布与其他团体的协调方式			
Joint information or promotional material 联合发布或共同组织宣传材料		20	
	Maximum Total 合计	20	
4.7 What kind of other interpretative material exists (not older than 5 years) 是否有其他解释性材料（5 年以内）			
Brochure 小册子		10	
Fliers with seasonal changing information 随季节变化而散发的传单		15	
Books and comparable information about the area 介绍公园的书籍或类似信息		15	
Films, videos, CD' s, DVD' s 电影、录像带、CD、DVD		15	
Promotional newspaper or newsletter 宣传报纸或通讯		15	
Web-based media 网络媒体		15	
Other forms of interpretation 其他		15	
	Maximum Total 合计	100	

续表

4.8 Do you use the internet and what kind of service do you provide? 是否利用互联网并提供何种服务？			
Own website with general information about the area 自己拥有网站，发布公园信息		40	
Links to other websites of tourist board, communities, local government, which provide a broad range of information on the Applicants area. 与其他旅游、团体、当地政府网站相连接，提供地质公园更广泛的信息		15	
Geopark management may be reached by email 地质公园管理者可通过电子邮箱联系到		15	
Regular electronic newsletter 定期的电子通讯		10	
Facility to order publications on-line 便捷的在线预定出版物		10	
Up to date calendar of activities 即时更新的活动安排日程表		15	
Guidance for visitors on potential excursions 引导游客关心潜在的游览项目			
	Maximum Total 合计	100	
4.9 Hiking, cycling, horse-riding, canoeing, etc. are popular activities in Geoparks. What kind of infrastructure is available for these activities? 徒步旅行、骑车、骑马、独木舟等是地质公园内常见的活动，对此，公园有何种基础设施？			
Network of paths which includes main tourism and scientific points of interest 包括主要景点和科学考察点在内的道路网络		10	
Uniform/standard signposting of paths 统一／标准的道路指示牌		10	
Regular checks of infrastructure and immediate repair guaranteed 定期检查这些设施并及时修理		10	
Special maps and information sheets for hikers, cyclists, etc. 对步行者和骑车者等提供特殊的地图和信息材料		10	
At least one path concerning a special subject (geology, mining, archaeology, architecture etc.) not previously counted in your score under another heading 至少有1条线路涉及特殊内容（地质、采矿、考古和建筑等），没有包含在其他前面的内容里		10	
Guided cycling, walking, etc. tours, provided or actively supported by a member organization 成员单位提供或积极支持骑车、徒步等旅游项目		10	
Such tours include several days all inclusive offer (hotel, half or full board) for hiking and cycling tours without luggage transport provided or actively supported by a member organization 成员单位为徒步和骑车者（无运送行李）提供或积极支持的多天旅游项目（宾馆、膳食半价或全价）		10	
Such tours include several days all inclusive package with luggage transport provided or actively supported by a member organization 成员单位为徒步和骑车者提供或积极支持的多天全包（含运送行李）旅游项目		10	
There is a network of hiking/biking, etc. friendly hotels/pensions, defined by a catalogue of criteria (number of participants) with whom your organization has worked on promotion and projects 为徒步／骑车者提供合同宾馆网络，并确定标准（参加人数等）		20	
	Maximum Total 合计	100	
4.10 How do you communicate the goals of Geotourism in your area, especially with those responsible for tourism or to active entrepreneurs 如何与旅游部门或企业沟通本地质公园的地质旅游的理念？			
Direct personal meetings or through their involvement in your organization. 组织专门人员会议或让他们参与其中		10	
A regular award scheme to promote good practice. 对运作好的项目实行定期奖励计划		20	
The selection and nomination of official partners/mentors/sponsors 官方合作者／专家／赞助者的遴选和提名		20	

续表

	Maximum Total 合计	50	
4.11 Do you have the following sustainable (e.g. non car based) trails? 是否有下列可持续（如：无汽车）旅游线路？			
Geo-trails 地质线路		20	
Cultural trails 文化线路		10	
Forest trails 森林线路		10	
Other trails 其他线路		10	
Other out-door activities not mentioned elsewhere. 其他未提及的户外活动项目		10	
	Maximum Total 合计	60	
4.12 Visitor evaluation 游客评估			
Do you count visitors? 是否统计游客数量？		25	
By entrance tickets / trail counters 通过门票／线路统计			
By estimation? 估计			
By visitor survey? 通过游客调查			
Do you evaluate where your visitors come from? 是否评估过游客的来源？		25	
By booking addresses? 通过预定地址			
By market analysis? 通过市场分析			
By university study? 通过大学研究			
Do you use visitor evaluation for your forward planning? 你的未来规划是否利用了游客分析数据？		25	
Do you have analysis of the socio-economic profile of your visitors (families, school classes, pension groups, tourist groups, etc)? 你是否对游客进行社会—经济背景分析（家庭、学校等级、养老金人群、旅游团队等）		10	
Questionnaire on visitors' satisfaction levels? 游客问卷调查的满意程度		15	
	Maximum Total 合计	100	
Total Points Awarded For section IV: Geotourism 地质旅游得分	Maximum points 最大分值	Self Assessment 自评	
	1080		
5 Sustainable Regional Economy 区域可持续经济			
5.1 What efforts are undertaken to promote regional food and craft products, integrating the catering trade? 在促进地方食品和手工艺品、整合餐饮方面所作了哪些努力？		Marks available 允许分值	Self Assessment 自评
Initiatives promoting food from regional and/or ecological production, which your organisation develops or actively supports 由贵机构开发或积极支持的地方特色／或生态食品生产		50	
Meals from regional and/or ecological production are available in restaurants 在餐馆中有地方特色和／生态食品		30	
The Applicant organizes markets, where mainly regional agricultural products are sold 申请公园组织市场，主要出售当地的农副产品		50	
A label for regional food products or local gastronomy exists 有地方特色食品或特色小吃的商标		30	

续表

Direct marketing of regional agricultural products is promoted 促进地方农副产品进入市场		40	
	Maximum Total 合计	200	
5.2 Which efforts are undertaken to create and promote regional geotourism products? The total SELF-AWARDED cannot exceed 100) 在开创和促进区域地质旅游产品中作了何种努力？（自评分值不得超过100分）			
Initiatives promoting geological replicas production exist 创新开发地质内容的复制品作为旅游产品		50	
Casts and souvenirs from local production are available 当地生产的艺术品和纪念品		30	
The organization or its active partners has a retail outlet or outlets where mainly regional products are sold 管理机构和合作伙伴的商品零售点主要出售的是地方特色商品		50	
	Maximum Total 合计	100	
5.3 How are regional crafts promoted? 如何促进地方工艺品发展？			
The marketing of local craft products is actively supported 积极支持地方工艺品市场的发展		40	
Local craft products are showcased 地方工艺品有橱窗展示		40	
	Maximum Total 合计	80	
5.4 What efforts are undertaken to promote links between the Applicant and local businesses? 在促进所在地质公园与当地商业联系方面作了何种努力？			
A label for regional services/products has been developed the Applicant or in partnership with others 申请公园或与其他机构合作开发出区域服务／产品的商标		40	
Direct marketing of regional products is undertaken by your organization 申请公园对地方产品市场进行引导		20	
Tourism offers include tours of or collaboration with local businesses 旅游项目包含了与地方商业的合作内容		20	
	Maximum Total 合计	80	
5.5 What kind of contracts are regularly offered to businesses in your area? 为地方商业定期提供何种合约？			
Services (repair, management) 服务业（修理、经营）		40	
Design, Print 设计、印刷		40	
Other equipment and services to support geotourism and interpretation, e.g. transport, display cabinets etc. 支持地质旅游和介绍的其他设施和服务，如：交通、展示柜等		40	
	Maximum Total 合计	120	
5.6 Networking 网络			
A network of co-operating enterprises exists, fostered by the Applicant. 由申请公园主持的与合作企业的网络		40	
There is a formal contract between the Applicant and its partners 申请公园与合作伙伴的正式合同		30	
There are joint projects, financed in part by the E.U, between the Applicant, private businesses and local authorities. 申请公园与私人企业和地方政府的合作项目		50	
	Maximum Total 合计	120	
Total Points Awarded For section V: Sustainable Regional Economy 区域可持续经济发展得分	Maximum points 最大分值	Self Assessment 自评	
	700		

续表

6 Public Access 公共交通		Marks available 允许分值	Self Assessment 自评
6.1 Logistic access and traffic connection 后勤和交通连接			
It is possible to reach the Applicant's area by public transport 可以通过公共交通到达公园		200	
Do you have car-parking areas connected with trails, which you have developed? 旅游路线起点已具备停车区域		100	
Have you developed bicycle trails/pony trails? 是否有自行车／骑马路线?		150	
Do you provide your own tourist transport? 是否提供自己的旅游交通?		100	
Is the public transport integrated with walking and cycling/pony trails etc? 公共交通是否与徒步／骑车／骑马线路相连接?		100	
	Maximum Total 合计	650	
6.2 Facilities of the territory 公园设施			
Are there toilets in or near the parking areas? 在停车场附近有厕所?		100	
Is water available for the public in public areas? 在公共场所向公众提供水?		100	
Do you have special approaches for visitors with special physical needs? 是否可以为游客提供特殊的医疗需求?		150	
	Maximum Total 合计	350	
Total Points Awarded For Section VI. Public Access 公共交通得分	Maximum points 最大分值	Self Assessment 自评	
	1000		

附录5 地质遗迹保护管理规定

中华人民共和国地质矿产部《地质遗迹保护管理规定》
1995年5月4日

第一章 总则

第一条 为加强对地质遗迹的管理，使其得到有效的保护及合理利用，根据《中华人民共和国环境保护法》、《中华人民共和国矿产资源法》及《中华人民共和国自然保护区条例》，制定本规定。

第二条 本规定适用于中华人民共和国领域和其他管辖海域的各类地质遗迹管理。

第三条 本规定中所称地质遗迹，是指在地球演化的漫长地质历史时期，由于各种内外动力地质作用，形成、发展并遗留下来的珍贵的、不可再生的地质自然遗产。

第四条 被保护的地质遗迹是国家的宝贵财富，任何单位和个人不得破坏、挖掘、买卖或以其他形式转让。

第五条 地质遗迹的保护是环境保护的一部分，应实行“积极保护、合理开发”的原则。

第六条 国务院地质矿产行政主管部门在国务院环境保护行政主管部门协助下，对全国地质遗迹保护实施监督管理。县级以上人民政府地质矿产行政主管部门在同级环境保护行政主管部门协助下，对本辖区内的地质遗迹保护实施监督管理。

第二章 地质遗迹的保护内容

第七条 下列地质遗迹应当予以保护：

一、对追溯地质历史具有重大科学研究价值的典型层型剖面（含副层型剖面）、生物化石组合带地层剖面、岩性岩相建造剖面及典型地质构造剖面和构造形迹；

二、对地球演化和生物进化具有重要科学文化价值的古人类与古脊椎动物、无脊椎动物、微体古生物、古植物等化石与产地以及重要古生物活动遗迹；

三、具有重大科学研究和观赏价值的岩溶、丹霞、黄土、雅丹、花岗岩奇峰、石英砂岩峰林、火山、冰川、陨石、鸣沙、海岸等奇特地质景观；

四、具有特殊学科研究和观赏价值的岩石、矿物、宝玉石及其典型产地；

五、有独特医疗、保健作用或科学研究价值的温泉、矿泉、矿泥、地下水活动痕迹以及有特殊地质意义的瀑布、湖泊、奇泉；

六、具有科学研究意义的典型地震、地裂、塌陷、沉降、崩塌、滑坡、泥石流等地质灾害遗迹；

七、需要保护的其他地质遗迹。

第三章 地质遗迹保护区的建设

第八条 对具有国际、国内和区域性典型意义的地质遗迹，可建立国家级、省级、县级地质遗迹保护区、地质遗迹保护段、地质遗迹保护点或地质公园，以下统称地质遗迹保护区。

第九条　地质遗迹保护区的分级标准：

国家级：

一、能为一个大区域甚至全球演化过程中，某一重大地质历史事件或演化阶段提供重要地质证据的地质遗迹；

二、具有国际或国内大区域地层（构造）对比意义的典型剖面、化石及产地；

三、具有国际或国内典型地学意义的地质景观或现象。

省级：

一、能为区域地质历史演化阶段提供重要地质证据的地质遗迹；

二、有区域地层（构造）对比意义的典型剖面、化石及产地；

三、在地学分区及分类上，具有代表性或较高历史、文化、旅游价值的地质景观。

县级：

一、在本县的范围内具有科学研究价值的典型剖面、化石及产地；

二、在小区域内具有特色的地质景观或地质现象。

第十条　地质遗迹保护区的申报和审批：

国家级地质遗迹保护区的建立，由国务院地质矿产行政主管部门或地质遗迹所在地的省、自治区、直辖市人民政府提出申请，经国家级自然保护区评审委员会评审后，由国务院环境保护行政主管部门审查并签署意见，报国务院批准、公布。

对拟列入世界自然遗产名册的国家级地质遗迹保护区，由国务院地质矿产行政主管部门向国务院有关行政主管部门申报。

省级地质遗迹保护区的建立，由地质遗迹所在地的市（地）、县（市）人民政府或同级地质矿产行政主管部门提出申请，经省级自然保护区评审委员会评审后，由省、自治区、直辖市人民政府环境保护行政主管部门审查并签署意见，报省、自治区、直辖市人民政府批准、公布。

县级地质遗迹保护区的建立，由地质遗迹所在地的县级人民政府地质矿产行政主管部门提出申请，经县级自然保护区评审委员会评审后，由县（市）人民政府环境保护行政主管部门审查并签署意见，报县（市）级人民政府批准、公布。

跨两个以上行政区域的地质遗迹保护区的建立，由有关行政区域的人民政府或同级地质矿产行政主管部门协商一致后提出申请，按照前三款规定的程序审批。

第十一条　保护程度的划分

对保护区内的地质遗迹可分别实施一级保护、二级保护和三级保护。

一级保护：对国际或国内具有极为罕见和重要科学价值的地质遗迹实施一级保护，非经批准不得入内。经设立该级地质遗迹保护区的人民政府地质矿产行政主管部门批准，可组织进行参观、科研或国际间交往。

二级保护：对大区域范围内具有重要科学价值的地质遗迹实施二级保护。经设立该级地质遗迹保护区的人民政府地质矿产行政主管部门批准，可有组织地进行科研、教学、学术交流及适当的旅游活动。

三级保护：对具有一定价值的地质遗迹实施三级保护。经设立该级地质遗迹保护区的人民政府地质矿产行政主管部门批准，可组织开展旅游活动。

第四章　地质遗迹保护区的管理

第十二条　国务院地质矿产行政主管部门拟订国家地质遗迹保护区发展规划，经国务院环境保护行政主管部门审查签署意见，由国务院计划部门综合平衡后报国务院批准实施。

县级以上人民政府地质矿产行政主管部门拟定本辖区内地质遗迹保护区发展规划，

经同级环境保护行政主管部门审查签署意见，由同级计划部门综合平衡后报同级人民政府批准实施。

第十三条　建立地质遗迹保护区应当兼顾保护对象的完整性及当地经济建设和群众生产、生活的需要。

第十四条　地质遗迹保护区的范围和界限由批准建立该保护区的人民政府确定、埋设固定标志并发布公告。未经原审批机关批准，任何单位和个人不得擅自移动、变更碑石、界标。

第十五条　地质遗迹保护区的管理可采取以下形式：

对于独立存在的地质遗迹保护区，保护区所在地人民政府地质矿产行政主管部门应对其进行管理；

对于分布在其他类型自然保护区内的地质遗迹保护区，保护区所在地的地质矿产行政主管部门，应根据地质遗迹保护区审批机关提出的保护要求，在原自然保护区管理机构的协助下，对地质遗迹保护区实施管理。

第十六条　地质遗迹保护区管理机构的主要职责：

一、贯彻执行国家有关地质遗迹保护的方针、政策和法律、法规；

二、制定管理制度，管理在保护区内从事的各项活动，包括开展有关科研、教学、旅游等活动；

三、对保护的内容进行监测、维护，防止遗迹被破坏和污染；

四、开展地质遗迹保护的宣传、教育活动。

第十七条　任何单位和个人不得在保护区内及可能对地质遗迹造成影响的一定范围内进行采石、取土、开矿、放牧、砍伐以及其他对保护对象有损害的活动。未经管理机构批准，不得在保护区范围内采集标本和化石。

第十八条　不得在保护区内修建与地质遗迹保护无关的厂房或其他建筑设施；对已建成并可能对地质遗迹造成污染或破坏的设施，应限期治理或停业外迁。

第十九条　管理机构可根据地质遗迹的保护程度，批准单位或个人在保护区范围内从事科研、教学及旅游活动。所取得的科研成果应向地质遗迹保护管理机构提交副本存档。

第五章　法律责任

第二十条　有下列行为之一者，地质遗迹保护区管理机构可根据《中华人民共和国自然保护区条例》的有关规定，视不同情节，分别给予警告、罚款、没收非法所得，并责令赔偿损失；

一、违反本规定第十四条，擅自移动和破坏碑石、界标的；

二、违反本规定第十七条，进行采石、取土、开矿、放牧、砍伐以及采集标本、化石的；

三、违反本规定第十八条，对地质遗迹造成污染和破坏的；

四、违反本规定第十九条，不服从保护区管理机构管理以及从事科研活动未向管理单位提交研究成果副本的。

第二十一条　对管理人员玩忽职守、监守自盗、破坏遗迹者，上级行政主管部门应给予行政处分，构成犯罪的依法追究刑事责任。

第二十二条　当事人对行政处罚决定不服的，可以提起行政复议和行政诉讼。

第六章　附则

第二十三条　本规定由地质矿产部负责解释。

第二十四条　各省、自治区、直辖市人民政府地质矿产行政主管部门可根据本规定制定地方实施细则。

第二十五条　本规定自发布之日起施行。

附录6 国家地质公园总体规划工作指南(试行)

目 录

一、前 言

地质公园（Geopark）是以具有特殊的科学意义，稀有的自然属性，优雅的美学观赏价值，具有一定规模和分布范围的地质遗址景观为主体；融合自然景观与人文景观并具有生态、历史和文化价值；以地质遗迹保护，支持当地经济、文化和环境的可持续发展为宗旨；为人们提供具有较高科学品位的观光游览、度假休息、保健疗养、科学教育、文化娱乐的场所。同时也是地质遗迹景观和生态环境的重点保护区，地质科学研究与普及的基地。

地质遗迹景观是指在地球演化的漫长地质历史时期由于内外动力的地质作用，形成发展并遗留下来的不可再生的地质自然遗产。重要的地质遗迹是国有的宝贵财富，是生态环境的重要组成部分。我国是世界上地质遗迹资源比较丰富、分布地域广阔、种类齐全的少数国家之一。

为了更有效地保护地质遗迹，联合国教科文组织第29次大会决定“建立具有特殊地质特色的全球地质景区网络”，第156次执行局会议为了贯彻这一决定，决议启动联合国教科文组织“世界地质公园计划”(UNESCO Geopark Program)。选择地质上有特色，同时兼顾景观优美，有一定历史文化内涵的地质遗址（区、点）建立地质公园，以期建立全球地质公园网。强调自然景观与人文历史紧密结合；强调地质遗迹的保护与地方经济发展紧密结合；强调地质公园的开发与科普教育紧密结合；强调地质遗迹的保护与地质研究紧密结合；强调地质公园的发展与当地民众就业特别是残疾人就业紧密结合；强调为了保护地质遗迹应重视开发，以开发来促进保护。

为此，UNESCO建立了世界地质公园计划秘书处、世界地质公园咨询委员会及世界地质公园专家小组，开展可行性研究，制定计划方案和实施指南。我国被选为首批世界地质公园试点国。

我国早在1985年就提出建立国家地质公园的设想，把它作为地质自然保护区的一种特殊类型。国土资源部组建后，部领导高度重视地质遗迹的保护工作。1999年12月国土资源部在山东省威海市召开了“全国地质地貌景观保护工作会议”，孙文盛副部长亲自出席会议并做了重要讲话。会上讨论了2000—2010年“全国地质遗迹保护规划”，在规划中重新提出了建立国家地质公园的设想。此举受到联合国教科文组织驻中国代表的重视。为了更好地推动我国地质遗迹保护工作，国土资源部决定成立国家地质公园领导小组。负责地质公园建设等重大政策决策、审批等。下设国家地质公园办公室，挂靠国土资源部地质环境司，负责拟定有关的地质公园法规、规划，组织实施地质公园建设日常工作。为了指导国家地质公园规划工作，编制“国家地质公园总体规划工作指南”。

二、地质公园总体规划报告编写纲要

地质公园总体规划报告由规划报告书、规划图纸和附件三部分组成。

1 总体规划报告书编写提纲

第一章 基本情况
第一节 自然地理概况
第二节 社会经济概况
第三节 历史沿革
第四节 公园建设与旅游现状
第二章 地质景观资源开发建设条件评价
第一节 区域地质概况
第二节 区域旅游地学资源
第三节 地质遗迹景观
第四节 地质旅游资源评价
第五节 开发建设条件评价
第三章 总体规划依据和原则
第一节 总体规划依据
第二节 总体规划原则
第四章 总体布局
第一节 地质公园性质
第二节 地质公园范围
第三节 总体布局
第五章 环境容量与游客规模
第一节 环境容量
第二节 游客规模
第六章 地质科普教育游览线路规划
第一节 景点规划
第二节 旅游线路规划
第七章 保护工程规划
第一节 地质遗迹景观保护
第二节 其他资源保护
第三节 生态环境保护
第四节 安全、卫生工程
第八章 旅游服务设施规划
第一节 餐饮与住宿
第二节 科普娱乐
第三节 购物（地质工艺品）
第四节 医疗与地学保健
第五节 导游标志
第九章 基础设施工程规划

第一节　道路交通规划
第二节　给水工程规划
第三节　排水工程规划
第四节　供电工程规划
第五节　供热工程规划
第六节　通信广播电视工程规划
第十章　组织管理
第一节　管理体制
第二节　组织机构
第三节　人员编制
第十一章　投资概算与开发建设顺序
第一节　概算依据
第二节　投资依据
第三节　资金筹措
第四节　开发建设顺序
第十二章　效益评价
第一节　经济效益评价
第二节　生态效益评价
第三节　社会效益评价

2　总体规划图件

（1）区域地质图（1 ：200000 ~ 1 ：100000）

（2）区域综合旅游资源分布图（1 ：200000 ~ 1 ：50000）

（3）地质公园总体规划图（1 ：200000 ~ 1 ：50000）

（4）地质遗迹保护规划图（1 ：200000 ~ 1 ：50000）

（5）主要地质旅游景区（点）规划图（1 ：10000 ~ 1 ：1000）

（6）地质公园基础建设规划图（1 ：200000 ~ 1 ：50000）

3　附件

（1）地质公园可行性研究报告及其批准文件

（2）有关会议纪要和协议文件

（3）地质旅游资源调查评价报告

三、　地质公园总体规划工作指南

1　总则

1.1　为适应地质公园建设的需要，统一地质公园总体规划的要求，特制定本规划工作指南。

1.2　本规划工作指南适用于全国新建和改建的地质公园及其他以地质地貌景观为主的旅游景区的总体规划编制。

1.3　本规划工作指南制定的依据是《中华人民共和国环境保护法》、《中华人民共和国自然保护区条例》、原地矿部 1995 年 21 号令《地质遗迹保护管理规定》、“世界地质公园工作指南”等有关法规与规定。

1.4　地质公园总体规划的指导思想，应以独特的地质地貌与地质遗迹景观资源为主体，充分利用各种自然与人文旅游资源，在保护的前提下合理规划布局，适度开发建设，为人们提供旅游观光、休闲度假、保健疗养、科学研究、教育普及、文化娱乐的场所，以开展地质旅游促进地区经济发展为宗旨，逐步提高经济效益、生态环境效益和社会效益。

1.5　地质公园总体规划应遵循下列基本原则：

（1）地质公园应以地质遗迹景观和地质生态环境为主体，突出自然科学情趣、山野风韵观光和保健旅游等多种功能，因地制宜，发挥自身优势，形成独特风格和地域特色的科学公园。

（2）以保护地质遗迹景观为前提，遵循开发与保护相结合的原则，严格保护自然与文化遗产，保护原有的景观特征和地方特色，维护生态环境的良性循环，防止污染和其他地质灾害，坚持可持续发展。

（3）为促进当地社会经济可持续发展服务，依据地质等自然景观资源与人文旅游资源特征、环境条件、历史情况现状特点，以及国民经济和社会发展趋势，以旅游市场为导向，总体规划布局，统筹安排建设项目，切实注重发展经济的实效。

（4）要协调处理好景区环境效益、社会效益和经济效益之间的关系，协调处理景区开发建设与社会需求的关系，努力创造一个风景优美、设施完善、社会文明、生态环境良好、景观形象和旅游观光魅力独特、人与自然协调发展的地质公园。

1.6 地质公园规划应分为总体规划、详细规划两个阶段进行。大型而又复杂的地质公园，可以增编分区规划和景点规划。一些重点建设地段，也可以增编控制性详细规划或修建性详细规划。

1.7 通过规划与分析对比，地质公园可分为县市级、省级、国家级和世界级四个级别，按用地规模可分为小型地质公园（20km^{2}以下）、中型地质公园（21～100km^2）、大型地质公园（101～500km^2）、特大型地质公园（501km^{2}以上）。

1.8 地质公园规划应与国土规划、区域规划、城市总体规划、土地利用总体规划及其他相关规划相互协调。

1.9 地质公园规划除执行本规划工作指南外，尚应符合国家有关强制性标准与规范的规定。

2 一般规定

2.1 地质遗迹景观包括（原地矿部第21号令）

（1）对追溯地质历史具有重大科学研究价值的典型层型剖面（含副层型剖面）、生物化石组合带地层剖面、岩性岩相建造剖面及典型地质构造剖面和构造形迹；

（2）对地球演化和生物进化具有重要科学文化价值的古人类与古脊椎动物、无脊椎动物、微体古生物、古植物等化石与产地以及重要古生物活动遗迹；

（3）具有重大科学研究和观赏价值的岩溶、丹霞、黄土、雅丹、花岗岩奇峰、石英砂岩峰林、火山、冰川、陨石、鸣沙、海岸等奇特地质景观；

（4）具有特殊学科研究和观赏价值的岩石、矿物、宝玉石及其典型产地；

（5）有独特医疗、保健作用或科学研究价值的温泉、湖泊、奇泉；

（6）具有科学研究意义的典型地震、地裂、塌陷、沉降、崩塌、滑坡、泥石流等地质灾害遗迹；

（7）需要保护的其他地质遗迹。

2.2 地质遗迹分级标准

2.2.1 国家级

（1）能为一个大区域甚至全球演化过程中，某一重大地质历史事件或演化阶段提供重要地质证据的地质遗迹；

（2）具有国际国内大区域地层（构造）对比意义的典型剖面、化石及产地；

（3）具有国际或国内典型地学意义的地质景观或现象。

2.2.2 省级

（1）能为区域地质历史演化阶段提供重要地质证据的地质遗迹；

（2）有区域地层（构造）对比意义的典型剖面、化石及产地；

（3）在地学分区及分类上，具有代表性或较高历史、文化、旅游价值的地质景观。

2.2.3 县级

（1）在本县的范围内具有科学研究价值的典型剖面、化石及产地；

（2）在小区域内具有特色的地质景观或地质现象。

2.3 地质旅游景观资源类型（附表6-1）

地质旅游景观资源类型 **附表 6-1**

大组	类	旅游景观	举例
岩石圈旅游资源	地质旅游资源	地层旅游景观	层型地层剖面
		古生物旅游景观	古人类古脊椎化石产地
		内动力地质作用旅游景观	典型构造、火山、地震
		外动力地质作用旅游景观	古冰川遗迹
		矿产地质旅游景观	现代矿山、古矿遗迹
	地貌旅游资源	剥蚀构造地貌旅游景观	断块山地
		构造剥蚀地貌旅游景观	侵入体地貌、丹霞地貌
		剥蚀地貌旅游景观	岩溶峰林、雅丹地貌
		堆积地貌旅游景观	沙丘、鸣沙山
	洞穴旅游资源	岩溶洞穴旅游景观	石灰岩溶洞
		火山熔岩洞穴旅游景观	玄武岩岩洞
		其他洞穴旅游景观	砂岩潜蚀洞
	地球物理旅游资源	重力与地磁异常景观	沈阳、旅顺及茅山怪坡
		地热异常景观	地热异常岩体、热沸泉等
水圈旅游资源	海洋旅游资源	海滨海滩旅游景观	海滨浴场
		海岛旅游景观	大陆岛大洋岛等
		珊瑚礁旅游景观	大堡礁海洋公园
		海潮海浪旅游景观	钱塘江潮
	河流旅游资源	湍急涧溪旅游景观	秀姑峦溪
		瀑布旅游景观	岩溶瀑布、断层瀑布等
		峡谷旅游景观	第江三峡
		人工河道旅游景观	南北大运河
		河流三角洲旅游景观	黄河三角洲
	湖泊旅游资源	构造断陷湖旅游景观	青海湖、死海
		泻湖旅游景观	太湖、七里海
		河迹湖旅游景观	江汉平原、洪湖
		冰川湖旅游景观	四川霍炉马错
		风蚀湖旅游景观	居延海、月牙湖
		岩溶湖旅游景观	贵州草海、云海剑池
		堰塞湖旅游景观	四川迭溪湖
		人工湖旅游景观	浙江千岛湖等
		火山湖旅游景观	白头山天池等
	冰川旅游资源	极地和亚极地冰旅游景观	冰岛阿拉斯加冰川
		温带和热带高山冰川旅游景观	新疆博格达峰冰川公园
	地下水旅游资源	泉水旅游景观	泉城济南
		热气泉旅游景观	西藏羊三本、那曲、腾冲热海
		地下河旅游景观	贵州龙宫地下河
		泥火山与泥泉旅游景观	台湾高雄泥火山
		坎儿井旅游景观	新疆吐鲁番盆地
		龙眼旅游景观	辽宁金县东海岸
		泉华旅游景观	西藏钙华石林
		古井旅游景观	故宫“珍妃井”
宇宙旅游资源	宇宙太空旅游资源	太空旅游景观	航天飞机、宇宙飞船
		星体旅游景观	月球、金星
	天文旅游资源	天文观测旅游景观	日蚀、月蚀、太阳物理
		星外来客旅游景观	陨石、宇宙尘、宇宙射线

2.4 地质公园的总体规划的基础资料

（附表 6–2）

地质公园的总体规划的基础资料 **附表 6–2**

类	资料类别	资料内容要求
地质资料	地质遗迹景观资源调查报告 地质地形图及区测地质报告	小型景区图纸比例为 1/10000 ~ 1/2000 中型景区图纸比例为 1/25000 ~ 1/10000 大型景区图纸比例为 1/50000 ~ 1/25000 特大型景区图纸比例为 1/200000 ~ 50000
	专业图	航片、卫片、遥感影像图，地下岩洞与河流测图、地下工程与管网专业测图
自然与资源条件	气象资料	温度、湿度、降水、蒸发、风向、风速、日照、冰冻等
	水文资料	江河湖海的水位、流量、流速、流向、水量、水温、洪水淹没线；江河区的流域情况、流域规划、河流整治规划、防洪设施；海滨区的潮汐、海流、浪涛；山区山洪、泥石流、水土流失
	水文地质工程资料	地貌、地层；建设地段承载力；地震或重要地质灾害的评估；地下水存在形式、储量、水质、开采及补给条件
	自然资源	生物资源、水土资源、农林牧副渔资源等分布、数量、开发利用价值等资料；自然保护对象及地段
人文与经济条件	历史与文化	历史沿革及变迁、文物、胜迹、风物、历史与文化保护对象及地段
	人口资料	历来常住人口数量、年龄构成、劳动力构成、教育状况、自然增长；服务职工和暂住人口及其结构变化；游人及结构变化；居民、职工、游人分布状况
	行政区划	行政建制及区划、各类居民点及分布，城镇辖区、村界乡界及其他相关地界
	经济社会	有关经济社会发展状况、计划及其发展战略；风景区范围的国民生产总值、财政、产业产值状况；国土规划、区域规划、相关专业考察报告及其规划
	企事业单位	主要农林牧副渔和教科文卫军与工矿企事业单位的现状及发展资料，风景区管理现状
设施与基础工程条件	交通运输	风景区及其可依托的城镇的对外交通运输和内部交通运输的现状、规划及发展资料
	旅游设施	风景区及其可依托的城镇的施行、游览、饮食、住宿、购物、娱乐、保健、等设施的现状及发展资料
	基础工程	水电气热、环保、环卫、防灾等基础工程的现状及发展资料
土地与其他资料	土地利用	规划区内各类用地分布状况，历史上土地利用重大变更资料，土地资源分析评价资料
	建筑工程	各种建筑物、工程物、园景、场馆场地等项目的分布状况、用地面积、建筑面积、体量、质量、特点等资料
	环境资料	环境监测成果，三废排放的数量和危害情况；垃圾、灾害和其他影响环境的有害因素的分布及其危害情况；地方病及其他有害公民健康的环境资料

2.5 地区旅游资源综合调查与评价

2.5.1 需要调查的旅游资源内容（附表 6–3）

需要调查的旅游资源内容 **附表 6–3**

类	景 观	内 容
自然旅游资源	气候气象景观	(1) 日月星光；(2) 虹霞蜃景；(3) 风雨阴晴；(4) 气候景象； (5) 自然现象；(6) 云雾景观；(7) 冰雪霜露；(8) 其他天气
	地质地貌景观	(1) 大尺度山地；(2) 山景；(3) 奇峰；(4) 峡谷；(5) 洞穴；(6) 石林石景；(7) 沙景沙漠；(8) 火山熔岩；(9) 剥蚀景观；(10) 洲岛屿礁；(11) 海岸景观；(12) 海底地形；(13) 地质珍迹；(14) 其他地景
	水体景观	(1) 泉井；(2) 溪流；(3) 江河；(4) 湖泊；(5) 潭池；(6) 瀑布跌水；(7) 沼泽；(8) 海湾海域；(9) 冰雪冰川；(10) 其他水景
	生物景观	(1) 森林；(2) 草地草原；(3) 古树名木；(4) 珍稀生物；(5) 植物生态类群；(6) 动物群栖息地；(7) 物候季相景观；(8) 其他生物景观
人文旅游资源	园林景观	(1) 历史名园；(2) 现代公园；(3) 植物园；(4) 动物园；(5) 庭宅花园；(6) 专类游园；(7) 陵园墓地；(8) 其他园景
	建筑景观	(1) 风景建筑；(2) 居民宗祠；(3) 文娱建筑；(4) 商务服务建筑； (5) 宫殿衙署；(6) 宗教建筑；(7) 纪念建筑；(8) 工交建筑；(9) 工程构筑物；(10) 其他建筑
	名胜古迹景观	(1) 遗址遗像；(2) 摩崖题刻；(3) 石窟；(4) 雕塑；(5) 纪念地；(6) 科技工程；(7) 娱乐文体场地；(8) 其他胜迹
	风物景观	(1) 节假庆典；(2) 民族民俗；(3) 宗教礼仪；(4) 神话传说；(5) 民间文艺；(6) 地方人物；(7) 地方物产；(8) 其他风物

评价指标的选择层次和旅游资源评价指标的层次　　附表 6–4

综合评价层	赋值	项目评价层	权重	因子评价层	权重
旅游资源价值	70 ~ 80	(1) 欣赏价值		①景感度；②奇特度；③完整度	
		(2) 科学价值		①科技值；②科普值；③科教值	
		(3) 历史价值		①年代值；②知名度；③人文值	
		(4) 保健价值		①生理值；②心理值；③应用值	
		(5) 游憩价值		①功利性；②舒适度；③承受力	
旅游环评水平	10 ~ 20	(1) 生态特征		①各类值；②结构值；③功能值	
		(2) 环境质量		①要素值；②等级值；③灾变率	
		(3) 设施状况		①水电能源；②工程管网；③环保设施	
		(4) 监护管理		①监测机能；②法规配套；③机构设置	
开发利用条件	5	(1) 交通通讯		①便捷性；②可靠性；③效能	
		(2) 食宿接待		①能力；②标准；③规模	
		(3) 客源市场		①分布；②结构；③消费	
		(4) 运营管理		①职能体系；②经济结构；③居民社会	
规范范围	5	(1) 面积			
		(2) 体量			
		(3) 空间			
		(4) 容量			

2.5.2　旅游资源的评价应对所选评价指标进行权重分析，评价指标的选择层次和旅游景观资源评价指标的层次（附表 6–4）

3　总体规划布局

3.1　总体规划布局的基本原则

（1）总体布局必须全面贯彻有关各项方针、政策及法规。

（2）有利于保护和改善生态环境，妥善处理开发利用与保护之间、游览与生产和服务及生活等诸多方面之间的关系。

（3）从公园的全局出发，统一安排；充分合理利用地域空间，因地制宜地满足地质公园多种功能需要。

（4）在充分分析各功能特点及其相互关系的基础上，以游览区为核心，合理组织各功能系统，既要突出各功能区特点，又要注意总体的协调性，使之各功能区之间相互配合、协调发展，构成一个有机整体。

（5）要有长远观点，为今后发展留有余地。

3.2　地质公园区划

根据地质公园综合发展需要，结合地域特点，应因地制宜设置不同功能区。

3.2.1　生态保护区。保护地质遗迹及生态环境，涵养水源，保持水土，维持公园生态环境为主要功能的地区。

3.2.2　特别景观区。具有独特的地质遗迹景观和自然、人文景观的地区。

3.2.3　史迹保存区。地质遗迹与历史遗迹需要特别突出保护的地区。

3.2.4　地质游览区，为游客游览观光区域。主要用于景区、景点建设；在不降低景观质量的条件下，为方便游客及充实活动内容可根据需要适当设置一定规模的饮食、购物、照相等服务与游艺项目。

3.2.5　野营区。为开展野营、露宿、野炊、模拟野外地质科考调查生活区。

3.2.6　休憩疗养区。利用特殊的地质条件与自然环境和资源，为游客提供较长时期的休憩疗养，增进身心健康之用地。

3.2.7　游乐区。对于距城市 50 km 之内的近郊地质公园，为吸引游客，在条件允许的情况下，需建设大型游乐与体育活动项目时，应单独划分区域。

3.2.8　接待服务区。用于相对集中建设宾馆、饭店、购物、娱乐、医疗等接待服务项目及其配套设施。

3.2.9　生产经营区。从事石材生产、

矿产开发等非地质旅游业的各种生产活动区。

3.2.10 行政管理区。为行政管理建设用地，主要建设项目为办公楼、仓库、车库、停车场等。

3.2.11 居民生活区。为地质公园职工和公园境内居民集体建设住宅及其配套设施用地。

3.3 环境容量与游客规模评定

3.3.1 确定合理环境容量应遵循的原则：

（1）合理环境容量必须符合在旅游活动中，在保护旅游资源质量不下降和生态环境不退化的条件下所取得最佳经济效益的要求。

（2）合理环境容量应满足游客的舒适、安全、卫生、方便等旅游需要。

3.3.2 环境容量测算

（1）应分别按景区、景点可游面积测算日环境容量，并结合旅游季节特点，计算公园年环境容量。

（2）环境容量一般采用面积法、卡口法、游路法等三种测算方法，可因地制宜加以选用或综合运用。

3.3.3 游客容量在环境容量测算基础上，按景点、景区、公园换算日、年游客容量。

3.3.4 根据地质公园所处地理位置，景观吸引能力，公园建成后的旅游条件及客源市场需求程度，按年度分别预测国际与国内游客规模。

3.4 旅游景点与景区规划

3.4.1 突出地质公园主题，从公园整体到局部都应围绕公园主题安排。

3.4.2 景点必须以地质自然景观为主，突出科技情趣、自然野味，以人文景观做必要的点缀，起到画龙点睛的作用。除特殊功能需要外，景区内不宜设置大型人造景点。如必需设置时，应以不破坏自然景观并与总体相协调为前提条件。

3.4.3 静态空间布局与动态序列布局紧密结合，处理好动与静之间的关系，使之协调，构成一个有机的艺术整体。

3.4.4 景点的连续序列布局应沿山势、河流水系、道理路、疏林、草地等自然地形、地物设置展开。正确运用“断续”、“起伏曲折”、“反复”、“空间开合”等手法，构成多样统一、鲜明连续的风景节奏。

3.4.5 景点命名

（1）要突出科学普及的特点，深入浅出，并保持地质科学内容的严缜性。

（2）高度概括景色特点，主题恰如其分，充分揭示景观的科学内涵与自然美学精髓。

（3）雅俗共赏，应满足各层次多数游人游览需要，不得单纯艺术追求、片面标新立异、古辟、抽象、令人费解。

（4）具有新疑性、知识性与趣味性，能启迪游人的探索自然和游赏兴趣。

（5）景名构思应虚实并举，达到意境与景物形体的完善结合。

3.5 旅游线路规划

3.5.1 游览线路规划：

（1）合理布局，充分利用各种游览方式，形成有机结合，提供丰富的游览内容。

（2）游览线路应有鲜明的阶段性和空间序列变化的节奏感，由起景开始、发展、高潮、结束，逐渐引人入胜。

（3）游览线路应便捷、安全，使游客在尽可能短的时间内，观赏到景观精华。

（4）使游人能感受和利用地质公园的多种效益功能。

（5）有利于地质公园景观资源和环境保护。

（6）有利于合理安排游人的行、食、住、购、娱等旅游服务设施。

3.5.2　游览方式的选择，应合理利用地形、地势等自然条件，充分体现景点特点，紧密结合游览功能需要，因地因景制宜，统筹安排，选择陆游、水游、空游、地下游等各种方式。

4　地质遗迹景观保护规划

4.1　地质遗迹景观保护区划

保护区划应包括查清需保护的地质遗迹景观资源，明确保护的具体对象，划定保护范围，制定保护原则和措施等基本内容。景观保护的区划应包括生态保护区、自然景观保护区、史迹保护区、景观游览区和发展控制区等，并应符合以下规定：

4.1.1　生态保护区的划分与保护规定

（1）对风景区内有科学研究价值或其他保存价值的地质地貌自然景观及其环境，应划出一定的范围与空间作为生态保护区。

（2）在生态保护区内，可以配置必要的研究和安排防护性设施，禁止游人进入，不得搞任何建筑设施，严禁机动交通车辆及其设施进入。

4.1.2　自然景观保护区的划分与保护规定

（1）对需要严格限制开发行为的特殊地质遗迹和景观，应划出一定的范围与空间作为自然景观保护区。

（2）在自然景观保护区内，可以配置必要的步行游览和安全防护设施，宜控制游人进入，不得安排与其无关的人为设施，严禁机动交通及其设施进入。

4.1.3　史迹保护区划分与保护规定

（1）在景区内各级文物和有价值的历代史迹遗址的周围，应划出一定的范围与空间作为史迹保护区。

（2）在史迹保护区内，可以安置必要的步行游览和安全保护设施，宜控制游人进入，不得安排旅宿床位，严禁增设与其无关的人为设施，严禁机动交通及其设施进入，严禁任何不利于保护的因素进入。

4.1.4　风景游览区的划分与保护规定

（1）对风景区的景物、景点、景群、景区等各级风景结构单元和风景游赏对象集中地，可以划出一定的范围与空间作为风景游览区。

（2）对风景游览区内可以进行适度的资源利用行为，适宜安排各种游览欣赏项目；应分析限制机动交通及旅游设施的配置。并分级限制居民活动进入。

4.1.5　发展控制区的划分与保护规定

（1）在风景区范围内，对上述四类保护区以外的用地与水面及其他各项用地，均应划为发展控制区。

（2）在发展控制区内，可以准许原有土地利用方式与形态，可以安排同风景区性质与容量相一致的各项旅游设施及基地，可以安排有序的生产、经营管理等设施，应分别控制各项设施的规模与内容。

4.2　地质遗迹景观保护区的分级

保护区的分级应包括特级保护区、一级保护区、二级保护区和三级保护区等四级内容，并应符合以下规定：

4.2.1　特级保护区的划分与保护规定

（1）风景区内的自然保护核心区及其他不应进入游人的区域应为特级保护区。

（2）特级保护区应以自然地形地物为分界线，其外围应有较好的缓冲条件，在区内不得搞任何建筑设施。

4.2.2　一级保护区的划分与保护规定

（1）在一级景点和景物周围应划出一定范围与空间作为一级保护区，宜以一级景点的视域范围作为主要划分依据。

（2）一级保护区内可以安置必需的步行游赏道路和相关设施，严禁建设与风景无关的设施，不得安排旅宿床位，机动交通工具不得进入此区。

4.2.3　二级保护区的划分与保护规定

(1) 在景区范围内，以及景区范围之外的非一级景点和景物周围应划为二级保护区。

(2) 二级保护区内可以安排少量旅宿设施，但必须限制与风景游赏无关的建设，应限制机动交通工具进入本区。

4.2.4　三级保护区的划分与保护规定

(1) 在风景区范围内，对以上各级保护区之外的地区应为三级保护区。

(2) 在三级保护区内，应有序地控制各项建设与设施，并应与风景环境相协调。

4.3　保护规划应依据本景区的具体情况和保护对象的级别而择优实行分类保护或分级保护，或两种方法并用，应协调自理遗迹保护、开发利用、经营管理的有机关系，加强引导性规划措施。

5　专题设施规划

5.1　游览设施规划

旅行游览接待服务设施规划应包括游人与游览设施现状分析；客源分析预测与游人发展规模的选择；游览设施配置与直接服务人口估算；旅游基地组织与相关基础工程；游览设施系统及其环境分析等。

5.2　基础工程规划

地质公园基础工程规划，应包括交通道路、邮电通信、给水排水和供电能源等内容，根据实际需要，还可进行防洪、防火、抗灾、环保、环卫等工程规划应符合下列规定：

(1) 符合景区保护、利用、管理的要求；

(2) 同景区的特征、功能、级别和分区相适应，不得损坏地质旅游景观和风景环境；

(3) 要确定合理的配套工程、发展目标和布局，并进行综合协调；

(4) 对需要安排的各项工程设施的选址和布局提出控制性建设要求；

(5) 对于大型工程或干扰性较大的工程项目及其规划，应进行专项景观论证、生态与环境敏感分析，并提交环境影响评价报告。

5.3　居民社会调控规划

凡含有居民点的地质公园，应编制居民点调控规划；凡含有一个乡或镇以上的地质公园，必须编制居民社会系统规划。居民社会调控规划应包括现状、特征与趋势分析；人口发展规模与分布；经营管理与社会组织；居民点性质、职能、动因特征和分布；用地方向和规划布局；产业和劳力发展规划等内容。

居民社会调控规划应遵循下列基本原则：

(1) 严格控制人口规模，建立适合风景区特点的社会运转机制；

(2) 建立合理的居民点或居民点系统；

(3) 引导淘汰型产业的劳力合理转向。

5.4　经济发展引导规划

经济发展引导规划应以国民经济和社会发展规划、风景与旅游发展战略为基本依据，形成独具地质公园特征的经济运行条件。经济发展引导规划应包括经济现状调查与分析；经济发展的引导方向；经济结构及其调整；空间布局及其控制；促进经济合理发展的措施等内容。

5.5　土地利用协调规划

5.5.1　土地利用协调规划应包括土地资源分析评估；土地利用现状分析及其平衡表；土地利用规划及其平衡表等内容。

5.5.2　土地资源分析评估，应包括对土地资源的特点、数量、质量与潜力进行综合评估或专项评估。

5.5.3　土地利用现状分析，应表明土地利用现状特征，风景用地与生产生活用地之间关系，土地资源演变、保护、利用和管理存在的问题。

5.5.4　土地利用规划，应在土地利用需求预测与协调平衡的基础上，表明土地利用规划分区及其用地范围。

5.5.5　土地利用规划应遵循下列基本原则：

(1) 突出风景区土地利用的重点与特点，扩大风景用地；

(2) 保护风景游赏地、林地、水源地和优良耕地；

(3) 因地制宜的合理调整土地利用，发展符合风景区特征的土地利用方式与结构。

5.6　分期发展规划

5.6.1　地质公园总体规划分期应符合以下规定：

(1) 第一期或近期规划为5年以内；

(2) 第二期或远期规划为5～20年内；第三期或远景规划大于20年。

5.6.2　在安排每一期的发展目标与重点项目时，应兼顾地质遗迹景观保护、风景观赏、游览设施、居民社会的协调发展，体现地质公园自身发展规律与特点。

5.6.3　近期发展规划应提出发展目标、重点、主要内容，并应提出具体建设项目、规模、布局、投资估算和实施措施等。

5.6.4　远期发展规划的目标应使风景区各项规划内容初具规模。并应提出发展期内的发展重点、主要内容、发展水平、投资框算、健全发展的步骤与措施。

5.6.5　远景规划的目标应提出地质公园规模所能达到的最佳状态和目标。

5.6.6　近期规划项目与投资估算应包括风景游赏、景观保护、游览设施、居民社会四个职能系统的内容以及实施保护措施所需的投资。

附录7　旅游资源基本类型释义和评价表

[摘自国标《旅游资源分类、调查与评价》(GB/T 18972—2003)]

旅游资源基本类型释义表　　附表 7-1

主类	亚类	代码	基本类型	简要说明
A 地文景观	AA 综合自然旅游地	AAA	山丘型旅游地	山地丘陵区内可供观光游览的整体区域或个别区段
		AAB	谷地型旅游地	河谷地区内可供观光游览的整体区域或个别区段
		AAC	沙砾石地型旅游地	沙漠、戈壁、荒原内可供观光游览的整体区域或个别区段
		AAD	滩地型旅游地	缓平滩地内可供观光游览的整体区域或个别区段
		AAE	奇异自然现象	发生在地表面一般还没有合理解释的自然界奇特现象
		AAF	自然标志地	标志特殊地理、自然区域的地点
		AAG	垂直自然地带	山地自然景观及其自然要素（主要是地貌、气候、植被、土壤）随海拔呈递变规律的现象
	AB 沉积与构造	ABA	断层景观	地层断裂在地表面形成的明显景观
		ABB	褶曲景观	地层在各种内力作用下形成的扭曲变形
		ABC	节理景观	基岩在自然条件下形成的裂隙
		ABD	地层剖面	地层中具有科学意义的典型剖面
		ABE	钙华与泉华	岩石中的钙质等化学元素溶解后沉淀形成的形态
		ABF	矿点矿脉与矿石积聚地	矿床矿石地点和由成景矿物、石体组成的地面
		ABG	生物化石点	保存在地层中的地质时期的生物遗体、遗骸及活动遗迹的发掘地点
	AC 地质地貌过程形迹	ACA	凸峰	在山地或丘陵地区突出的山峰或丘峰
		ACB	独峰	平地上突起的独立山丘或石体
		ACC	峰丛	基底相连的成片山丘或石体
		ACD	石（土）林	林立的石（土）质峰林
		ACE	奇特与象形山石	形状奇异、拟人状物的山体或石体
		ACF	岩壁与岩缝	坡度超过 60°的高大岩面和岩石间的缝隙
		ACG	峡谷段落	两坡陡峭、中间深峻的“V”字型谷、嶂谷、幽谷等段落
		ACH	沟壑地	由内营力塑造或外营力侵蚀形成的沟谷、劣地
		ACI	丹霞	由红色砂砾岩组成的一种顶平、坡陡、麓缓的山体或石体
		ACJ	雅丹	主要在风蚀作用下形成的土墩和凹地（沟槽）的组合景观
		ACK	堆石洞	岩石块体塌落堆砌成的石洞
		ACL	岩石洞与岩穴	位于基岩内和岩石表面的天然洞穴，如溶洞、落水洞与竖井、穿洞与天生桥、火山洞、地表坑穴等
		ACM	沙丘地	由沙堆积而成的沙丘、沙山
		ACN	岸滩	被岩石、沙、砾石、泥、生物遗骸覆盖的河流、湖泊、海洋沿岸地面
	AD 自然变动遗迹	ADA	重力堆积体	由于重力作用使山坡上的土体、岩体整体下滑或崩塌滚落而形成的遗留物
		ADB	泥石流堆积	饱含大量泥砂、石块的洪流堆积体

续表

主类	亚类	代码	基本类型	简要说明
A 地文景观	AD 自然变动遗迹	ADC	地震遗迹	地球局部震动或颤动后遗留下来的痕迹
		ADD	陷落地	地下淘蚀使地表自然下陷形成的低洼地
		ADE	火山与熔岩	地壳内部溢出的高温物质堆积而成的火山与熔岩形态
		ADF	冰川堆积	冰川后退或消失后遗留下来的堆积地形
		ADG	冰川侵蚀遗迹	冰川后退或消失后遗留下来的侵蚀地形
	AE 岛礁	AEA	岛区	小型岛屿上可供游览休憩的区段
		AEB	岩礁	江海中隐现于水面上下的岩石及由珊瑚虫的遗骸堆积成的岩石状物
B 水域风光	BA 河段	BAA	观光游憩河段	可供观光游览的河流段落
		BAB	暗河河段	地下的流水河道段落
		BAC	古河道段落	已经消失的历史河道段落
	BB 天然湖泊与池沼	BBA	观光游憩湖区	湖泊水体的观光游览区域段落
		BBB	沼泽与湿地	地表常年湿润或有薄层积水，生长湿生和沼生植物的地域或个别段落
		BBC	潭池	四周有岸的小片水域
	BC 瀑布	BCA	悬瀑	从悬崖处倾泻或散落下来的水流
		BCB	跌水	从陡坡上跌落下来落差不大的水流
	BD 泉	BDA	冷泉	水温低于 20℃或低于 当地年平均气温的出露泉
		BDB	地热与温泉	水温超过 20℃或超过当地年平均气温的地下热水、热汽和出露泉
	BE 河口与海面	BEA	观光游憩海域	可供观光游憩的海上区域
		BEB	涌潮现象	海水大潮时潮水涌进景象
		BEC	击浪现象	海浪推进时的击岸现象
	BF 冰雪地	BFA	冰川观光地	现代冰川存留区域
		BFB	长年积雪地	长时间不融化的降雪堆积地面
C 生物景观	CA 树木	CAA	林地	生长在一起的大片树木组成的植物群体
		CAB	丛树	生长在一起的小片树木组成的植物群体
		CAC	独树	单株树木
	CB 草原与草地	CBA	草地	以多年生草本植物或小半灌木组成的植物群落构成的地区
		CBB	疏林草地地	生长着稀疏林木的草地
	CC 花卉地	CCA	草场花卉地	草地上的花卉群体
		CCB	林间花卉	灌木林、乔木林中的花卉群体
	CD 野生动物栖息地	CDA	水生动物栖息地	一种或多种水生动物常年或季节性栖息的地方
		CDB	陆地动物栖息地	一种或多种陆地野生哺乳动物、两栖动物、爬行动物等常年或季节性栖息的地方
		CDC	鸟类栖息地	一种或多种鸟类常年或季节性栖息的地方
		CDD	蝶类栖息地	一种或多种蝶类常年或季节性栖息的地方
D 天象与气候景观	DA 光现象	DAA	日月星辰观察地	观察日、月、星辰的地方
		DAB	光环现象观察地	观察虹霞、极光、佛光的地方
		DAC	海市蜃楼现象多发地	海面和荒漠地区光折射易造成虚幻景象的地方
	DB 天气与气候现象	DBA	云雾多发区	云雾及雾凇、雨凇出现频率较高的地方
		DBB	避暑气候地	气候上适宜避暑的地区
		DBC	避寒气候地	气候上适宜避寒的地区
		DBD	极端与特殊气候显示地	易出现极端与特殊气候的地区或地点，如风区、雨区、热区、寒区、旱区等典型地点
		DBE	物候景观	各种植物的发芽、展叶、开花、结实、叶变色、落叶等季变现象。

续表

主类	亚类	代码	基本类型	简要说明
E 遗址遗迹	EA 史前人类活动场所	EAA	人类活动遗址	史前人类聚居、活动场所
		EAB	文化层	史前人类活动留下来的痕迹、遗物和有机物所形成的堆积层
		EAC	文物散落地	在地面和表面松散地层中有丰富文物碎片的地方
		EAD	原始聚落遗址	史前人类居住的房舍、洞窟、地穴及公共建筑
	EB 社会经济文化活动遗址遗迹	EBA	历史事件发生地	历史上发生过重要贸易、文化、科学、教育事件的地方
		EBB	军事遗址与古战场	发生过军事活动和战事的地方
		EBC	废弃寺庙	已经消失或废置的寺、庙、庵、堂、院等
		ECD	废弃生产地	已经消失或废置的矿山、窑、冶炼场、工艺作坊等
		EBE	交通遗迹	已经消失或废置的交通设施
		EBF	废城与聚落遗迹	已经消失或废置的城镇、村落、屋舍等居住地建筑及设施
		EBG	长城遗迹	已经消失的长城遗迹
		EBH	烽燧	古代边防报警的构筑物
F 建筑与设施	FA 综合人文旅游地	FAA	教学科研实验场所	各类学校和教育单位、开展科学研究的机构和从事工程技术实验场所的观光、研究、实习的地方
		FAB	康体游乐休闲度假地	具有康乐、健身、消闲、疗养、度假条件的地方
		FAC	宗教与祭祀活动场所	进行宗教、祭祀、礼仪活动场所的地方
		FAD	园林游憩区域	园林内可供观光游览休憩的区域
		FAE	文化活动场所	进行文化活动、展览、科学技术普及的场所
		FAF	建设工程与生产地	经济开发工程和实体单位，如工厂、矿区、农田、牧场、林场、茶园、养殖场、加工企业以及各类生产部门的生产区域和生产线
		FAG	社会与商贸活动场所	进行社会交往活动、商业贸易活动的场所
		FAH	动物与植物展示地	饲养动物与栽培植物的场所
		FAI	军事观光地	用于战事的建筑物和设施
		FAJ	边境口岸	边境上设立的过境或贸易的地点
		FAK	景物观赏点	观赏各类景物的场所
	FB 单体活动场馆	FBA	聚会接待厅堂（室）	公众场合用于办公、会商、议事和其他公共事物所设的独立宽敞房舍，或家庭的会客厅室
		FBB	祭拜场馆	为礼拜神灵、祭祀故人所开展的各种宗教礼仪活动的馆室或场地
		FBC	展示演示场馆	为各类展出演出活动开辟的馆室或场地
		FBD	体育健身场馆	开展体育健身活动的独立馆室或场地
		FBE	歌舞游乐场馆	开展歌咏、舞蹈、游乐的馆室或场地
	FC 景观建筑与附属型建筑	FCA	佛塔	通常为直立、多层的佛教建筑物
		FCB	塔形建筑物	为纪念、镇物、表明风水和某些实用目的的直立建筑物
		FCC	楼阁	用于藏书、远眺、巡更、饮宴、娱乐、休憩、观景等目的而建的二层或二层以上的建筑
		FCD	石窟	临崖开凿，内有雕刻造像、壁画，具有宗教意义的洞窟
		FCE	长城段落	古代军事防御工程段落
		FCF	城（堡）	用于设防的城体或堡垒
		FCG	摩崖字画	在山崖石壁上镌刻的文字，绘制的图画
		FCH	碑碣（林）	为纪事颂德而筑的刻石
		FCI	广场	用来进行休憩、游乐、礼仪活动的城市内的开阔地
		FCJ	人工洞穴	用来防御、储物、居住等目的而建造的地下洞室
		FCK	建筑小品	用以纪念、装饰、美化环境和配置主体建筑物的的独立建筑物，如雕塑、牌坊、戏台、台、阙、廊、亭、榭、表、舫、影壁、经幢、喷泉、假山与堆石、祭祀标记等
	FD 居住地与社区	FDA	传统与乡土建筑	具有地方建筑风格和历史色彩的单个居民住所
		FDB	特色街巷	能反映某一时代建筑风貌，或经营专门特色商品和商业服务的街道
		FDC	特色社区	建筑风貌或环境特色鲜明的居住区

续表

主类	亚类	代码	基本类型	简要说明
F建筑与设施	FD居住地与社区	FDD	名人故居与历史纪念建筑	有历史影响的人物的住所或为历史著名事件而保留的建筑物
		FDE	书院	旧时地方上设立的供人读书或讲学的处所
		FDF	会馆	旅居异地的同乡人共同设立的馆舍，主要以馆址的房屋供同乡、同业聚会或寄居
		FDG	特色店铺	销售某类特色商品的场所
		FDH	特色市场	批发零售兼顾的特色商品供应场所
	FE归葬地	FEA	陵寝陵园	帝王及后妃的坟墓及墓地的宫殿建筑，以及一般以墓葬为主的园林
		FEB	墓（群）	单个坟墓、墓群或葬地
		FEC	悬棺	在悬崖上停放的棺木
	FF交通建筑	FFA	桥	跨越河流、山谷、障碍物或其他交通线而修建的架空通道
		FFB	车站	为了装卸客货停留的固定地点
		FFC	港口渡口与码头	位于江、河、湖、海沿岸进行航运、过渡、商贸、渔业活动的地方
		FFD	航空港	供飞机起降的场地及其相关设施
		FFE	栈道	在悬崖绝壁上凿孔架木而成的窄路
	FG水工建筑	FGA	水库观光游憩区段	供观光、游乐、休憩的水库、池塘等人工集水区域
		FGB	水井	向下开凿到饱和层并从饱和层中抽水的深洞
		FGC	运河与渠道段落	正在运行的人工开凿的水道段落
		FGD	堤坝段落	防水、挡水的构筑物段落
		FGE	灌区	引水浇灌的田地
		FGF	提水设施	提取引水设施
G旅游商品	GA地方旅游商品	GAA	菜品饮食	具有跨地区声望的地方菜系、饮食
		GAB	农林畜产品及制品	具有跨地区声望的当地生产的农林畜产品及制品
		GAC	水产品及制品	具有跨地区声望的当地生产的水产品及制品
		GAD	中草药材及制品	具有跨地区声望的当地生产的中草药材及制品
		GAE	传统手工产品与工艺品	具有跨地区声望的当地生产的传统手工产品与工艺品
		GAF	日用工业品	具有跨地区声望的当地生产的日用工业品
		GAG	其他物品	具有跨地区声望的当地生产的其他物品
H人文活动	HA人事记录	HAA	人物	历史和现代名人
		HAB	事件	发生过的历史和现代事件
	HB艺术	HBA	文艺团体	表演戏剧、歌舞、曲艺杂技和地方杂艺的团体
		HBB	文学艺术作品	对社会生活进行形象的概括而创作的文学艺术作品
	HC民间习俗	HCA	地方风俗与民间礼仪	地方性的习俗和风气，如待人接物礼节、仪式等
		HCB	民间节庆	民间传统的庆祝或祭祀的节日和专门活动
		HCC	民间演艺	民间各种表演方式
		HCD	民间健身活动与赛事	地方性体育健身比赛、竞技活动
		HCE	宗教活动	宗教信徒举行的佛事活动
		HCF	庙会与民间集会	节日或规定日子里在寺庙附近或既定地点举行的聚会，期间进行购物和文体活动
		HCG	特色饮食风俗	餐饮程序和方式
		HCH	特色服饰	具有地方和民族特色的衣饰
	HD现代节庆	HDA	旅游节	定期和不定期的旅游活动的节日
		HDB	文化节	定期和不定期的展览、会议、文艺表演活动的节日
		HDC	商贸农事节	定期和不定期的商业贸易和农事活动的节日
		HDD	体育节	定期和不定期的体育比赛活动的节日

旅游资源评价赋分标准 **附表 7–2**

评价项目	评价因子	评价依据	赋值
资源要素价值（85分）	观赏游憩使用价值（30分）	全部或其中一项具有极高的观赏价值、游憩价值、使用价值	30 ~ 22
		全部或其中一项具有很高的观赏价值、游憩价值、使用价值	21 ~ 13
		全部或其中一项具有较高的观赏价值、游憩价值、使用价值	12 ~ 6
		全部或其中一项具有一般观赏价值、游憩价值、使用价值	5 ~ 1
	历史文化科学艺术价值（25分）	同时或其中一项具有世界意义的历史价值、文化价值、科学价值、艺术价值	25 ~ 20
		同时或其中一项具有全国意义的历史价值、文化价值、科学价值、艺术价值	19 ~ 13
		同时或其中一项具有省级意义的历史价值、文化价值、科学价值、艺术价值	12 ~ 6
		历史价值、或文化价值、或科学价值，或艺术价值具有地区意义	5 ~ 1
	珍稀奇特程度（15分）	有大量珍稀物种，或景观异常奇特，或此类现象在其他地区罕见	15 ~ 13
		有较多珍稀物种，或景观奇特，或此类现象在其他地区很少见	12 ~ 9
		有少量珍稀物种，或景观突出，或此类现象在其他地区少见	8 ~ 4
		有个别珍稀物种，或景观比较突出，或此类现象在其他地区较多见	3 ~ 1
	规模、丰度与几率（10分）	独立型旅游资源单体规模、体量巨大；集合型旅游资源单体结构完美、疏密度优良级；自然景象和人文活动周期性发生或频率极高	10 ~ 8
		独立型旅游资源单体规模、体量较大；集合型旅游资源单体结构很和谐、疏密度良好；自然景象和人文活动周期性发生或频率很高	7 ~ 5
		独立型旅游资源单体规模、体量中等；集合型旅游资源单体结构和谐、疏密度较好；自然景象和人文活动周期性发生或频率较高	4 ~ 3
		独立型旅游资源单体规模、体量较小；集合型旅游资源单体结构较和谐、疏密度一般；自然景象和人文活动周期性发生或频率较小	2 ~ 1
	完整性（5分）	形态与结构保持完整	5 ~ 4
		形态与结构有少量变化，但不明显	3
		形态与结构有明显变化	2
		形态与结构有重大变化	1
资源影响力(15分)	知名度和影响力（10分）	在世界范围内知名，或构成世界承认的名牌	10 ~ 8
		在全国范围内知名，或构成全国性的名牌	7 ~ 5
		在本省范围内知名，或构成省内的名牌	4 ~ 3
		在本地区范围内知名，或构成本地区名牌	2 ~ 1
	适游期或使用范围（5分）	适宜游览的日期每年超过 300 天，或适宜于所有游客使用和参与	5 ~ 4
		适宜游览的日期每年超过 250 天，或适宜于 80% 左右游客使用和参与	3
		适宜游览的日期超过 150 天，或适宜于 60% 左右游客使用和参与	2
		适宜游览的日期每年超过 100 天，或适宜于 40% 左右游客使用和参与	1
附加值	环境保护与环境安全	已受到严重污染，或存在严重安全隐患	–5
		已受到中度污染，或存在明显安全隐患	–4
		已受到轻度污染，或存在一定安全隐患	–3
		已有工程保护措施，环境安全得到保证	3

附录8　地质年代及生物演化简表

地质年代及生物演化简表　　**附表 8**

地质年代			同位素年龄（百万年）	生物进化
宙	代	纪		
显生宙（PH）	新生代（Q）	新四纪（Q）	2.60	人类时代
		新近纪（N）	23.3	被子植物和兽类时代
		古近纪（E）	65	
	中生代（Mz）	白垩纪（K）	137	裸子植物和恐龙时代
		侏罗纪（J）	205	
		三叠纪（T）	250	
	古生代（Pz）	二叠纪（P）	295	蕨类和两栖类时代
		石炭纪（C）	354	
		泥盆纪（D）	410	裸蕨植物和鱼类时代
		志留纪（S）	438	
		奥陶纪（O）	490	真核藻类和三叶虫时代
		寒武纪（）	543	
元古宙（PT）	新元古代（Pt_3）	震旦纪（Z）	680	
		南华纪（Nh）	800	
		青白口纪（Qb）	1000	
	中元古代（Pt_2）	蓟县纪（Jx）	1400	
		长城纪（Ch）	1800	细菌藻类时代
	古元古代（Pt_1）	滹沱纪（Ht）	2500	
太古宙（AR）	新太古代（Ar_3）		2800	
	中太古代（Ar_2）		3200	
	古太古代（Ar_1）		3600	
	始太古代（Ar_0）			地球的形成与进化时期

附录9　本书主要术语说明

为了适应本书叙述，不致使读者产生误解，将本书中经常出现的基本术语内涵统一说明如后。此段解释仅供阅读本书参考，不涉及权威规定。

1. 地质公园

地质公园是一个有明确的边界线并且有足够大的使其可为当地经济发展服务的表面面积的地区。它是由一系列具有特殊科学意义、稀有性和美学价值的，能够代表某一地区的地质历史、地质事件和地质作用的地质遗址（不论其规模大小）或者拼合成一体的多个地质遗址所组成，它也许不只具有地质学意义，还可能具有考古、生态学、历史或文化价值。这些遗址彼此有联系并受到正式的公园式管理的保护；地质公园由为区域性社会经济的可持续发展采用自身政策的指定机构来实施管理。在考虑环境的情况下，地质公园应通过开辟新的税收来源，刺激具有创新能力的地方企业、小型商业、家庭手工业的兴建，并创造新的就业机会（如地质旅游业、地质产品）[世界地质公园网络(UNESCO Network of Geoparks)]。

2. 地质遗迹

地质遗迹是指在地球演化的漫长地质历史时期，由于各种内外动力地质作用，形成、发展并遗留下来的珍贵的、不可再生的地质自然遗产。

3. 地貌

地貌是地表各种形态和形态组合的总称。是由内营力（地壳运动、岩浆活动等）和外营力（流水、冰川、风、波浪、海流、浊流等）相互作用而成，岩石是其形成的物质基础。按规模有巨、大、中、小、微地貌。按形态有山地、丘陵、高原、平原、盆地、谷地等。按成因分为构造地貌、侵蚀地貌、堆积地貌等。

4. 地质景观

地质景观是指地质遗迹以地貌形态出露于地球表面（含洞穴），构成规模和形态各异的地貌为人们提供了具有观赏、游览价值的景观。地质景观是地质遗迹特殊的部分，是一种常见的旅游资源，是地质公园最重要的物质基础。

5. 地质公园园区

在地质公园规划的实际工作中，常常就遇到了这样的问题，公园确实是由拼合成一体的多个地质遗址和其他类景观区所组成，这些遗址区有的分属不同行政区划单位，为了避开人口稠密区（点）或其他原因，有的互不毗连，各自相对独立成区，有明确的界线，区内有景点、景物和各种不同的服务设施，能独立对外开放接待游客，构成地质公园的一个园区，数个园区构成一个地质公园。

6. 景物

景物是具有独立欣赏价值的风景素材的个体，是风景区构景的基本单元。

7. 景点

景区是由若干相互关联的景物所构成、具有相对独立性和完整性、并具有审美特征的基本境域单位。

8. 景区

景区是在旅游或风景区规划中，根据资源类型、景观特征或游客需求而划分的一定用地范围。它包含有较多的景物和景点或若干景群，形成相对独立的分区特征。

9. 功能区

功能区是按照地质公园的需要进行分工承担某种特定作用的地域范围。这一范围根据实际需要确定，可大可小，大到数十平方千米，小到一至数公顷，其功能也应根据需要确定。地质公园可以设如下功能区：门区、游客服务区、科普教育区、地质景观区、生态景观区、人文景观区、生态保护区、公园管理区、原有居民保留区、外围环境保护区等。

参考文献

[1] 第一届世界地质公园大会资料．北京，2004.

[2] UNESCO．世界地质公园工作指南．2004.

[3] 国土资源部．国家地质公园总体规划工作指南（试行）．2000.

[4] 国土资源部．国家地质公园综合考察报告提纲．2000.

[5] 国土资源部．国家地质公园评审标准．2000.

[6] Network of Geoparks under UNESCO's Patronage（UNESCO Network of Geoparks）．Operational Guidelines．2002.

[7] 中国国家地质公园建设技术要求和工作指南．国土资源部地质环境司．2002.

[8] 中国国家地质公园建设指南（第二版）．国土资源部地质环境司．2006.

[9] Ibrahim Komoo．亚洲—大洋洲地质遗迹保护及其对地质公园发展的意义．世界地质公园通讯，2005（1）．

[10] 陈安泽．论国家地质公园．旅游地学论文集第八集．北京：中国林业出版社，2002.

[11] 陈安泽．国家地质公园概论．内部资料，2003.

[12] 陈安泽．开拓创新旅游地学20年．在中国地质学会旅游地学与地质公园研究分会成立大会暨第20届旅游地学与地质公园学术年会上讲话，2004.

[13] 卢云亭．旅游研究与策划．北京：中国旅游出版社，2006.

[14] 赵逊．中国地质公园地质背景浅析和世界地质公园建设．地质通报，2003（8）．

[15] 赵逊等．地球档案——国家地质公园之旅．北京：中国建筑工业出版社，2005.

[16] 李同德．地质公园规划探索，旅游地学论文集第八集．北京：中国林业出版社，2002.

[17] 李同德．关于地质公园两个问题的讨论．旅游地学论文集第九集．北京：中国林业出版社，2003.

[18] 范晓．论中国国家地质公园的地质景观分类系统．旅游地学论文集第九集．北京：中国林业出版社，2003.

[19] 李同德．关于地质公园规划编制的理性思考．旅游地学论文集第十集．北京：中国林业出版社，2004.

[20] 李同德．试论地质公园规划设计程序．旅游地学论文集第十一集．北京：中国林业出版社，2005.

[21] 吴胜明．中国地书——中国21个国家地质公园全纪录．济南：山东画报出版社，2005.

[22] 彭永祥、吴成基．地质遗迹自然观、保护利用协调及行为对策．旅游地学

论文集第十一集，北京：中国林业出版社，2005.

[23] 严国泰．论国家地质公园规划科学性．旅游地学论文集第十二集．北京：中国林业出版社，2006.

[24] 谢萍等．地质公园景观设计的理论与实践．旅游地学论文集第十二集．北京：中国林业出版社，2006.

[25] 范晓．论地质公园的命名．旅游地学论文集第十二集．北京：，中国林业出版社，2006.

[26] 中国地质调查局．地学科普图件图示图例．内部资料．2003.

[27] 中华人民共和国建设部．GB 50298—1999 风景名胜区规划规范．北京：中国建筑工业出版社，1999.

[28] 保继刚等．旅游地理学．北京：高等教育出版社，1999.

[29] 卢云亭等．生态旅游学．北京：旅游教育出版社，2001.

[30] 陈诗才．洞穴旅游学．福州：福建人民出版社，2003.

[31] 同济大学等．城市园林绿地规划．北京：中国建筑工业出版社，1982.

[32] 吴承照．现代旅游规划设计原理与方法．青岛：青岛出版社，1998.

[33] 林业部调查规划设计院．LY/T 5132—95 森林公园总体设计规范．北京：中国林业出版社，1996.

[34] 戴慎志等．城市基础设施工程规划手册．北京：中国建筑工业出版社，2000.

[35] 中国勘察设计协会技术经济委员会．民用建筑规划设计定额指标．北京：中国计划出版社，1995.

[36] 华南工学院建筑系等．园林建筑设计．北京：中国建筑工业出版社，1986.

[37] 吴懿．我国国家地质公园建筑策划初探．旅游地学论文集第十二集．北京：中国林业出版社，2006.

[38] 庄维敏．建筑策划导论．北京：中国水利水电出版社，2000.

[39] 国家环境保护总局．HJ/T 6—94 山岳型风景资源开发环境影响评价指标体系．北京：中国环境科学出版社，1994.

后　记

应中国建筑工业出版社的多次约稿，经过两年的努力，本书终于脱稿，交付出版。本书的完成，除特别要感谢前言中所列的卢云亭、陈安泽、陈兆棉、赵逊等先生外；在写作过程中许多同事、朋友提供了资料、图片，应用了部分共同的成果，帮助绘图、校对和其他事务等，他们是陈诗才、李学东、王建军、方智俊、张玉庭、王林、何昞、孙洪艳、齐春、周凌燕、周盈、刘宇等，对他们的支持表示衷心感谢！

由于作者的非地质专业出身的限制，也由于作者自身学识水平的限制，本书肯定有许多缺点和错误，敬请读者批评指正。本书虽是有关地质公园规划的第一本著作，书稿虽完成，可能还有不少经验没有总结到本书中。加上地质公园规划事业还在发展，肯定有新的经验和思想会出现，本书愿抛砖引玉，期盼地质公园规划事业蒸蒸日上。

作　者